가 족 학

한국가족관계학회 편

도서
출판 夏雨

머 리 글

인류의 역사가 시작된 이래 존속해 온 가족은 19세기에 이르러 학문적 연구 대상이 되었고, 그동안 주로 사회과학분야에서 가족연구가 다양하게 이루어지면서 양적, 질적 발전을 거듭해 왔다. 그러나 여러 인접분야에서 거시적 또는 미시적으로 가족을 연구 하면서도 하나의 학문으로의 정립은 1970년대에 들어와 연구영역과 이론적 관점 및 연구방법에 대한 비판과 자성을 거치면서 이루어지기 시작하여 1983년에는 가족학(famology)이라는 용어가 제창되기에 이르렀다.

가족현상의 연구가 활발히 진행됨에 따라 1989년에 가정학 분야에서 가족학을 전공하는 학자들이 모여, 한국가족학연구회를 출범시켰고, 이 연구회에서 그동안 가족학을 강의하면서 고민하였던 부분인 가족학이란 어떤 시각에서 어떤 내용들이 포함되어져야 할 것인가에 대해 3년에 걸쳐 연구하여 『가족학』 교과서를 출간하게 되었다.

본서는 4부로 구성되고 있는 바, 제1부는 가족학을 이해하기 위하여 가족학의 학문적 성격과 이론적 관점 및 연구 경향에 대하여 살펴보았고, 제2부는 가족의 기원으로 부터 시작하여 전통사회, 산업화사회, 후기 산업화사회 및 미래사회로의 변화과정을 통해 가족의 구조, 기능, 관계 및 합법성 등이 어떻게 변모해 가는 가를 기술하였고, 제3부는 가족 내부의 상호작용을 심층적으로 파고들어 가족의 성립과 가족원간의 관계 특성 및 그 결과 등에 대하여 논의하였고, 제4부는 가족상호작용의 과정에서 야기되는 스트레스, 폭력, 이혼 등 가족의 부정적인 본질을 이해하고 현대 가족이 겪는 어려움을 이겨내기 위해 도움을 주는 가족생활교육, 상담 더 나아가 가족 정책을 다루었다. 농촌가족, 계층문제 등 본서에 다루지 못한 영역은 논의를 거쳐 다음 개정판에 수록할 예정이다.

 끝으로 본서를 출간함에 있어서 3년동안 늘 무겁게 따라 다니던 원고 걱정을 잘 견디어 낸 집필진의 인내와 노고, 연구회 회원들의 따뜻한 조언과 격려에 감사하며, 성심 성의껏 출판을 위해 애써 주신 하우출판사의 박영호 사장님과 박항균 실장님께 깊은 감사를 드린다.

1993년 1월
한국 가족학 연구회 회장 김 태 현

목차

제 I 부 가족학의 이해

제 1 장 가족학이란?/유영주(경희대 교수) ·············· 13

1. 가족의 본질 ·· 15
   1) 가족에 대한 관점/15 2) 가족의 정의와 기능/19

2. 가족학의 학문적 성격 ·································· 23
   1) 가족학 연구의 접근방법/24 2) 가족학 연구의 범위/27

3. 가족학 연구의 목적과 과제 ···························· 28

제 2 장 이론적 관점 및 연구경향/김경신(전남대 교수) ············ 35

1. 가족학 이론의 정립 ···································· 37
   1) 이론화의 역사적 과정/37 2) 일반 이론의 내용 및 적용/40

2. 가족학의 연구 경향 ···································· 52
   1) 국외의 가족 연구/52 2) 국내의 가족 연구/59

제 II 부 변화하는 사회의 가족

제 3 장 가족의 기원/김주희(성신여대 교수) ·············· 65

1. 문화의 발달과 가족 ·· 67
　　1) 영장류의 가족/67   2) 언어의 발달/70
　　3) 성별분업의 발달/72   4) 근친금혼의 규정/73

　2. 초기 인류 가족의 성격 ·· 75
　　1) 모권가족 신화/75   2) 수렵채집사회의 가족/79

제 4 장   한국가족의 역사적 변천/박혜인(계명대 교수) ················ 85

　1. 17세기 이전의 한국가족 ·· 87
　　1) 고대사회의 한국가족/87   2) 고려시대의 가족/91

　2. 조선시대 가족의 변화와 씨족의 형성 ······························· 94
　　1) 조선시대의 가족/94   2) 조선시대 가족제도의 변천/98
　　3) 씨족의 형성/102

　3. 한국 가족의 성격과 가족가치관 ······································ 104
　　1) 전통적인 가족가치관/104   2) 가족가치관의 변화/108

제 5 장   사회변화와 가족/이기숙(부산여대 교수) ······················ 111

　1. 산업화와 한국가족의 변화 ·· 113
　　1) 가족구조상의 변화/114   2) 가족주기상의 변화/116
　　3) 가족기능에 있어서의 변화/119   4) 가족가치관의 변화/121

　2. 후기 산업사회와 가족 ·· 124
　　1) 평등한 부부관계의 지향/125   2) 새로운 가족지원 체계/132

제 6 장 다양한 가족 생활 유형/김태현(성신여대 교수) ················ 139

1. 가족 구조의 다양화 ·· 141
   1) 독신자/141   2) 자발적 무자녀 가족/142
   3) 편부모 가족/143   4) 계부모 가족/146
   5) 수정 확대 가족 또는 수정 핵가족/148   6) 4세대 가족/149

2. 가족 기능의 다양화 ·· 149
   1) 공동체 가족/150   2) 부부취업형, 역할공유형, 역할전환형 가족/154

3. 가족 합법성의 다양화 ·· 159
   1) 동거가족/160   2) 독신부모 가족/161
   3) 동성애 가족/162

제 Ⅲ 부 가족의 상호작용

제 7 장 가족의 성립과 적응/김명자(숙명여대 교수) ················ 167

1. 배우자 선택 ··· 169
   1) 배우자 선택의 기준/170   2) 배우자 선택이론/172
   3) 배우자 선택의 유형/178

2. 결혼 생활 적응 ··· 180
   1) 결혼 생활 적응의 개념 및 관점/181
   2) 결혼 생활 적응에 영향을 미치는 요인/184
   3) 결혼 생활 적응을 위한 제안/186   4) 결혼 생활 적응유형/187

3. 가족의 적응 ··· 189
   1) 기능적 측면에서의 가족의 적응/191   2) 건강가족/198

제8장 가족의 역할/옥선화(서울대 교수) ······················· 201

1. 가족역할과 성역할 개념 ·· 203
   1) 가족내 역할의 분화/203   2) 성역할과 가족역할/205

2. 역할이론의 발달 ·· 206
   1) 역할이론의 배경과 역할개념/207   2) 여권주의론/209
   3) 신전통주의적 역할과 역할갈등/211

3. 가족역할의 선택 ·· 213
   1) 부부역할/213   2) 부모역할/215
   3) 새로운 가족역할의 선택/217

제9장 가족의 권력/박미령(고려대 강사) ······················· 221

1. 가족권력의 개념 및 접근방법 ···································· 223
   1) 가족권력의 개념/223   2) 가족권력의 접근방법/226

2. 가족권력의 기반, 과정, 결과 ···································· 233
   1) 권력 기반/234   2) 권력 과정/234
   3) 권력 결과/241

3. 가족내 권력 ··· 242
   1) 부부권력/242   2) 부모-자녀 권력/245

3) 기타 가족원 권력/247

제10장　가족의 의사소통/김순옥(성균관대 교수) …………… 249

　1. 의사소통에 대한 기본적 이해 ……………………………… 251
　　1) 의사소통의 중요성/251　2) 의사소통의 개념/252

　2. 가족의사소통의 형태 ………………………………………… 264
　　1) 가족집단으로서의 의사소통 형태/264　2) 가족원간의 의사소통 형태/268

　3. 가족의사소통의 장애요인 및 촉진방안 …………………… 273
　　1) 가족원간의 의사소통 장애요인/273
　　2) 가족원간의 의사소통 촉진방안/278

제11장　가족생활 만족/최규련(수원대 교수) ………………… 285

　1. 부부의 결혼/가족생활 만족 ………………………………… 287
　　1) 부부의 결혼/가족생활 만족의 개념/288
　　2) 부부의 결혼만족에 관한 이론모델/291
　　3) 부부의 결혼만족과 관련되는 요인/294

　2. 성공적인 결혼생활 …………………………………………… 301
　　1) 성공적인 결혼의 정의/301　2) 성공적인 결혼의 관련요인/302
　　3) 성공적인 결혼의 필수요건/306

　3. 자녀와 노인의 가족생활 만족 ……………………………… 306
　　1) 자녀의 가족생활 만족/307　2) 노인의 가족생활 만족/311

제 IV 부 가족문제와 가족정책

제12장 가족의 위기와 해체/조병은(한국교원대 교수) ········· 319

1. 가족 스트레스와 위기 ································· 321
1) 가족 스트레스의 본질/321   2) 가족 스트레스 이론/323
3) 가족 스트레스의 적응과정/325

2. 가족폭력 ·· 332
1) 가족폭력의 본질/332   2) 가족폭력의 실태/335
3) 가족폭력의 이론/339

3. 가족해체(이혼) ··································· 342
1) 이혼의 본질/342   2) 이혼의 실태/344
3) 과정으로서의 이혼/348   4) 이혼의 영향/350

제13장 가족생활 교육 및 상담/유영주(경희대 교수)·
정민자(울산대 교수) ············ 355

1. 가족생활 교육 ···································· 357
1) 가족생활교육의 정의 및 목적/357
2) 가족생활교육의 이론적 개념틀 /361
3) 가족생활교육의 내용과 전망/364

2. 가족상담 ·· 372
1) 가족상담의 필요성 및 목적/372   2) 가족상담의 역사적 배경과 발달/377
3) 가족상담의 접근 모델/382   4) 가족상담과정/384

5) 가족상담가의 역할과 훈련/389　6) 가족상담의 미래/391

제14장　가족복지정책/김양희(중앙대 교수) ·························· 395

1. 가족복지 ·· 397
   1) 가족복지의 개념/397　2) 가족복지의 대상영역/398
   3) 가족복지의 기능과 방법/399

2. 가족정책 ·· 402
   1) 가족정책의 배경/402　2) 가족정책의 정의/405
   3) 가족정책의 내용/407

3. 한국 가족복지정책의 현황과 과제 ································ 411
   1) 한국 가족복지정책의 현황/411　2) 한국 가족복지정책의 과제/414

　참고문헌 ··· 417
　찾아보기 ··· 459

가족학의 이해
제 I 부

　가족현상에 대하여 연구하는 학문분야는 다양하다. 즉 사회학, 인류학, 심리학, 법학, 가정학 등이며 최근에는 경제학, 의학, 간호학, 여성학, 사회복지학 등 여러 분야에서 가족을 연구하는 경향이 점차 증가되고 있다. 그럼에도 불구하고 가족학이 하나의 학문으로 정립되지는 못하고 있는 실정이며, 가족학이 일찍이 연구되고 있는 미국에 있어서도 가족학(Famology)이라는 학문적 명칭을 부친 지 불과 10여 년(1983)에 지나지 않는다.

　인간생활에 있어서 너무나 친숙한 가족집단은 시대적 변천과 사회적 변화에 따라 그 구조와 기능이 변화되므로 가족의 중요성을 자칫 간과해 버리기 쉬운 현대사회에서, 나날이 증가되는 가족문제를 접할 때, 오히려 가족생활에 대한 과학적 연구의 필요성이 절실히 요구된다.

　따라서 가족학을 이해하기 위하여 가족학의 학문적 성격과 이론적 관점 및 연구경향에 대하여 살펴보도록 하겠다.

제 1 장
가족학이란?

유영주

　우리에게 너무나 친숙해 있고 친밀한 가족생활에 대하여 이것을 하나의 학문으로 정립할 수 있는가에 대한 의문을 제기할 수 있다. 그러나 가족은 인간의 성장발달에 영향을 미치는 일차적 집단인 동시에, 사회를 이룩하는 최소한의 기초 집단이며, 가족생활이 건강하고 건전할 때 개인의 성장발달이 건강하게 이루어지고, 아울러 사회의 안정과 건강에 기초가 되므로 가족에 대한 과학적 연구의 중요성은 아무리 강조하여도 지나치지 않는다. 따라서 본 장에서는 가족의 본질을 개괄해 보고 가족학의 학문적 성격, 가족학의 접근방법과 범위, 그리고 가족연구의 목적과 과제에 대하여 생각해 보기로 하겠다.

제1장 가족학이란   15

1. 가족의 본질

1) 가족에 대한 관점

　가족은 사회의 여러 제도들 가운데 가장 중요한 제도이다. 인류 역사상 가족이 없었던 시대와 사회는 없다. 가족은 인간의 출생과 더불어 존재하는 일차적 집단으로 가족을 떠난 인간의 생활은 생각할 수 없을 정도이다. 그렇기에 유명한 문화 인류학자인 마가레트 미드(Mead, M.)여사는 "가족은 모든 제도 중 가장 끈질기고 강력한 제도체로서, 인간의 양육과 성장을 담당하는 제도"라고 지적하였다(Leslie, 1979 : 3).
　한 사회의 가족제도는 다른 사회제도와 독립해서 존재할 수 없고, 사회가 변화함에 따라 가족 또한 필연적으로 변화를 겪게 된다. 특히 산업혁명 이후 급속하게 진전된 산업화와 그에 수반된 도시화는 전통적인 가족제도를 더 이상 유지할 수 없게 만들었으며, 새로운 사회질서에 쉽게 적응하기 어렵게 만들고 있다. 이러한 시점에서 가족은 아직도 중요한가? 가족이 필요한가라는 본질적 문제에 직면하게 되었다. 더욱이 가족현상에 대하여 학자들마다 다른 관점을 가지고 언급하고 있다. 이러한 관점들에 대하여 간략히 살펴보도록 하겠다.
　첫째, 구조기능론자들의 낙관적 견해이다.
　파슨스(Parsons, T.)는 가족을 사회체제 유지를 위한 중요한 기능 중 유형유지의 기능(The Function of Pattern Maintenance)을 담당하는 제도로 본다. 이는 개인들로 하여금 기존체제에 적응하는 동기를 조성해 주는 사회화의 메커니즘을 가족이 담당한다는 데에 의의를 둔다. 즉 부모들은 사회질서를 도모하여 체제의 안정을 유지하는 데 기본적인 가치관을 자녀들에게 내면화시킴으로써 사회체제가 개인들에게 요구하는 인성을 형성하며 그들이 수행해야 할 사회적 역할을 교육시킨다는 것이다(Parsons T., 이효재 재인용, 1977;415).
　파슨스는 산업사회에서 친족집단의 약화로 핵가족 내의 관계가 강화되었으며, 과거의 주된 기능의 상실은 오히려 가족의 전문성을 요구한다고 하였다. 현대의 가족은 두 가지의 중요한 기능, 즉 사회화 기능과 인성체계의 안정화 기능을 강화시켰다고 본다(Elliot, 1986 : 36). 따라서 핵가족을 현대사회 유지에 기능적이며 적합한 제도로 평가한다.

　미국의 메리. 죠. 베인(Mary Jo Bane)은 "Here to stay"라는 그녀의 저서에서 현대사회에서 취업모가 증가할지라도 모(母)와 자녀간의 상호작용의 질과 양은 많이 변화되지 않고 있으며, 미국인의 90～95%가 적어도 한 번은 결혼하므로 결혼은 아직도 중요한 일이고, 기혼남녀가 독신자들보다는 더욱 행복하다고 하였으며, 이혼할 경우 슬픔과 공허감이 더 커진다고 언급함으로써 가족의 중요성과 현실성을 지적하고 있다(Adams, 1981 : 2).

　가족에 관한 많은 연구분석을 토대로 하여 볼 때, 오늘날 결혼, 자녀양육, 가족유대 등의 양상은 인간의 안정, 지속, 무조건적 사랑에 대한 요구의 명백한 표현임이 확실하다고 본다.

　둘째, 갈등론자들의 비판적 관점이다.

　마르크스(Marx)와 엥겔스(Engels)의 가족에 대한 비판은 가족이 부르주아적 제도의 표상이라는 데 기반한다. 즉 이들은 자본주의 경제체제와 함께 등장한 가족제도는 그 체제의 붕괴와 함께 소멸될 것으로 본다(이효재 編, 1988 : 99). 호르크하이머(Horkheimer)도 부르주아 가족은 부르주아적 질서를 떠받치는 특정 권위 지향적 행위에 적응하도록 독려하는 것, 그리고 여성을 경제적으로 의존케 하여 전통적 성향을 키우는 것 등으로 인한 보수화 기능을 수행하고 있다고 비판하였고(이효재 編, 1988 : 107), 오웬(Owen)도 가족이 사유재산 및 계급의 차이를 영속화시키는 연계고리의 역할을 한다고 비판하였다.

　마르크스주의 이론에서는 부부가족의 애정적 기능, 안식처로서의 기능을 자본주의 사회라는 구조에 기인한 것으로 간주한다. 자레스키(Zaresky, 1976)는 자본주의 산업화가 임금노동을 창출하고 가족생활로부터 일(work)을 분리시켜 결과적으로 개인을 고립시켰다고 본다(Elliot, 1986 : 119-122).

　따라서 마르크스주의 이론에 의하면 자본주의의 착취적 속성이 개인으로 하여금 사(私)적 생활과 친밀감 등의 주관적 세계를 가족에 더욱 의존케 하였다고 분석하며, 이러한 안식처로서의 기능의 강조는 핵가족에게 긍정적 효과보다는 부정적 결과를 초래하였다고 언급한다. 와이버트(Weibert)와 해스팅스

(Hastings, 1977), 자레스키(1976) 등은 가족원간의 애정과 친밀감의 기대가 더욱 상대방을 구속하는 딜레마에 빠지게 한다고 보았다.

심리학자인 랭(Laing R.)도 오늘날의 가족은 개인의 희생을 치르면서 존재한다고 하고 가족은 개인을 정신적으로 병들게 하는 파괴적, 착취적 단위라고 지적한다(Adams, 1981 : 3). 즉 산업사회에서 전문화되고 기계화된 인간관계가 성인을 정서적 긴장으로 몰아 넣기 때문에, 애정에 기반한 핵가족의 프라이버시가 그들의 긴장을 풀어주며 정신적 안정을 제공해 줄 수 있다고 생각했던 것과는 달리, 핵가족의 고립과 불안정성은 개인들을 위해 오히려 역기능적이라고 비판한다(Sonnett R., 이효재 재인용, 1977 : 416).

셋째, 여성해방론자들의 비판적 관점이다.

여성해방론(여권론)적 관점은 가족이 단일체가 아니라 권력단체의 구조임을 상기시킨다. 여성해방론자의 강조점이나 지향은 각각 다르지만 공통적으로 현대 가족의 다음 세 가지 면이 여성을 억압한다고 주장한다. 즉 ① 주부역할을 우선적으로 취하게 함으로서 여성노동을 규제한다는 점, ② 여성의 성(性)과 출산에 대해 남성이 통제를 가한다는 점, ③ 성 정체감을 구조화시켜 전통적 성역할 사회화를 유지시킨다는 점 등이다.

여권론자들은 현재의 가족체계는 남편과 아내가 상이한 계급에 놓여 있고, 이익과 권력에 있어 불평등이 존재하므로, 가부장적 체계는 권력을 가진 남성의 이익에만 기여하고 기능적이며, 여성들은 억압되어 있다고 본다. 따라서 여성해방이 되기 위해서는 여성과 남성이 평등성을 성취하도록 하는 범위 내에서 가족구조를 수정해 나가야 한다는 온건한 관점과, 전통적 가족의 질서와 구조를 전복시키고 다양한 형태의 결혼양식으로 대체하며, 자녀출산 및 양육과정까지 사회기관으로 전이시켜야 한다는 급진적인 관점이 대두되고 있다(Elliot, 1988 : 13).

여성해방론의 대표적 학자인 줄리엘 미첼(Mitchell, J.)은 그의 저서 「Women's Estate」를 통해 핵가족의 역할구조는 여성의 사회적 역할을 요구하는 현대적 사회구조에 부적당하다는 것이다. 미첼은 그렇다고 해서 여성들의 일률적인 사회참여를 주장하지도 않는다. 다만 여성들이 선택할 수 있는 가정생활 형태를 다양화하는 방향으로 사회제도를 다원화해야 한다고 주장한다.

여성이 선택한 사회참여 및 직업상의 역할이 더욱 원활해질 수 있게 하기 위해서 남녀관계, 자녀양육, 결혼형태 등이 개인이나 집단의 형편에 따라 자유스럽게 개조되고 창조되어짐으로써 일률적인 제도에서 해방을 찾을 수 있다는 것이다(이효재, 1977 : 417).

이상으로 가족에 대한 여러 관점을 검토해 보았다. 이 관점들은 어느 면에서는 서로 유사하다. 이 관점들은 모두 사회체계를 상호연관된 것으로 간주하고 가족을 다른 사회기관과 상호작용하는 체계로 본다. 더욱이 모든 관점들이 가족은 생물학적 재생산과 사회적 재생산(즉, 한 세대에서 다음 세대로 사회적 가치와 구조를 유지, 충전, 전달한다는 면에서)에 있어서 중요한 역할을 수행하는 것으로 간주한다(Elliot, 1986 : 13-14). 마르크스도 몇 가지 기능론적 가정(假定)을 받아들였다. 예를 들면, 사회는 체계이고, 사회의 한 부분에서의 변화는 많은 다른 부분에 영향을 준다는 점이다(Goodman & Marx, 1978 : 44).

가족에 대한 기능론적 모델은 가족을 사회구성원을 재생산하고 전반적으로 공유된 가치를 재생산하는 단위로 본다. 반면, 마르크스주의자들은 가족을 자본주의를 위한 노동력과 자본주의적 가치와 관계들을 재생산하는 단위로 파악하며, 급진적 여권론자들은 가족을 가부장적 사회질서를 재생산하는 단위로 언급한다. 마르크스주의자들은 갈등과 착취에, 급진적 여권론자들은 성(性)의 갈등과 착취에 초점을 둔다. 이와 대조적으로 기능론자들은 갈등과 억압보다는 협동과 합의를 사회에 내재된 것으로 고려한다. 그리고 가족생활의 긍정적 면에 초점을 둔다(Elliot, 1986 : 13-14).

그러나 가족이 이익을 초월한 비영리집단이고 공동목표를 가진 **공동생활체**라는 정의가 아직 유효하다면, 그리고 가족체계가 목표지향적 활동을 수행하는 체계라면 이익갈등에 기초하여 지배계급과 남성에게만 항상 기능적이라는 분석은 적합치 않은 것 같다. 왜냐하면 한 시점에서 한 사람의 목표에 우선권을 두고 다른 가족원이 양보한다고 할 때, 그 전략이 실제로 전 가족원을 위해 효율적일 수 있으며, 가족생활주기에 따라 한 단계에서 중요시했던 가족기능은 다음 단계에서는 다른 가족기능으로 전이될 수 있기 때문이다. 또한 남성들의 아버지 역할 참여가 자발적으로 증가하는 현상도 여권론자나 마르크스주의자들의 관점만으로는 설명이 미흡하다는 점을 보여준다.

이상에서 살펴본 바와 같이 가족이란 역사적 제도체이며 그 안에서 인간들이 상호작용하는 가운데 하나의 구조를 형성하면서 인간이 필요한 욕구를 충족시키기 위한 행동들을 수정해 나가는 기능집단이기도 하고, 시대의 변천과 사회의 변화에 따라 그러한 기능수행이 갈등의 원천 및 사회변혁을 위한 걸림돌이 될 수 있는 집단이기도 하다. 전통적 가부장 사회 제도에서의 성역할 분담은 오히려 가족을 여성의 자아발전과 생활을 억압하는 제도체로 만들 수 있다.

2) 가족의 정의와 기능

가족에 대한 여러 관점으로 미루어 보아 현대의 가족은 그 정의를 한마디로 규정하기 어렵다. 그러므로 이효재(1976)는 데이비드 슐츠(David Schulz, 1977)의 「The Changing Family」를 인용하여, "가족이란 한 복잡한 변수로서, 생물학적 요구에 기인하는 보편적 구조도 아니며, 종교적 또는 문화적 신조에 기반한 보편적 규범의 이념일 수도 없다. 가족이 사회적 필요성에 기인하는 정도만큼, 이것은 우리들을 기성문화에 적응시키는 한편, 무엇이 바람직한 가족인가에 대해 우리에게 변화하는 개념을 부여한다"라고 지적하고 있다. 즉 현대의 가족은 그 구조가 문화에 따라 변화하며 한 문화 속에서도 시대를 통해 변화를 겪는다. 그러므로 전통적으로 전형화된 역기능적인 요소들을 개선하기 위해 가족을 성공적으로 변화시킬 수 있는 여유의 폭을 긍정적으로 수용해야 할 것이다.

그러나 현실적으로 가족은 인간이 가져온 제도 중에서 가장 오래된 것으로 사회의 변천에 따라 여러 가지 영향을 받으며 꾸준히 지속되어 온 기본적인 사회제도이다. 그런데 개인이 경험하는 가족은 역사와 민족, 시대적 변천에 따라 다종다양하므로 한마디로 정의하기는 어려운 일이다. 그러나 가족에 대한 보편적 정의를 내려보는 것은 필요한 일이라 하겠다.

가족을 생각할 때 우선 머리에 떠오르는 것은 가족을 구성하는 사람이 누구인가 하는 것이다. 가족은 혼인관계로 맺어진 남녀, 즉 부부와 그들의 자녀로 구성되는 혈연집단이라 할 수 있다. 인간은 태어나면서부터 가족의 일원이 되며 그 안에서 보호를 받고 최초의 인간관계를 맺으면서 성장하게 된다. 이 때 부부간의 관계나 부모자녀간의 관계는 어떤 이익을 추구하기 위한 것은 아니며, 애정을 기초로 한 것이다. 또한 가족은 일정한 장소에서 같이 기거하고 공동의 취사를 하는데 이러한 공동생활을 통하여 가족공동의 이념이나 가치관, 목표를 향해 생활하면서 서로 이해하고 협력하게 된다. 이러한 협력 가운데 가장 중요한 것은 경제적 협력이다. 즉 부부가 하나의 경제적 단위를 이루고 이것을 분담하여 협력하므로 가족은 경제적 협력체로서 수입과 지출을 하나로 하는 동재집단인 것이다. 한 가족이 이와 같은 공동의 목표를 가지고 모여 살면서 서로 협력하는 가운데 그 가족만이 갖는 고유한 생활습관이나 행동유형이 나타나게 된다. 이것을 가족문화 또는 가풍이라 하며 이것은 그 가족이 속해 있는 전체 사회의 문화와 서로 영향을 주고 받으며 상호 밀접한 관계를 맺게 된다. 이러한 면에서 볼 때 가족은 그 가족만의 특유한 가족의식 또는 가풍을 갖는 문화집단인 것이다. 또한 가족은 개인이 나서 자라며 그의 인격을 형성하는 보금자리인 동시에 가족 속에서 사회의 성원이 되기 위한 사회화 과정을 통하여 개인의 한계를 초월한 사회적 인간으로 만들어지는 훈련장이기도 하다. 그러한 의미에서 가족은 인간양육 및 교육을 담당하는 가장 강력한 제도체인 것이다.

이상에서 살펴본 바를 정리해 보면, 가족이란 부부와 그들의 자녀로 구성되는 기본적인 사회집단으로서 이들은 이익관계를 초월한 애정적인 혈연집단이며, 같은 장소에서 기거하고 취사하는(물론 예외적인 가족도 있다. 인도의 Nayar족, Kibbutz 등) 동거동재 집단이고, 그 가족만의 고유한 가풍을 갖는 문화집단이며, 양육과 사회화를 통하여 인격형성이 이루어지는 인간발달의 근원적 집단이다.

이러한 가족은 사회구조가 점차 변화되어감에 따라 가족기능에 많은 변화가 나타났다. 그러므로 가족기능의 의미와 더불어 사회변화와 함께 제기된 현대

가족의 진정한 가족기능이 무엇인가를 살펴보는 것은 가족의 본질을 이해하는 데 도움이 될 것이다.

가족의 기능이란 가족이 수행하는 역할, 행위를 뜻하는 것으로, 가족은 개인과 사회의 중간에 위치한 체계이므로 가족기능 역시 사회 지향적인 면과 개인 지향적인 면을 모두 가지고 있다. 그러므로 가족을 어떠한 체계로 보느냐에 따라 가족 기능의 내용은 가족 외적 기능 즉 사회적 기능과 가족 내적 기능으로 분류된다.

가족을 사회의 하위체계로 볼 때 가족은 가족 외의 교육, 정치, 경제, 종교 체계들과 함께 사회체계의 일부분을 이루면서 그들 체계와 상호작용 및 교환을 이루고 있다. 그러므로 사회의 발전 양상은 가족의 기능 수행과 밀접한 관계를 맺는다.

반면 가족을 가족원이 구성하고 있는 상위체계로 볼 때는 개인의 발전, 욕구 충족, 자아 형성, 자아 정체감 형성 등에 가족이 어떠한 역할을 하느냐가 중요시된다. 리쯔(Lidz)는 가족의 기능론적 견해는 하위체계, 상위체계로서의 기능을 다 고려해야 할 것이지만 "가족성원간의 친밀한 사회적 상호작용을 중시하고 모든 성원들의 개인적 안정에 밑바탕을 두어야 한다"는 점을 강조한다. 자녀의 양육과 인격 형성, 부부간의 개인적 만족감과 안정 등의 인간 적응에 기본이 되는 이 같은 기능들은 개별적으로는 완수되기 어려운 것이며 가족 내에서 융합되어야 한다는 것이다(장인협 외 역, 1988;216). 이것이 바로 다른 사회체계와 구별되는 가족만의 고유성이다.

이상의 것을 종합하면 가족기능이란 가족이 수행하는 역할, 행위로써 가족 행동을 의미하며 그 행동의 결과가 사회의 유지, 존속이나 가족성원의 욕구 충족에 어떠한 영향을 주는가 라는 문제와 관련된 개념이다.

가족의 기능은 문화의 차이나 시대 혹은 사회체제의 변천에 따라 변화되어 왔으므로 가족의 기능을 연구하기 위해서는 전통적 가족으로부터 현대 가족으로의 기능 변화 과정을 주목하여야 한다.

우선 전통적 가족 기능론에 의하면 가족은 고유기능과 기초기능, 그리고 부차적(파생) 기능을 갖는다. 고유기능에는 대내적으로 애정과 성, 생식과 양육의 기능이 있으며, 대외적(사회적)으로는 각각 성적 통제와 종족 보존의 기능으로 대응된다. 또한 기초기능에는 생산, 소비의 대내적 기능이 있어 이것이 사회적으로 노동력 제공과 경제질서 유지의 기능을 수행하며 부차적 기능 혹은 파생기능에는 교육, 보호, 휴식, 오락, 종교의 기능 등이 존재한다. 이러한 부차적 기능 중 교육의 기능은 대외적으로 문화 전달의 기능을 수행하며 보호와 휴식은 심리적·신체적인 면에서, 오락과 종교는 문화적·정신적인 면에서 사회의 안정화에 기여한다.

그러나 이러한 가족의 전통적 기능은 산업사회로의 변화와 가족 유형의 변화 등 가족 자체와 가족을 둘러싼 환경의 변화에 따라 가족의 영향을 대리하는 다양한 조직체가 등장함으로써 뚜렷한 변화를 갖게 되었다. 즉, 종래의 가족기능이 가족체계를 동반하지 않고도 수행되어지거나 가족 외의 사회 조직으로 그 기능의 일부가 이관되어 짐에 따라, 핵가족의 보편성에 대한 회의와 더불어 가족 개념의 정립에 큰 혼란과 변혁이 초래되고 있다. 따라서 현대사회에서 가족이 기능적인가 혹은 역기능적인가 하는 문제까지 대두되었다.

산업화와 도시화의 결과 전통적 가족 기능이 사회로 이양됨에 따라 1930년 오그번(Ogburn)은 가족기능상실(family's loss of function)이라는 용어를 사용하였는데, 그후 이러한 표현이 잘못 해석되어 가족은 마치 아무런 할 일이 없는 것처럼 오인되었다. 그러나 실제로 변화과정에 있어서 가족은 잃은 것보다는 많은 것을 떠맡게 되었으니 빈센트(Vincent)는 오그번의 '상실(loss)'이란 전통적 가족 기능에 한정되는 것이라 하면서 오그번의 이론은 사회변동이론에 중점을 두고 고려해야 한다고 지적하였다(Adams, 1980;107).

버제스(Burgess)는 오그번과 가족에 대한 관점을 같이 하면서 가족과 사회와의 관계보다는 가족성원간에 발생하는 문제에 관심을 갖고 가족은 제도적 가족으로부터 우애적·동반자적 가족으로 변화된다고 하였다. 즉 가족은 가족성원간의 상호애정이나 친밀한 관계를 발전시키는 하나의 단위라는 것이다. 따라서 가족의 외적 요인은 약화되고 애정적 유대, 상호보충성, 상호관심이 더욱 중요한 요인이 되고 있다.

이와 같이 가족의 기능 변화는 양적인 축소와 질적인 깊이를 요구하는 바,

현대가족에서의 진정한 가족기능으로는 첫째, 부부간의 애정적인 유대를 기반으로 한 성적인 질서 유지의 기능과 둘째, 문화 전달의 매개체로서 자녀의 가치관 확립을 통한 사회화와 교육의 기능이 중시된다고 할 수 있으며, 셋째는 경제적 협력체로서의 가족, 특히 건전한 소비 주체로서의 가족의 기능 등이 강조되고 있다.

2. 가족학의 학문적 성격

가족은 그 정의와 기능이 복합적이고 다차원적이므로 여러 학문분야에서 연구하고 있다. 즉 사회학, 인류학, 가정학, 역사학, 심리학, 경영학, 경제학, 법학, 교육학 등에서 연구하고 있으며, 최근에는 정신의학, 여성학, 사회복지학, 인간발달학, 윤리학 등에서도 활발히 연구하고 있는 실정이다.

따라서 가족학은 어떤 한 학문에 기초할 수 없고 여러 학문을 기초로 통합적으로 연구하여야 하는 학제적(Interdisciplinary) 학문으로서의 특성을 갖는다. 또한 가족은 개인과 사회의 중간에 위치하는 집단(체계)으로 개인에 대하여는 개인의 욕구충족에 영향을 주며, 사회에 대하여는 사회발전의 기초집단으로서 다른 제도들로부터 끊임없이 영향을 받는 양면적(야누스적)인 특성을 갖는다. 따라서 미시적 접근과 거시적 접근의 양극론을 차지하기도 하고 또는 이 양 수준을 연결짓는 기점으로 접근되기도 한다. 가족은 사회구조와 개인을 연결한다는 의미에서 구조를 중시하는 입장과 과정을 중시하는 입장들이 중재될 수밖에 없다. 또한 가족은 개인의 역사와 사회의 역사가 구체적으로 만나는 장(場)이기도 하다. 이러한 특성 때문에 가족연구는 심리학에서 역사학에 이르는, 그리고 가족의 임상치료에서 사회정책에 이르기까지 다양한 학문적 접근 및 영역을 포괄하게 된다(조은, 1986). 그러므로 가족학(Famology)이라는 학문적 명칭을 갖자는 것도 불과 10여 년에 지나지 않는다(제2장 참조).

24 제1부 가족학의 이해

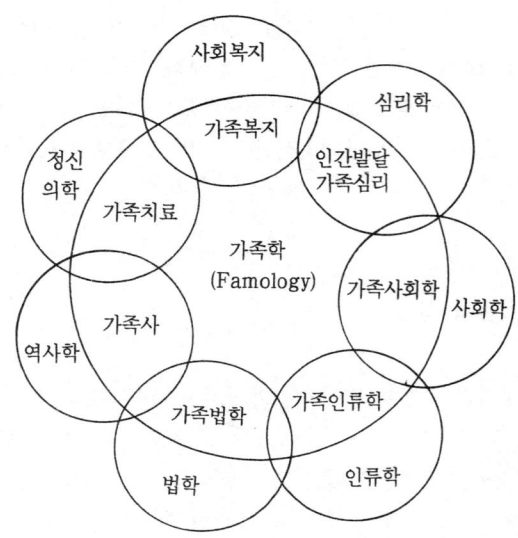

〈그림 1-1〉 가족학의 학문적 성격

1) 가족학 연구의 접근방법

가족의 연구는 가족이 갖는 양면성 즉 사회의 다른 제도들로부터 끊임없이 영향을 받는 하나의 사회제도이면서 개인의 욕구충족과 감정적 의존관계의 장(場)이라는 특성 때문에 여러 학문 분야에 여러가지 방법으로 접근하게 되었다.

미국에 있어서의 가족연구 접근법에 대해서는 1960년 힐(Hill, R)과 한슨(Hansen, D)에 의하여 정리되었는데, 그들은 ① 역사적·제도적 접근(Historical-Institutional Approach) ② 구조기능주의적 접근(Structure-Functional Approach) ③ 상호작용적 접근(Interactional Approach) ④ 상황적 접근(Situational Approach) ⑤ 발달적 접근(Developmental Approach)의 다섯 가지 접근방법을 제시하였다.

실제로 60년대까지의 연구는 구조기능주의 접근과 상호작용론적 접근이 주류를 이루었고, 상황적 접근과 제도적 접근은 극히 소수였으므로 이때까지는 사회심리학적 연구와 인류학적 연구가 많았다고 볼 수 있다. 이들 연구는 개념이나 가정(假定) 등이 명료하지 못하여 이론적·과학적 연구의 체계가 이루어지지 못하였다.

제터버그(Zetterberg)는 가족연구에 대하여 신랄한 비판을 가하며, 구조기능주의는 전연 이론이 되지 못하며 단순히 엉성한 개념들의 집단이라고 지적하였다. 즉 논리적으로 일반화할 수 없고 검증할 수 있는 가설도 없다는 것이다. 그는 보다 과학적인 연구를 위하여 이론정립을 위한 정교한 모델과 중범위 또는 소이론의 필요성을 제안하였다. 제터버그의 비판과 격려에 힘입어 60년대 이후 많은 가족학자들이 여러 가지 새로운 접근으로 연구하여 이론화를 위한 적극적 노력이 시도되었다. 따라서 가족에 대한 교환이론, 일반체계이론, 갈등이론, 여성학적접근, 사회적개인주의(Social Individualism) 등이 속속 나타나게 되었다. 1966년 나이(Nye, I)와 버라도(Berardo, F)가 가족연구에 대한 새로운 개념모형(Emerging Conceptual Framework)을 편집구성하였고, 1979년 가족연구에 대한 현대이론(Contemporary Theories about the Family)이 나이와 그의 동료들에 의하여 (Burr et al., 1979) 다시 정리되었다. 그 이후 1981년 나이와 버라도는 그 이후의 가족연구에 대한 더욱 폭넓은 연구를 첨부하여 11가지의 접근을 종합정리하였다. 즉, ① 인류학적 접근 (Anthropological Approach) ② 구조기능적 접근(Structure Functional Approach) ③ 제도적 모형(Institutional Frame of Reference) ④ 상호작용적 모형(Interactional Framework) ⑤ 상황적 접근(Situational Approach) ⑥ 정신분석학적 모형(Psychoanalytic Frame of Reference) ⑦ 사회심리적 모형 (Social-Psychological Conceptual Framework) ⑧ 발달적 모형(Developmental Conceptual Framework) ⑨ 경제적 모형(Economic Framework) ⑩ 법률적 모형(Legal Conceptual Framework) ⑪ 서구 기독교적 모형(Western Christian Conceptual Framework) 등이다.

이상의 11모형은 사회학에서 부터 네 가지, 부분적으로 사회학과 아동발달학에서 한 가지, 심리학에서 두 가지, 경제학, 종교, 법률, 인류학에서 각기 한 가지씩의 개념을 활용한 접근방법이다. 여기에서는 힐과 한슨이 제시한 5가지 접근에 대하여 간략히 소개하도록 하겠다.

(1) 제도적·역사적 접근(Institutional-historical Approach)

이 연구방법은 주로 문화 인류학적 연구에서 비롯된 것으로, 가족을 사회내에 존재하는 문화유형에 중점을 두고, 사회적·물질적 요소에 작용 또는 반작용하는 제도체로 보고 있다. 대표적 학자로는 오그번, 시르마자키(Sirmajaki, J.), 짐머만(Zimmerman, C.) 등이다. 또한 여기서는 가족에 있어서 개인 상호간의 작용 등을 다루는 것이 아니라 오랜 기간에 걸친 가족의 변화를 중시한다.

(2) 구조 기능론적 접근(Structure-functional Approach)

이 방법은 사회학과 인류학에서 유래한 것으로 가족을 공동사회와 더 큰 사회 내의 사회적 조직(system)으로 보고 있다. 예를 들면, 가족과 학교 등 다른 사회조직과의 상호작용, 가족원의 기능 등에 중점을 둔다. 대표적 학자로는 데이비스(Davis, K.), 구드(Goode, W.), 머튼, 파슨즈, 워너(Warner, L.) 등이다.

(3) 상호작용적 접근(Interactional Approach)

이 방법은 심리학·사회학을 기초로 하여 가족현상을 내면적인 과정, 즉 전달·갈등·의사결정·문제해결·위기에 대한 반응과 역할이행·지위관계 등을 연구하며, 가족의 문화적·제도적인 면보다 가족원에 초점을 맞추는 경향이 있다. 대표적 학자로는 버제스, 코트렐(Cottrell, L.), 한델(Handel, G.), 헤스(Hess, R.), 힐(Hill, R.), 하마로프스키(Hamarovsky, M.), 왈러

(Waller, W.), 왈린(Wallin, P.) 등이 있다.

(4) 상황적(환경적) 접근(Situational Approach)

 이 방법은 심리학과 사회학을 기초로 하여 가족을 상호작용하는 인격의 통일체로 보고 사회상황으로서의 가족집단을 연구한다. 식탁에서의 대화, 가족행사, 가족의식(儀式) 등 주어진 상황이나 환경에 관련된 문제에 초점을 둔다. 대표적 학자로는 블러드(Blood, R), 볼(Ball, E), 보사드(Bossard, J) 등이다.

(5) 가족발달적 접근(Family Developmental Approach)

 이 방법은 생물학·문화인류학·인구학·발달심리학·인간발달학·의학·심리학·사회학 등이 크게 결합된 학제(學際)적 연구법(interdisciplinary approach)으로, 최근에 사용되고 있는 방법이다.
 가족발달적 연구방법에서는 가족을 상호작용하는 인격체로서 고찰하여 가족주기에 따라 가족원이 경험하는 발달단계에 중점을 둔다. 대표적 학자는 해비거스트(Havighurst, R), 펠드만(Feldman, H), 구드리치(Goodrich, W), 힐, 써스만(Sussman, M), 로저스(Rodgers, R), 듀발(Duvall, E) 등이 있다.

2) 가족학 연구의 범위

 앞 절에서 분류한 접근법에 의하여 연구되는 가족학의 연구범위를 정리해 보기로 하겠다. 가족학의 연구대상은 가족집단(체계)과 가족원(개개인)이며, 연구목표는 개인과 가족의 복지증진에 있다. 가족학의 연구범위와 내용은 〈표 1-1〉과 같다.

〈표 1-1〉 가족학 연구의 범위

	거시적(macro)	미시적(micro)
이론적〈기술적〉연구	◉역사·제도적 접근 가족의 형태, 유형 역사적 ─┐ 제도적 │ 변화 비교사회적 ─┘ ◉구조·기능적 접근 가족 기능 ─┐ 의 변화 구조 ─┘ 구조·기능의 변화로 나타나는 사회적 문제(노인, 청소년, 근로자, 여성, 이혼, 범죄)	◉상호작용적(관계적) 접근 적응, 애정, 역할, 권력, 의사소통(커뮤니케이션), 만족, 갈등, 스트레스, 이혼, 재혼, 성인 사회화 ◉발달적·Life Course적 접근 형성기, 확대기, 축소기 발달과업 ※가족 내 문제 (심리·사회적 부적응)
실제적〈실천적〉연구	◉가족에 관한 법률 ◉가족에 관한 사회복지(가족복지) ◉가족에 관한 정책 ◉가족에 관한 국가·사회의 제시설·제도	◉가족생활교육 성교육, 청소년교육, 결혼교육, 부부교육, 중년기교육, 노년기교육 ※부모교육·소비자교육 ◉가족상담 및 치료 병원·상담소·복지관

※는 다른 분야와 일부 중첩될 수도 있음.

3. 가족학 연구의 목적과 과제

인간이 누구나 접하고 생활하고 있는 가족생활은 너무나 보편적이어서 쉽게 경험을 통하여 많은 지식들을 갖게 되는데, 이렇듯 보편적이고 상식적인 가족생활에 대하여 '왜' 연구하여야 하며, 그리고 '어떻게' 연구해야 되는가에 대하여 살펴볼 필요가 있다.

그동안의 가족연구는 주로 사회학자들에 의하여 행해져 왔다. 앞에서 언급한 대로 사회학자 다음으로 심리학자, 그리고 사회심리학자, 아동발달학자, 인류학자, 경제학자, 법학자, 종교학자들에 의한 가족에 관한 연구와, 인간문제나 가족문제에 관심을 가진 일반인에 의한 가족에 대한 관심과는 어떠한 차이가 있는 것일까?

첫째로, 가족에 대한 연구는 특정 집단의 연구대상을 선정하여 과학적 방법을 통하여 객관적으로 보고서를 작성하여야 한다. 개인의 경험, 신념이나 그가 개인적으로 알고 있는 사람들을 관찰하는 것을 근거로 해서는 안 되며, 일단 체계적 연구를 행한 후에는 그 결과를 자신의 감정이나 경험과는 무관하게 기술해야 한다.

둘째로, 가족에 대한 연구는 가족에 관련된 특정한 행동이 왜 발생되었는가에 대한 원인에 관심을 둔다. 가족행동을 포함한 사회현상의 복잡성을 인식하고 주의 깊게 그 원인과 결과를 분석하며, 이 때에도 개인적 편견을 개입시키지 않는다.

셋째로, 가족에 대한 연구는 조직적으로 연구되어 온 가족의 행동을 비교적 정확하게 설명할 수 있는 일련의 개념을 발전시킬 수 있어야 한다. 물론 연구결과에서 얻어진 일반론과 개인적 상황과는 차이점이 많을 수 있다. 예를 들면 20대 이전에 결혼한 부부일수록 이혼율이 높다는 일반론에도 예외가 있으며, 취업주부의 결혼생활에 더 많은 갈등이 있다는 일반론은 주부의 능력, 동기 등의 차이에 따라 다를 수 있는 것이다.

그러나 과학적 방법과 절차를 거쳐 수행된 연구결과는 개인의 의사결정 및 정부나 단체의 의사결정에 이용될 수 있다. 즉 가족에 대한 연구는 개인의 행동에 참고되는 지표가 될 수 있으며, 정책수립이나 법률제정에 기초가 되는 것이다. 가족생활에 대하여 우리(일반인)가 알고 있는 사실은 상식이며, 가족에 대한 연구는 과학인 것이다. 여기에 듀발(Duvall E.)이 제시한 가족연구의 목적을 열거해 보도록 하겠다.
　우리가 가족을 연구하는 목적은
　　① 개인이 자라난 가정에서 얻은 경험으로 알게 된 지식보다 더 광범위한 가족생활 전반을 알기 위함이다.
　　② 가족생활에 대하여 보편적으로 일반인들이 가지고 있는 왜곡되고 잘못 인식된 생각을 시정하기 위함이다.
　　③ 개인이 가지고 있는 비정상적이거나 병적 편견을 시정하기 위함이다.
　　④ 가족이란 사회의 중요한 기초집단이며, 중추적인 역할을 담당하고 있음을 인식하기 위함이다.
　　⑤ 가족생활을 통하여 이루어지는 인간발달의 과정을 알기 위함이다.
　　⑥ 사회 제 조건의 변화가 가족에게 미치는 영향을 알고 개인이 담당하는 가족을 올바로 발전시킬 수 있는 능력을 키우기 위함이다.
　　⑦ 사회변화에 따라 나타날 수 있는 여러 가지 가족의 문제점과 가능성을 예견하고 이에 대한 대비책을 강구해 보기 위함이다.
　　⑧ 인간의 전 생애를 통하여 가족생활주기(family life cycle)에 따라 발생되는 개인적이고 가족적인 문제를 해결할 수 있는 능력을 키우기 위함이다.
　이상의 듀발에 의한 가족연구의 목적은 개인적 차원과 가족적 차원에서 발달적 접근으로 미시적 관점에서 언급되었다. 여기에 덧붙여 앞으로는 가족연구의 기초가 가족을 위한 국가적 정책, 복지정책의 지표를 제공한다는 점에서 더욱 그 의의를 찾아보아야 할 것이다.
　이러한 가족학 연구는 앞으로 어떠한 과제를 갖고 있는가에 대하여 살펴볼 필요가 있다. 앞에서 가족학 연구의 접근방법과 연구범위를 제시한 바 있다. 제2장의 가족학 연구의 이론적 고찰·연구경향에서 더욱 자세히 언급하겠지만 앞으로 가족학 연구는 어떠한 과제를 가지고 수행할 것인가에 대한 논의는 가족학 연구의 방향을 제시한다는 점에서 의의가 있으리라 본다.
　최재율(1988)은 가족사회학의 연구과제에 대하여 구체적인 문제를 제시하였다.
　　① 인류의 역사와 가족의 역사는 동시에 출발한 것인가. 가족의 역사가

훨씬 뒤늦은 것인가.

② 오늘 우리가 경험하고 있는 가족은 자연발생적인 것인가. 인위적인가. 그리고 그것은 이상적인 것이며, 그러므로 반드시 고수해야 하는 것인가.

③ 원시난혼은 실재하였는가. 최초의 혼인형태는 약탈혼이었는가. 오늘의 결혼제도는 어떤 요구에 의하여 형성되는가. 그것은 바람직스러운 것인가.

④ 당초에 인류사회는 모계 모권사회였는가. 모권사회는 없었고 모계사회는 있었을 것이라는 것은 어느 정도 합당한 견해인가.

⑤ 산업사회의 발전을 위해 가족제도는 재검토되어야 하는가. 직계가족, 확대가족은 산업사회의 발전에 저해적인 것인가. 핵가족, 부부가족이 산업사회에 합당한 가족형태이며 핵가족화는 필수적인 추세인가.

⑥ 우리나라의 씨족제도와 동족집단의 결속은 민주주의의 발전에 저해적인 요인이 되고 있는가. 한국적 분파(分派)주의와 가족제도와의 관계는 무엇인가.

⑦ 온정적 확대가족이나 직계가족은 잠재실업인구(潛在失業人口)의 온상이 되고, 저노임(低勞賃)의 급원이며, 의타심(依他心)을 기르고 있는가.

⑧ 가족기능의 축소화 경향은 어디까지 갈 것인가. 가족기능의 상실론은 타당한 근거가 있는가. 가족은 영원히 존재할 것이며 어떤 형태로 유지될 것인가.

⑨ 가족의 형태와 기능 또는 역할은 인성의 형성이나, 그 존재양태를 어떻게 규정할 것인가.

⑩ 가족제도와 정치제도와의 관계는 무엇인가. 일본, 독일의 파쇼정권의 출현은 그 나라의 가족제도와 어떤 관계가 있는 것인가 등이다.

또한 조은(1986)은 가족사회학의 최근의 연구동향이 ① 가족사에 대한 관심이 많은 것, ② 결혼의 탈제도화 현상이나 가족치료학의 대두, ③ 가족의 사회정책 또는 국가와 가족과의 관계 등에 대한 연구의 증가, ④ 사회불평등구조와 가족에 대한 연구, 즉 계급불평등과 남녀불평등이 가족을 통해 재생산되는 문제 등에 대한 연구 등이라고 지적하고 있다.

그는 이어 최근의 가족연구의 동향과 과제를 언급하되 19세기 후반 서구의 부르주아가족 모델, 즉 동반자적 가족, 자녀중심의 가족, 친족과 사회로부터 구조적으로 유리된 핵가족, 그리고 냉엄하고 경쟁적인 사회로부터 감정적 피난처를 제공하는 가정생활의 모습을 전제로 한 모델에서 벗어나고 있다고 지적하고 있다. 따라서 전반적으로 가족학 연구는 가족 내 권력관계로부터 여타 사회제도와 가족제도와의 관계에 초점이 옮겨지고 있다. 이러한 성향은 가족연구의 주제와 영역이 확대되고 있음을 의미한다. 즉 60년대와 70년대 연구의 초점이 되어 왔던 부부관계, 배우자선택, 이혼, 가족 내 폭력, 부모와 자녀관계, 가족의 임상치료, 가족성원간의 긴장과 갈등 등의 문제가 실증적 연구의 영역으로 남는 한편, 이에 덧붙여 이 문제들에 대한 새로운 해석 그리고 이러한 문제들에 대한 경험적 연구에 기반하여 가족문제를 사회정책이나 국가와 연결시켜 재조명하거나 가족의 계급 재생산 등 전반적인 사회 불평등 현상과 가족의 문제를 연관짓는 연구들, 그리고 가족사 연구들로 관심이 확대되고 있다. 이러한 새로운 연구동향을 정리해 본다면 크게 가족사 연구를 통해 산업자본주의의 등장과 핵가족화 문제에 대한 새로운 해석, 가족과 관련된 현상의 재개념화, 가족과 국가정책과의 관계, 그리고 불평등체계와 가족과의 관계 등으로 요약할 수 있다(조은, 1986;17).

우리는 이상으로 가족학의 과제 또는 연구동향이 당초에 가족제도, 가족형태, 가족구조, 가족기능, 결혼제도의 연구에 초점이 맞춰졌던 것이 점차 가족을 소집단으로 보고 가족성원의 상호작용적 측면에 중점이 옮겨지고 가족을 사회생활의 안식처로서 정서적 위안을 주는 것으로 이해하려는 경향에서 다시 최근에는 가족문제를 사회정책이나 국가와 연결시켜 재조명하여 전반적인 사회 불평등현상과 가족문제를 연결하여 해석하려는 경향이 있음을 살필 수 있었다.

여기에 덧붙여 앞으로의 가족연구는 실제적, 실천적 연구가 이루어져야 한다. 실천적 연구를 위하여는 이론적 연구가 선행되어야 하고 더욱이 한국 사회에 있어서의 가족문제를 해결하기 위하여는 어떻게 해야 한다는 '방법론(how)'을 제시하여야 하므로 한국 가족의 역사성·전통성을 현대사회에 재조명해야 함은 물론 가족의 이념적·본질적 문제까지도 심도있게 연구되어야 한다. 그렇게 함으로써 모든 개인과 가족원들이 가족생활에 대한 올바른 지식과 태도를 갖고 개인이 직면하는 가족문제를 잘 해결해 나갈 수 있는 능력을 함양할 수 있기 때문이다.

〈연구문제〉
1. 가족현상을 어떻게 볼 것인가, 가족현상에 대한 관점에 대하여 설명하시오.
2. 가족의 정의, 기능에 대하여 설명하시오.
3. 가족학은 어떠한 학문인가?
4. 가족학 연구의 접근방법과 범위를 설명하시오.
5. 가족학 연구의 목적은 무엇인가?
6. 가족학 연구의 과제에 대하여 설명하시오.

제 2 장
이론적 관점 및 연구 경향

김경신

　현대 산업사회의 다양한 변화 속에서 가족이 개인의 비인간화를 저지할 수 있는 마지막 보루(堡壘)로서의 역할을 지속하고 새로운 발전 방향으로 지향해 나갈 수 있도록 하는 일은 가족연구자들의 사명이다. 이러한 의미에서 가족의 연구는 이제 본질 재규명의 중요한 시점에 와 있으며, 가족 연구자의 미래지향적 통찰이 그 어느 때보다도 더욱 필요한 시점에 와 있다.

　가족은 우리의 일상생활에서 매우 친숙한 제도이기 때문에 어느 정도의 이해가 선행될 수 있다는 점에서 도움이 되기도 하나 과학적 연구를 행하는데는 오히려 이러한 점이 장애가 되기도 한다. 그러므로 가족 연구자는 이러한 선입관이나 주관적 경험에 의한 관점을 배제하고 가족에 대한 체계적인 연구를 통해 일반화의 수준을 높임으로써 미래 가족의 방향을 제시할 수 있어야 한다.

　가족체계는 광역사회 구조와 복잡한 변인에 의해 연결되어 있으며 이러한 변인은 사회구조의 다양한 측면을 반영하는 것이므로 가족을 연구함에 있어서는 여러 학문분야의 이해가 선행되어야 한다.

　또한 가족은 사회의 변화에 따라 그 구조와 기능이 광범위하게 변화되고 있으므로 이러한 변화 속에서 가족을 연구하기 위해서는 매우 역동적인 관점이 필요하게 된다. 특히 가족지향적 가치의 변화나, 결혼과 가족형태의 폭 넓은 다양성 등은 가족에 대한 연구방향의 정립에 곤란을 줌과 동시에 새로운 관심분야를 끊임없이 창출시키고 있다. 따라서 본 장에서는 가족학 이론의 정립과정과 연구경향에 대하여 살펴보도록 하겠다.

1. 가족학 이론의 정립

1) 이론화의 역사적 과정

이론(theory)이란 용어는 '주시하다'라는 의미의 그리스 어인 'theoria'에서 유래한 것으로, 미래에 일어날 사건을 예측하고 과거의 사건을 설명할 수 있는 일련의 논리적으로 체계화된 진실이라 정의할 수 있다. 이론을 통하여 일련의 사실들을 일반적 범주로 통합할 수 있으며, 또 조직적으로 통합된 방법으로 자료와 정보를 제공받을 수 있다.

이론은 변인간 관계를 규정한 일련의 명제들(propositions)을 개념적인 설계로 연결하여 이를 증명하는 과학적 연구를 통하여 형성되는데, 일련의 관찰을 통하여 연구가 시작되며 이 관찰의 결과를 근거로 이론을 형성해 나가게 된다.

그러므로 이론은 과학의 중추이며, 이론이 없다면 과학적 진보도 불가능하게 된다. 이와 같은 이유로 가족 연구도 이론화의 필요성이 대두되고 또한 이론화의 본격적인 작업이 시작되었는데, 특히 1950년 이후 체계적인 이론 형성의 노력이 계속되고 있다.

1957년에 힐(Hill) 등이 발간한 가족학 연구 목록을 시작으로, 구드의 연구(Goode, 1957) 등에서 주로 문헌 연구를 통하여, 연구에 적용되는 개념적 준거라 할 수 있는 개념틀(conceptual framework)의 파악과 이론화 과정에 관심을 기울였다. 특히 개념틀의 적용은 연구 과정상 필연적인 것으로, 일련의 명제들이 개념틀 속에서 해석되어야만이 연구 및 이론으로서의 사명을 다할 수 있는 것이므로 궁극적인 이론 형성에 중요한 부분을 차지하는 과정이다.

힐(1957)은 초기에 가족 연구에 적용할 수 있는 가장 일반적인 개념틀로 제도적, 구조기능적, 상호작용적, 상황적, 학습발달적, 가정학적 개념틀을 제시하였는데, 앞의 네 가지는 사회학자들에게 필수적인 것이고 학습발달론은 아동심리학자들에게, 가정학적 접근은 가정학자들의 연구에 적합한 것이라 하였다. 그후 가족발달적 개념틀을 추가하였고 한센(Hansen)과의 공동 연구(1960)를 통하여, 가족 아닌 개인에 초점을 둔 학습발달론과 연구량이 충분치 않은 가정학적 접근법은 제외하고 다섯 가지의 개념틀만을 제시하였다. 이러한 개념틀의 정립은 1960년대 가족 연구에 중요한 영향을 주었다(Holman & Burr, 1980 : 731).

이후 1964년에 크리스틴센(Christensen)이, 1966년에는 나이(Nye) 등이 개념틀과 관련시켜 연구결과들을 분석하고 각 개념틀의 특성을 논하였다. 크리스틴센은 상호작용론적, 구조기능적, 제도적, 발달적 접근법을 제시하였고 상황론은 상호작용론에 포함시켰다. 또 나이와 베라도(Berardo, 1966)는 심리분석적 접근법을 추가하였다.

브로데릭(Broderick, 1971)은 1960년대의 가족 연구를 고찰하면서 상징적 상호작용론과 발달론만을 주요 개념틀로 보았고 체계론을 새로이 강조하였는데, 이를 계기로 구조 기능적 관점과 제도적 접근법이 쇠퇴하고 체계론과 교환론이 새로운 접근법으로 부각되었다.

이처럼 가족 연구에서 개념틀의 분석은 1950년대 힐 등의 연구를 통해 대부분 완성되었고, 1960년대에는 연구 논문의 수가 증가함에 따라 개념틀의 범위를 수정하는 작업이 이루어졌다.

이러한 개념틀을 일반화시켜 이론화하기 위해서는 특정 변인이 여러 환경에서 어떻게 작용하는지에 대한 명제들이 제시되어야 하는데, 1966년에 힐이 명제로부터 부분적 이론을 창출하는 문제를 제기하였고 또 그 방법론을 제시하였다. 즉 명제를 수립하여 이들을 통합적으로 연결시킬 때 이론이 형성된다는 것이다.

또한 1960년대에는 이론 형성을 위한 방법론의 필요성이 대두되었고, 이러한 일련의 작업들이 가족 연구 분야의 이론 형성에 큰 영향을 미쳤다. 나이, 버어 등에 의해 새로운 방법론이 출현하고 나서 많은 학자들이 능동적으로 이론 발달에 참여하여 1970년대는 이론 발달을 위한 결정적 시기가 되었다.

1979년에 버어와 그의 동료들이 편집하여 출간한 'Contemporary theories about the family Ⅰ, Ⅱ'는 가족 분야의 연구와 이론에 있어 가장 주목할 만한 저서로서, 이를 위하여 1972년부터 1979년에 걸쳐 방대한 규모의 작업이 이루어졌다.

제 1 권에서는 양적으로 충분히 연구된 분야에 대해서 명제를 구성하여 귀납적인 방법으로 이론화를 시도함으로써 추상성이 적은, 비교적 제한된 범위의 현상을 설명해 줄 수 있는 중범위 이론(middle-range theory)을 형성하였다. 이 시기에 형성된 가족 분야의 중범위 이론으로 비교적 정교히 구성된 이론은 배우자 선택, 가족 스트레스, 결혼의 질 등에 관한 이론이고, 초기 단계인 것은 의사소통, 세대간 지속성, 형제관계, 출산 등에 관한 이론이다(Holman & Burr, 1980 : 733).

머어튼(Merton, 1957)에 의해 그 개념이 시작된 중범위 이론은 현실의 일상 생활과 괴리된 지나치게 추상적인 이론을 회피하려는 사회학적 경향을, 경험 주의로 치우치지 않도록 하면서 조사와 자료에 근접하여 특정영역의 연구 결과들을 전체적인 이론의 형태로 나타낸 것으로서, 현대 사회학 이론에 매우 큰 영향을 미쳤다.

제 2 권에서는 교환이론, 상징적 상호작용론, 체계이론, 갈등이론, 현상학적 이론 등, 사회학 또는 사회심리학적 일반 이론을 연역적으로 가족분야, 특히 1 권에서 도출된 이론적 사고에 연결시켰다.

그러나 1 권에서 도출된 중범위 이론과 일반 이론의 통합 작업은 비교적 오랜 이론 형성의 역사를 가진 상징적 상호작용론과 교환론에 있어서만이 유용하게 적용되었다. 그런 의미에서 2 권에서 인용한 것은 이론이 아니고 개념틀 내지는 이론적 조망(眺望, perspective)이라고 할 수 있다(Thomas & Wilcox, 1987 : 89-90).

이처럼 개념틀, 이론, 이론적 조망과 같은 다양한 의미가 혼재되어 있는 시점에 중범위 이론은 다양한 이론화의 출구를 개방하는데 큰 기여를 하였다. 그러나 이러한 중범위 이론이 일반 이론으로 진행되기에는 의미의 비동질성, 현상의 다양성 등 많은 장애 요인을 가지고 있다.

1980년 이후에는 이제까지의 이론 형성 과정에 대한 여러 가지 비판과 재평가 작업이 이루어졌고, 특히 가족치료 등과 같은 임상적 분야에서 지금까지 전개해 온 형식의 이론 형성이 어느 정도 유용한 것인지 논의되었다.

또한 가족 연구 분야를 하나의 고유한 학제적 연구 영역으로 독립시키려는 요구에 부응하여 1983년 버어와 리이는 'Famology'라는 명칭을 제시하였고, 스프레이(Sprey, 1990 ; 1991)는 다양한 사회 문화적 구조 속에서 변화하는 가족의 실체를 표현해 줄 수 있는 가족이론이 되기 위해서는 주변이론을 수용하는 다원론적이고 학제적인 접근이 필요하다고 하였다.

가족학 연구는 이론화의 필요성이 제기된 이래 지금까지 많은 학자들에 의해 다양한 방향에서의 이론작업이 계속되고 있고 실제로 이론적 사고의 형성에 큰 진전을 보이고 있으나, 여전히 논리적이고 과학적인 이론 형성의 초기 단계에 있다고 할 수 있으므로 앞으로 체계적인 이론 형성을 위한 꾸준한 연구가 기대되고 있다.

2) 일반 이론의 내용 및 적용

이제까지 가족 연구에 개념틀로서 적용된 사회학적 일반이론은 힐(1957)의 분류 이래 몇 번의 분류상의 수정작업이 있었고, 버어 등(1979)에 의해 비교적 최근에 다섯 가지의 대표적인 이론이 열거되었다. 그러므로 여기서는 교환이론, 상징적 상호작용이론, 체계이론, 갈등이론, 현상학적 이론 등의 다섯 가지 일반이론의 개괄적 내용을 살펴보고 각각 이들이 가족 연구에 어떻게 적용되는지 살펴보고자 한다.

(1) 교환이론

① 이론의 개요

사람들은 자신의 이익이 극대화될 수 있게 하기 위해 손실이 큰 행동을 피하고 투자한 이상의 보상을 얻을 수 있는 방향으로 타인과 상호작용한다. 타인과 비교하여 비용, 보수 등의 관계가 유리하면 이제까지 취한 행동을 지속하고, 불리하면 그 관계를 개선하거나 중지해서 새로운 비율관계로 지향한다. 이것은 개인이나 집단, 혹은 사회조직도 마찬가지이다. 교환이론은 이러한 일반 명제를 시작으로 전개되어 개인간 상호작용과 그를 둘러싼 광역 집단에서의 교환작용을 다루고 있다.

교환이론은 그 연원을 공리주의 고전경제학, 기능주의 인류학, 행동주의 심리학에 두고 있다. 물질적 교환과정에 중점을 둔 고전 경제학의 교환개념은 기능주의 인류학에 와서 비물질적 상징적 교환의 개념으로 발전하였으며 경제적 욕구보다 심리적 욕구를 교환의 동기로 중시하기 시작하였고, 이것이 행동주의 심리학에 와서 완성을 보았다. 행동주의 심리학을 통하여 공리주의의 효용과 비용개념은 보상과 벌로 대체되었다.

그러나 인간은 동물과 달리 복잡한 내적 심리과정을 가지며 사회구조와 문화규범에 의해 규제되므로 교환관계는 보상이 큰 사회적 관계에서 발생하며 이때 규범이 교환 관계를 규제하게 되고 사회조직도 이러한 과정을 통해 형성된다.

② 이론가

교환이론은 호만스(Homans)와 블라우(Blau), 그리고 에머슨(Emerson)에 의해 대표된다. 교환이론의 창시자로 알려진 호만스는 행동주의 심리학의 원리들을 강조하며 인간은 항상 보상과 벌을 주고 받으며 교환한다고 하였다. 따라서 사회 조직도 인간의 기본적인 욕구를 충족시키기 위해 출현하고 이러한 기능을 상실할 때 붕괴된다고 하였다. 그러나 호만스의 원리는 인간이 항상 모든 상황에서 비용과 보상을 비교하고 평가하는 상호작용을 하고 있는지에 대한 의문을 제기하게 한다.

블라우는 기능이론과 갈등이론 그리고 상징적 상호작용 이론의 입장이 통합된 교환 이론을 주장하였는데, 인간이 보상을 추구하는 데는 개인간 상호작용 뿐만 아니라 거시적 사회단위들에 의해 제약을 받는다고 하였다. 즉 교환과정에 대한 외적 구속으로서 제도가 발생하며 규범을 통하여 형식화된다는 것이다. 그러나 집단적 특성을 무시한 광범위한 거시적 시각과 거시적 사회조직화에 대한 모호한 설명 체계는 문제점으로 지적되고 있다.

에머슨은 호만스와 유사하게 심리학적 행동주의, 특히 조작 심리학의 논리를 기반으로 하였으나 보다 개념적 엄밀성이 두드러진다. 그는 둘 이상의 행위자들의 교환관계를 하나의 단위로 보고 이들이 형성하는 사회관계를 중시하였으므로 핵심을 개별적 행위자의 가치 문제에 두지 않고 그들 밖에 있는 사회적 변수에 두고 있다. 그리고 교환관계의 그물망 안에 있는 행위자들의 여러 적응방식에 따라 권력의 역동성을 추적하였다.

③ 가족 연구에의 적용

1960년대 후반부터 가족 연구에 적용되기 시작한 교환이론은 1970년대 이후 중요한 개념틀로 부상되었다. 가족원간의 교환은 부부간, 부모자녀간 관계를 기점으로 시작되어 광역 사회와의 관계로 확대된다. 기본적으로 가족원간의 교환은 관계 자체가 보상으로 작용되는 경우가 많지만 산업사회가 진행되면서 점차 이러한 가족간의 교환적 특성이 감소하고 있다.

부부관계에서는 배우자 선택에서 교환개념이 시작되어 부부 권력, 의사소통, 결혼의 안정성, 성역할, 성행동, 가정 폭력 등에 적용되고 있다. 배우자 선택 과정에서는 상호간에 소유한 제반 자원에 의해 보상 정도가 평가되어 선택 행위가 일어나며 부부간의 권력에 있어서는 각자의 자원이 심리적, 사회문화적 맥락 속에서 평가되어 작용하게 된다.

부모자녀 관계에서는 물질적 보상을 더욱 추구해 가는 산업사회에서의 모 취업 문제, 세대간 유사성이나 동일시에 보상적 관계가 미치는 영향, 사회 계층별 부모 행동이나 가치관에서의 비용 개념 등이 교환이론과 연관된다.

(2) 상징적 상호작용이론

① 이론의 개요

상징적 상호작용론은 개인이 선택적으로 반응하는 주관적 입장에서 사회 현상을 파악하며 사회 현상을 하나의 과정으로 이해하므로 행위자의 정신적 능력, 행위 및 인간들 간의 상호작용에 초점을 둔다.

또 상호작용 과정에 있는 행위자들은 의미 있는 상징을 사용하며 이 상징들은 그 의미에 근거한 반응을 불러 일으킨다. 그러므로 개인은 사회환경과의 상호작용을 통하여 가치를 파악하고 지위와 역할 개념을 획득한다.
　사람들의 행동을 일으키는 직접적 원인은 정신적인 과정이지만 그것이 인간에게 어떤 의미와 가치를 주었을 때 실제 행동 특성과 직결된다. 따라서 인간은 사회적 상황의 정의에 따라 대상들을 상징적으로 지시하고 반응하며 사회구조 역시 이러한 상징적 상호작용에 의해 창조, 유지, 변동된다. 그러므로 사회조직의 유형을 알기 위해서는 이러한 개인의 상징적 과정의 이해가 선행되어야 한다.
　이 때 인간들이 서로를 알고 그 반응을 예상하여 서로에게 적응할 수 있게 되는 능력을 역할 취득이라 한다. 그러므로 역할 취득의 과정은 상호작용이 일어나는 기본적 기제이며 개인과 사회를 연결시켜주는 개념이므로 사회 조직의 유형 탐색을 위해서는 역할에 대한 필수적인 이해가 요구된다.

② 이론가
　현대의 상호작용론은 19세기 말에서 20세기 초에 제임스(James), 쿨리(Cooley), 듀이(Dewey) 등의 미국의 사상가들로부터 전개되기 시작하여 미드(Mead)에 의해 체계화되었고 블루머(Blumer)와 쿤(Kuhn)에 의해 계승되었다.
　제임스는 주위대상에 자신을 나타내고 감정과 태도를 개발하여 반응을 구성하는 인간의 자아 개념을 명백히 하여 자아의 유형론을 발전시켰다. 그리하여 개인이 타인과의 연관성에 연루시켜 개발하는 사회적 자아라는 개념을 통하여 인간의 자신에 대한 감정이 타인과의 상호작용에서 시작한다는 점을 인식시키고 있다.
　쿨리는 자아 개념을 발전시켜 개인이 서로 상호작용할 때 서로의 몸짓을 해석함으로써 타인의 관점에서 자신을 본다고 하였다. 그로부터 자신에 대한 이미지, 자아 감정과 태도를 이끌어 낸다는 것이다. 특히 일차적 집단에서 이러한 역할이 더욱 강조된다.
　듀이는 인간은 계속해서 자신의 환경조건을 극복하려고 노력하는 과정에서 독특한 특성을 형성한다고 하였는데, 특히 이러한 적응의 과정에서 정신이 사고과정으로서 나타나 사회 조직 속에서 끊임없는 상호작용을 통해 지속되고 있음을 보여 주었다.

미드는 인간 정신과 자아를 사회적 상호작용의 과정과 연관시켜 일관성 있는 개념체계를 수립하였는데, 인간 정신이란 상징이나 언어를 통해 행위의 적절한 경로를 선택하는 과정이라 하였다. 또한 인간은 성숙해 감에 따라 자기 자신을 객체로서 상징적으로 표현할 수 있게 되는 안정된 자아 개념을 획득해 나가게 되는데, 이 때 역할 취득의 과정이 일어난다는 것이다. 이처럼 인간 개인의 조직화되고 유형화된 상호작용으로 사회가 구성되므로 구성원간 반응의 재조정 과정을 통해 사회는 계속 변화한다고 하였다. 그러므로 사회의 유지와 변동은 모두 개인의 역할 취득과 자아 평가의 과정을 통해 이루어진다고 하였으나 이것의 정확한 상호작용 과정을 보여주지는 못하였다.

블루머는 자신의 세계 속에서 능동적 창조자로서 상호작용 상황 속에 대상을 삽입시키는 인간의 자발성을 강조하였다. 또 상호작용의 창조성 때문에 사회 조직은 끊임없이 변동한다고 하였다. 반면 쿤은 인간의 인성과 사회 조직을 구조화된 것으로 보고 상호작용은 이러한 구조들에 의해 제약받는다고 보았다. 즉 핵심적 자아의 힘과 상호작용은 집단적 맥락 속에서 제약되며 개인은 준거집단 속에서 자신의 역할을 이끌어 낸다는 것이다.

③ 가족 연구에의 적용

상징적 상호작용 이론은 가족의 내적인 과정에 중점을 두고 배우자 선택, 세대간 가치관의 전이, 역할과 지위관계, 가족 스트레스, 취업모 문제, 가족 내 권력, 결혼의 질, 의사소통 등 다양한 분야에 적용되고 있다.

배우자 선택에서는 피드백(feedback)에 의한 개인간 상호작용 과정을 중시하며 세대관계에서도 사회, 역사적 힘이 세대간 전달과 같은 상호작용에 영향을 미친다는 점을 지적하고 있다. 가족의 역할 구조는 가족의 상호작용 과정 속에서 발생하며 이것이 모든 가족원의 행동을 규정하고 외부 사회체계와의 상호작용도 규정한다. 또한 이것은 가족 성원이나 사회의 변화에 따라 수정되며 그 과정에서 가족의 안정성이나 갈등도 분석되어진다.

자아나 행동 특성, 상호작용, 역할 취득과정 등의 상호작용론적 개념은 의사소통과 가족 치료에 많은 도움을 준다. 역할의 기대와 인지, 수행간의 과정에서 준거집단과 개인이 상호영향을 주고 받으므로 가족내에서의 개인의 사회화 과정이 매우 큰 주목을 받게 되고 일탈행동도 이러한 관점에서 이해될 수 있다.

(3) 일반체계이론

① 이론의 개요

체계란 하나의 통일적 전체를 구성하는 상호관련된 부분들의 집합으로서, 체계의 한 요인이 변화하면 다른 요인들도 그에 의해 변화하며 그 변화가 다시 처음의 변화 요인에 영향을 준다. 특히 가족체계는 개방체계로서 끊임없이 내적 정합이 추구되는 동시에 외부로 향하여 열려 있다.

일반체계이론은 이처럼 복잡한 관계들의 체계 안에서 인과관계를 바라보는 관점의 시작으로, 1920년대 베르탈란피(Bertalanffy)가 일반체계론적 접근 방식을 명시한 이래 제2차 세계대전 이후 위너(Wiener), 섀넌(Shannon), 노이만(Neumann), 캐넌(Cannon), 밀러(Miller), 볼딩(Boulding) 등으로 이어졌다. 1954년 일반체계연구협회가 조직되어 체계의 공통적 특성을 찾고자 하는 학제적 노력이 시작되었고, 사회문화적 현상에도 체계개념의 유용성을 입증하고자 하는 시도가 이루어졌다.

체계이론은 에너지나 물질, 정보의 개념에서 시작한다. 에너지는 물질과 정보의 운동을 생성시키는 능력이다. 이러한 에너지, 물질, 정보들이 상호관련된 방식을 조직화라고 하고, 이것이 어느 정도의 응집성을 보일 때 체계가 나타난다. 그러므로 여러 하위 체계들과 상위 체계의 관계를 밝혀내고 조직화의 유형을 탐구하는 것이 체계이론이다.

한 체계가 환경 속에서 스스로 규제하는 과정을 '사이버네틱'이라 하며 이것은 온도조절 장치와 같은 피드백 체제로서, 이 개념이 확대되어 체계의 변형이 가능하게 된다. 체계에는 상이한 유형이 있고 각기 그 수준을 나타내는 속성을 가지며 모든 체계 수준은 에너지, 물질, 정보의 처리와 관련된 공통의 하위 체계를 가진다.

② 이론가

밀러는 생명체계에는 세포, 기관, 유기체, 집단, 조직, 사회, 초국가의 일곱 가지 수준이 있다고 하였는데, 이러한 밀러의 생명체계는 각각 위계수준을 이루고 있어 상위수준은 하위에 있는 모든 수준들로 구성된다. 즉 기관은 세포들로, 유기체는 세포와 기관들로, 조직체는 세포와 기관과 유기체와 집단들로 구성된다. 그리고 각각의 수준은 에너지, 물질, 정보가 어떻게 처리되느냐에 관한 공통된 하위 체계 속에서 그 자체의 독특하고 복잡한 특성을 나타낸다. 하위 체계는 재생산, 경계, 섭취, 분배 등 열아홉 가지로 구성되는데, 예를 들어 재생산 체계의 경우는 세포에서는 염색체이고 집단에서는 짝지은 쌍, 사회에서는 국회가 된다.

그러나 이러한 밀러의 이론은 사회나 집단이 유기체와 그 성질을 같이 할 수 있는지의 문제, 체계론적 개념이 사회학적 개념을 정확히 표현해 주지 못한다는 문제, 그리고 사회내에 존재하는 다양한 특수 현상을 설명해 주지 못한다는 문제 등을 발생시키고 있다(김진균 외 역, 1989 : 509).

③ 가족 연구에의 적용

가족체계는 가족원, 가족원 간의 관계, 가족의 속성, 환경 등으로 구성된다. 체계적 접근으로서의 가족은 가족 개개인의 행동보다는 상호의존적 관계와 유형을 바탕으로 응집성과 적응성을 보이는 전체로서의 의미를 가진다. 그러므로 가족원의 특정 행동 유형은 그것이 나타난 인간관계 속에서 분석되고 전체적인 체계의 입장에서 이해되어야 한다.

모든 가족체계는 부부, 부모자녀, 형제들의 여러 개의 하위 체계로 구성되어 있다. 가족원은 각자 한꺼번에 여러 하위 체계에 소속될 수 있고 이러한 하위 체계를 통해 가족은 그 기능을 수행한다. 경계는 하위 체계들의 가장자리로서, 효과적인 가족 기능이 일어나려면 이 경계가 분명해야 하며 어느 정도

투과적이어야 한다.

 심각한 장애를 가진 가정은 폐쇄적인 체계를 가지고 있다. 가족원들의 기능이 미분화되고 역기능에 빠져들기 쉽다. 가정 폭력은 이러한 경직된 체계 안에서 발생한다. 또 폭력은 끊임없는 피드백을 통해 가족체계에서 세대를 거쳐 전수된다.

 둘 이상의 인간관계가 갖는 속성으로서의 가족의 권력 역시 체계의 속성이며, 가족관계의 체계적 속성 때문에 권력은 상호교류적 방식으로 나타나 서로에게 영향을 준다. 또 사회는 성이나 연령 등의 요인을 통해 가족내 권력 발달에 영향을 주며 체계내의 권력은 가족의 성장에 따라 변화하는 역동성을 가진다.

 (4) 갈등이론

 ① 이론의 개요
 갈등이론은 사회 과정을 투쟁이나 갈등과 같은 사회적 편재성(遍在性)으로 설명하려는 이론으로, 사회의 갈등적 측면을 과소 평가한 기능주의에 대한 반동으로 생겨났으며 사회 과정에서 권력 분화와 같은 갈등의 불가피성을 강조하고 있다.
 갈등은 각각의 어떤 정서나 동기가 서로 대조되어 일어나는 적대적인 상호작용을 일컫는 것으로, 그 단위는 개인으로부터 거대 집단까지 다양하다. 갈등의 궁극적인 원인은 불평등이며 사회체계는 재조직을 통해 순환적인 갈등 생성을 겪고 있고, 이것이 또다른 사회 변동을 일으킨다.
 그러나 갈등이론가들은 모든 사회관계를 갈등으로 해석하려는 문제를 해결하여야 하고, 상이한 유형의 사회적 단위들 속에서 갈등이 일어나는 조건을 탐색하는 노력을 하여야 한다.

 ② 이론가
 갈등적 시각은 마르크스(Marx)와 짐멜(Simmel)의 이론으로부터 지적 기원

을 찾아볼 수 있다. 두 사람의 대표적인 이론은 상호보완적으로 서로에게 부족한 점을 보충해 주어 현대 갈등이론의 완성에 큰 힘이 되었다.

자본주의의 출현과 붕괴 과정에 관련하여 전개된 마르크스의 갈등이론은 사회관계에 내재하는 모순들이 계급간의 갈등을 불가피하게 하고, 이것이 사회 변화를 일으킴으로써 자본주의가 붕괴된다고 하였다.

특정한 시대적 한계를 갖는 마르크스의 이론과는 달리 짐멜은 보편적 법칙으로서의 사회 구조를 지배와 복종으로 보지 않고 인간의 본능에 의존한 다양한 연합 과정과 해체 과정으로 보았다. 그러므로 그는 사회 해체나 붕괴보다는 사회 지속성에 갈등이 미치는 영향을 살피고 적대 충동을 사회 유지의 한 과정으로봄으로써 그 긍정적 결과를 분석하려고 하였다.

또한 마르크스가 갈등의 원인을 중시하고 갈등의 발생에 관련된 변인 분석을 중시한 반면, 짐멜은 갈등이 체계 전체나 부분에 미치는 영향에 관심을 두고 그 형태와 결과에 주목하였다.

이러한 두 학자의 이론 전개는 현재의 갈등 이론가들에게 통합되지 못한 채 전수되어 현대의 두 가지 지배적인 갈등적 시각을 형성하였다. 즉 다렌도르프(Dahrandorf)를 중심으로 한 변증법적 갈등이론과 코저(Coser)를 중심으로 한 갈등 기능주의가 그것이다.

다렌도르프는 권력이나 권위와 같은 희소자원들이 갈등과 변동의 주요 원인이라고 지적하여, 마르크스처럼 경제적 이해관계가 아닌 권위분배의 불평등에 갈등의 원인을 두고 있다. 지배 집단과 피지배 집단 사이에는 의식적, 무의식적으로 갈등이 상존하고 이 두 집단의 이해관계는 불가피하게 갈등을 발생시킨다고 하였다.

이러한 다렌도르프의 이론을, 갈등의 해소가 새로운 이익을 창출하고 이것이 다시 갈등을 생성시킨다는 의미에서 변증법적으로 보는 시각도 있으나 여전히 구조 기능주의의 영향 속에 있다는 지적도 있다.

코저는 갈등이 사회체계 내에서 통합성과 적응성의 긍정적 기능을 하는 것으로 보았다. 즉 갈등이 없으면 창의성이 둔화되고 의식의 변화가 정지된다는 것이다. 그러나 원초적 집단에서는 그 사회 구조가 경직되어 일단 갈등관계가 일어나면 흡수할 수단이 없으므로 갈등이 폭력화된다고 하였다.

③ 가족 연구에의 적용

스프레이(Sprey)는 갈등 이론을 가족 연구에 적용시킨 대표적인 학자로서, 권위나 자원의 분배 과정에서 가족의 갈등이 존재하는 것은 필연적이므로 이를 만족스럽게 해결하기 위해서는 가족원의 적절한 대응 방식이 필요하다고 하였고, 어떤 갈등 관리 방법이 사용되는가에 따라 가족의 유지와 해체가 결정된다고 하였다.

또한 콜린스(Collins)는 성, 연령 등의 사회 구조적 불평등이 자원의 분배 과정상 갈등을 발생시키는데, 이것이 가족 내의 성적 불평등, 세대간 갈등을 일으킨다고 하였고 집단간 갈등에 대한 거시적 관점도 제시하였다.

갈등이론적 관점은 가족 내의 이해관계나 권력 혹은 자원의 불평등에 초점을 두고 있으며, 가족 내에서 갈등이 반복된다고 해서 반드시 가족 해체가 발생되는 것은 아니며 가족체계가 더욱 구조화되기도 한다고 하였다. 그러므로 갈등을 긍정적 혹은 부정적, 어느 쪽으로 보느냐에 따라 갈등의 강도와 지속성이 결정되게 된다. 또한 갈등이론에서는 가족 갈등이 처리되는 과정이 중요하므로 부부관계나 부모자녀관계 등에서의 자원과 권위의 독특한 특성이 파악되고 존중되어야 한다.

(5) 현상학적 이론

① 이론의 개요

현상학이란 용어는 19세기 이전에는 넓은 영역에 걸쳐 사용되는 말이었으나 19세기 초 후설(Husserl)에 의해 철학적 방법으로서의 의미를 고정시킨 이래 사회적 행위의 해석에 있어 의식과 주관적 의미의 우선성을 강조하는 모든 입장을 포괄하는 일반적 의미로 쓰이고 있다.

현상학은 의식에 나타나 있는 것, 즉 현상을 충실히 포착하고 그 본질을 직관에 의해 파악, 기술하고자 하는 이론으로, 인간의 외부 세계에 대한 관념은 감각을 통해 매개되고 정신적 의식에 의해 인식된다고 한다. 즉 사람들은 실재와 직접적으로 접촉하는 것이 아니고 인간 정신의 과정을 통하여 간접적으로 세계를 알아가게 된다는 것이다. 그러므로 현상학의 중심적 관심은 의식의 과정, 즉 인간의 경험이 외재적 실재에 대해 어떻게 감각을 형성시켜 나가는가의 과정에 두고 있다.

사람의 주관적 의식 상태와 외재적인 사회 세계를 어느 정도 받아들이냐에 따라 현상학의 방향은 달라진다. 그러므로 이후 현상학에서는 사람들이 사회적 실재에 대한 주관적 상태나 감각을 어떻게 그리고 어떤 방법으로 구성하고 유지하며 변경시켜 가는가에 대한 탐구가 계속되었다.

② 이론가

후설은 사람들의 정신 생활에 스며 있는 당연시된 세계를 생활세계라 부르고 그들은 동일한 세계를 경험한다는 가정 속에서 움직이는데 그들 자신의 의식만을 경험하기 때문에 이 가정이 옳은지 그른지 결정할 능력이 없다고 하였다. 그러므로 실재에 대한 유일한 확인 방법으로서 의식의 본질에 대한 탐구를 주장하였다. 즉 사회적 사건이 이해되려면 이것이 매개되는 기본적 과정, 즉 의식이 이해되어야 한다는 것이다. 의식의 근본적이고 추상적인 속성은 생활세계의 실체와 분리될 때 이해되고 이러한 이해가 이루어져야 실재의 본질에 대한 진정한 통찰이 가능하다는 것이다.

그러나 후설은 이러한 의식의 추상적 이론을 성공적으로 전개시키지는 못하였다. 다만 인간 의식과 사회적 실재에 대한 이해는 오직 실제로 상호작용하는 개인을 고찰함으로써 가능하다는 확신을 주었다.

슈츠(Schutz)는 후설의 근본적 현상학을 베버(Weber)의 행위 이론 및 미국의 상호작용론과 융합시킨 학자이다. 즉 후설의 사고에 사람들의 의식에로의 공감적 내성이라는 베버의 전략을 도입하였고, 상호작용 가운데에서 사람들을 관찰함으로써만 행위자들이 동일한 세계를 공유하게 되는 과정을 찾아낼 수 있다고 하였다. 특히 행위자들은 몸짓의 해석을 통하여 타인들의 태도를 추정한다는 미드의 역할 취득 개념이 중대한 영향을 미쳤다.

슈츠에 의하면 모든 인간은 그들이 사회세계에서 행동할 수 있도록 해주는 규칙, 사회적 처방, 적합한 행동의 관념 및 정보를 마음 속에 지니고 다니는데, 이것이 사람들이 사회세계에서 유효적절하게 행동하면서 사건들을 해석할 수 있는 준거틀이라는 것이다. 이러한 슈츠의 사고는 의식의 기본적 속성과 과정을 설명함으로써, 현상학을 후설의 추상적 사고로부터 벗어나게 하여 그의 생활세계관을 상호작용 과정으로 변환시켰다.

③ 가족 연구에의 적용
현상학적 관점에서 본 가족은 행위자의 의도적인 의식 안에 나타나는 바대로 지속적으로 경험되는 내용으로 구성되는 장(場)이다. 가족 구성원은 그들만의 공유된 세계에서 이미 만들어진 규칙, 문제 해결책, 사회세계에 대한 관념들을 제공받는다. 이러한 유형화는 습관적 적응 유형을 만들고 이러한 문화적 유형화가 행위를 결정한다.

가족은 제가끔의 독특한 기질과 우리 관계, 친밀감, 자율감 등을 갖고 있으므로 이것이 상이한 개체가 부딪칠 때 갈등과 긴장이 발생한다. 데이팅, 구애, 결혼, 노령화 등 전 과정이 이러한 경험의 차이를 극복해가는 과정이다.

결혼관계에 있어서 두 사람은 이방인으로서 만나 과거 경험 세계의 차이를 조정하고, 이러한 차이가 상호보완적 방법으로 해석될 수 있도록 공동의 경험 세계를 구축해야 한다. 이때 서로가 상호작용 방법의 사용에 동의하지 않으면 않을수록 상호작용은 어려워지고 사회 질서도 위협받는다. 부모자녀관계에서의 사회화 과정은 어떤 의미에서 경험의 차이가 만들어지고 시작되는 과정이다.

가족 일탈 현상의 경우 구조 기능주의 입장에서 본다면 사회 규범으로부터의 일탈로 정의될 수 있으나, 현상학적 관점에서 규범은 당연시 되는 것이 아니므로 일탈 행위는 개인의 경험 세계에 따라 달리 해석될 수 있다. 다만 행위에 대한 반응이 공유된 의미를 가질 때, 그 행동은 일탈로 정의될 수 있다. 그러므로 일탈의 상대성이라는 관점에서 본다면 오히려 그러한 공감적 반응이 어떻게, 왜 나오느냐가 문제인 것이다.

그러므로 일탈은 나름대로의 두 구조간의 갈등, 또는 구조는 관련되나 일치된 세계 구성에의 실패, 구조와 의미간의 불일치 등으로 해석될 수 있다. 결국 현상학적 관점에서의 일탈은 각자의 나름대로의 구조간의 갈등으로, 혹은 관련 구조 내에서 개인의 불일치로 본다. 그러므로 구조의 변화만이 일탈의 해석을 달리하게 할 수 있다.

2. 가족학의 연구 경향

1) 국외의 가족 연구

외국에서 가족 연구는 학자에 따라 몇 가지 시기적 분류를 하고 있는데, 크리스틴센(Christensen, 1964)은 50년 간격으로 구분하여 1850년 이전을 전(前) 연구 시기, 1850-1900년까지를 사회적 다윈이즘(Darwinism) 시기, 1900-1950년까지를 과학적 연구의 출현 시기, 1950년 이후를 체계적 이론 형성기로 분류하였다. 또한 아담스(Adams, 1980)는 30년 간격으로 구분하여 1860-1890년을 사회적 다윈이즘 시기, 1890-1920년을 사회적 개혁 시기, 1920-1950년을 과학적 연구 시기, 1950-현재를 가족이론 형성기로 분류하였다.

이러한 선행 연구의 시대적 분류를 참고하되 본고(本稿)에서는 특히 최근의 연구에 중점을 두어 가족학의 연구 경향을 살펴 보고자 한다.

(1) 1920년 이전의 연구

가족에 대한 체계적인 연구는 19세기 중엽이 지나서야 시작되었는데, 1859년 다윈(Darwin)이 종의 기원(Origin of Species)을 발표하면서부터라고 할 수 있다. 곧이어 모건(Morgan), 바호펜(Bachofen), 엥겔스(Engels) 등이 다윈의 생물학적 진화론을 인간의 역사 과정에 적용시키면서 가족에 관해 언급하였는데, 이들 연구들은 결혼과 가족의 기원과 진화과정을 추론하였으나 과학적 방법을 사용하지 못하였으므로 이론화하기에는 불충분한 것이었다. 그러나 예외적으로 르플레(Le Play)는 유럽 노동자 가족에 대해 면접과 참여 관찰법을 통한 광범위한 가족 분석을 시도하여 과학적 가족 연구의 선구자가 되었다 (Adams, 1980 : 6-7).

이처럼 가족 연구의 초기에 이루어진 유럽 사회사상가들의 역사적인 연구는 이후 특히 미국의 사회학 형성에 깊은 영향을 주고 상호교류 되어 가족사회학 분야의 정립에 큰 기여를 하였다.

19세기 말에도 다윈주의의 영향을 받은 저술이 계속되었으나 20세기 이후 산업화와 도시화가 진전됨에 따라 사회 변화에 대한 가족의 적응이 중요시 되면서 사회 문제와 개혁에 관심이 집중되었다. 이처럼 가족 개혁의 필요성에 직면한 미국의 초기 사회학자들, 특히 시카고 대학의 사회학부에서는 1894년 미국 사회학회지(The American Journal of Sociology)를 창간하면서 문제 해결과 가족 강화를 위한 개혁의 주된 역할을 하였고, 1910년 이후에는 정책적 지원도 받게 되었다.

(2) 1920-1950년의 연구

1920년 이후에는 초기에 통계적 방법이 개발되면서 가족에 대한 과학적 연구가 강화되었다. 또한 토머스(Thomas), 쿨리(Cooley) 등의 사회심리학자들이 개인의 인성 적응에 대해 관심을 기울였는데, 특히 이 분야 가족 연구에 큰 업적을 남긴 학자는 버제스(Burgess)로서, 가족을 상호작용하는 인성의 통일체로 보고 결혼의 적응에 관한 연구를 통하여 미국에서의 배우자 선택, 가족 구성원의 상호작용, 이혼 등에 관련된 많은 요인들을 분석하였다. 한편 가족 연구의 역사적 접근 방법도 계속되었으나 그 이전에 비해 진화론적 견해보다는 문헌적 자료와 기록에 충실한 연구들이 발표되었다(Christensen, 1964 : 9).

1920년대와 1930년대에 유럽의 학자들이 미국의 가족 연구에 많은 영향을 미쳤는데, 특히 피아제(Piaget), 프로이드(Freud)의 저서는 자녀의 발달과 부모의 행동에 관한 연구와 이론분야에 영향을 미쳤고 가족생활교육운동에도 응용되었다.

1938년에는 "National Council on Family Relations(NCFR)"라는 단체가 조직되면서 가족연구 분야에서의 학술활동이 더욱 활성화 되었고, 'Marriage and Family Living'이라는 잡지를 간행함으로써 연구와 이론의 발달에 기여하게 되었다.

1, 2차 세계대전과 대공황은 가족 자체뿐만 아니라 가족 연구나 이론에도 지대한 영향을 미쳐 가족학자들은 사회문제의 해결 과제에 직면하게 되었다. 따라서 위기 상황에서의 가족 적응을 엔젤(Angel, 1936), 케븐과 랭크(Cavan & Ranck, 1938) 등이 연구하였고 짐머만(Zimmerman, 1935)은 프램튼(Frampton)과 함께 르플레의 영향을 받은 유사 연구를 미국에서 수행하여 도시가족 체계보다는 상호의존적인 농촌가족 체계가 공황에 더 적응적이라고 결론지었다. 이처럼 가족을 강화시키기 위한 노력은 1940년대의 연구에도 지속되어 가족향상 프로그램에 정부의 참여도 증가하였다(Thomas & Wilcox, 1987 : 84).

(3) 1950-1970년의 연구

1950년 이후 가족의 연구 활동은 가속화되어 체계적 이론 형성이 이루어지기 시작하였다. 이후 20년 동안에 그동안의 연구 결과들이 요약되고 개념틀이 형성되었으며 시험적인 이론적 시도가 이루어졌다. 그런 의미에서 1960년대는 개념틀의 형성기이고 1970년대는 이론 형성기라고 볼 수 있다. 이후 많은 비교 연구, 총합, 재작업 등이 행해져 가족학이 사회학 분야에서 주류를 차지하게 되었다. 구드, 힐, 나이, 버어, 레스(Reiss), 파버(Farber) 등이 이러한 활동의 선구자들이다(Adams, 1980 : 9).

크리스틴센은 1964년까지 가족 연구의 주요 경향을 일곱 가지로 정리하였는데, 첫째는 과학적 견해에 대한 수용도가 증가하였다고 하였다. 둘째는 사회학 내에서 이 분야의 중요도가 상승하였고 셋째는 버제스의 영향으로 가족내에서의 개인의 적응에 대한 관심이 증가하였다고 하였다. 넷째는 실질적이고 경험적인 연구가 증가하였고 다섯째는 "NCFR"과 그 발간물인 'Journal of Marriage and the Family', 'Family Relations' 등과 같이 가족연구 분야의 단체활동이 증가하였다고 하였다. 여섯째는 연구 방법론이 끊임없이 개발되었고 일곱째는 특히 1950년 이후 이론 형성에 관한 관심이 증가하였다고 하였다.

(4) 1970년대의 연구

1970년대의 가족 연구는 가족이 다른 제도적 변화에 부응하여 그 구조와 기능을 계속 적응시켜 나가야 한다는 당면과제의 해결에 노력하였다. 그래서 1960년대에는 나타나지 않았던 성역할, 십대부모, 가족긴장 및 대처, 가족내 폭력 등의 연구영역이 등장하였다.

성역할 분야에서는 양적으로 풍부한 연구가 이루어졌으나 초기 수준의 경험적 일반화가 대다수였다. 그러나 성역할을 성차별적 개념이나 노동 분업적 개념으로 보던 인식이 변화하게 된 것은 사실이다. 즉 성역할에 선택력을 부여하고 두 성 간의 역동적 관계를 수립하게 된 것이다.

부모자녀관계에서도 부모의 행동에 자녀가 중요한 결정인자임을 인식하기 시작하여 일방적인 부모의 영향보다는 상호적인 영향을 고려하기 시작하였다. 또한 혼전 성에 관해서는 그동안의 꾸준한 연구 축적의 결과로서 상당한 이론적 진전을 보여주었다.

배우자 선택 분야에서는 데이팅에 대한 관심이 감소하고 구애과정에 대한 관심이 증가하였으며 사랑에 관한 연구도 다시 증가하였다. 인종, 종교, 사회경제적 지위 등 배우자 선택에 영향을 주는 전통적 요인들이 개인간 관계의 역동적 측면을 중시하는 방향으로 변화하면서 새로운 이론도 나타나기 시작하였다.

1970년대에 가장 광범위하게 연구된 분야는 결혼의 질에 관한 것으로, 조사대상의 확대라든지 자료분석 방법 등에 있어서 방법론적 향상이 이루어졌다. 또한 명제의 발달과 더불어 자녀가 결혼의 질에 미치는 영향에 대한 관심도 증가하였다.
 부부 권력 분야에서는 이전에 제기된 여러 문제들이 그 해결책을 찾지 못한 가운데 권력 기대와 행동, 권력과 의사결정 관계 등과 같이 특히 권력 개념의 체계적 정립이 요구된 시기였다.
 또한 1970년대는 인종 집단별 비교가족 연구도 활발하여 소수 민족에 대한 가족 연구가 증가하였고 정교해졌다. 민족적 동일시와 권력, 동화 유형 등에 관한 관심이 증가하였다.
 가족체계에 영향을 주는 가족 외의 다른 제도에 대한 거시적 측면의 연구도 증가하였는데, 대표적인 분야가 성인이나 노인 가족에 대한 것이다. 1970년대에는 가족형태를 보건, 복지 체계 또는 정치경제적 요인과 연결시킨 연구가 증가하였다.
 1970년대에 특히 주목받은 분야는 결혼의 해체에 대한 것이었지만 그 복잡한 역동성을 발견하지는 못하였다. 특히 가족 연구의 실제 응용 프로그램으로는 가족긴장과 극복에 관한 분야, 결혼 혹은 가족치료에 관한 분야 등이 두드러졌는데, 가족 긴장 분야에서는 이론 형성을 위한 노력이 계속되었고 가족치료 분야에서는 연구와 이론, 실용을 연결시키는 통합 모델의 발달을 위해 노력하였다. 기타 결혼 준비나 결혼의 성공을 위한 각종 프로그램이 연구되었다 (Berardo, 1980).

(5) 1980년대의 연구

 1980년대의 가족연구는 결혼이나 가족제도가 심각하게 약화되어 간다는 점에 새로운 관심의 초점을 두고 있다. 따라서 결혼과 가족 형태의 폭 넓은 다양성에 연관되어 여러 문제들이 제기되었다.
 결혼의 질에 관해서는 결혼의 성공에 대한 관심이 증가하면서 조사대상의 규모가 확대되고 종단적 연구가 증가하는 등, 방법론적인 발달을 계속하였다. 그리고 결혼의 질이 가족생활주기나 부모 역할에 따라 달라진다는 등의 연구결과가 돋보였지만 개념적 정립이 이루어지진 못하였다.

또한 부부 의사소통의 장애가 결혼의 불안정성과 상관이 높다는 인식이 증가함에 따라, 의사소통 유형과 결혼관계를 관련시켜 문제의 원인을 추적하는 의사소통의 측정방법이 개발되었으며, 결혼만족도와 부부 의사소통과의 관계를 분석하는 모델도 설계되었다.

배우자 선택에 관해서는 결혼전 관계가 수립, 지속, 쇠퇴하는 것에 대한 시험이론을 중심으로, 주로 발달적 변화의 원인 분석적 연구가 이루어졌다. 또 결혼의 지연이나 동거 형태의 증가 등이 이 시기의 특징으로 나타남에 따라 동거가 결혼의 안정성에 부정적이라는 증거도 제시되었다. 사회심리적 요인이 배우자 선택에 미치는 영향도 혼전관계의 지속성과 사회 조직 간의 관계와 더불어 연구되었고 사랑이나 낭만, 비이성적 요소에 관한 연구도 증가하였다.

결혼의 해체가 증가하는 경향은 1980년대의 연구에도 영향을 주어 주로 이혼의 원인에 대해 분석되었는데, 거시구조적 접근이 이루어졌고 생애과정이나 인구통계학적 요인, 결혼과정 등을 중심으로 연구되었다. 대부분의 결과는 다른 목적을 위해 설계된 광범위한 자료에서 이차적인 분석을 통해 추출한 것이어서, 이혼 수는 증가하였지만 사회심리적 요인의 파악은 제한적으로밖에 이루어지지 못하였다. 또한 재혼가족의 연구도 새로운 쟁점으로 등장하였는데, 자녀 개인이나 가족관계에 미치는 영향이 주로 최근에 연구되었다.

부모자녀관계에 영향을 미치는 요인이나 과정도 좀더 세밀히 연구되었는데, 특히 부모자녀관계의 형성에 작용하는 자녀의 성격 특성, 부모 행동에 영향을 주는 성역할 태도나 가치관, 부부관계가 부모자녀관계에 미치는 영향 등이 연구되었다. 또 청년기 연구에서는 개인의 발달보다는 사회적 관계를 중시하여 부모의 영향 등 가족 상황을 강조하였다.

생애 후기 가족연구도 활기를 띠어 주로 부부관계, 이혼, 배우자 상실, 재혼, 무자녀 가족, 형제자매관계, 조부모 역할 등이 연구되었다. 노년기 가족의 증가 때문에 그 필요성이 더 절실해지고 있는 이 분야의 연구는 가족원 간의 관계를 다루는 미시적 수준에 머물러 있어, 광역환경과의 관계를 다루는 거시적 연구의 필요성이 강조되고 있다.

1980년대에 심각히 제기된 연구 문제는 청년기 출산과 가족 폭력 등인데,

청년기 출산의 부정적 영향이 중요시되었으며 폭력의 원인 규명이 이루어졌다. 특히 아동의 성적학대에 대한 관심은 방지 프로그램의 발달을 가져오게 되었으며 그 요인이 분석되었다.

맞벌이 가족에 대한 연구 역시 꾸준히 계속되었는데 아직도 여성의 이중 부담이 계속되고 있음이 여러 연구를 통해 나타나고 있으며, 작업 환경이 가족생활에 미치는 영향에 대한 관심도 증가하였다. 또 경제적 빈곤이 가족관계에 미치는 부정적 영향이 강조되었다.

1980년대에 가족치료 분야는 새로운 전문분야로 부각되었으며 광범위한 개념적 혹은 실험적 발달이 이루어졌다. 특히 습관성 행동, 성(性)적 부조화, 이혼 조정 등에서 그 연구가 뚜렷하였으나 이혼가정의 자녀, 편부모 가정, 재혼가정 등에 대한 관심은 부족하였다. 또 가족 폭력이나 아동의 성적 학대 등에 대한 효과적 치료 변인도 뚜렷이 밝히지 못하였다.

결혼이나 가족강화에 관한 연구와 프로그램 역시 강조되었으며 여러 연구 결과를 통해 그 효용성이 입증되었다. 또 가족문제에 대한 정치적 관심도 중요시 되어 가족정책 분야의 연구가 증가하였는데, 가족복지에 관련된 정책적 지원이 분석되고 특히 연령 집단별 공공정책의 활용에 대한 관심이 증가하였다. 이 밖에 소수가족에 대한 비교가족 연구도 여전히 활발히 진행되었다.

이제까지의 가족연구는 실험적 결과나 개념적 혹은 방법론적 분야에서 많은 발전을 하여왔다. 특히 결혼과 가족생활에 미치는 경제적 변인의 역동적 역할이 다시 중시되기 시작하였고, 이러한 경제적 조건이 즉각 가족복지와 연결됨을 강조하고 있다. 그런 의미에서 맞벌이 가족문제는 가족 내부의 변화뿐만 아니라 다른 제도에 대한 새로운 요구도 증폭시키고 있다. 또한 사회적, 기술적 변화는 가족구조, 관계, 가치 등을 변화시키고 있으므로 현대가족의 기능 변화를 분석하여 온 여러 연구들을 통해 오늘날의 가족 연구는 특히 자녀에 대한 가치전달의 책임을 강조하고 있으며, 이러한 가족의 요구를 충족시키기 위한 공공 혹은 정책적 지원에도 큰 관심을 보이고 있다(Berardo, 1990).

2) 국내의 가족 연구

(1) 1960년 이전의 연구

국내에서의 가족에 대한 연구는 한국과 일본 학자들에 의해 8·15 해방 이전부터 진행되어 왔으나, 당시의 연구는 가족에 대한 제도사적 연구가 주류를 이루었다(한남제, 1984 : 46). 해방 후 가족에 대한 본격적인 연구는 1949년 김두헌이 '조선가족제도연구'를 발간하면서 시작되었는데, 이 저서는 해방 이전에 발표된 논문들을 정리한 것으로, 삼국시대 이래의 많은 문헌자료를 역사주의적 입장에서 분석하여 가족, 동족, 친족제도 등을 포괄적으로 연구한 것이다. 특히 이 저서는 역사과정 속에서의 가족의 변화를 제도사적인 입장에서 연구하여 가족의 역사를 이해하는데 큰 기여를 하였다.

1950년대는 사회적 혼란기였으므로 학문적으로 뚜렷한 성과가 없었고 1959년 '대한가정학회지'가 창간되면서 가정학 분야에서 가족에 대한 연구 논문들이 발표되기 시작하였다.

(2) 1960년대의 연구

가족에 대한 연구는 1960년대에 들어와서 본격적인 연구 업적들이 발표되기 시작하였는데 가족의 크기나 유형, 친족 조직, 가족의 가치관, 비교가족 연구 등이 이루어졌다. 1963년에 고황경 외 3인은 구조 분석에 초점을 둔 한국 농촌 가족에 대한 종합적인 연구서로서 '한국농촌가족의 연구'를 저술하였다.

또한 후반기에는 주로 가족의 구조나 기능, 제도의 변천, 결혼 및 가족 가치관의 변화 등이 연구되었고 가족관계 영역의 연구도 많이 증가하였는데, 특히 부모자녀관계의 연구가 두드러졌으며 가족 문제에 대한 자각도 시작되었다.

1964년 '한국사회학'의 창간은 사회학에서의 활발한 가족 연구를 촉진하였는데, 이 시기에 최재석은 '한국가족연구'(1966)를 통하여 한국 가족의 형태, 유형, 제도 등을 광범위하게 연구하여 한국 가족의 총체적 파악에 기여하였다.

(3) 1970년대의 연구

이 시기에는 가족관계나 가족구조를 중심으로 가족에 대한 폭넓은 연구가 이루어졌다. 전반기에는 150여편의 논문이 발표된 가운데, 역시 부모자녀관계의 연구가 급격한 증가세를 보였고 주로 부모의 양육태도나 가정환경이 변인으로 등장하였다. 부부관계에서는 적응, 만족도, 의사소통, 성역할 등의 주제가 새롭게 주목받았다. 그 밖에 가족 제도, 가족의 역할 구조 및 권력 구조, 가족법, 가족의 역사적 연구 등이 활발하게 진행되었고 가족문제 연구가 새로운 관심 분야로서 등장하였다.

후반기에는 전통적 가치와 근대적 가치를 다룬 결혼관 및 가족 가치관 연구와 더불어 가족의 역할 구조나 권력 구조 등을 다룬 가족 구조 연구가 두드러졌고 이것이 부부관계에서의 역할 수행, 의사결정에 대한 관심으로 이어졌다.

가족문제 역시 이 시기에 활발한 연구가 이루어진 분야로서, 특히 노인문제의 발생 원인, 노인 생활 실태조사 등이 이루어졌고 가족치료에 대한 관심도 시작되었다.

(4) 1980년대의 연구

1980년 이후에는 가족관계와 가족문제 분야의 연구가 특히 두드러졌다. 가족관계의 부부관계 영역 중에는 부부간의 적응, 만족도, 의사소통 등에 대한 연구가 활발하였고, 부모자녀관계에서는 부의 역할, 의사소통, 양육태도, 성역할 등의 연구가 두드러졌다. 또한 고부관계나 장·노년기 적응에 관한 연구도 증가하였다. 더불어 1980년 '아동학회지', 1983년 '한국가정관리학회지' 등의 학술지가 창간됨으로써 가족 연구의 발전에 큰 계기가 마련되었다.

1980년대 후반기에는 가족 분야에 대한 거시적 관점의 하나로서 계층별 연구가 활발히 이루어졌고, 가족 유형이나 가족주기, 친족제도 등의 변화에도 관심을 보였다. 가족 가치관 역시 여전히 그 변화가 추적되었고 특히 세대간 갈등에 주목하였다.

결혼 만족도에 관한 연구 역시 현저한 양적 증가와 연구 영역의 확대가 이루어졌는데 성역할 태도, 의사소통, 역할관계 등의 심리적 태도 변인과의 관계를 분석한 연구가 증가하였다. 역할에서는 특히 맞벌이 가족의 역할 갈등에 대한 연구가 증가하였고, 부부 의사소통에서는 가족치료적 접근도 증가하였다. 또한 노인 문제를 중심으로 한 성인 부모자녀 관계에 대한 관심도 증가하였다.

가족문제 분야에서는 이전에 별로 다루어지지 않던 이혼과 가족폭력 등에 대한 관심이 증가하였는데, 특히 가족폭력 분야는 최근에 집중적인 연구가 시작되었다. 이러한 가족문제의 인식에 의해 가족 스트레스를 중심으로 한 가족치료 연구도 증가하였다.

국내에서의 가족 연구는 이론화를 위한 최근의 외국 연구와 비교해 볼 때 아직 경험적 연구가 주류를 이루고 있으므로, 앞으로 이러한 경험적인 사실을 이론적 도식으로 설명하려는 노력을 증가시켜 나가야 할 것이다.

〈연구문제〉
1. 가족학 이론의 정립이 중요한 이유는 무엇인가?
2. 사회학적 일반이론들이 가족 연구에 어떻게 적용되고 있는지 대표적인 이론을 예로 들어 설명하시오.
3. 가족 연구에서 새로운 관심 분야로 제기되고 있는 연구 주제에 대해 논하고 앞으로의 가족 연구의 방향을 제시하시오.

변화하는 사회의 가족
제 II 부

　가족이 없었다면 인류의 사회문화적 발달은 이루어지지 않았을 것이라는 명제에도 불구하고, 가족이 언제쯤 생성되었는지 등에 대하여 정확한 대답을 내기란 여전히 어려운 과제이다. 이러한 과제를 풀기 위하여 가족의 기원이라는 주제를 가족의 생성 및 초기 인류의 가족, 그리고 수렵 채집민의 가족 등 세 측면에서 접근하기로 한다. 가족의 생성에 관한 문제에서는 인간의 직립 보행 요인을 중요하게 부각시킴으로써 인류가족의 핵심적 요소들인 문화의 전승, 성별 분업의 발달, 근친금혼 등을 하나의 맥락으로 이어 볼 것이다.
　우리 나라의 가족은 조선시대 중엽인 17세기 전후로 하여 획기적인 변화가 나타났다. 17세기 이전의 한국가족을 이해하기 위하여 신라시대의 촌락문서를 통한 가족고찰과 고구려의 서옥제, 그리고 고려의 가족유형을 밝혀 주는 국보 제131호 「이태조 호적원본」 등을 이용할 것이다. 이어서 부계씨족의 형성을 초래하는 이른바 통념으로 알려진 조선시대의 전통적 부계 가족의 성립을 살펴보고 그 가족의 생활과 친족생활을 검토해 볼 것이다. 마지막으로 이와 같이 형성된 한국가족의 성격을 효사상, 가부장제와 여성의 지위, 집의 관념을 통해 고찰하고 마지막으로 가족가치관의 변천양상을 구체적으로 논의해 보고자 한다.
　20세기 초부터 한국의 산업사회로의 진입이 시작되어 일제치하에서 부분적 산업화와 침체시기를 거쳐 1960년대 비로소 본격적인 산업화, 공업화가 시작된 것으로 볼 수 있다. 산업화에 따른 가족의 변화를 가족구조, 주기 및 기능상의 변화로 나누어 살펴보았다. 이어서 현재 한국은 후기 산업사회(탈 산업사회)에 서 있고 일부의 사회구조는 이미 정보 사회로 진입하고 있다. 따라서 후기 산업 사회에서의 모습을 파악하기 위하여 평등한 부부관계의 지향, 가족

지원 체계를 다루고자 한다.

산업화, 정보화 사회에서 가족의 계속성을 위협하는 요소들이 출현하여 많은 사람들은 가족에 대한 중요한 질문과 의문을 제기하게 된다. 이러한 의문들을 상쇄시켜 줄 만한 미래의 가족에 대한 대안으로서 새로운 가족형태를 보고자 한다. 다양한 가족생활 연구에 접근하는 쟁점은 구조, 기능 및 합법성의 다양화로 나누어 볼 수 있을 것이다. 가족구조의 다양화는 가족단위의 문제와 가족 크기 등의 물질적 구조와 관련되어 있어 독신자, 자발적 무자녀 가족, 편부모 가족, 계부모 가족, 수정 확대 가족과 수정 핵가족 및 4세대 가족을 살펴볼 것이다. 가족 기능의 다양화는 성역할 분담, 노동력 재생산, 자녀양육의 관행 및 태도, 경제적 분담, 정서적 안정과 관련되어 있어 공동체 가족과 부부취업형, 역할공유형, 역할전환형 가족을 고찰할 것이다. 마지막으로 합법성의 다양화는 성행위와 가족상황에 합법성을 부여하는 규준이 어느 정도까지 융통성을 가질 것인지와 관련되어 있어 동거 가족, 독신부모 가족 및 동성애 가족을 다룰 것이다.

요약하면 제2부는 가족의 기원으로부터 시작하여 전통사회, 산업화 사회, 후기 산업화 사회 및 미래 사회로의 변화 과정을 통해 가족의 구조, 기능, 관계 및 합법성 등이 어떻게 변모해 가는가를 이해하는데 도움을 주고자 한다.

제 3 장
가족의 기원

김주희

　만약에 가족이 없었더라면 인류의 사회문화적 발달은 이루어지지 않았을 것이라는 명제에도 불구하고, 가족이 언제쯤 생성되었는지 또 왜 생성되었는지 등에 대하여 정확한 대답을 내리기란 여전히 어려운 과제이다. 현재로서는 가족의 기원에 관한 문제는 지금까지 발견되고 축적된 고고학적 및 인류학적 자료에 근거하여 추측할 수 있을 뿐이며, 단지 가능한 한 논리적인 추측을 끌어내는 노력을 할 수 있을 뿐이다. 본 글 또한 그러한 한계점을 안고 있으며, 진실에의 접근을 한 걸음 줄이고자 하는 탐색적 수준을 크게 웃돌지 못함을 먼저 밝혀둔다.

　가족의 발달은 무엇보다도 인류의 직립보행 사실과 불가분의 관계가 있는 것으로 추정할 수 있다. 직립보행은 중신세기(1000~2500만년 전)이래의 생태적 조건의 변화에 대한 새로운 적응의 결과로서 언어의 발달, 뇌크기의 증대, 양손의 발달로 인한 도구제작 등과 밀접한 상호관련성을 갖는다. 또한 직립보행은 인류의 문화 발달을 점화시킨 원동력이었던 동시에 여성에게 있어서는 골반의 축소라는 신체적 변화를 낳게 한 기제이다. 이 사실은 가족의 기원이라는 맥락에서 볼 때, 초기 성별분업의 발달 및 근친금혼 규정을 설명해 주고, 가족성원간의 결속 및 협동 등을 이해하게 해주는 배경이 된다.

1. 문화의 발달과 가족

인간이 문화를 이룩하는 데 있어 결정적으로 중요한 요인은 직립보행이라는 신체적 조건의 변화이다(Harris, 1983 : 27). 인간이 땅 위에서 직립보행을 하게 된 것은 중신세기 이후 기후가 건조해지면서 열대 숲이 감소했던 현상과 관련이 있을 것으로 추정되고 있다. 즉 줄어드는 수풀로 인해 살아 남으려는 생존경쟁에서 밀려나 나무 위에서 땅 위로 쫓겨 내려 온 집단이 인간의 조상이며, 땅 위에서의 생활은 직립보행을 촉진시켰을 것이라는게 일반적인 추정이다. 오스트랄로피테쿠스와 호모하빌리스의 경우[1] 뇌의 크기는 침팬지 정도에 불과했음에도 불구하고 문화를 이룩할 수 있었던 것은 그들이 직립보행을 했기 때문인 것으로 알려지고 있다. 침팬지 등과 같은 영장류들도 도구를 만들고 사용할 수 있을만큼 뇌가 발달했음에도 불구하고 그들이 평상시에 나무 위에서 사는 생활 양식과 신체적 조건으로 인해, 보다 복잡하고 발달된 도구를 사용하는 전통을 낳지 못했다는 것이다. 문화의 발달은 뇌의 발달과 더불어 사지(四肢)와 손가락의 발달이 병행되어야 비로소 이루어질 수 있으며, 이는 직립보행으로 인하여 두 손이 자유로워질 때 가장 용이할 수 있었던 것이다. 직립보행이 언어의 발달, 그리고 성별분업과 맞물려 있음으로써 가족의 발생과 밀접한 관련이 있음은 나중에 보다 자세히 논하기로 하고, 여기서는 인간 특유의 직립적 몸가짐이야말로 인류가 문화를 발달시킬 수 있었던 가장 중요한 원동력이었음을 강조하고자 한다.

1) 영장류의 가족

인류 가족의 발생 근원을 이해하기 위하여는 영장류의 생활을 살펴볼 필요

---

[1] 오스트랄로피테쿠스는 인과(人科)의 최초의 화석으로서 수백만년 전에서부터 백만 년 전까지 살았던 것으로 추정되고 있다. 호모하빌리스는 손재주가 좋다는 뜻의 화석 이름으로서 오스트랄로피테쿠스에서 갈라져 나와 독자적으로 진화하면서 전기 구석기문화를 이룩한 것으로 알려져 있다.

가 있다. 영장류의 가족은 본능적이거나 선천적인 유대로서 맺어진 집단으로, 그 유대가 개별적 경험에 의하여 보완되기도 하나, 언어 및 법률 그리고 제도를 갖추고 있지 않기 때문에 인간처럼 문화적 전통에 의하여 영향을 받지는 않는다. 인간의 경우와는 달리 영장류의 암컷과 수컷은 발정기 때에만 교접을 하며, 암컷이 새끼를 배게 되면 수컷이 암컷의 임신 과정을 살피고 보호하는 역할을 담당하는 새로운 공동체를 이루고자 하는 충동으로 이어진다. 새끼의 출산과 함께 암컷에게는 모성적 본능이 나타나고 수컷은 암컷과 새끼를 보호하고 먹이를 제공하는 행위를 통하여 새로운 상황에 반응하게 된다. 인간에 비하여 짧긴 하나 다른 동물들에 비하여 월등히 긴 영장류 새끼의 성장기간은 새끼가 성숙하여 독립할 때까지 어느 정도의 가족 결속이 유지되도록 한다. 그러나 영장류의 경우 일단 새끼가 성장하게 되면 가족을 묶어 둘 생물학적 필요성은 더 이상 존재하지 않게 된다. 왜냐하면 그러한 필요성은 협동을 위하여 가족성원들의 지속적인 결속이 요구되는 문화에서 비로소 발생하며, 영장류에게 있어서는 수컷이건 암컷이건 일단 성장하게 되면 집단을 떠나는 것이 매우 자연스러운 현상이기 때문이다.

인간에게 있어 문화의 발달은 새로운 세대로 하여금 이전 세대와 끊임없는 접촉을 통하여 문화적 전통이 전승되도록 요구한다. 따라서 인간이 갖는 부모와 자녀로 이루어진 집단, 모성 유대의 영구함, 가족의 후손과 맺는 관계 등의 특성은 인간과 영장류 사이에 유사성이 있음에도 불구하고, 인간의 가족을 문화적 요소들에 의하여 조절되게 함으로써 영장류의 삶을 조정해 온 본능적 요소들을 사회적 조직의 문화적 유대로 전환하게 한다(Malinowski, 1927 : 170-171).

한때 많은 인류학자들은 인간집단 사이에서 발견되는 다양한 태도와 관습들이 문화적으로 학습되어진 것이라기보다 본능적인 것이어서 영장류로부터 물려 받았음을 주장하기도 하였다. 예컨대 남성들 간의 위계질서, 남성의 여성에 대한 지배, 남성이 친구관계를 선호하는 반면 여성은 남성에 집착하려는 경향 등은 바로 그러한 유산에서 비롯되었다는 것이다. 그러나 고우(Gough, 1980 : 27-28)는 그와 같은 주장이야말로 남성들의 쇼비니즘에 근거한 것이라

않음을 주장하였다. 예를 들어 침팬지의 경우 수컷의 암컷에 대한 지배력의 정도는 매우 약할 뿐 아니라 수컷들 사이에서의 위계질서 또한 그다지 심하지 않으며, 긴팔원숭이에게 있어서도 수컷의 암컷에 대한 지배적 태도는 거의 찾아 볼 수 없다는 것이다.

영장류의 짝짓기 질서에 있어서도 침팬지의 무분별함에서부터 긴팔원숭이의 지속적이고 배타적 관계의 유지에 이르기까지 다양하다. 물론 대부분의 영장류에 있어 무작위적 짝짓기는 그다지 흔치 않으며, 그 대신 짝짓는 대상의 선택에 있어 어느 정도의 질서가 유지되는 것이 보통이다. 즉 사회적으로 보다 조직적인 집단일수록 한 쌍의 수컷과 암컷이 혹은 한 마리의 수컷과 여러 마리의 암컷이 지속적인 짝짓기 관계를 유지하는 경향이 크다. 그러나 그러한 관계는 어디까지나 일시적 성격에 그치는 것이며 성별분업 또한 매우 초보적이다. 인간에게 와서야 비로소 배타적인 성적 권리의 행사와 안정적인 정서적 유대의 형성이 이루어짐으로써 문자 그대로의 가족관계가 나타나며, 그러한 관계는 성별분업과 한 세대에서 다음 세대로 전달되는 전통적 지식의 발달에 의하여 유지된다. 따라서 인간이 가족을 형성하면서 획득하게 된 태도들은 많은 부분에 있어서 영장류로부터 물려 받은 본능적 또는 유전적 근거로는 설명될 수 없는 것이다. 또한 인간의 가족이 영장류의 가족과 크게 다른 것은 바로 인간만이 발달시킨 문화에서 비롯된 것이다.

인간의 가족에서 발달시킨 지속적 성격의 정서적 유대는 무엇보다도 어린이의 오랜 성장 기간과 직접적으로 관련될 것이다. 그리고 오랜 성장 기간은 직립보행과 다시 연결된다. 인간의 여성은 직립보행을 하게 됨에 따라 골반이 작아지는 (걸을 때의 균형을 효율적으로 하기 위하여) 신체적 변화를 경험하게 되고, 그 결과 어느 동물보다도 미숙아를 출산하게 된다. 실제로 인간은 성인의 25%에 불과한 뇌를 가지고 태어나는 반면, 침팬지의 경우만 하더라도 65% 크기의 뇌를 이미 갖추고 태어난다(Ambert, 1976 : 54-55). 다시 말하여 인간의 영아는 완전히 무력한 상태로 출생하며, 그 결과 어머니에 대한 의존은 수년간 지속될 수밖에 없다. 이러한 오랜 의존관계는 모자녀 사이의 강한 정서적 유대를 낳게 한다. 이와 더불어 남녀 간의 상호보완적 역할을 요구하는 성별분업의 발달은 남성을 지속적으로 가족관계에 묶어 둠으로써 영장류와는 다른 강한 애착관계의 가족이 발달하게 된 것으로 볼 수 있다.[2]

2) 언어의 발달

언어가 과연 인간만이 유일하게 가진 능력인가 하는 문제는 접어두더라도 언어를 통한 상징적 학습, 그리고 이에 의한 문화의 지속과 발전은 인간집단 사이에서만 발견되는 고유의 영역이다. 가족의 기원과 관련하여 볼 때 언어의 발달은 가족의 설립과 유지에 요구되는 문화적 규범 및 이의 실천을 가능하게 했으며, 이러한 규범이 다음 세대로 전달되는 것을 가능케 함으로써 인류 역사상 가족이 변함없이 지속되는데 결정적인 역할을 했다. 즉 언어는 성별분업을 통한 가족성원들 간의 협력 뿐 아니라 전통, 규범, 윤리, 문화적 학습 등을 가능케 한 것이다(Gough, 1980 : 30).

인간에게 있어 언어의 발달은 직접적으로 뇌 크기의 증대 및 목 구조의 진화에 기인한 것이다. 인류진화에 있어 뇌 크기의 증대는 무엇보다도 어린이의 성장 기간 및 사회화 기간을 연장시켰다. 영장류에서 인간으로 넘어오게 되면서 매우 미숙아로 태어나는 영아는 뇌가 보다 커지고 복잡한 기능으로 성장할 때까지 부모에게 오랜 기간 의존하게 되며, 이는 부모와 자녀가 지속적이고 애착적인 유대관계를 맺게 한 중요한 요인이 된다. 더욱이 인간의 언어 발달은 그러한 가족성원들 간의 기본적인 생물학적 유대에 많은 사회적 의미를 부여함으로써 영장류의 세계에서는 볼 수 없는 혈연관계의 분류와 사고 유형을 발달시켰다. 언어에 기반한 인간의 지적 능력은 조상과의 혈연관계를 계산할 수 있게 하고, 그러한 관계를 사회적 유대 형성을 위하여 이용할 수 있게 하였다. 다시 말해 인간은 동물 세계에서도 존재하고 있는 것과 같은 재료를 가지고

---

2) 발정기의 상실이 남성으로 하여금 지속적인 성관계를 갖게 했다는 점에서 영속적인 남녀관계의 형성에 중요한 요인이었다고 주장되기도 하나, 한편에서는 남성의 짝짓기 경향이 영장류와 비교하여 지나치게 강조되어서는 안된다고 주장되기도 한다(Fox, 1967 : 38).

있으면서도 그것을 사회적 목적의 달성을 위하여 개념화시키고 분류화시킬 수 있는 것이며(Fox, 1961 : 30), 이는 바로 언어의 사용에 의하여 가능했던 것이다.

인간의 언어 발달 또한 직립보행과 매우 관계가 깊은 것으로 이해되어지고 있다. 직립보행으로 인하여 자유로워진 두 팔은 그 전까지 주로 입이 수행했던 도구를 운반하는 역할을 넘겨 받게 되었고, 이에 따라 입은 그 당시 발달하게 된 집단적 사냥 및 사냥물의 배분, 보다 다양해진 도구의 운반 등을 효율적으로 하기 위하여 필요하게 된 의사교환 수단으로 그 기능이 바뀌게 된 것이다. 다시 말하여 집단적 사냥, 음식의 배분, 그리고 다양한 도구를 운반할 필요성 등은 융통적이고 효율적인 의사전달 수단을 요구했고, 이 요구에 의하여 언어가 나왔을 것이라는 것이다. 아무튼 언어의 발달은 근친금혼과 같은 가족생활의 질서를 확립하고 이를 영구히 지속케 하는데 결정적 역할을 했다.

여기서 우리는 가족생활과 언어 발달의 출발 시기를 가늠하는 데 지나치게 매달릴 필요는 없으리라 본다. 왜냐하면 이 문제는 아직까지 학자들 사이에 합의가 이루어지지 않고 있으며, 언어 발달의 시기로 주장되는 시대의 간격 또한 지나치게 크기 때문이다.[3] 다만 인간이 언어라고 하는 상징적 의사전달 수단을 갖지 못했다면 인간집단의 가족은 다른 영장류 사회에서는 결코 발견되지 않는 규모의 협동적 행위를 발달시키지는 못했을 것이며, 그러한 행위를 친족체계라고 하는 상징적 수단을 통하여 넓은 범위로 확대시키지 못했을 것만은 분명하다. 몇 세대를 거슬러 선조를 추적할 수 있는 능력은 오로지 인간만이 가지고 있으며, 예컨대 13대와 14대의 조상을 기억한다든지 또는 8촌 관계를 개념화시켜 혼인을 금지시키는 것 등은 언어를 사용하는 인간에게서만 발견되는 것이다.

---

3) 학자에 따라 가족생활과 언어의 시작을 네안데르탈인 시대(약 십만년 전)에 두기도 하고, 이백만년 전의 오스트랄로피테쿠스 시대에 두기도 한다. 또한 현생인류(칠만년에서 오만년 전)에 와서야 언어와 근친금혼 규정이 발생되었다는 주장이 있으며, 고우(1980 : 30)는 도구의 사용, 언어의 사용, 조리기술 그리고 성별분업에 기초한 가족생활은 오십만년 내지 이십만년 전 사이에 나타났음이 틀림없다고 주장하기도 한다.

3) 성별분업의 발달

인류 가족의 성립에 있어 성별분업의 발달은 핵심적 요소이다. 성별분업의 기원에 관한 논쟁은 오래 전부터 있어 왔으나 여성의 신체적 진화의 특성과 관련한 여성학적 시각이 오늘날 정설로서 받아들여지고 있다. 이 시각에 의하면 성별분업의 시작은 무엇보다도 여성의 출산 및 육아라는 생물학적 요인과 깊게 연관되어 있으며, 이 요인은 여성이 사냥으로부터 제외되고 육아일과 부합되는 가사일 및 채집작업에 전념토록 하는 데 결정적으로 작용했다는 것이다. [4]

여성의 신체적 진화 과정에서 직립보행의 결과 나타난 골반의 축소는 남성은 사냥, 여성은 채집 및 가사일이라는 초기 인류의 성별분업을 발생시킨 주요 요인이다. 앞에서 말했듯이 여성의 골반 축소는 인간의 태아가 충분히 성장하지 못한 상태에서 출산하게 됨을 의미하며, 이와 동시에 인간의 뇌의 크기와 복잡성이 증대되면서 인간의 신생아는 뇌신경 발달에 있어 매우 미숙아로 태어나게 된다. 신생아가 무력한 상태에서 태어난다는 사실에서 비롯되는 중요한 결과는 신생아가 스스로 먹는 것이 아니라 먹여 주어야 한다는 것이며, 이때 젖분비는 여성이 하는 것이므로 수유의 전적인 책임은 여성이 맡게 된다는 것이다. 이는 초기 인류문화에 있어 수유의 기간이 상당히 길었음을 의미한다. 더욱이 모유는 단백질의 양을 적게 함유한 탓으로 잦은 수유가 요구된다. 이 모든 것은 오랜 시간을 지속적으로 육아에 매달리게 함으로써 여성을 다분히 정착적으로 만들고, 사냥과 같은 이동성이 크고 재빠른 추적을 요하는 작업으로부터 제외시키는 결과로 이어졌다. 그러한 긴 육아 기간이 생물학적 모성의 역할을 사회적 모성의 역할로 연장시키게 하였던 것이다. 말하자면 성별분업의 시작은 재생산능력에서의 남녀간 차이에 전적으로 기인한 것이었다.

출산과 육아가 여성의 전유물이 될 수 밖에 없었던 상황은 여성이 할 수 있

---

4) 남성이 육체적으로 강하거나 인내심이 많기 때문에 사냥을 했다는 설은 오늘날 받아들여지지 않는다.

는 역할을 이에 부합되는 종류로 한정시키는 결과를 낳았다. 예를 들면 채집 (아이를 데리고 다닐 수 있기 때문에)과 작은 짐승의 사냥 등의 경제적 행위와 음식의 준비, 의복과 용기의 제작 등 주로 가사일과 관련한 작업들은 여성의 역할로 한정되고 반면에 사냥 혹은 전쟁들은 남성의 전유물이 되었다.

초기 인류사회에서의 성 역할의 분리가 남녀간의 지위상의 불평등을 의미했던 것은 아니라는 데 학자들은 동의하고 있다. 고고학적 자료들은 그 당시 여성의 지위는 남성과 동등한 것이었고 독자적인 것이었으며, 남녀의 관계는 의존적이 아니라 상호보완적 성격이었음을 보여주고 있다(Ambert, 1976 : 58~61;Lerner, 1986 : 17-18). 물론 성별분업에 대한 생물학적 설명은 초기 인류의 문화에 한하여 적용될 수 있고, 남성지배적 현상은 그 이후의 역사적 사건에 기인한 것이다. 그러나 여기서 남녀지위의 불평등화 문제를 논하고자 하지는 않겠다. 다만 인류 가족의 성립과 관련하여 볼 때 초기의 상호보완적 성별분업은 자녀의 생존을 보장해 주는 장치로서, 그리고 가족성원들을 묶고 유대를 강화시키는 기제로서 기능했음을 강조하고자 한다.

4) 근친금혼(Incest taboo)의 규정

근친금혼의 규정[5]은 가족 내에서 배우자를 선택하지 못하게 함으로써 하나의 협동 단위로서의 가족 내 질서를 유지할 수 있게 했다는 점에서 가족의 기원을 이야기할 때 반드시 함께 고려되어져야 할 문제이다. 근친금혼의 규정이 정확히 언제 생겨났는가에 대한 일치된 견해는 아직 나오지 않고 있으며, 어떻게 그리고 왜 생겨나게 되었는가에 대한 논쟁 또한 오래 전부터 있어 왔으나 아직까지 명쾌한 결론으로 이어지지 못하고 있다. 그러나 한 가지 분명한 것은 근친금혼의 규정이 인류의 문화적 유산의 한 부분이며, 따라서 언어의 발달과

---

5) 엄격히 말하여 incest taboo는 성관계를 금지하는 근친상간 금기와 혼인을 금지하는 근친금혼으로 구별되어 토의되어져야 한다(Fox, 1967 : 54). 사실상 지금까지 이 두 의미가 혼용됨으로써 문제에의 접근이 불분명한 경우가 많았다. 여기서는 외혼제의 의미로서의 근친금혼을 말하고 있음을 밝혀둔다.

거의 동시에 생겨나 가족내 결속 뿐 아니라 가족간의 유대를 형성케 함으로써 인류 사회의 존속을 가능케 했다는 점이다.

  근친금혼의 규정은 인간 사회에서 발견되는 가장 보편적이고 가장 엄격한 배우자 선택 범위의 제한 규정이다. 그러나 근친의 범위를 어디까지로 삼는가 하는 것은 사회마다 다르며, 다만 핵가족성원들 사이의 혼인은 어느 사회에서나 엄격히 규제되고 있다. 물론 역사적으로 예외적인 근친혼들이 있어 온 것은 사실이다. 소위 말하면 "왕족 근친혼(royal incest)"이라 하여 고대 이집트, 잉카 제국, 하와이 왕국 등의 왕족 사이에서는 형제자매간의 혼인이 우선적으로 이루어졌었다. 그러한 근친혼은 평민들에게는 전혀 허용되지 않았던 것으로서 왕족 혈통의 순수성을 지키고자 하는 정략적 차원에서 이루어진 것이었다.

  근친금혼 규정의 발생 동기에 대하여 지금까지 제시된 가설들은 크게 두 갈래로 즉, 인간의 본능적 요인을 강조하는 설명과 사회문화적 요인을 강조하는 설명으로 나뉘어진다. 본능적 요인을 강조한 설명으로는 유년기친애설과 유전인자 퇴행설을 대표적으로 꼽을 수 있다. 이 설명에 의하면 함께 성장한 남녀 간에는 성적 거부감을 발생시키는 유전적 메카니즘이 존재하며 이러한 성적 거부감은 유전인자의 퇴행을 막아 주는 자연선택의 법칙에 기인한다는 것이다. 그러나 이 설명은 실증적 자료에 의하여 뒷받침되지 않음에 따라 오늘날 더 이상 관심을 불러 일으키지 못하고 있다.

  한편, 근친금혼의 규정을 사회문화적으로 설명하고자 하는 학자들은 이 규정이 인구학적, 경제적, 생태적으로 이익을 준다는 시각에서 효과적으로 설명될 수 있음을 지적하고 있다. 즉 가족 내에서 혼인하는 대신 외부집단에서 배우자를 데려오는 것은 혼인을 통한 동맹관계를 이용하여 보다 넓은 지역의 자원에 접근할 수 있는 이점이 있기도 하며, 전쟁과 종교적 의례시 많은 노동력과 인력을 동원할 수 있는 이점이 되기도 한다는 것이다.

  근친금혼 규정이 발생한 동기가 어디에 있든지 간에 이 규정은 가족 내에서의 성적 경쟁을 통제하는 중요한 기능을 한다. 즉 배우자를 가족 외부에서 찾도록 규정함으로써 가족성원들 사이에 성적 경쟁에 의한 갈등을 방지하고 가족의 파괴를 막는 것이다. 더 나아가서 인간에게 있어 출산율이 불확실하다는 사실은 가족집단 내에서 자체적으로 재생산의 기능을 충분히 수행하지 못하도록 하는 요인이 되게 한다. 따라서 자체적으로 재생산의 기능을 담당할 수 없게 되는 많은 가족이 나타나게 마련이며, 이때 근친금혼의 규정은 그러한 가족들이 재생산에 필요한 여성을 외부에서 구하도록 함으로써 소멸하지 않고 존속되도록 하게 해주는 제도적 장치의 구실을 한다. 아무튼 근친금혼의 규정은 가족이 파멸하지 않고 유지토록 하는 성적 및 인구학적 조절 장치로서 곧바로 사회의 생존과 연결된다. 그리고 이 규정은 각 가족이 지닌 문화적 요소들을 확산하도록 하며, 이 과정에서 우수한 문화적 요소들은 확산되고 그렇지 못한 것들은 제거됨으로써 사회의 문화적 발달을 도모하는 결과로 되는 것으로 볼 수 있는 것이다(Murdock, 1949 : 296-297).

2. 초기 인류 가족의 성격

1) 모권가족(matriarchy) 신화

초기 인류 가족에 대한 관심은 19세기 후반 사회진화론자들에 의하여 처음 제기된 이래 오늘날까지도 확실한 결론이 나지 않은 채 논쟁이 계속되고 있다. 19세기 사회진화론자들의 초기 인류 가족에 대한 시각은 크게 두 갈래로 나뉘어진 것이었다. 하나는 바코휀(Bachofen, 1861)을 필두로 맥레난(McLennan, 1865)과 모건(Morgan, 1871)으로 이어진 모권가족 내지 모계가족 주장파이고, 또 하나는 메인(Maine, 1861), 웨스터막크(Westermarck, 1891) 등의 부권가족 내지 부계가족 주장파이다.

바코휀은 여성지배의 신화, 여성 출산의 숭배의식 등을 보여주는 고고학적 자료를 근거로 초기 인류사회가 여성이 지배하는 모권제사회였다고 주장하였다. 바코휀은 초기 인류는 무분별한 짝짓기, 즉 난혼을 하였다고 전제하였다. 이는 난혼으로 인해 아버지가 정확히 누구인지 모르므로, 혈통이 모계만을 따라 이어질 수밖에 없었음을 의미하는 동시에, 어머니만이 확실히 알려진 유일한 부모로서 젊은 세대로부터 존경과 신망을 받는 여성지배사회를 이루었음을 의미한다고 하였다. 반면 같은 해 메인은 비교법률학의 방법론을 기초로 모든 인간집단은 태초에 부권제적 모델로 조직되었다고 주장하였다. 메인은 부자(父子)가 공동으로 가산을 소유하는 인도의 부계 공동가족을 인도-유럽가족의 원형으로 간주하였다. 이러한 메인의 주장은 모계가족을 초기 인류 가족의 원형으로 보는 맥레난에 의하여 격렬하게 비판을 받음으로써 모권학파와 부권학파 사이의 논쟁은 그 당시 서구사회의 지식인들의 주요 관심사가 되었다.

초기 인류 가족의 성격에 대한 19세기 논쟁에서 가장 영향력이 컸던 이론은 모건의 것이었다. 모건은 뉴욕주의 북동주에 거주하는 이로꼬이 인디언 집단을 직접 현지조사하였고, 그들의 친족용어체계가 특이한 것에 착안하여 전 세계의 친족용어를 수집 분류하는 과정에서 난혼제에서 일부일처제에 이르는 인류의 가족과 혼인형태의 15개 진화단계를 제시하였다. 모건(1871)은 "인류가족의 혈족 및 인척제도"라는 유명한 논문에서 초기 인류의 원시난혼제는 조금 발달된 사회에 이르게 되어 모계제로 변화했고, 도시 문명의 출현과 함께 가부장적 부계제가 발달하게 되나, 문명의 복잡성의 증가와 더불어 가부장적 대가족은 일부일처제의 작은 단위로 바뀌게 된다고 하였다. 모건은 더 나아가 그러한 단계는 로마사회에서 잘 볼 수 있을 뿐 아니라 모든 인류가 공통적으로 경험하는 경로이기도 하다고 주장하였다. 모건의 주장은 사유재산의 발달, 남성의 재산권 차지, 이로 인한 모계에서 부계로의 전환 및 "여성의 세계사적 패배"라는 논리를 펼쳤던 엥겔스(Engels, 1884)의 논문 "가족 사유재산 및 국가의 기원"의 이론적 모델이었으며, 20세기에 와서도 가족발달사 분야에 지대한 영향을 미쳐왔다.

19세기 진화주의자들에 대한 비판은 20세기 초 보아스(Boas)를 주축으로 이루어졌다. 보아스는 모계가족이 부계가족에 비하여 열등한 문화에서 보편적으로 발견되는 것이 아님을 강력히 주장하였고, 더 나아가 현존 수렵채집민들의 자료에 비추어 볼 때, 가족의 원초적 형태는 양계제였음이 틀림없다고까지 했다. 예를 들어 그들은 오늘날 양계 또는 부계가족을 형성하고 있는 수렵채집단 중에는 모계가족을 형성하고 있는 집단에 비하여 오히려 더 단순한 문화단계에 있는 집단도 많다고 하였다.

20세기 초 인류학자들이 현존하는 수렵채집민을 대상으로 현지작업한 결과가 보고되면서 19세기 후반 사회진화론자들의 주장은 새로운 비판에 직면하게 된다. 비판의 핵심은 가족의 성격이 발달단계의 시각으로는 결코 설명될 수 없다는 것이다. 폭스(Fox, 1967 : 18)의 유명한 구절 "친족제도는 축적적인(cumulative) 진화 대상이 아니다"는 바로 좋은 예이다. 기술적 및 물질적 부분과 달리 가족제도는 점점 더 복잡하거나 완전한 것으로 발달하지는 않는다는 것이다. 이 시각의 주창자들은 19세기 사회진화론자들이 가족 및 친족연구에 기여한 공헌을 한편으로 인정하면서도{예를 들어 모건의 친족의 분류화 작업 또는 모계사회에서도 지배권은 남성에 있음을 성공적으로 보여준 웨스터막의 기여 등(Bamberger, 1974 : 264)}, 그들 주장의 많은 부분이 지나치리만큼 순진한 것이었다고 비판하고 있다. 예를 들어 모건의 주장은 대단한 상상력에 기초한 것임은 분명하나 그의 상상력은 잘못 해석된 사실들에 근거한 것이었고, 인류가 보편적으로 경험한 과정은 더더욱 아니라는 것이다(Fox, 1967 : 20).

머덕(Murdock, 1949 : 187)은 모계제가 정치적 통합체제와 불일치하지 않는 것은 모계사회인 이로꼬이 족, 크리크 족 등의 연맹체에 의하여 논증되며, 모계제는 사유권이 잘 발달된 사회에서도, 사회적 분화가 정교히 이루어진 사회에서도 얼마든지 발견된다고 하였다. 즉 가족과 같은 사회조직의 형태는 기술수준, 경제조건, 재산권의 발달 정도, 계급구조 및 정치 통합의 수준 등과 반드시 일정한 상관관계는 없다는 것이다. 마찬가지로 양계제는 기술 수준이 낮은 사회에서뿐 아니라 고도로 발달된 문화에서도 나타난다는 것이다. 다시 말해서 현존 인류사회에 대한 비교문화적 자료들은 사회조직의 형태에 무슨 필연적인 발달순서가 정해져 있는 것이 아님을 잘 보여 주며, 특정한 가족의 성격이 문화의 발달 수준이나 경제유형 혹은 정부와 계급구조 등의 요인들과 직접적인 상관이 없음을 뒷받침한다는 것이다. 특히 가족의 성격을 말해 주는 **출계율**에는 부계와 모계만 있는 것이 아니고, 이 외에 양계, 이중출계, 선계 등 다양한 유형이 있기 때문에(최재석, 1983 : 89-90), 부계에서 모계로 또는 모계에서 부계로 등의 단선적인 형태로만 볼 수 없는 것이다. 물론 지금까지 알려진 바로는 부계에서 모계로 전환된 경우는 한 사례도 없고 모계에서 부계로 전환된 경우는 다수의 사례가 있다. 그렇다고 이것이 반드시 모계가 먼저였음을 확정해주는 증거는 될 수 없다고 주장되는 것이다.

오늘날 대다수 인류학자들은 19세기 사회진화론자들의 주장에 대하여 강한 거부감을 가지고 있으며, 머덕, 폭스 등의 의견에 기본적으로 동의하고 있다. 그러나 19세기 사회진화론자들의 주장은 일부 신막스주의자들(예 : Gough, 1980;Lerner, 1986)에 의하여 다시 수용되고 있다. 그들은 초기 인류가족이 주로 모계제 및 모처제였으나 모계제 사회는 경쟁적이고 착취적인 그리고 보다 발달된 기술-경제적 제도에 적응하지 못하고 대부분 부계제로 전환되었다는 전제를 그대로 받아들이고 있다. 부계제가 모계제로 바뀐 경우가 한 사례도 없음은 기본적으로 부계제에 비하여 모계제가 불안정하다는 데 그 원인이 있으며, 모계제가 부계제로 전환할 때 작용하는 요인에는 일정한 규칙이 있다는 사실에서 인류가족제도의 변화의 공통점을 찾을 수 있다고 했다. 물론 지역에 따라 그러한 전환이 발생한 시기는 달라서, 러너(Lerner, 1986 : 49)는 그 시기를 대략 수렵채집 혹은 원시농경경제가 집약농경경제로 바뀔 때로 잡고 있다.

초기 인류의 가족의 성격을 규명하는 일은 결코 쉽게 이루어질 성질의 작업은 아니다. 그러나 한 가지 분명한 사실은 그 당시의 가족이 모권가족은 아니었다는 점이다. 바코휀의 모권제 주장이 있은 이래 많은 고고학자들과 사회인류학자들이 서구의 선사시대 문화와 현존 수렵채집사회에 대한 부지런한 탐색을 했음에도 불구하고 한 사례의 모권제도 발견하지 못하였다(Bamberger, 1974 : 266). 바코휀과 엥겔스가 사용했던 민족지 증거들은 모계제 및 모처제에 대한 것들이었고, 그들은 그것들을 모권제로 잘못 해석한 것이었다. 러너(1986 : 31)는 모권제가 여성이 공적 영역과 외부사회와의 관계, 그리고 친족집단 뿐 아니라 전체 공동체의 의사결정 과정에서 핵심적 권력을 보유한 상황을 의미한다고 할 때 그와 같은 사회는 인류 역사상 존재한 적이 없다고 단언하고 있다. 한때 모권제의 강력한 증거로 인용되었던 이로꼬이족 사회도 단지 모계사회일 뿐이라는 데 학자들은 동의하고 있다. 이로꼬이의 연장자 여성들이 친족과 마을 공동체의 정치적 영역에서 결정적 역할을 하고, 음식물의 분배에서 강력한 통제권을 갖는 것은 사실이다. 그럼에도 불구하고 여성은 결코 부족의 정치적 지도자가 될 수 없다는 사실에서 이로꼬이 사회가 단지 모계제일 뿐 어떠한 모권제의 흔적도 찾을 수 없음을 알 수 있다. 마찬가지로 현존 수렵채집민에 대한 민족지 자료는 남성 대신 여성이 의사결정권을 갖거나 여성 교환 수단 및 성적 행위의 규제를 주도하는 경우는 단 한 사례도 없음을 보여 주고 있다.

19세기 사회진화론자들이 모권제를 주장했던 것은 모계제의 특성에 대한 이해가 부족한 때문이었다. 모계가족의 운용원리가 부계가족의 그것과 정반대가 아니라는 사실은 오늘날 더 이상의 논쟁거리가 되지 못한다. 즉 부계가족에서 남성이 지배권을 가지고 있듯이 모계가족에서 여성이 지배권을 갖는 것은 아니다. 모계가족 내에서의 주도권은 어디까지나 어머니의 남자형제들이 차지하고 있으며 이 사실을 대부분의 사회진화론자들이 미처 깨닫지 못했던 것이다.

2) 수렵채집사회의 가족[7]

초기 인류가 어떤 형태의 가족구조 하에서 생활했을 것인가를 알아 보는 것이 상당히 어려운 작업임은 앞 절의 토의를 통해서 충분히 이해되었으리라 믿는다. 그러나 한편 초기 인류의 식량획득방식이 수렵채집이었다는 사실과 오랜 기간동안 인구의 증가와 식량획득방식에 있어 획기적 변화가 없었다는 사실은 그 당시의 가족의 윤곽을 그려내는 작업이 아주 불가능한 것이 아님을 시사한다. 즉 비록 현대 사회과학자들이 이룩해 놓은 개념틀 속에서 그러한 작업을 할 수밖에 없는 한계점을 가진다 하더라도 현존 수렵채집민들에 대한 인류학자

---

[7] 인류문화발달사에 있어 농경 및 가축사육의 시작은 지금으로부터 일만여년 전에 불과하며, 인류는 지금까지 대부분의 기간을 수렵채집생활을 하면서 보냈다.

들의 민족지 기록들로부터 적지 않은 정보를 유추해 볼 수 있는 것이다.

물론 현존 수렵채집민들에 대한 정보를 초기 인류에 적용시키는 일은 매우 신중해야 한다. 우선 현존 수렵채집민들은 현대 문명사회의 주민들과 똑같이 수백만 년의 인류 역사를 경험해 온 자들로서 그들의 삶을 초기단계의 인류문화의 삶과 등식화시키는 것은 사실상 매우 위험할 수 있다. 뿐만 아니라 현존 수렵채집민들의 생활 조건은 초기 인류의 생활 조건과는 상당히 다르다. 즉 오늘날 수렵채집민들은 자원이 빈약한, 소위 말하는 지구의 주변지역에서 삶을 영위하는 반면 농경이 시작되기 이전의 초기 인류들은 비교적 풍부한 자원이 있는 모든 종류의 자연환경에서 생활했던 것이다. 이외 현존 수렵채집민과 초기 인류와의 차이점은 전자의 경우 농경기술을 모르기 때문에 수렵채집생활을 하는 것이 아니라는 사실이다. 그들은 대부분 상당히 오래 전부터 주변의 농경민들과 접촉해 오면서 농경기술을 잘 알고 있다. 그럼에도 불구하고 그들은 그들의 생태적 조건에 알맞은 수렵채집방식을 고수해 오고 있는 것이며, 따라서 그들의 삶을 인류문화의 농경 이전 단계의 삶과 연결시킬 때에는 매우 조심해야 한다. 또 한 가지 인류학자들이 수렵채집민에 대하여 본격적으로 현지작업을 하기 시작한 것은 20세기 초부터였다. 그러나 수렵채집민들은 그 이전 수세기 전부터 서구와의 접촉을 해오면서 적지 않은 문화변동을 경험하고 있었다는 사실이다. 즉 그들의 삶에 대한 인류학자들의 기록은 이미 변화된 삶에 대한 기록일 수 있으며, 이 기록을 초기 인류의 삶에 그대로 투영시키는 것은 사실을 왜곡시킬 위험이 큰 것이다.

먼저 수렵채집문화의 특징을 간단히 소개한 후 가족에 대한 토의로 넘어가기로 하겠다. 수렵채집문화는 사냥과 식물의 채집 등 야생자원을 이용하는 식량획득방식에 기초한 문화로서 야생자원의 분포에 따라 옮겨다니는 이동생활을 기본으로 한다. 기본적 사회조직 단위는 군단(群團 : band)이라 불리우며, 보통 50명 내지 100명 정도로 구성된 소규모 집단이다. 군단은 계절이나 획득하고자 하는 자원의 크기에 따라 변화하는 유동성이 큰 집단이다. 수렵채집사회에는 사유권의 개념이 발달해 있지 않으며, 사회적 분화가 이루어지지 않은 비교적 평등한 사회이다. 권력을 행사하는 공식적 정치적 지도체제 또한 발달해 있지 않다. 이 사회의 성별분업의 일반적 특징은 큰 동물의 사냥은 남성이 하며 작은 동물과 식물의 채집은 주로 여성이 한다는 것이다. 그러나 수렵채집사회에서의 성별분업은 엄격하거나 확고한 성질의 것은 아니며, 남녀간의 지위 차이 또한 그다지 크지 않은 것으로 보고되고 있다.

지금까지 현존 수렵채집민 가족과 사회조직에 대한 민족지 자료들을 종합해 보면 크게 두 가지 특징이 발견된다. 하나는 수렵채집민의 주요 가족형태는 핵가족이라는 것이고, 또 하나는 사회조직이 유동적이라는 것이다.

현존 수렵채집민들에 대한 기록들은 핵가족 단위의 가족생활의 중요성을 한결같이 보고하고 있다. 스튜워드(Steward, 1955)는 미국 서부 고원지대에 사는 쇼쇼니 인디언사회에 대한 고전적 연구에서 이 사회를 사회문화적 통합이 가족 수준에서 이루어지는 전형적 예로 제시하면서, 거의 모든 사회문화적 행위가 부부와 미혼자녀로 구성된 핵가족집단 단위로 행해지고 있음을 밝히고 있다. 물론 때때로 그러한 핵가족은 일부다처혼을 통하여 확대되기도 하고, 인척관계를 통하여 여러 가족이 긴밀한 연맹관계를 유지하기도 한다. 그러나 기본적인 기능집단 단위는 어디까지나 핵가족임을 강조하고 있다. 스튜워드(1955 : 119)는 더 나아가 핵가족 단위의 생활은 에스키모 그리고 남미남단의 수렵채집민들 사이에서도 똑같이 발견된다 했다. 다시 말해 고우(1980 : 33)가 말한 것처럼 대부분의 수렵채집민들은 커다란 확대가족집단이 아니라 핵가족 내에서 살며, 짝짓기 또한 개별화되어 있다는 것이다.

수렵채집사회에서 가족생활이 핵가족 단위로 영위된다는 사실은 초기 인류가 난혼적 집단생활을 했으며 대우혼(pairing family)이 농경과 가축사육 이후에야 비로소 나타났다는 것을 주장한 모건 등의 19세기 사회진화론자들의 학설을 의심케 하는 데 충분한 것이었다. 학자에 따라서는 현존 수렵채집민들 사이에서 발견되는 비교적 자유로운 성 개념을 집단혼의 잔재로 간주하기도 한다. 고우(1980 : 34)는 한편으로는 방문 남편, 다처다부제, 남성과 여성의 각기 다른 공동가옥 등, 집단혼의 잔재로 간주되기도 했던 원주민사회의 여러 관습이 수렵채집사회에서라기보다 실제로는 원시농경사회와 심지어 복잡 농경국가에서 오히려 발견된다는 사실에 근거하여 초기 인류의 집단혼설에 회의를 표하였다. 그러나 다른 한편으로 그녀는 수렵채집민들 사이에서의 혼전 성경험이 비교적 자유롭고 특정 친족의 배우자에 대한 성 접근이 제도적으로 허용되는 경우가 많다는 머덕의 주장에 근거하여 그들에게서 집단혼의 흔적이 적어도 고대국가 또는 자본주의사회에서보다는 크다고 말하고 있기도 하다.

현존 수렵채집민들의 핵가족은 그들의 이동생활과 밀접한 관련이 있다. 이 점은 산업사회에서의 핵가족의 발생과 어느 정도 공통점을 지닌다. 왜냐하면 핵가족의 작은 규모는 수렵채집민들에게 야생자원을 쫓아 생활하는 이동생활을 용이하게 해주며, 산업사회 주민들에게는 토지에 얽매이지 않고 직업을 따라 생활하는 이동생활을 용이하게 해 주기 때문이다. 그러나 수렵채집민들은 흔히 혈연, 혼인, 또는 가친족관계로 맺어진 사람들로 구성된 군단 내에서 생활하기 때문에 두 부부가 따로이 고립된 핵가족을 형성하는 산업사회의 상황과는 차이가 난다. 아무튼 토지에 묶이지 않은 생활, 지리적 이동성, 자급자족적 소규모 집단에의 강조 등의 요인이 수렵채집사회뿐 아니라 산업사회에서의 핵가족의 발달과 깊은 관련이 있는 것만은 분명하다.

이제 수렵채집사회의 군단의 성격을 살펴보기로 하겠다. 군단의 구성은 사회에 따라 크게 두 종류로 나뉘어진다. 즉 부계군단과 복합군단이 그것이다. 학자에 따라서는 수렵채집사회의 대부분은 원래 부계제였으나 서구와의 접촉 결과 급속한 인구의 감소를 경험하면서 혈연이든 인척이든 생존해 있는 집단과 공동생활을 할 수밖에 없는 상황에서 양계적 성격의 복합군단이 발생했다고 주장한다.[8]

반면에 또 다른 부류의 학자들은 처음부터 수렵채집민들은 생태적 적응 및 정치적 연맹관계의 효율적 방식에 따라 부계, 양계 중 각 집단의 생존에 유리한 제도를 발달시켜 왔다고 주장한다. 예를 들어 군집성과 이동성이 작은 조그만 몸집의 동물들이 주로 서식하는 생태계에서 살고 있는 수렵채집사회는 부계적 집단을 형성하는 경향이 높고, 군집성이 크고 이동영역이 광활한 큰 몸집의

---

[8] 유럽 세력의 팽창에 의한 원주민들의 파멸적 경험은 이미 잘 알려진 사실이다. 수많은 원주민들이 유럽의 우세한 무기에 희생되었고 이보다 더 많은 원주민들이 마마, 홍역, 감기, 성병 등 새로운 유럽 질병에 의하여 죽어갔다.

동물들이 서식하는 생태계의 수렵채집사회는 양계적 집단을 형성하는 경향이 강하다는 것이다. 전자의 경우 거주집단 근처를 주로 맴도는 사냥물의 서식처에 대하여 이미 많은 지식을 가지고 있는 남성들은 결혼 후에도 함께 남아 공동의 사냥을 하는 것이 그들의 생존에 유리하며, 후자의 경우에는 동물들이 서식하는 넓은 지역에 사는 여러 집단들 간의 상호협조 없이는 효율적 사냥을 할 수 없기 때문에 양계적 집단을 형성하여 사냥터에 대한 정보를 상호교환하는 것이 생존에 유리하다는 논리이다. 수렵채집사회의 군단의 성격에 대한 두 주장 중 어느 쪽이 더 옳은가는 본 글에서 다루어질 성격의 과제는 아니며, 다만 한가지 분명한 것은 군단의 특성 중 가장 두드러지는 것은 유동성이라는 사실이다.

수렵채집사회의 군단의 유동성은 반복적으로 확인되어 온 것이며, 학자들 사이에 유동성의 구체적 내용이 어떤 것인가에 대한 논쟁은 지속되고 있으나 유동성 자체에 대하여는 충분한 동의가 이루어졌다. 여기서 유동성이라 함은 "느슨하고 비영구적 유대"(Woodlburn 1968 : 107) 관계 아래에서 개인은 핵가족 단위로 자유로이 이동생활을 하는 특성을 말한다. 수렵채집이라는 식량획득 방식은 일정한 토지에 기초하거나 또는 다른 재산물에 대한 개별적 권리에 기반하는 생계방식과는 전혀 다르기 때문에 농경사회에서처럼 자원을 지키기 위해 배타적 성격을 갖는 집단의 형성을 가능케 하지 않는다. 지역에 따라서는 군단의 유동성이 너무나 큰 나머지 개인과 가족의 이동이 친족원리와는 전혀 무관하게 이루어지기까지 한다. 턴불(Turnbull, 1968)의 아프리카의 엠부티족과 이크 족[9] 연구는 좋은 예라 할 수 있다. 턴불은 두 종족에게 있어 이동은 매우 임의적으로 이루어지고 있으며 출계 또는 귀속의 개념 등은 전혀 찾아볼 수 없다고 말하고 있다. 더 나아가 메이야수(Meillasoux, 1981)는 수렵채집사회에 대한 이해는 친족의 개념으로는 결코 충족될 수 없고, 그 대신 "유착(adhesion)"이라는 개념에 의하여 달성될 수 있다고 주장하고 있다. 유착관계는

---

[9] 엠부티족은 콩고 북부 열대밀림지대에 살며, 이크족은 우간다, 케냐, 수단의 국경 산간지대에 사는 수렵채집민들이다.

리고 개인의 자유로운 이동에 의하여 맺어지는 관계를 의미한다. 메이야수의 견해는 생산과 재생산에 대한 논리적 추론에 전적으로 기반한 것이고, 그가 말하는 유착관계의 사회는 아직까지 실제로 발견되지 않았다. 그러나 그의 주장을 통하여 수렵채집사회의 유동적 성격은 다시 한 번 확인될 수 있으며, 이 유동성은 또 다시 핵가족의 중요성과 연결됨을 알 수 있다.

〈연구문제〉
1. 가족의 발생을 인간의 성별분업 및 언어발달 시각에서 설명하시오.
2. 초기 인류가족의 성격에 대한 학자들의 논쟁을 설명하시오.
3. 현존 수렵채집인들의 가족의 성격을 설명하시오.

제 4 장
한국가족의 역사적 변천

박혜인

　가족은 모든 사회현상과 마찬가지로 역사적 시간의 흐름에 영향을 받고 변화한다. 이제까지 연구된 결과에 따르면 우리나라의 가족은 조선시대 중엽인 17세기 전후로 하여 획기적인 변화가 나타난다.

　한편 한국 가족의 역사적 변천에 대한 연구가 활발하지 못한 이유는 무엇보다도 우선 역사적 자료의 한계라 할 수 있다. 그나마 이제까지 남아 있는 자료는 왕실을 비롯한 지배 계층에 대한 자료이며, 실제로 그 시대의 주류를 이루었던 민중에 대한 자료는 찾아보기 어렵다. 시대를 소급해 올라갈수록 더욱 그러하다. 그러므로 한정된 자료를 통해 시대 변화의 흐름을 파악하는 것은 불가피한 일이다.

　그리고 여기서 말하는 한국의 고대사회란 고구려, 백제, 신라의 삼국시대와 통일신라시대 및 그 이전의 시대로 한정하여 사용하고자 한다. 그리하여 신라시대의 촌락문서를 통한 가족 고찰과 고구려의 서옥제 그리고 고려의 가족유형을 밝혀주는 국보 제131호《이태조 호적원본》등을 이용하여 17세기 이전의 한국가족을 이해하고자 한다. 이어서 부계 씨족의 형성을 초래하는 이른바 통념으로 알려진 조선시대의 전통적 부계가족의 성립을 살펴보고, 그 가족의 생활과 친족생활을 검토해 볼 것이다. 그리고 이와 같이 형성된 한국가족의 성격을 '효'사상, 가부장제와 여성의 지위, '집'의 관념을 통해 고찰하고 마지막으로 가족가치관의 변천 양상을 논의해 보고자 한다.

1. 17세기 이전의 한국가족

1) 고대사회의 한국가족

(1) 고구려의 서옥제(婿屋制)

중국의 역사책인《삼국지(三國志)》위지동이전에 고구려 풍습에 대한 다음과 같은 기록이 있다.

혼인하는 풍습이, 먼저 언약으로 혼인이 정해지면 여가에서는 본채 뒤에 작은 집을 짓는다. 이를 서옥이라 한다. 날이 저물면 사위가 여자의 집 문밖에 와서 제 이름을 말하고 무릎 꿇고 절하면서 그녀와 함께 유숙할 것을 여러 번 간청한다. 신부의 부모가 이것을 듣고 서옥에서 동숙하도록 허락한다. 곁에 돈과 비단을 놓고 자녀를 낳아 키운 후에, 부인과 더불어 남가로 돌아온다.

산업사회의 도시생활에 따라 예식장이 출현하기 이전까지 한국 고유의 혼인 풍습은, 신부를 데리고 남자 집에 가서 혼례식을 올리는 중국문화와 달리, 신랑이 신부집으로 온 후 여자 집에서 혼례를 치루고 얼마 만큼의 기간 동안 여가에 머무는 것이 특징이었다. 그런데 서옥제의 기록을 볼 때 그 풍습의 연원이 고구려까지 소급되는 것을 알 수 있다. 이 서옥제는 가족 경제력의 많고 적음이나 아들의 유무에 관계없이 혼인 초에 사위가 여가에 머무는 보편적인 풍습이므로 솔서제, 예서제와는 구별된다. 솔서제(率婿制)는 아들이 없는 집에서 양자를 두지 않고 사위를 맞이하여 아들 역할을 대신하게 하는 것으로 이를 데릴사위제라고도 한다. 그리고 예서제(豫婿制)란 민며느리에 대응하는 것인데, 빈곤한 집 출신의 어린 사위를 미리 맞이하여 여자 집에서 필요로 하는 노동력을 보충하는 제도이다. 그러므로 서옥제에 연유한 혼인 풍습을 사위가 여가에 얼마간 머물다 본가에 돌아 간다는 의미에서 '남류여가혼(男留女家婚)' 또는 '서류부가혼(婿留婦家婚)'이라고 한다.

그러면 이러한 서류부가혼속과 같은 혼인풍습은 어떤 사회구조에서 왜 출현하였을까? 이 문제는 문화의 기원 및 문화권과 같은 어려운 주제이다. 아직 민속학, 인류학의 연구가 명확히 해답할 수 없는 부분이기도 한데 아끼바(秋葉隆, 1930)는 서류부가혼속을 한국의 모성의 지위와 연관시켰다. 또한 그는 서옥제에 나타나는 신랑의 여가 체류와 능력·고행의 시련 등이 봉사혼의 요소라고도 하였다. 그러나 이러한 서옥제를 모계사회의 잔적이라고 보는 견해는 오류라는 것이 일찍이 지적되었다(최재석 : 1970).

(2) 한국 고대사회의 모계·부계문제

종래 한국 고대의 가족 내지 씨족의 출계(descent)에 대하여 언급한 사람은 거의 전부 모계(matrilineal)에서 부계(patrilineal)로 발전하였다고 주장하고 있다. 두말할 나위도 없이 이것은 모건(Morgan)의 모계에서 부계로의 발전이론을 한국사회에 적용시킨 것인데 엥겔스(Engels)의 제창으로 원시사회가 모계사회였다는 견해가 널리 신봉되었었다. 진화론의 영향을 받은 이들은 전인류가 유사한 진화과정을 거친다고 생각한 점에서 오류를 범했던 것이다.

한국 고대사회에 대하여도 지금과는 달리 모계적인 요소가 많다고 하여 고대로 올라갈수록 모계적 요소가 증가하리라고 가상하기 쉽다. 그러나 모계에서 부계로의 전환이 원칙은 아니다(Murdock, 1949 : 59). 일관하여 한 가지만의 출계율을 지켜나갈 수도 있다. 그리고 출계율은 부계나 모계의 두 가지만도 아니다. 부계나 모계의 어느 한 혈통에만 치우치지 않고 친척의 범위와 비중이 양계 동격이거나, 또는 성(姓)이나 재산상속이 부계·모계의 두 계통 중에서 어느 쪽이든지 택할 수 있는 경우를 선계출계(選系出系 : ambilineal descent)라 한다. 이것을 양계출계(兩系出系) 또는 쌍계출계(雙系出系)라고도 한다. 그리고 단일 출계로서 부계·모계의 어느 한 쪽만 계승하지 않는 때를 이중출계(double descent)라고 하는데 이곳에서는, 아들이 모계를 따르고 딸은 부계를 따르거나 또는 아들이 부계를 따르고 딸은 모계를 따르기도 한다.

일반적으로 모계사회에 나타나는 모계현상으로는 혈통이 가장 중요한 것이지만 이 밖에 여러 가지 다른 조건이 있다. 비티(Beattie, 1968 : 168~171)는 다양한 사회의 여러 형태에서 혼인의 가장 큰 차이는 거주규칙이라고 하였다. 즉, 남편은 결혼 후에 자기 자신의 집단에 머물고 부인은 자신의 집단을 떠나 남편의 집단에 가입하여 그곳의 성원이 되는 것을 부처제(父處制)라고 한다. 이 거주방식은 전세계적으로 대개의 부계사회의 특징이다.

한편 모계사회에서는 여자가 결혼 후에도 계속 그녀의 모계집단에서 생활한다. 남편도 그녀와 함께 처가에서 지낸다. 그러나 이때 남편이 자신의 모계집단과의 관계를 단절하지 않는 것이 불가결한 조건이다. 그런데 트로브리안(Trobriand) 사회의 경우처럼 모계이면서 부처제일 수도 있다(Malinowski, 1929). 그들의 실제 권위는 부인이나 아이들에게 있지 않고, 본가에 있는 그의 외조카나 자매들에게 있기 때문이다. 그러므로 모계사회의 모처제에서는 형제자매간의 유대가 부부간의 유대보다 강하다.

모처제, 부처제 이외에 외숙처제(外叔處制), 신처제(新處制), 모처-부처제(母處-父處制) 등이 있다. 혼인 후 모처도 부처도 아닌 새로운 곳에 거주할 때가 신처제이고, 외삼촌이 사는 근처에 정하는 것이 외숙처제이다. 그리고 서류부가혼과 같이 혼인 후 얼마간 여가에 머물다가 시가에 옮겨가는 것이 모처-부처제(matri-patrilocal)이다.

또 사회발전이 낮은 단계에서는 모계사회이고, 높은 단계에서는 부계사회라는 통념이 있는데 전형적인 모계사회는 미개한 부족에서 발견되는 것이 아니고 진보되어 있거나 비교적 발전된 사회에서 발견된다고 하였다(Radcliffe-Brown & Forde, 1950). 또 경제발전과 출계와의 관계를 보면 사회발전의 어느 단계에 있어서나 부계, 모계, 선계, 이중출계의 여러 종류가 공존한다고 하였다.

이제까지 모계, 부계에 연관되는 몇 가지 기본사항을 검토해 보았다. 한국 고대가족이 모계냐 부계냐 또는 그 밖의 출계이냐를 확인하려면 주로 가족 자체의 분석, 즉 개인의 소속이 부의 계통을 따르는지, 아니면 모의 계통을 따르는지를 보아야 한다. 그리고 토지, 재산, 권리 등이 어느 편으로 상속되는가를 검토해야 한다. 《삼국사기》와 《삼국유사》에 나타난 자료를 통해 살펴본 결과 한국의 고대가족은 부계적 원리가 우월하면서도 비단계(非單系)의 원리도 나타난다. 서류부가의 혼인형식이나 신앙적 측면이 모계적 경향을 띤다고 하여 한국 고대의 가족을 모계라고 할 수는 없다. 무엇보다도 모계에서 부계로 발전 내지 변화하였다고 생각하는 고정관념은 버려야 하며, 한국 가족의 역사적 변천과정에서 부계의 강약이 달라진 점에 대하여는 뒤에 다시 살펴보기로 한다.

(3) 신라시대의 가족

신라시대의 가족에 관한 자료는 금석문과 관련사료 그리고 일본의 쇼소인(正倉院)에 소장되어 있는 《신라촌락문서》 이외에는 거의 없는 실정이다.

우선 지위나 재산의 상속방식과 혼인 후의 거주규칙에 대해 알아보면, 신라시대에는 왕위계승 면에서 아들과 사위, 친손과 외손 사이에 그다지 차별이 없었던 것을 《삼국사기》와 《삼국유사》를 통해 알 수 있다. 이러한 현상은 고려시대와 조선 초기에도 보인다. 이것은 17세기 이전까지 우리나라 가족제도의 주요한 특징이다. 재산상속에서 아들과 딸, 장남과 차남 이하 사이에 차별이 심화되는 조선후기의 가족과 커다란 차이를 보여주는 것이다. 이러한 지위나 재산상속 방식과 관련하여 거주규칙에 있어서도 신라시대 역시 서류부가의 관행이 있었을 것으로 추정된다.

신라시대의 가족형태에 대해서는 먼저 719년 감산사(甘山寺)의 《미륵보살조상기(彌勒菩薩造像記)》를 보면 부모, 아우, 자매, 서형(庶兄) 등을 위해 미륵상을 만들었다고 되어 있다. 이를 볼 때 자매와 형제간 또는 적자와 서자 간에 차별이 없었음을 알 수 있다. 또한 720년 감산사의 《아미타여래조상기》에서도 아우와 누나를 차별하지 않았고 또 죽은 아내의 명복을 빌었음을 알 수 있다. 한편 갈항사의 《석탑기》(758년 추정)에 의하면 생질과 누나, 누이의 세 사람이 합심하여 탑을 세웠다고 되어 있다. 이것을 부모의 입장에서 보면 생질은 외손이 되고, 자매는 딸이 되는데 이들도 한 가족을 구성할 정도로 친밀한 관계에 있었다고 보인다. 혼인 후에 딸이 오랫동안 친정에서 지낸 까닭에 딸은 물론이고 외손과도 친밀한 관계를 맺을 수 있을 것이다.

《신라촌락문서》에는 여덟 사례의 가족이 있다. 가족의 인원 수는 3인 가족이 1호, 4인 가족이 3호, 5인 가족이 1호, 6인 가족이 2호, 11인 가족이 1호로서 고려시대나 조선시대의 가족의 인원 수와 유사하다. 또한 이들 가족의 구성이나 형태를 살펴보면 정확한 것은 알 수 없지만 딸, 사위가 처부모와 동거하는 가족이 적지 않은 것으로 추정되는데, 이는 서류부가의 혼인거주규칙과 관련이 있다고 할 수 있다(최재석, 1983 : 52).

2) 고려시대의 가족

(1) 고려시대의 가족형태

고려시대의 가족연구는 자료의 빈곤으로 활발하지 못하다. 여기서는 국보 제131호《이태조 호적원본》을 자료로 하여 살펴보기로 한다. 이 자료는 이성계의 호적이 아니라 고려 후기의 일반호적의 일부이다. 이 호적이 작성된 연대는 1391년(공양왕 3)으로 추측된다.

이 호적문서에 포함되어 있는 가구 중 비교적 판독 가능한 호수는 양인 19호, 천민 13호의 합계 32호이다. 양인 19가족을 유형별로 나누어 보면 다음과 같다. 첫째, 부부와 미성년자녀로 이루어진 가족이 6호 둘째, 부부와 배우자 없는 성인 자녀(30세 이상)로 이루어진 가족이 3호 셋째, 처부, 처모를 포함하는 가족이 3호 넷째, 사위를 포함하는 가족이 5호 다섯째, 연로한 자매를 포함하는 가족이 1호 여섯째, 처와 전남편의 자식을 포함하는 가족이 1호이다. 이 자료는 가족의 수가 적고 20~40대의 배우자 없는 자녀, 자매가 적지 않게 포함되어 있는 반면, 연소자의 수가 매우 적게 나타나 있는 등 호적기재 상의 결함이 있어 자료로서의 한계점을 갖고 있지만 고려시대의 가족유형을 어느 정도 시사해 준다.

즉 장인과 장모를 가족원으로 한다든가 또는 기혼의 딸과 사위를 가족원으로 하는 가족이 상당수 발견되는 것은, 17세기 이후부터 현대에 이르기까지 주로 부계혈연자 위주로 가족집단을 구성하는 것과 비교해 볼 때 큰 차이가 있다. 이러한 고려시대 가족구성상의 특징은 서류부가의 혼인제도와 공음전의 상속순위(아들-사위-조카의 순위), 자녀의 출생순위에 따른 호적 기재양식, 또는 조선초까지 유지되었던 족보의 친손·외손의 차별이 없는 기재양식과 깊은 관련성을 가진다고 하겠다. 따라서 고려시대의 가족 유형에 대해서는 직계가족, 방계가족 등의 개념을 적용하기가 곤란하기 때문에 잠정적으로 쌍계적 방계가족(雙系的 傍系家族)으로 규정해 볼 수 있는 것이다. 단순히 방계가족이라 할 때에는 가장의 유배우방계친(有配偶傍系親) 즉 동생, 조카 등이나 유배우직계비속 즉 장남부부와 함께 차남 부부 등을 포함하는 가족을 의미한다(그림1). 한편 쌍계적 방계가족이라 할 때에는 위와 같은 방계친의 존재여부와 관계없이 기혼의 딸과 그의 배우자를 포함하는 가족을 의미한다(그림2). 그래서 조선시대 중기 이후에 와서 직계가족이 우리나라의 이상적인 가족유형으로 정립되기까지는 이러한 쌍계적 방계가족이 상당히 존재했을 것으로 생각된다.

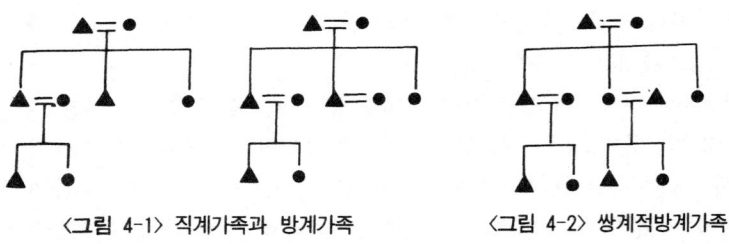

〈그림 4-1〉 직계가족과 방계가족　　〈그림 4-2〉 쌍계적방계가족

한편 위 사료에 나타난 양인(良人)가족의 세대별 유형을 보면, 전체 19가족 중 2세대 가족이 16호, 3세대 가족이 3호이며, 인원별 형태에 있어서는 4인 가족이 3호, 5인 가족이 4호, 6인 가족이 5호, 7인 가족이 1호, 8인 가족이 3호, 9인 가족이 1호, 11인 가족이 2호이다(최재석, 1983 : 255). 이 자료에는 천민(노비)가족이 13호 포함되어 있는데, 이 중 8호는 부부 중심의 가족생활을 한다고 볼 수 있지만 나머지 5호는 두 부부 혹은 세 부부 또는 한 부부 이외에 이들과 관계없는 다른 성인 노비와 호(戶)를 구성한 것으로 되어 있어 비정상적인 가족생활을 한 것으로 보여진다.

(2) 고려시대의 혼인

고려의 혼인을 《고려사》, 《고려사절요》, 기타 관련자료를 통하여 혼인의 거주규칙, 혼인연령, 혼인의 형태, 부녀의 재혼 등의 측면에서 살펴보면 다음과 같다. 혼인의 거주규칙에 대하여 살펴보면, 고려후기까지도 서류부가의 전통이 강하며 24세에서 30세까지도 딸이 친정에서 남편과 생활한 사례가 많았다. 최고 37세의 딸이 그때까지 친정에서 생활하고 있었다.

또 12 세기까지도 동성의 5, 6촌에 해당하는 근친간에 혼인이 행하여졌으며, 고려 말까지 동성간의 혼인은 상당히 행하여졌다. 그러나 이러한 동성혼은 1200년대 초에서 고려 말기로 내려올수록 점차 감소의 추세를 보이고 있다. 그리고 남자의 초혼연령은 20세 미만이 제일 많고 여자는 18세 이하가 제일 많았다. 부부의 초혼연령의 차이를 보면 계급에 관계없이 남편연상형(男便年上型)이 지배적이었다.

고려시대에는 왕실뿐만 아니라 일반 서민층에서도 다처(多妻) 간의 지위가 동등한 일부다처제가 존재하였다. 첩이 있는 경우 처첩 간의 지위 차이는 그다지 없는 것으로 보이지만 설령 차이가 있다 하더라도 그것은 처, 첩의 지위 자체의 차이라기보다는 첩이 되기 전의 신분에 기인하는 것으로 보인다. 또 고려시대에는 조선후기와는 달리 왕실이나 지배층 양반 또는 양인을 막론하고 자유롭게 재혼할 수 있었다. 남편을 사별한 과부는 시가에 머무르지 않고 친정 부모가 사망한 뒤라도 재가할 때까지 오라버니댁에서 머무를 수가 있었다. 또한 재가한 남편 집에서 그 남편의 반대에도 불구하고 전남편의 자식을 공부시킬 수 있었으며, 죽은 남편의 재산을 갖고 재가할 수 있었다.

이 밖에 고려시대의 가족생활을 고찰할 수 있는 자료는 다음과 같다. 일찍이 부모를 여윈 후 외가에서 양육된 사례(고려사 권 99, 열전 12)와 출가한 자매가 동거한 사례(고려사 권 124 열전 37), 아버지가 출가한 장녀의 집에서 사망한 사례(연덕랑군 한 씨 묘지), 부모가 아들과는 별거하더라도 딸과는 동거하며 딸이 부모를 봉양한다는 사례(고려사 권 109 열전 22)가 있다. 또한 고려시대에는 남자가 여자 집에 장가 들어 거기서 아들이나 손자가 성장할 때까지 지냈다는 전형적인 서류부가의 예(태조실록 권 29 태종 15년 춘정월 갑인조) 등이 조선시대의 직계가족과 구별되는 고려시대의 쌍계적 방계가족의 또 다른 증거이다.

2. 조선시대 가족의 변화와 씨족의 형성

1) 조선시대의 가족

(1) 조선시대의 가족유형

가족유형을 포함한 가족형태는 다른 가족제도와의 연관 아래서 그 본질이 파악될 수 있다. 조선 후기 이후의 한국인의 이상적인 가족유형은 가구주부부와 가구주의 직계비속 중 장남, 장손 등의 가계계승자와 이들의 배우자로 구성되는 이른바 직계가족이었다. 그러나 조선 중기 이전의 이상적 가족유형은 직계가족이 아닌 것으로 생각된다. 이미 앞에서 살펴보았듯이 고려시대의 가족은 직계가족이 아니고 쌍계적 방계가족임을 확인하였다. 실제로 쌍계적 방계가족에서 직계가족으로의 전환이 언제 이루어졌는가는 알기 어려우나 이러한 변화가 서류부가의 혼인제도, 재산상속, 제사상속, 양자제도, 족보 등과 관련이 있음은 명백하다.

조선시대의 가족유형을 연구하는 데에는 주로 호적문서를 활용하고 그밖에 묘지명, 실록 등은 보조적인 자료로 쓰인다. 실록과 호적을 자료로 정리한 1600년대 이후의 호당 인원은 〈표 1〉과 같다. 이때의 호구는 노비 등 비가족원을 포함함으로 가구와 유사한 개념이라고 할 수 있을 것이다. 〈표 1〉에 의하면 호당 인원은 대체로 4인과 5인 사이였으며 이러한 경향이 17세기 말부터 19세기 중엽까지 별다른 차이가 없다. 뿐만 아니라 전국 규모의 호당 인원과 도시지역인 대구지역의 호당 인원 사이에도 큰 차이가 발견되지 않는다.

그러나 대구호적과 울산호적의 분석을 통하여 가구에서 비가족원을 제외한 가족의 평균인원을 신분별로 살펴볼 경우, 양반가족의 평균 인원수는 대체로 3.5인 미만으로 나타나며, 시대별로도 커다란 차이를 보이고 있다. 또한 양반가족의 평균 인원이 상민가족의 평균인원보다 적은 것으로 나타나고 있다. 직계가족을 이상으로 하는 조선 후기에 호적 상에 나타난 가족의 평균 인원수가 4인 미만이라든가 양반가구의 가족원수가, 경제적으로 열등한 위치에 있는 상민의 가족원수보다 적은 것으로 나타나고 있다. 이런 점에서 호적기재의 정확

〈표 4-1〉 호당 인원

연도	전국[1] (실록)	전국[2] (실록)	대구[3] (호적)	울산[4] (호적)
1639	3.4			
1669	3.8			
1690		4.7	4.4	
1696		4.5		
1699	4.3			
1705		4.5		
1721		4.4		
1723		4.3		
1726		4.3		
1729	4.3	4.3	4.9	4.0
1732		4.2	4.9	
1735		4.3		
1738		4.2		
1741		4.2		
1747		4.3		
1759	4.1			
1765				3.4
1777	4.2			
1780	4.2			
1783	4.2		4.4	
1786	4.2		4.4	
1789	4.2		4.4	
1804				3.4
1807	4.3			
1837	4.2			
1858			4.4	
1864	4.0			
1867				3.7

자료 : 1) 조선가족제도연구(김두헌. 을유문화사. 1949)
2) 3) 李朝に關する身分階級別觀察(四方博. 조선경제연구 3. 1938)
4) 조선후기 사회신분제의 붕괴-울산호적대장을 중심으로-(정석종. 대동문화연구 9. 1972)

〈표 4-2〉 조선시대의 가족유형

유형 \ 신분 연대	1630(산음)			1756(곡성)			1807(양좌동)			1825(대구)		
	양반	상민	천민	양반	상민	천민	양반	상민	천민	양반	상민	천민
1인가족	15.4	27.3	32.8	14.6	16.1	-	4.7	1.6	-	1.3	4.7	10.4
과도적가족	-	1.0	0.8	2.3	-	-	-	-	-	0.2	0.8	1.3
부부가족	75.9	62.8	61.4	53.8	76.3	-	45.2	96.8	100.0	56.4	71.2	65.7
직계가족	8.7	6.9	4.2	23.1	6.5	-	40.4	1.6	-	33.7	23.2	18.3
방계가족	-	2.0	0.8	6.2	1.1	-	9.6	-	-	8.4	0.1	4.3
계	100.0	100.0	100.0	100.0	100.0		100.0	100.0	100.0	100.0	100.0	100.0

자료 : 한국가족제도사연구(최재석, 일지사, p. 491)

성을 의심하게 된다.

이어서 1630년 경상도 산음 경오장적(山陰 庚午帳籍), 1775년의 전라도 곡성현 병자식 장호적(谷城縣 丙子式帳戶籍), 1807년의 강동면 양좌동 초안(江東面 良左洞草案), 1825년의 대구부 장적(大邱府帳籍) 등을 자료로 삼아 조선시대의 가족유형을〈표 4-2〉와 같이 살펴보고자 한다. 전체적으로 보아 직계가족보다 부부가족이 높은 비율을 보이고 있다. 그러나 도시지역인 대구와 농촌지역인 다른 지역 간에 의미 있는 차이가 발견되지 않는다. 또한 이것이 서구적인 핵가족제도의 성립을 의미하는 것은 아니다. 직계가족제도 아래서도 가족주기상 일정 시점에서는 외형적으로 부부가족의 비율이 다수를 차지하는 것이 일반적인 현상이다.

신분별로 보면 신분이 높은 양반층에서는 상민·천민층에 비해 직계가족의 비율이 상대적으로 높은 편이다. 특히 저명한 양반 동족 마을인 양좌동에서는 양반층의 경우 부부가족과 직계가족의 비율이 거의 대등한 것으로 나타나고 있다. 이를 산음장적의 경우와 비교해 보면 같은 양반층이라도 위세의 정도에 따라 부부가족과 직계가족의 비율에 상당한 차이가 있을 수 있음을 짐작하게 한다. 세대별 유형에 있어서도 천민이나 상민에 비해 양반의 위세가 높을수록 세대구성이 복잡하다(최재석, 1983 : 405).

또한 위의 네 지역 모두 방계가족의 비율은 대단히 낮기 때문에 혼인한 차남 이하가 그의 배우자와 함께 부모의 집에 동거하는 경우는 드물다고 할 수 있다. 그러나 앞의 호적문서를 사용하는 데에는 몇 가지 문제가 있다. 산음장적의 경우 1인 가족의 비율이 너무 높은 것으로 나타나는데, 이는 호적기재상의 착오가 아니면 그 당시 산음 지방의 특수한 경제적 조건에 기인하는 가족해체 현상 때문일 것으로 보인다. 일반적으로 어린 자녀와 미혼, 기혼의 여자에 대한 기재누락이 많은 것으로 생각되며 호적에 1인 가족으로 나타난 사례 중에는 실제 다른 가족의 유형에 포함되어야 할 가족이 상당수 있을 것으로 예상된다.

(2) 조선시대 가족형태의 특징

먼저 노비 소유의 측면을 보면, 어느 시기에 있어서나 노비를 소유한 가족은 양반층에서 많이 발견된다. 결혼형태에 있어서는 대체로 양반은 양반끼리, 상민은 상민끼리, 천민은 천민끼리 결혼하는 계급내혼제가 행해지고 있다. 그러나 양반 남자와 상민 처, 상민 남자와 천민 처의 예처럼 자기 신분보다 한 계급 낮은 신분의 여자와 결혼하는 경우도 적지 않다. 다만 천민에 있어서는 반대로 천민 남자와 상민 여자와 결혼하는 경우도 있다. 배우자의 유무에 따라 보면, 무배우의 가구주는 상민이나 천민층에 많이 존재하며, 가구주의 연령에 있어서도 양좌동의 예처럼 상민들이 양반에게 사회, 경제적으로 예속되어 있을 경우 반상간에 뚜렷한 차이가 있다.

부부간의 연령차를 보면 대체로 어느 신분을 막론하고 처연상형(妻年上型)의 부부보다는 남편연상형의 부부가 많다(최재석, 1983 : 422). 그런데 이를 신분별로 보면, 상민층에 비해 양반층에서 처연상형의 부부가 훨씬 많았다. 전반적으로 보면 신분 계급에 따라서 가족의 성격은 차이가 있으며, 대체로 양반가족과 상민가족의 유사성보다는 상민가족과 천민가족의 유사성이 더 많은 것으로 보인다.

2) 조선시대 가족제도의 변천

(1) 서류부가의 변화와 부락내혼

부부가 혼인 후 어디에서 결혼생활을 하는가의 혼인거주규정과 가족의 형태와는 밀접한 관계가 있다. 서류부가의 기간은 고구려 시대에는 자녀가 장대(長大)할 때까지 처가에 체류하다가 점차로 그 기간이 단축되어 1년, 또는 몇 년간으로 단축되었다. 고려시대까지는 신혼부부가 신부집에서 오래 생활하다가 신랑집에 돌아오는 혼인풍속이 국가로부터 아무런 규제를 받지 않았다.

그러나 조선시대에 들어와 사회제도가 점차 유교적으로 개편되면서 서류부가의 풍속이 문제시되었다. 즉 《주자가례》를 생활의 전범으로 삼으면서 우리나라도 중국과 같이 신랑이 신부를 맞이하여(이를 가례에서는 친영(親迎)이라고 함) 혼례식을 신랑집에서 올려야 한다는 것이었다. 우리나라의 풍습대로 신부집에서 혼례식을 올리고, 신랑이 처가에서 사는 서류부가를 해서는 안된다는 주장이었다. 이를 둘러싸고 당시의 유학자들 사이에서는 서류부가혼속을 금지시키고 친영례를 따라야 한다는 입장과, 우리나라의 특수성을 고려하지 않고 중국의 제도만을 따를 수는 없다고 주장하는 반대론이 제기되어 오랜 기간 대립하였다(박혜인, 1988 : 167). 그리하여 16 세기 명종 때에는 신랑이 신부집에 머무르는 기간을 3일간으로 대폭 단축시킨다는 안이 채택되었으나, 풍속이라는 것이 본래 국가의 영향을 받기보다는 자생적인 것이어서 일반 백성들 사이에서는 이 규정이 잘 지켜지지 않았다. 이러한 현상은 한국의 고유한 혼인거주규정인 모처-부처제가 쉽사리 소멸되지 않았음을 보여주는 것이다.

이와 같이 사위와 딸이 오랫동안 처가에서 생활을 하기 때문에 사위와 딸을 무시하고 아들과 친손만으로 부계의 남계집단을 형성한다는 것은 조선 초까지는 어려웠을 것이다. 이렇게 볼 때, 서류부가 기간의 변화는 다른 가족제도의 변화와 긴밀한 관계를 지니고 있음을 알 수 있다.

혼인제도에서 또 하나의 중요한 현상은 부락내혼이다. 전술한 《이태조 호적원본》을 혼인권의 맥락에서 다시 분석해 보면, 고려말에 부락내혼이 상당히 높았음을 알 수 있다. 호주, 호주의 처, 호주의 부, 호주의 모를 판독할 수 있는 21 가족, 즉 42 부부 가운데 같은 마을 출신의 부부는 9 쌍으로 21.4%가 부락내혼을 한 셈이다. 또 8인의 장모와 1인의 사위가 호주와 같은 부락에 거주하는 사람이었는데, 여기에도 부락내혼자가 포함되어 있다고 본다면 부락내혼율은 더욱 높아질 것이다. 이것은 조선후기에 특히 양반의 경우는 부락내혼이 기피되고 있는 사실과는 매우 대조적이다.

(2) 동성동본불혼

동성간의 혼인 유무에서 볼 때 고려시대는 근친혼 내지 동성혼이지만 조선시대에 와서는 동성불혼이라는 특징을 가지고 있다. 이러한 동성불혼은 조선시대의 제도적 규정이나 유학자들의 견해에 잘 나타나고 있다. 그런데 현재까지의 연구에 의하면 실제에 있어서는 동성동본불혼만 지켜졌을 뿐 동성이본간의 혼인은 보통 행하여졌다는 것이다. 그러나 1606년과 1630년의 산음장적에 의하면, 적어도 1600년대 초에는 다음과 같은 경향이 있었다(최재석, 1983 : 373). 첫째, 동족인 동성동본의 혼인도 적은 숫자이지만 실제 존재하고 있으며 둘째, 동성이본혼은 동성동본혼보다는 많다 하더라도 이 비율은 실제로는 그다지 많지 않다. 셋째, 동성동본을 포함하는 동성혼은 실제 약 6%에 불과하여 이성혼이 약 94%이다. 넷째, 동성동본혼인 자는 모두 상민이고 다섯째, 동성이본혼인자는 주로 상민이지만 양반도 포함되어 있다. 여섯째, 동성이본혼인자는 희성(稀姓)은 적고 대부분이 김 씨, 이 씨 등의 대성(大姓)이다.

(3) 족보의 발간

족보 발간의 시작이 곧 씨족의 성립 내지 발달은 아니다. 12~14세기의 묘지명에 가보(家譜), 가첩(家牒), 세보(世譜) 등의 명칭이 나타나는 고려시대의 족보와 조선 초기의 족보나 묘지명 등의 각종 기록을 통해 보면, 고려시대의 족보는 가족 내지 이보다 약간 넓은 범위의 집단의 조상과 자손을 수록한 것이라고 보인다. 여기에는 친손과 외손이 모두 기재되어 친손과 외손을 동등시하는 자손보의 성격을 띠고 있는 점이 특징이었다. 조선 초기의 족보만 보아도 아들과 딸이 출생순서대로 기재되어 있으며, 외손에 대한 인적사항도 친손과 마찬가지로 상세히 기록되어 있고, 아들이 없어도 양자를 들이지 않았다. 이러한 자손보의 성격을 가진 족보가 씨족사상의 형성, 강화로 말미암아 외손 범위의 축소, 자녀의 연령 순위별 기재방식에서 선남후녀(先男後女)의 기재방식으로 바뀌었다. 이와 같이 조선 전기의 족보와 후기의 족보 사이에는 성격상 현저한 차이가 있다.

족보를 통해서 조선시대의 파(派)의 형성과정을 살펴보면 다음과 같다(최재석, 1983 : 710). 첫째, 족보에 있어서의 파는 17세기에 출현한 것도 있지만 대체로 18세기에 출현하였다. 파의 명칭, 파명(派名) 글자의 크기나 위치, 그리고 파조(派祖)의 변동 등의 측면에서 본다면, 파가 출현한 초기의 파는 단지 족보에서 자기의 직계 조상을 용이하게 찾아내기 위한 수단으로서의 기능을 담당하였던 것이다. 그러나 조선 후기로 내려올수록 이러한 기능보다는 파조를 중심으로 자기 파의 결합과 다른 파와의 구별을 뚜렷이 하기 위한 기능으로 바뀌어 갔다. 셋째, 조선 후기의 파를 그 집단성과 조직성의 측면에서 본다면, 파도 형성하지 못한 집단, 족보에 파만 구성한 집단, 파도 구성하고 파보(派譜)도 발간한 집단, 파와 파보 이외에 파 단위의 항렬도 제정하여 사용한 집단의 네 종류로 분류할 수 있다. 이러한 집단성의 차이는 거의 대부분 자손의 수, 경제력, 씨족의식의 차이에서 생겨나는 것이다. 넷째, 파조에 대한 의식의 변화시기와 족보에서 자녀의 출생순위로부터 선남후녀의 순으로 기재방식이 변화한 시기 그리고 대동항렬자(大同行列字)의 출현시기 등은 거의 상응하고 있다.

(4) 양자제도

17세기 중엽까지는 양자 결정 시에 남편 쪽의 친족과 동일하게 처 쪽의 친족도 그 결정에 참여하였으나, 그 이후 점차로 처 쪽의 참여는 제거되고 남편쪽 친족의 결정만으로 양자가 행하여졌다(최재석, 1983 : 610). 이는 17세기가 부계, 모계의 양쪽을 존중하던 것에서 부계 한 쪽만의 존중으로 기울어져가는 친족 성격의 전환 시기임을 말해주는 현상이다. 또한 부계친의 존중은 부계친의 유대 범위를 확대시키고 조직화하였으며 아들에 의한 가계계승 사상을 배태시키고 또한 이를 강화시킨다. 이러한 현상은 지속적으로 양자의 비율을 증가시켰고, 근친에서 원친에로 입양 범위를 확대시켜 나갔다. 동시에 입양이 가족의 관심에서 가족대표자의 관심으로, 그리고 일정 범위의 부계친의 관심사로 확대된 점과 같은 맥락에 있다.

(5) 재산상속

고려시대는 여러 형태의 상속제도에서 친손과 외손을 거의 차별하지 않았다. 아들이 없는 경우에 상속이 손자에게 이어지는 것이 아니라 생질, 친조카, 사위, 사손(使孫) 등으로 전승되었다. 고려시대의 상속원리는 부계가 우위에 있는 비단계(非單系)라고 할 수 있다. 이러한 비단계적 성격은 점차 약화 내지 제거되어 조선 후기에 이르러서는 거의 부계로만 강화된 것으로 보이며, 이러한 변화의 결정적 시기는 조선 중기 즉 17, 18세기라고 생각된다. 약 120여 통의 재산상속의 기록인 분재기를 통하여 조선시대의 상속제도를 살펴보면 대체로 1600년대 중엽을 경계로 하여 그 전후가 대단히 다른 것을 알 수 있다(최재석, 1983 : 558).

1600년대 중엽 이전에는 고려시대와 같이 자녀간의 균분상속제를 취하던 것이 이로부터 1700년대 중엽까지는 남녀균분 상속 이외에 장남우대, 남녀차별의 상속을 취하는 가족이 나타나기 시작하였다. 그리하여 1700년대 중엽 이후부터는 장남우대, 남녀차별의 상속으로 기울어지는 경향을 나타내고 있다. 따라서 가족 내에서 장남이 차지하는 상속분도 증가하는 양상을 보인다.

(6) 제사상속

제사상속에 있어서는 대체로 장자봉사(長子奉祀)와 자녀 윤회봉사(輪回奉祀)의 두 가지 형태를 취하던 것이 1700년대 초기부터는 대체로 장자봉사로 굳어지는 추세를 보이고 있다(이광규, 1977). 17, 18세기에 재산상속제도나 제사상속제에 있어서 커다란 변화를 초래한 원인을 다음과 같이 살펴볼 수 있다. 우선 조상숭배의 기풍이 강화되었다는 점이다. 고려말에 주자가례가 도입되어 우리나라에 영향을 주었다 하더라도 1600년대 중엽까지는 그다지 강한 영향을 주지 못하다가 점차 변화된 것이다. 조상숭배 사상의 강화는 장남, 차남의 구별과 남녀의 차를 초래하였다. 제사의 강조는 그 제사의 담당자인 봉사자의 지위와 재산을 안정시킬 필요가 있기 때문에, 제사는 자녀윤회의 방식에서 장자 단독봉사로 전환하게 된 것이다. 동시에 장남의 재산 상속분이나 장남이 가진 봉사조 재산이 증가하게 되는 것이다. 이 밖에 씨족 관념의 강화와 농지의 세분화, 영세화도 상속에서 여자를 제외시키고 장남에게 편중되는 방식을 촉진시킨 한 이유가 될 것이다.

3) 씨족의 형성

친손과 외손을 동등시하는 자손보의 성격을 띠고 있는 조선전기의 족보와, 외손을 배제시킨 조선후기의 족보는 현저한 차이가 있다. 따라서 족보의 출현시기가 부계혈연집단으로서의 씨족조직의 형성시기와 일치하는 것으로 보아서는 안된다. 8촌의 범위를 씨족의 최소 단위라 한다면 통제성과 조직성을 가진 씨족의 출현은 실제로 16, 17세기 이후의 일이라고 할 수 있다. 즉 이 시기에 외손의 범위, 남녀의 서열, 양자의 신분, 항렬의 출현과 확대, 재산상속, 외손봉사 등 여러 측면에 있어서 커다란 변화가 발생하였다. 이때 변화의 방향은 전반적으로 외족과 처족관계는 약화되고 부계집단이 강화되는 경향을 보이고 있다. 조직적인 씨족집단의 형성이 16, 17세기에 이루어졌다고 보는 것은 바로 이러한 이유 때문이다.

(1) 부계혈연집단을 나타내는 용어

부계혈연집단을 나타내는 용어로는 문중(門中) 이외에도 종중(宗中), 종족, 종계(宗契), 족중(族中), 문당(門黨) 등의 명칭이 사용되었는데(최재석, 1983 : 729), 이중 문중과 종중이라는 용어가 가장 많이 사용되었다. 문중의 초기형태는 16세기에 출현하고 있으며, 이것이 좀더 조직화되고 보편화되는 것은 17세기 이후의 일로 여겨진다. 15세기 이전에 이러한 문중조직이 존재할 수 없었던 것은 물론 서류부가의 전통으로 신랑이 처가에서 장성하기도 하고 외손이 함께 거주했기 때문이다. 초기의 문중형태는 6~8호 정도의 근친자를 중심으로 형성되었지만 조선 후기로 내려올수록 문중의 규모는 점차 확대되는 경향을 보이고 있다.

(2) 문중조직

문중의 규모가 확대되면서 문중의 운영을 담당하는 문장(門長)이나 유사(有司)와 같은 기구가 나타나며, 씨족의 공유재산인 문중재산도 형성된다. 문중의 중요재산으로는 논밭과 그것의 소출인 곡물 및 노비, 산림 등이 있는데, 논밭은 보통 묘전(墓田), 관둔전(官屯田), 묘답(墓畓), 제전(祭田), 위전(位田) 등으로 호칭된다(최재석, 1983 : 748). 문중재산은 주로 제사, 자녀교육, 길흉사의 세 가지 범주로 나누어 지출되어진다. 제사비용은 주로 기제(忌祭)·묘제(墓祭)의 제수(祭需), 제기(祭器) 구입, 묘산·선영의 유지, 제각의 수리에 지출하고, 문중성원의 초상·혼인에 드는 비용도 포함된다. 이러한 문중재산의 관리는 주로 문장과 종손 또는 문중의 연장자의 지시, 감독에 따라 문중의 유사가 관장하고 있다.

(3) 문중의 기능

문중의 기능은 제사, 유교적 혈연 질서의 유지, 길흉사의 협조, 문중 자제의 교육 등으로 나누어 볼 수 있다(최재석, 1983 : 753). 이중 조상의 제사는 조선시대의 문중이 담당한 가장 중요한 기능으로서 숭조사상의 고취가 그 중심이 되고 있다. 문중의 두번째 큰 기능은 유교적 혈연질서의 수립과 유지라고 할 수 있다. 이에는 항렬과 연령의 존중, 종손과 문장에 대한 존경·예의, 동종간의 화목, 덕업상권(德業相勸), 과실상규(過失相規) 등이 포함된다. 문중의 세번째 기능은 길흉사 때의 상호 협조로서 흉사란 구체적으로 질병, 수재, 화재, 장례 등을 가리키며, 길사란 생원·진사·대과(大科)에의 급제, 혼인 등을 의미한다.

3. 한국 가족의 성격과 가족가치관

1) 전통적인 가족가치관

전통적인 가족의식(최재석, 1966)은 종족의식(김두헌, 1949), '집' 위주사상 (최재석, 1965), 친족의식(이효재, 1971), 혈연적 수직구조(이광규, 1977) 그리고 가족주의와 효, 혈통관념(김태길, 1986) 등의 개념으로 논의될 수 있다. 특히 우리나라의 전통적 가족가치는 '효'사상과 가부장제에 의한 여성의 지위, 그리고 '집'의 관념으로 요약된다.

(1) '효'사상
우리의 전통적인 가족의식은 자식이 부모를 섬기는 일을 골자로 하는 효사상으로 대표된다. 효는 한국인의 생활지도 원리이며 모든 인간관계에 우선하는 절대적 가치이다. 자식은 자기의 주장이 정당하다 해도 부모의 뜻을 거역해서는 안되고, 부모가 부모로서의 구실을 다하지 못한다 하더라도 극진히 섬겨야 한다.
효의 구체적인 내용은 부모에 대한 구체적인 존경과 시중 그리고 부양으로 나누어 생각할 수 있다. 또한 효는 부모가 생존해 있을 때뿐만 아니라 부모가 돌아가신 후에도 지속되어 마치 살아있는 부모를 섬기듯 정중하게 제사를 지내야 한다.

(2) 조선후기의 가부장제와 여성
가부장제란 사회제도와 문화적 차원의 기제를 매개로 하여 나타나는 남성에 의한 여성지배를 뜻한다. 17, 18세기는 임진왜란, 병자호란 등 대외관계의 어려움과 대내적으로 봉건질서의 혼란을 안정시켜야 하는 시기였다. 이에 여성에 대한 지배, 억압, 불평등 즉 가부장제의 확고한 질서 위에 기존의 신분 체계와 정치·경제의 지배구조를 유지 내지 강화시키고자 하였다. 그리하여 그것은 가족주의로 미화되기도 하면서 보편적인 이데올로기로 내면화되어 갔다

(신영숙, 1991 : 56).
　① 공식적 차원에서의 가부장제 : 삼종지도와 부덕

　조선조의 여성들은 공식적인 대표권이나 자격면에서 철저히 배제되었고 부계혈통 조직에서도 그들의 공식적 지위는 보잘것 없었다. 더구나 조선 후기로 갈수록 부계혈통은 절대화되어 갔다. 혈통의 정통성을 단절하지 않고 유지시키는 것이 중요한 문제로 대두되며, 종손의 절대적인 지위와 외가의 혈통 순수성이 강조된다. 즉 씨족집단의 지배가 강화됨에 따라 혈연주의, 부계혈통의 유지와 정통성의 고수, 직계주의, 장자우선주의, 적서차별주의 등으로 배타성이 강화되는데, 실제로 이러한 변화는 조선조의 경제적인 사회 모순에서 배태된 것이다.

　이러한 부계혈통 체제의 경직화와 가문 중시의 현상에 따라 여성의 삶에 대한 통제가 심화 되며, 그 통제의 성격은 비인간적으로 흐르게 된다. '열녀관'과 '재가 금지' 그리고 '출가외인'의 이데올로기가 가장 대표적인 예이다. 여성은 남편을 위하여 수절을 하고 그를 따라 죽기까지 하도록 장려되었으며, 또한 여성은 혈통이 다른 후손을 낳기 때문에 친정으로부터는 출가외인으로 철저히 배제되었다. 결국 여성은 남편 가문의 혈통을 잇는 것을 지상의 과제로 삼고 시집에 충성하는 것 이외에는 다른 어떤 가능성도 없는 삶을 살게 된다.

　유교적 가부장제의 핵심적 이데올로기는 "여성에게는 세 가지 좇아야 할 도가 있으니 집에서는 아버지를 좇고, 시집가서는 남편을 좇고, 남편이 죽거든 아들을 좇아 잠깐도 감히 스스로 이룰 수 없다"라고 하는 '삼종지도'라고 할 수 있다. 이는 여성이 남성과 관계를 맺지 못하면 사회적 존재가 될 수 없음을 명백히 하고 있다. 내훈에서 역시 며느리로서, 아내로서, 어머니로서의 도리를 적극적으로 수행하는 길만이 여자의 도리로 제시되었다. 또한 자신의 모든 욕망을 억제하고 시집살이를 견디어내는 것에만 관심을 기울여야 했던 당시의 사회조건은 '칠거지악'의 처벌조항에도 그대로 반영되어 있다. 한편 조선조 사회가 도덕적 인간상을 표방한 만큼 여성은 '열녀'로서 사회적 인정을 받을 수 있었고, 죽어서는 남녀가 동등하게 조상으로서의 극진한 대우를 받았다. 또한 상류층의 경우, 혈통을 중시한 까닭에 어머니로서의 혈통 역시 여성의 지위를 받쳐주는 주요 요건으로 작용하였다.
　② 비공식적 차원에서의 가부장제 : 자궁가족
　여기에서는 남성 중심의 공식적 정치체제와 부계혈통 중심의 가족제도 아래서 '다른 핏줄'을 가진 여성들이, 강화된 가부장적 지배를 어떻게 받아들이고 대응하며 변화시켜 보려 하였는지 살펴보기로 한다. 조선시대 여성의 지위는 유교적인 명분론에서 이해하는 데 그치지 말고, 그 명분 안쪽에 숨겨져 있는 실제의 지위를 파악해야 하는 것이기(박용옥, 1976 : 2) 때문이다. 울프(Wolf, 1972)는 남편의 집에 시집온 젊은 여성이, 자기가 낳은 자식들이 집안에 더해 가면서 점차 여성 자신의 세력권을 구축해 나가는 것을 '자궁가족'이라는 개념으로 설명하였다. 이 자궁가족 내에는 자신이 낳은 자녀들과 며느리 정도가 포함되고 남편은 제외되는데, 시집살이하는 여성들은 결혼 초기의 굴종적인 삶을 이를 통해 견디게 된다(임돈희, 1986). 여성은 어려움을 이겨나가기만 하면 자신의 권력의 기반인 자궁가족을 이룰 수 있었으며 그를 통하여 응분의 보상을 누릴 수 있는 가능성이 열려 있는 것이다. 즉 성적 차별을 세대간의 차별이 상쇄시킬 수 있었기 때문이다(Guisso, 1982). 노후의 보상은 여성으로 하여금 억압을 자발적으로 받아들이게 하였으며 여성은 일생을 통하여 노력하는 성취적 삶을 살아왔다는 것이다.
　특히 조선시대는 '효'를 절대가치화하였으며 효에 있어서는 여성도 남성과 평등하였다. 여성들은 열심히 일하고 참기만 하면 언젠가는 어머니로서 보상을 받게 되며, 또한 남편 집안의 당당한 조상이 된다는 확신을 갖고 있었고 따라서 가부장적 체계에 자발적으로 헌신해 온 것이다. 이러한 현실을 감안하면 '남아선호사상'은 공식적 가족윤리에서 파생된 것이라고 하기보다는 여성들의 생존과 성취와 직결된 자궁가족적 산물일 가능성도 높다(조혜정, 1988 : 252). 딸은 자신의 삶에 아무 소용이 없으며 아들만이 생전의 행복과 평안을 약속하는 자식이므로 여성 스스로가 적극적으로 아들을 귀하고 소중하게 여기는 태도를 강화시켰을 가능성이 높은 것이다. "아들이 없으면 죽어서도 물 한 모금 못 받아 먹고 객귀가 되어 떠돈다"는 말에서도 아들에게 절대적으로 의존해 온 전통적 여성의 삶을 엿볼 수 있다. 즉 모자관계가 단순한 정서적 가족관계를 넘어서서 극단적으로 수단적 성격을 띠게 되는 것을 파악할 수 있다.
한편 남성은 태어난 가족에서 평생 자라고 활동하다 죽으며, 죽은 후에도 그 집안의 조상이 되어 제사를 받게 된다. 이와 달리 여성은 자신이 태어나 성장한 집을 결혼과 함께 떠나야 한다. 즉 여성은 연속적인 삶을 사는 남성과 달리 자신을 이해해 주거나 감싸 줄 사람이 하나도 없는 시집에 들어 가서 살아야 하는 단절적 경험을 하게 된다(Wolf, 1972). 이러한 상황 때문에 그녀는 심리적으로 일찍 독립하며 강해지고 성취지향적이 된다. 이러한 기질적 특성은 자궁가족을 통하여 딸들에게 이어지며, 억압적 가부장제의 또 다른 일면으로 여성을 심리적으로 강하게 만들어 온 것이다. 또한 엄격한 신분제 사회에서 노비가 없는 많은 수의 양반과 양민층에서는 여성이 노동을 담당할 수밖에 없었던 상황과 연관시키면, 여성이 가부장의 어머니로서 명분 위주의 남성의 삶을 보완해 온 실질적 행위자였다고 볼 수 있겠다.
이와 같이 공식적 제도와 이데올로기 차원에서만 고려한다면 조선후기는 분명 강력한 가부장제의 사회이다. 그러나 그 지배의 내용에 있어서는 여성으로서가 아닌, 어머니로서의 영역이 강화되었다. 즉 여성이 인격으로서가 아니라 어머니로서만 인정되었다는 점과 여성 자신들이 조선 중기 이후의 붕괴되어 가는 체제를 강한 생활력으로 보완하며 적극적인 지탱자가 되어 왔다는 점을 이해하는 것은 가부장제의 본질을 이해하는 데 중요하다.

(3) '집'의 관념
전통적인 관점에서 '집'은 과거의 조상으로부터 미래의 후손에까지 연결되는 영속적인 집단이다(최재석, 1966). 따라서 가족의 최대의 관심은 조상의 유업을 어떻게 유지, 발전시켜 자손에게 물려주는가에 있다. 이것은 제사에 의한 조상숭배 관념의 계승과 가산(家産)의 유지와 확대, 그리고 이를 계승할 아들의 출산이라는 세 가지 측면에서 나타난다.
집의 존속은 조상에서 후손에 이르는 무한한 친자관계의 연속을 뜻한다. 그러므로 아들을 출산하지 못하는 것은 곧 집의 단절을 의미하게 된다. 이에 따라 아들을 우대하는 의식이 생겨나고 부자관계가 부부관계보다 우위에 서게 된 것이다. 또한 조상으로부터 물려받은 집을 더욱 발전시켜 자손에게 물려주려면 통솔자인 가장이 필요하게 된다. 가장은 가족의 대표자인 동시에 역대 조상의 대리자이다. 가족원은 이 가장을 중심으로 남녀, 장유(長幼)의 서열에 따라 각자의 지위와 구실이 결정된다.

집은 장남에 의하여 계승되지만 차남 이하는 결혼을 하면 별개의 집을 마련한다. 이것이 분가인 바 장남이 계승한 집을 '큰집', 차남 이하가 새로 만든 집을 '작은집'이라 부른다. 이와 같이 공동의 조상에 의하여 맺어진 큰집, 작은집의 집단이 동족(씨족)인데, 이들은 가까운 지역에 거주하면서 서로 친밀감을 가지고 한 '집안[一家]'으로서 협조해야 한다. 다시 말하면 씨족은 하나의 커다란 가족으로서, 가족원 간의 생활양식은 친족관계에까지 확대 적용되는 것이다.

2) 가족가치관의 변화

이제까지 살펴본 한국 전통 가족의 특징을 요약하면 첫째, 부계의 영속적인 집단이며 둘째, 가족은 개인에 우선하는 집단이며 셋째, 가족에는 반드시 가족원 전체를 통제하며 조상의 유업을 계승하고 집을 대표하는 가장(家長)이 있으며 넷째, 가족성원 간에 위계 서열이 존재하고 다섯째, 여자의 지위가 남자보다 열등하며 여섯째, 부자관계가 부부관계보다 우위에 있다는 것이다.

그런데 개항 이후 우리나라의 전통적인 가족의식은 급격히 변화하기 시작하여 서구적인 가족원리가 우리들의 일상생활에 많은 영향을 미치게 되었다. 이러한 가족의 변화는 크게 두 가지 측면에서 나타났다. 하나는 서구세계와의 접촉을 통해 우리의 사회구조가 변동함으로써 야기된 제도적 측면의 근대화이고, 다른 하나는 서구의 근대사조에 직접적인 영향을 받아 일어난 의식 근대화이다. 전자는 우리나라가 과거의 자급자족적인 농경사회로부터 근대적인 산업국가로 변모하면서, 가족집단이 사회 변화에 대처하기 위한 제도적·법제적 변화이다. 반면에 후자는 주로 매스 커뮤니케이션 및 학교교육을 통하여 서구의 남녀평등관, 개인주의사상 등이 전파되면서 일어난 가족의식의 변화이다.

이러한 일련의 변화는, 특히 국권상실로 인한 일제의 강점시기와 광복 이후에 더욱 가속화되었다.

　그러나 오늘날 가족이 전통사회에 비하여 현저하게 변모되었다고는 하지만, 아직도 우리의 가족생활 속에는 전통적인 요소가 온존하여 서구적인 가족원리와 공존하고 있다(최재석, 1965, 1982 : 김태길, 1986). 이 양자는 조화를 이루는 경우도 있지만, 때로는 크게 갈등하면서 사회문제를 야기하기도 한다. 의식은 서구적인 가족원리에 접근하면서도 제도는 여전히 전통적인 틀을 벗어나지 못하는 경우가 많으며, 그 반대인 경우도 존재한다.

　혼인양식에서도 엄밀히 말하면 중매혼도 자유혼도 아닌 중간형이 오늘날의 지배적인 혼인방식이 되고 있다. 또한 증가하고 있는 부부가족도 외형상으로는 서구의 핵가족과 동일하지만, 구체적인 내용에 있어서는 뚜렷이 구분되는 특징을 갖고 있다. 분가한 자녀들이 별도의 가족을 형성하지만 집안의 경조사나 제사가 있을 때는 따로 살던 가족들이 한데 모여 가족유대를 공고히 한다. 뿐만 아니라 이들 가족은 중요한 일이 있을 때마다 상호의존의 관계를 형성하여 정신적으로 결합되는 것이다.

　그리고 현행 가족법으로 규정된 상속제도에는 호주상속과 재산상속이 있다. 전통사회에서 가장은 가족원의 전생활영역을 지배하였으나 오늘날의 호주는 단지 가계계승의 상징적 의미만을 갖는다. 재산상속에서 법적으로는 남녀의 차별과 장남, 차남의 차별이 철폐되었으나 실제로는 여전히 장남과 아들 중심으로 상속관행이 이루어지고 있다. 그러나 조상제사 의례는 오늘날에도 중요한 의미를 지닌 채 장남에 의해 지속되고 있다. 다만 4대봉사에서 오늘날은 대체로 조부모 즉 2대조까지만 제사지내는 것이 일반적이며, 제사의 절차도 간소화되는 경향이다. 그런데 이러한 변화는 가족생활의 모든 분야에서 일률적으로 동일한 속도로 나타나지 않으며 도시, 농촌별 거주지역과 직업, 계층, 연령에 따라 변화정도에 적지 않은 차이가 있다.

　이처럼 가족주의에 입각한 전통적인 가족가치관과 서구의 개인주의가 함께 뒤섞여 가족의 갈등은 앞으로 더욱 다양해지고 심각해지리라 예측된다. 그러므로 이러한 가족갈등을 지혜롭게 대처해 나아갈 방안을 다각도로 모색하는 것이 가족학의 당면과제라고 하겠다.

⟨연구문제⟩
1. 한국의 고대가족이 부계적 원리가 우선하면서도 비단계의 성격이라는 점을 예를 들어 설명하시오.
2. 고려시대의 가족유형은 어떠한 특징이 있는가?
3. 17세기 중엽에 이루어진 우리나라 가족의 변화에 대하여 설명하시오.
4. 전통사회에서 신분이 가족생활에 미친 영향을 설명하시오.
5. 조선시대에 친족의식의 강화로 조직화된 문중의 기능은 무엇인가?
6. 한국가족의 전통적 가족가치관을 설명하시오.
7. 조선후기의 가부장제 강화에 따른 여성지위의 변화를, 공식적 차원과 비공식적 차원으로 나누어 설명하시오.
8. 전통적인 가족가치관과 서구적인 가족원리와의 갈등을 예를 들어 설명하시오.

제 5 장
사회변화와 가족

이기숙

"오늘, 세계의 곳곳에서 일제히 강력한 물결이 부딪쳐 오고 있다. 그리하여 사람이 일하고, 여가를 즐기고, 결혼해서 아이를 키우고, 드디어는 은퇴하는 생활을 이 물결이 일변시켜, 자주 교묘한 상황이 만들어지고 있다(~중략). 이러한 사회의 변화들을 눈 앞에 두고, 그러한 변화를 불안정하며 분열과 혼란을 되풀이하는 세상사의 반영으로 따로따로 받아들이기 쉽지만, 좀더 냉정히 보다 장기적으로 보면 이 모든 물결이 서로 연관되어 있고 지구의 어디선가에는 또 새로운 물결(문명)이 만들어지고 있다. 결코 맥락도 없이 새로운 물결이 만들어지듯 핵가족이 붕괴하고 신흥종교가 융성하고 유급휴가를 노동자들이 요구하는 일들이 일어나는 것은 결코 아니다"{토플러(유재천 역). 1985 : 31-32}.

지금까지 인류는 대변혁의 물결을 두 번 경험하였다. 그 물결은 제각기 변혁 이전의 문화 혹은 문명을 후진 상태로 만들어 버렸고, 앞 시대에 살았던 사람들에게는 상상조차 할 수 없었던 생활양식들을 일반화시켰다. 1910년에 태어난 80대 노인들은 전자 레인지, 전자동 세탁기, 홈오토메이션 장치에 두려움 마저 가지고 있으며 정말 대단한 의욕을 가진 노인이 아니라면 이러한 가정기구들을 다루려하지 않을 것이다. 온·냉수시설이 갖추어진 부엌에서 일을 하면서 노인들은 물을 긷기 위해 새벽에 우물까지 가던 일과 설거지한 물을 버리기 위해 개수통을 머리에 이고 하수구까지 간 자신의 지난생활과 일들에 대한 회상에서 설움과 추억을 동시에 가질 것이다. 그러면서 노인은 되내인다. "정말 편한 세상이야. 그런데도 왜 젊은 이들은 부부싸움을 하고 자살을 하고 가출을 하지? 알 수가 없단 말이야." 이 노인에 비교해서, 지금 10대인 1980년에 태어난 어린소녀가 훗날 노인이 되면 아마 그녀는 할머니세대가 세월의 흐름에 따른 변화를 느낀 것보다 더 많은 변화를 느낄 것임을 우리는 쉽게 추측할 수 있다. 제1의 물결에 따른 농업혁명은 수천년에 걸쳐 천천히 전개되어 왔었지만 산업문명의 출현에 따른 제2의 물결은 불과 300년밖에 걸리지 않았다고 한다. 오늘날 제3의 물결은 고작 30년 내에 우리의 삶을 바꾸어 버릴 것이다.

지금 한국은 후기산업사회(탈산업사회)에 서있고 일부의 사회구조는 이미 정보사회로 진입되고 있다. 1945년 해방을 전후해 들어온 서구 문화가 1960년대에 시작된 국가근대화작업(경제개발 5개년 정책)과 함께 우리사회를 산업화시켜 제1차 산업 위주의 우리 경제구조를 제2차 산업구조로 바꾸었으며 1980년대부터는 제3차 산업의 비율이 증대되었다. 우리의 대부분은 산업사회의 사회체계에서 살아왔지만 우리의 아이들은 아마 정보사회 체계에서 살아가게 될 것이고 미래의 가족은 전통적 농경사회와 산업사회에 적합하였던 모습들에서 또 좀 다른 모습을 띠며 지금과는 또 다른 가족생활이 미래에는 전개되어 갈 것이다.

1. 산업화와 한국가족의 변화

20세기 초부터 한국의 산업사회로의 진입이 시작되어 일제치하에서 부분적 산업화와 침체시기를 거쳐 1960년대에 비로소 본격적인 공업화가 시작된 것으로 볼 수 있다. 일제의 침략과 더불어 진행되었던 산업화 과정은 이전까지의 전통가족의 삶을 뒤바꿔 놓기에 충분한 것이었다. 이제 가족은 조선시대에서 처럼 자급 자족적인 생산의 단위가 아니라 상품을 구입하여 소비하는 단위, 그를 통해 노동력 상품을 재생산하는 단위로 그 주요 역할이 바뀌었으며 산업화 과정에서 가장 큰 변화를 겪었던 계급은 유일한 생산 수단이었던 토지로부터 분리되어 노동력을 팔아야만 생존이 가능했던 노동자계급 가족이었다. 노동자계급의 여성들은 성별 격리의 유교적 전통에도 불구하고 임금 노동자가 되어야만 했으며, 동시에 아내로서, 며느리로서 가족을 지켜나가야 하는 고된 삶을 살기 시작했다.

더우기 민족사의 비극인 6.25전쟁을 거치면서 가족은 더욱 인위적인 해체의 위기에 직면하였다. 이 과정에서 여성들은 전쟁터로 나가거나 행방불명이 된 남편을 대신하여 가족의 생계와 자식들의 교육까지를 책임지는 막중한 역할을 수행하였다. 그리고 가족의 생존 자체가 불안정한 상황에서 내 가족의 안위와 영속만을 최우선으로 하는 가족 이기주의, 혹은 가족주의적 가치들이 강화되기도 하였다. 여기서 가족 유지에 일익을 담당해야 했던 여성의 보수성과 가족에 대한 헌신성이 두드러지게 나타나기도 했다.

그러나 보다 본격적인 가족 변화는 1960년대 이후 경제 개발 계획에 따른 급속한 산업화와 더불어 진행된다. 전체 가구 수에 대한 농가 수의 비율이 1960년 53.7%였던 것이 1980년에는 그 절반인 27.1%로, 1990년에는 18.0%로 급격히 감소하였으며, 반면 임금·월급 생활자 가족은 계속 증가하여 1987년 현재 도시 전가구 중 가장 우위인 41.1%를 차지하게 되었다. 또한 출산율이 급격히 감소하고 가족규모가 축소되었으며, 민주주의적 가치가 확산됨에 따라 결혼과 부부관계에서도 미흡하나마 민주화로의 변화가 나타났다(김혜경. 1991 : 86).

현대산업사회에서 합의된 가치관은 민주주의사상이다. 민주주의는 국가·사회에 따라 다양한 제도의 체계로 구현되고 있지만 그 기본목표는 자유·평등·사랑이며, 이것이 현대국가 헌법의 기초를 이루며 국가생활의 각 분야를 이끌고 규제하는 방향이었다. 가족에 있어서도 예외가 아니어서 가족생활을 규제하는 법적제도 및 사회의식과 인간관계에서 이 사랑은 기본이었으며, 산업화는 이러한 보다 근대화된 의식이 가족생활 전반에서 실천될 수 있도록 유도한 동기가 되었다. 예를 들면, 배우자선택과 혼인에서 과거의 가문과 혈통계승을 위주로 부모가 주장하는 방식에서 벗어나 개인의 행복을 위해 애정을 전제로 하여 혼인당사자들이 결정하게 되었다. 부부관계와 부모자녀 관계는 평등한 인격을 기저로 한 상호간의 협동과 타협의 관계를 전제로 하고 있었으며, 자본주의 경제 구조 아래에서 남자들은 가족의 부양책임자로 직장에 나가 일에 종사하며 여자들은 생산적 사회역할에서 소외되었다. 더우기 경제적 합리주의와 공리주의는 가족과 친족관계에 영향을 미쳐 사랑과 협동에 기반한 온정적 유대를 약화시켰고 점차 이기적 개인주의가 가족생활을 지배하게 되었다(이효재. 1976 : 29-31). 산업화 과정을 거치면서 한국가족에 나타난 변화를 가족구조, 가족주기, 가족기능, 가족가치관으로 나누어 고찰하고자 한다.

1) 가족구조상의 변화

가족은 사회의 기본단위로 그 규모가 생활공동체로서 가장 큰 의미를 지닌다. 즉 몇 명의 가족원이 어떤 형태를 유지하면서 어떻게 살고 있는 가 하는 것이다.

가족은 생활공동체로서 그 자체의 존속을 위해 가족성원 또는 가족집단끼리 협력관계를 지니며 그 규모와 형태를 자연스럽게 조정해 왔다. 사회의 존속은 가족의 존속을 통해 이루어지며 나아가 사회는 그 사회의 유지를 위해 나름의 가족 이데올로기를 형성시켰으며 그러한 가족 이데올로기에 따라 가족구성원들 사이에 형성되는 권력관계는 달랐으며 그 권력구조에 따라 그 사회가 이상적으로 받아들였던 가족기능도 달랐다.

제5장 사회 변화와 가족 115

　한국인의 이상적 가족형태는 직계가족이었으나 한국인의 실제적 가족크기는 부부가족의 크기를 크게 벗어나지 않았다. 산업화를 거쳐오면서 한국가족의 가족원수, 가족형태에 나타난 변화를 보고자 한다.

　(1) 가족구성원수의 감소

　가부장제의 전통사회는 장남을 위주로 가계계승을 하고 차남부터는 분가형태를 취함으로써 가족규모를 유지시켜왔다.
　우리나라의 가족 평균인원은 1955년 5.15명인데 비하여 1975년 4.6명, 1990년은 3.8명으로 감소하고 있으며, 도시화의 정도가 높은 지역일수록 그리고 시간이 경과함에 따라 2명 가구나 3~4명 가구는 현저히 증가하고 있는 반면에 7명 이상으로 구성된 가구는 상대적으로 급속한 감소를 보이고 있다(공세권. 1987 : 46). 따라서 고도의 산업화, 도시화가 이루어지면 가족은 더욱 단순화, 소인수화될 것으로 예측된다.
　이러한 가족 평균인원수의 감소원인을 김주수(1982 : 69)는 다음과 같이 설명하고 있다. 첫째, 산업화 과정에서 나타난 가족분화와 핵가족화 현상으로 인한 가족규모의 축소에 의해서이다. 둘째, 인위적인 출산조절정책(1960년초부터 시작한 인구증가 억제책의 하나인 가족계획사업)으로 인한 출생인수의 감소이다. 우리나라는 1966년~1968년 사이에 총출생률이 22% 저하하고, 1975년에는 24.0%, 그리고 1980년에는 23.4% 저하하고 있다. 이러한 출생률의 저하와 함께 인위적인 출생제한 즉 피임과 낙태문제에 관한 논쟁이 일어나고 있다. 셋째, 가족으로부터의 독립의 증가이다. 도시에서의 고용기회가 점차 증가되고 거기에 따른 농가자녀의 도시이동이 늘어나고, 특히 도시내에서의 1인 가구의 증가(공세권, 1987 : 45에 의하면 도시 전체가구의 2.3%를 차지하던 1인 단독가구가 1970년에 3.7%, 1980년에 6.3%, 그리고 1985년에는 8.6%로 나타나 최근에 이를수록 급속한 증가를 보인다)가 가족규모를 소인화시키고 있다.
　이 외에도 가족결손이나 가족 해체로 인한 단독가구의 증가도 가구당 가족구성원수를 감소시켰다.

(2) 부부가족의 증가

1955년 도시부부가족은 63.4%이었는데 1975년 74.3%, 1990년 67.5%로 되어 서울뿐 아니라 농촌에서도 부부가족비율이 증가하고 있다. 이는 3대가족과 4대가족, 혹은 5대가족에 비해 2대가족이 증가하는 것으로 세대구성이 단순해진다고도 볼 수 있다. 여기에 자녀가 없는 부부와 자녀가 결혼해 부모 곁을 떠난 부부와 같은 1대 부부가족을 포함시키면 그 비율은 더 증가한다. 이와 같은 부부가족의 증가원인은 앞의 가족구성원수의 감소원인과 같은 것이며, 특히 장남분가율의 상승이 이런 변화를 촉진시켰다고 본다.

2) 가족주기*상의 변화

산업화·도시화를 거치면서 가족은 자주 이동되고, 이동되면서 분화되고 따라서 가부장권은 도전받게 되어 부부가 과거의 가부장권을 나누어 맡게 되었고 가족의 주요기능의 일부는 전문적 기관으로 나누어졌다. 아이들의 교육은 거의 학교에 맡겨지고, 노인부양의 일부가 공부양체계로 넘어 갔으며 새로운 일자리가 생김에 따라 가족은 이사를 다녀야했으며 따라서 집합주택이 대량공급되었다. 이러한 이동과정에서 가족은 헤어지기도 하고 경제적 회오리에 시달

---

*가족주기(family life cycle) : 남녀가 결혼으로 새로운 가족을 형성하고 자녀를 갖게 되면서 가족은 확대되고 그 자녀들은 성장한 후 결혼하여 자신들이 자라온 가족을 떠나게 되면서 가족은 축소하기 시작하며, 노부부가 사망함으로써 소멸된다. 이러한 가족의 변화과정을 가족주기(가족생활주기)라고 한다. 즉, 사람이 가족생활에서 경험하는 결혼·출산·육아·노후의 각 단계에 걸친 시간적 연속을 말한다. 이러한 가족주기는 학자에 따라 다르게 구분되나, 한국인구보건연구원(1987 : 53)이 제시한 한국의 가족주기 모형은 1단계 형성기(결혼~첫자녀 출생 전까지), 2단계 확대기(첫자녀 출생~), 3단계 확대완료기(막내출생~), 4단계 축소기(첫자녀결혼시작~), 5단계 축소완료기(막내결혼시작~), 6단계 해체기(남편사망~)이다. 여기에서 1단계를 부부전기, 5~6단계를 부부후기로 본다.

리면서 적응력으로 새로운 기술체계와 사회변화에 적응해 갔다.

땅을 밟고 흙내음을 맡으면서 철따라 나는 곡식물을 나누며 부모와 자녀가 함께 사는 모습은 휴가시 또는 정년 후 우리가 꿈꾸는 생활로 이상이 되어버렸다. 도시로 자녀를 유학 보낸 뒤 부모와 자녀는 각각 다른 생활양식으로 살게 되었으며, 1960년 이후 물질적으로 풍요로운 환경에서 자라난 신세대들은 조부모와 부모세대의 생활양식과 가치관을 수용할 수가 없어 부모와 자녀는 따로 사는 것이 서로 편하다고 느끼게 되었으며, 노인단독세대가 증가함에 따라 노인 연금제도가 필요하게 되었고, 부양가족이 없는 노인들에 대한 사회보장제도가 요구되었다.

여성취업의 증가로 인해 맞벌이 가족이 증가함에 따라 전통적으로 가정에서 여성이 담당해오던 자녀양육이 가정 밖의 유아교육기관(탁아소, 영아원, 유치원 등)으로 이전되면서 이에 적절한 부부 역할 분담원칙이 세워지지 않아 아이가 가정 밖에서 겉도는 자녀양육형태가 이루어지게 되고, 그외 많은 가사노동의 분담이 여전히 여성의 일로 남아 있게 되어 여성의 직업성취를 저해하였다. 그러나 1980년대에 들어와서, 오히려 사회는 여성노동을 다시 필요로 하게 되었다. 따라서 맞벌이 가정의 증가는 가사노동 수행 방식의 다양함을 인정해야 된다는 주장을 낳게 하였으며 전업주부의 경우에는 불가시적인 가사노동에 대해 합당한 평가가 이루어져야 된다는 주장이 제기되었다.

수명의 연장·소자녀화 등으로 인해 가족주기에도 많은 변화가 나타났다. 과거의 부모자녀 중심에서 부부중심 가족으로 변화함에 따라 부부전기와 부부후기의 중요성이 강조되었고 특히 부부후기의 장기화는 노년에 대비해야 된다는 새로운 가정 설계 방식을 일깨워 주었으며 이에 따라 여성과 특히 노인의 사회교육활동이 증가하였다.

부부의 결혼에서 사망까지의 전 기간을 하나의 가족주기로 보고, 이 기간을 가족생활을 특정지우는 몇 가지 인구학적 사건에 따라 구분해 보면 이러한 가족의 변화가 사회변화와 함께 크게 변화하고 있음을 알 수 있다. 그 예로 1935년부터 1985년까지의 결혼부인을 결혼코호트별로 구분하여 비교한 〈그림 1〉을 보면 뚜렷이 알 수 있다.

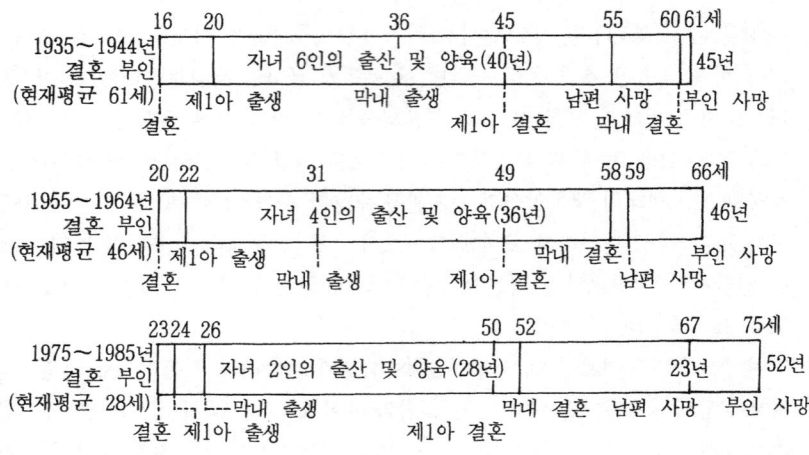

<그림 5-1> 가족주기의 변동양상

출처 : 공세권 외 4명(1987). 한국가족구조의 변화. 한국인구보건연구원. 155.

(1) 가족주기 전기간이 길어지고 있다 : 1935~44년 결혼코호트의 44.5년에서 40년 후의 1975~85년 결혼코호트에서는 51.8년으로 7.3년이 연장되었다. 현재 초혼 연령의 상승세는 둔화되고 있음에 비해 보건의료 서비스의 향상과 더불어 평균수명은 더욱 연장될 전망이므로 가족주기의 전기간도 늘어날 것으로 예측된다.

(2) 결혼에서부터 자녀출산 완료까지의 가족형성 및 확대기는 초혼연령의 상승과 출산율 저하로 인하여 매우 단축되고 있다 : 평균초혼연령이 16.1세이고 출생인수가 6.2명인 1935~44년 결혼코호트의 부인은 이 기간이 19.6년이었으나 평균초혼연령이 22.6세로 증가되고 출생인수는 약 2.0명으로 추정되는 1975~85년 집단에서는 이 기간이 불과 3,4년이 될 것으로 예상된다.

(3) 자녀출산완료 이후 자녀 결혼이 시작될 때까지의 자녀양육 및 교육기에 해당하는 가족확대완료기는 근년에 올수록 길어지는 양상을 띠고 있다 : 1935~44년 집단의 9.3년이 1975~85년 집단에서는 25.0년으로 추정된다.

그 이유는 자녀출산기가 단축됨에 따라 상대적으로 양육기가 길어졌을 뿐만 아니라 자녀의 결혼연령 역시 과거에 비해 상승되었기 때문이다.

 (4) 자녀결혼 완료 이후 남편의 사망을 거쳐 부인의 사망에 이르기까지의 축소완료 및 가족해체기는 길어지고 있다 : 1935~44년 결혼코호트 부인의 경우를 들면 자녀결혼이 완료되기 이전 (5.8년전)에 남편사망을 경험하고, 미망인의 시기동안 자녀결혼이 완료됨과 거의 동시에 부인이 사망하게 됨으로써 가족주기는 종지부를 찍게 된다. 그러나 최근으로 올수록 사망수준이 개선되고 출생자녀수가 감소됨에 따라 자녀결혼 완료 이후 부부만의 긴 기간과 자녀와 남편 모두가 떠나간 미망인으로서의 시기를 맞이하게 된다. 1975~85년 집단의 부인의 경우에는 자녀결혼이 완료되고 약 15년간 부부만이 지내는 빈둥우리의 시기를 경험하게 되고 남편사망 이후 다시 부인은 7년이라는 기간을 혼자 살게 된다.

 이러한 가족주기상의 변화는 우리의 가족관계에도 영향을 미쳐 부자중심에서 부부중심으로 가족의 핵은 변화되었으며 사람들은 원만하고 행복한 부부생활의 중요성을 인식하게 되어 부부단위로 가족활동·여가활동·사회활동에 참가하는 경우가 증대되었다(김미숙·김명자. 1990 : 175-183). 자녀관도 변화하여 과거의 집(家)과 부모를 위한 자녀의 필요성보다는 사회와 자녀자신을 위한 자녀양육과 교육의 필요성을 지니게 되었다. 그리고 노후생활에 대한 인식과 준비가 증대하였으며, 특히 노인의 대부분을 차지하는 여성노인에 대한 문제와 남성노인의 은퇴 뒤 가정생활에 적응하는 문제가 강조되고 있다.

 3) 가족기능에 있어서의 변화

 근대화의 이행 과정으로써의 산업화·합리화가 가속화됨에 따라 사회구조에도 본질적인 변화가 나타났다. 농경중심의 우리사회의 여러가지 미풍양속이었던 상부상조의 사회체계가 붕괴되었고 대신 개인주의의 만연으로 개인의 소외현상과 점차 자아상실의 심화 및 과다한 경쟁심리로 인한 이기적 사회로의 변화가 그것이다. 과거 전통가족의 안정성은 그 가족자체에 있었다기보다는 오히려 가족을 에워싼 친족공동체 및 자연와의 지속적인 긴밀한 유대, 그리고 경제·사회·문화적인 공동체로서 모든 면의 생활을 가족이 다 같이 영위한 데에서 가능하였다고 본다면 핵가족은 이러한 가족의 연대성과 안정성을 계속 유지하기에는 적합하지가 않다.

집합 가구가 등장하게 됨에 따라 성원 개개인의 격리된 생활공간이 늘어가고 공동의 생활시간과 공간이 줄어들었다. 특히 현대에 있어 생활의 기능들은 반드시 가정 내에서만 이루어져야 되는 것은 아니게 되었다. 과거 가족에 있어서의 중심기능이었던 의식주 공급기능은 가사노동의 사회화와 함께 가정 밖의 기관으로 이전되었고 심지어 자녀양육과 교육의 기능도 많이 약화되어 현대가족은 휴식의 기능과 자녀출산 및 애정의 기능정도를 가지고 있을 뿐이다(유영주. 1984 : 34).

그리고 자녀양육이 점차 공동양육화되고 학교교육의 기능이 강화되면서 자녀들은 어려서부터 부모의 영향권을 벗어나게 됨으로써 부모자녀간의 애정의 유대도 약화되고, 점차 증가하는 이혼율은 당사자인 부부에게도 위기이겠지만 특히 자녀문제 및 사회전체의 안정성의 위협이라는 점에서 주요한 현대가족문제로 인식되고 있다(김혜선. 1982 : 98).

혈연중심의 전통사회에서 노인의 위치는 매우 강력하였다. 그러나 산업화에 따른 핵가족화는 필연적으로 노인문제를 제기시키고 있다. 전통적 개념의 붕괴, 취업에 따른 가족이동의 간편성 및 주택구조의 변화, 업적위주의 인간관 등에서 오는 노인에 대한 의식은 가족내에서 노인의 위치를 위태롭게 만들었다. 우리나라의 노인들은 전형적인 직계가족, 친자 중심제도에서 생활해 온 사람들로 노후 생활에 대한 심적·물적 대비가 전혀 없으며 경제적 무력화는 더욱 노인의 정체(identity)에 많은 회의를 불러일으킨다(이정덕. 1985 : 181). 노인들이 상대적으로 자녀세대에 비해 교육수준이 낮고, 직업적 경험이 충분하지 못하여 빠른 사회의 변화에 적응하기가 어렵고, 자녀세대보다 경제적 지위가 낮기 때문에 열등감을 가지며 동시에 전통적 권위주의적 의식으로 현실적인 사회적 기대를 충족시키기 어려운 상황에 놓여져 있는 것 등이 그 이유이다. 이러한 노인 문제의 극복은 노인에 대한 공적 부양체계의 확립과 노인 스스로 노후에 대한 보다 계획적인 가족생활계획 등으로 극복되어야 한다고 보며, 보다 중요한 것은 가족들의 노인에 대한 심리적 부양의 풍성함이다.

　부부중심가족이 가지고 있는 특색을 가정내외적으로 나누어 볼 때 가정내적으로는 ① 가족기능의 축소와 가족결합의 약화 ② 가족성원의 생활태도의 개성화 ③ 가족성원 상호간의 사회적 관심과 생활태도에 있어서의 간격이 개성화와 함께 자주 틈을 보이게 된다. 그리하여 상대가 요구하는 역할과 다른 경우에 발생하는 충돌의 증가 등이며, 가정외적으로는 ① 가족 성립조건의 불안정이다. 배우자 선택에 있어 전통적 가족의 선택보다는 사회적 문화적 배경이 다른 경우의 결합이 일어날 가능성이 더 높아졌고 결혼이 당사자간의 개인적 관계로 인식되기 때문에 매우 불안정해질 수 있다. ② 가족을 지지하는 주위의 친족과 지역사회에서의 제도적 관습적 감시 감독과 원조를 기대할 수 없으므로 가족이 위기시 쉽게 해체되어 버리는 점이다(최재율. 1983 : 69).

4) 가족가치관의 변화

　전통적인 부계 혈연가족 중심의 가치관이 점차 약화되면서 결혼에 대한 태도, 부부간의 역할분담과 권력관계, 자녀 및 노부모에 대한 태도에 변화가 일어났다.

　결혼에 대한 태도 변화를 살펴보면, 결혼연령이 높아지고, 배우자 선택방법도 순수 중매혼에서 중간적 형태(부모의 선택이나 중매에 의해 교제를 시작하되 당사자의 궁극적 결정에 맡기거나 또는 당사자들간의 교제로 시작하여 부모의 승락을 거치는)나 연애를 통한 당사자선택으로 바뀌어 가고 있다. 배우자 선택기준도 가문, 학력 등 사회경제적 요인을 중시하기 보다는 가치관, 인성 등을 중시하는 경향으로 변화되었다.

　부부간의 역할분담과 권력구조에도 변화가 나타나 과거의 권위주의적·수직적 부부관계에서 오늘날은 평등주의적·수평적 관계로 바뀌어 가고 있다(이동원. 1983). 과거의 가부장제 가족제도 아래에서 가정생활의 모든 권위와 결정권이 가장에게 집중되었던 것이 요즈음에는 부부공동결정 유형으로 변화되고 있다. 또한 남자가 가족의 부양책임자로 경제적 역할을 담당하고 여자는 가정에서 자녀를 낳아 기르고 애정적·정서적 역할을 담당하는 것에는 아직 큰 변화가 없으나, 일상적인 부부간의 역할분담에는 점차 변화가 나타나 역할분담의 뚜렷한 구분이 약화되어가고 부부가 상호협조하는 경향을 보이고 있다. 이와 아울러 여성의 사회참여에 대한 태도도 점차 긍정적·개방적인 경향으로 바뀌어 가고 있다.

자녀에 대한 가치관에도 변화가 있어 아들을 통한 가계계승과 노후의존도가 점차 약화되어가고, 자녀양육 자체에 대한 보람과 자녀를 통한 자신의 자아발전에 의의를 두는 경향이 높아져 가고 있다. 따라서 노부모들도 결혼한 장남과 동거하기를 희망하기보다 경제적으로 독립해서 따로 살기를 원하는 경향이 높아 자녀에 대한 노후의존도가 점차 약화되어가고 있다.

이상과 같이 산업화 및 도시화의 영향으로 한국가족은 형태적으로는 소규모의 부부가족화 되어가고 있으며, 가족가치관에 있어서도 다양한 변화가 나타나고 있다. 그러나 이 과정에서 한국가족은 두 가지 측면에서 지체현상을 나타내고 있는데, 하나는 가족제도의 변화와 사회의 다른 제도들의 변화간에 나타나는 지체현상이고, 다른 하나는 가족자체 내의 구조와 가치관 간에 존재하는 지체현상이다(이동원. 1985 : 385).

산업화는 생산방식에 변화를 가져와 사회는 농경사회에서 산업사회로 탈바꿈되었다. 이러한 과정에서 오랫동안 가족이 담당해 오던 생산과 소비 중 생산활동은 대형화된 공장으로 이양되었고 가족은 소비만을 담당하는 곳으로 바뀌었으며, 가정과 직장을 분리시키는 중요한 결과를 낳았다.

또한 산업화는 경제조직과 직장에서의 인간관계에 급격한 변화를 가져왔다. 사회생활은 비인간적, 공리적, 능률적 관계에 기초하게 되고 개인들은 그들의 사회적 지위와 업적에 의해 평가받게 되었다. 따라서 산업구조는 개인의 자유와 사회적 이동을 특징으로 하는 자유주의적 이데올로기를 조성시켜 **사람들이** 경쟁을 통해 직업적 성취와 경제적 성공을 추구하게 만들었다.

이렇게 사회가 급격히 변화하는데 비해 가족의 구조와 가치관은 **천천히** 변해 전반적인 사회변화와 가족의 변화간에는 지체현상이 발생하게 된 것이다.

가족이 이러한 사회구조의 변화에 적절히 적응하지 못함으로써 이혼율의 증가, 청소년 비행, 가족성원들간의 세대차 및 갈등 등의 문제가 발생하고 있다.

또한 가족의 자체 변화에도 구조와 의식간에 불일치(gap)가 존재한다. 가족의 구조적 측면은 서구의 부부중심 가족과 유사한 '핵가족화' 되어가고 있으나 가치관의 측면에서는 아직도 전통적인 가부장적 이데올로기를 벗어나지 못한 상태이다. 따라서 남성우월주의, 남아선호사상, 성 격리문화, 개인보다 가(家)를 중요시하는 가족주의 등이 가족성원들의 의식 및 행위를 좌우하고 있는 것이다. 이러한 전통적 가치관은 현대 사회에서 요구하고 있는 합리주의, 개별주의, 민주주의 등과 상치되는 것으로 가족성원들간의 갈등을 조장하고 있다(장상희. 1993 : 72-73).

이러한 가족의 변화는 또한 불가피하게 많은 가족문제를 발생시키고 있다. 여성취업의 증가에 따른 자녀양육과 가사노동분담의 문제가 그것이다. 자녀양육과 가사노동의 분담화·합리적인 사회화가 이루어지지 않아 결국에는 가족 내 다른 누군가가 전통적 여성의 몫을 떠맡게 되어 또 다른 지배-종속의 인간관계가 만들어지고 있다든지, 또는 부부중심의 생활방식이 결과적으로 아이들을 소외시키게 되어 자녀과보호에 못지 않게 자녀의 정서불안정 등이 핵가족의 문제점으로 지적되고 있다.

여성만 변화되고 남성은 변화되지 않은 상태에서 부부폭력의 가시화, 이혼율의 증가 등이 나타나고 있으며, 가족구조와 형태가 변화되는 것 만큼 보편적 사회체계(탁아시설, 남녀 이중적 성윤리관의 소멸, 가사노동의 사회화 기능, 이혼시의 재산분할청구권 등)도 완비되어야 한다. 더욱 중요한 것은 사회전반적 민주·평등의식의 고양과 함께 가정의 민주화와 평등이 이루어지는 것이며 현재 이는 전적으로 남성의 몫으로 남아 있다해도 과언이 아니다.

2. 후기 산업사회와 가족

"우리는 자연에 대한 도전의 전환점에 와 있다. 생태계는 산업사회의 공세에 더 이상 견딜 수 없는 한계에 와 버렸다. 과학기술의 발달은 환경문제로 인해 제약받게 되었으며, 인간은 또 한번 사회적 정서적 변혁을 요구받게 되었다(중략). 산업사회는 위기에 처해 있다. 가족제도 그 자체가 시비를 추종받게 되었으며, 사회복지제도의 위기, 학교제도의 위기, 보건의료 제도의 위기 등이 나타나고 있다. 제 2의 물결의 모든 가치체계가 붕괴의 위기에 있는 것이다. 산업중심의 역할분담도 재검토되어야 하며 남녀역할 분담의 변혁을 촉구하는 여성해방운동은 그 좋은 증거이다. 직업의 역할분담도 무너지고 있다. 간호원과 환자는 모두 의사와의 관계를 새로이 하려고 한다(-생략)" (토플러. 1985 : 158-159).

산업사회의 대량생산 시스템은 점차 노동규모의 축소화·도시집중화 배제, 노동의 분산으로 변화되고 있으며 이러한 변화는 도시근교의 공장과 도시의 사무실에 집중되었던 노동을 양적으로 질적으로 분산시키고 있으며 생산노동과 소비노동이 분리되었던 가정이 도시생산노동을 받아들이는 변화에 직면하였다. 전자주택(electronic cottage)개념이 그 좋은 예이다(토플러. 1985 : 252). 따라서 대량생산의 다음 단계 사회에서 인간을 가장 잘 이해하는 새로운 가족에 대한 모색이 일어나고 있다.

경제분야에서는 제조업보다 서비스 산업이 꾸준히 증가하고 있으며 점차 사람들은 인습에 덜 얽매이고 싶어하며 더 능동적이며 덜 가족중심적인 사고를 지니게 될 것이다. 매스미디어는 끊임없이 많은 정보를 쏟아내고 있으며 인간의 다원화된 욕구는 점차 다원화된 사회자체를 인정케 될 것이고 다원화된 상태에서 가족과 사회구성원들의 합의를 만들어내는 것은 더욱 어려워질 그러한 상황에 가족은 처하게 될 것이다.

따라서 가족은 과거의 전제적·일방적 커뮤니케이션에서 벗어나 보다 수평적·합리적 커뮤니케이션을 해야 할 것이며 가족내 의사결정과정이 자연히 부부공동결정형으로 되어갈 것이다. 다양한 결혼문화의 등장으로 다양한 부부생활이 만들어질 것이며 자연히 가족주기의 구분이 점차 흐려질 것이고 다양한 가족의 개념과 가족형태가 존재할 것이다. 이러한 평등한 부부단계로 나아가기 위해 현재 가족생활 내에서 한국가족이 극복하여야 할 것과 가족을 도와주는 사회의 가족 지원체계에 대해 생각해 보고자 한다.

1) 평등한 부부관계의 지향

(1) 가부장제*의 극복

농업국가체제를 벗어나 근대화하여 가는 과정에서 가부장제가 가정내에서 약화될 수밖에 없는 현실적 조건이 형성되었다. 즉, 경제생산구조가 가족과 분리된 장소에서 이루어지게 된 것과 근대적 평등이념의 대두가 그것이었다. 그 위에 여성교육의 대중화와 여성의 사회적 진출의 증가도 가부장제 이념을 약화시켰다.

그리고 한국의 근대사 초기에 나타난 신분제의 문란, 민중의 봉기, 외세의 압력, 여러 차례의 전쟁으로 인한 사회적, 가정적 혼란 등으로 가정에서는 남성부재현상이 심화되어 여성들에 의해 가족의 생계가 유지되고, 자녀들에 대해서는 상징적 아버지의 역할까지 하지 않으면 안되는 가정내 여성역할의 확산은 여성의 가정 밖의 경제활동 증가와 함께 많은 가정에서 여성들을 실질적 가정생활 주관자로 변모시켰다. 더 나아가 남성을 통하지 않고 독자적으로 공식적인 영역(가정 밖의 영역)에서 인정을 받고 활동하는 여성을 중심으로 전통적 가부장제 가족제도에 대한 비판이 일어났다. 이러한 남성중심의 가족제도, 즉 가부장제에 대한 도전을 조혜정(1988 : 290)은 부권(父權)지배에서 점차 부

---

*가부장제(patriarchy) : 가부장(한 가족의 우두머리가 되는 남성을 뜻함)의 가족성원에 대한 지배를 지지하는 체제를 말하며, 이 체제는 일상생활에서 보다 구체적으로 남성에 의한 여성지배로 나타나며 나아가 남성들간의 위계관계에도 영향을 주어 사회의 보편적 관계로 정의되고 있다. 따라서 남성의 여성 억압체제를 가부장제라 한다(조옥라. 1988 : 118).

권(夫權)지배로 이행해 가는 과정으로 보았고 이는 한국의 가족이 부자(父子) 중심에서 부부(夫婦)중심으로 그 중추가 옮겨가는 모습으로 해석할 수 있다.

그러나 한국사회는 서구사회와는 달라서 가부장제의 변형이 바로 부부평등 가족으로 이어지지 못하였다. 즉, 가정내 남녀평등에 대한 남성들의 강한 반발과 경제력을 기반으로 가정내에서 강력한 주인으로 계속 남기를 원하는 남성측의 전통적 의식은 새로운 사회변화에 맞추어 변모하기를 두려워 하고 있기 때문이다. 그러나 우리사회의 진정한 발전과 인간화를 위해서 권위주의는 타파되어야 된다. 그 권위주의 의식의 타파는 가족관계가 수직적 인간관계에서 수평적 인간관계로 영위될 때 비로소 가능하다. 부부간에 수평적 인간관계가 유지되는 일상생활의 규범을 모색해 더이상 권위에 의한 가족관계가 아닌 가족성원들간의 친밀감과 활발한 의사소통을 통한 민주적 행동양식에 의한 가족생활이 영위되어야 하며, 이러한 민주적 가족관계가 사회의 민주화를 촉진시켜 가족이기주의·정실주의를 벗어날 때 우리사회는 보다 행복하게 다음 사회발달 단계로 넘어갈 수 있다고 본다.

남성중심의 가부장제 극복을 위해 우리가 넘어야 할 또 하나의 과제는 개인·가정·사회를 연결시켜 개인의 생활과 생산적 활동이 원만히 통합되고 가정을 진정한 인간적 공동체로 만들어가는 노력을 하는 것이다. 현대문명이 만들었는 지나치게 비대해진 가정 밖의 기능들은 가정의 존립자체를 흔들고 있다. 가정 밖의 공적 영역들의 지속적 비대를 막기위해 최소한의 인간 중심의 생활문화가 가정을 중심으로 재구성되어야 한다. 따라서 진정한 개개인의 개성에 기반을 둔 새로운 민주적 가족공동체의 생활양식을 찾는 것이 바로 가부장제의 극복인 것이다(조혜정. 1988 : 289-300). 즉, 〈개개 구성원이 존중되는 가족〉〈생활이 생산을 지배하는 사회〉〈인간이 주인공이 되는 사회〉가 바로 우리의 정치적 목표가 될 때 바로 새로운 사회에 적응할 수 있는 인간의 양성이 가능한 것이다. 사회와 밀접하게 관계를 맺으나 사회의 구속에서 오히려 사회를 변화시켜 나가는 가족 그것이 바로 가부장제 이데올로기가 극복된 가족이며, 각자의 가족원이 각자의 삶을 창조해 나가면서 그 개개인의 삶이 조화되어 또 다른 개성을 빚어내는 그러한 공동체 가족에 대한 노력이 앞으로는 더욱 필요하다.

(2) 가사노동의 사회적 평가

 가사노동은 상품생산과는 달리 사적으로 생산되고 교환이 아닌 소비가 주목적인 노동으로 사용가치만을 지니는 노동이다(김혜경. 1991 : 91-92). 가사노동은 의식주생활을 위한 노동과 양육노동으로 구성되며 이 노동이 이루어진 결과 현 사회의 노동자군과 다음세대의 노동력이 재생산되는 것이다.
 산업사회를 겪으면서 가사노동의 여러 부문은 점차 사회적 노동 혹은 상품생산노동으로 대체되었다. 각종 가공식품, 패스트푸드 체인점 등은 가사노동 중 식생활을 위한 노동이 사회화된 것이고, 세탁소나 편리한 가전제품의 보급 등은 의생활과 주생활 부문의 가사노동의 사회화된 것이다. 그리고 탁아소, 유아원, 유치원, 각종 학원 등은 자녀양육과 가정교육의 노동이 일부 사회화된 것이다(그러나 사회화의 방식이 바로 상품화라고 볼 때 가사노동 중 더 이상 상품화되어서는 안되는 것도 있고, 상품화되는 과정에서 사회복지 측면에서 국가가 개입하지 않으면 안되는 부문도 있다). 이러한 가사노동의 사회화는 여성의 사회적 역할의 확대로 인한 가정관리의 결핍을 도와주는 대체기능을 함과 동시 가사노동의 사회화 그 자체가 여성의 삶을 전통적인 삶에서 새로운 삶으로 바뀌게 하는 주요 동기로 작용했음도 사실이다.
 여성의 생활이 전적으로 가사노동의 수행에 매여 있어야 된다라는 생각이 이제는 시대에 맞지 않는 것이 되어 버리게 되자 사람들은 원했든 혹은 원하지 않았든 간에 여성의 일인 가사노동에 대한 새로운 평가를 요구하게 되었다. 우리사회는 편리한 사회미덕(convenient social virtue)이라는 말로 여성에 대해 사회의 보이지 않는 압력을 행사하고 있다. 즉, 수많은 여성들로 하여금 가정을 지키고 가족을 위해 헌신적 노동을 함을 여성의 참다운 본분으로 믿게 하고 그러한 역할 수행에서 행복을 느끼도록 하는 힘을 말한다. 그러나 그 봉사를 받는 사람에게는 이 미덕이 안락함이나 복지를 제공해 준다는 장점이 있으나 이를 제공하는 사람은 불편하고 억압을 받고 있다고 느끼게 된다면 이것은 더이상 미덕일 수는 없다(문숙재. 1989 : 154).

　물질위주적인 능력주의 가치관이 팽배하였던 산업사회를 거쳐 나오는 동안 많은 주부들은 자신들의 능력이 인정받고 있지 못하다고 생각하고 있으며 결과적으로 가사노동 외에 다른 일 등으로 그들의 존재를 확인받고 싶어한다. 사회에서의 보수적인 일보다 가정에서의 무보수적인 일을 더 중요하게 여기고 여기에서 만족을 느끼던 주부조차도 가사노동 수행에 회의를 느끼게 되었다. 이러한 가사노동의 불가시화현상은 불의의 사고나 이혼시 그녀가 담당해왔던 노동에 대한 배상이나 보상에서 전혀 그 가치가 인정되지 않게 되어 여성의 공적영역에서의 일(보수를 받는 일)과 사적 영역에서의 일(보수를 받지 못하는 일)에 대한 새로운 논의를 전개시켰고 나아가 어떠한 노동영역에서든 여성의 일은 제대로 평가받아져야 된다는 결론이 내려졌고(레이안드레. 1989 : 6-14), 이러한 주장은 가정에서의 노동, 즉 가정생산기능의 경제적 가치를 산출하게끔 했다(김애실. 1985 : 26-47).

　인류최초의 불평등이 성역할분담으로 인한 남녀간의 불평등이었다고 주장한 엥겔스도 여성해방은 여성이 가사노동에서 벗어나 대규모로 사회적 생산노동에 참여하고 가정노동의 의무가 최소한도로 축소된 데에서만 실현될 수 있다고 주장함으로써, 가사노동으로부터의 해방이 여성의 불평등을 제거하는 첫걸음이라고 지적하였다.

　여성을 계속 가정내에 모성적 특성을 가진 존재라는 이유로 잡아두고자 하는 가부장제 가족제도는 자녀출산과 육아 및 가사노동을 지속적으로 여성의 몫으로 할당하였고 여성에 의해 창출되는 노동을 불가시화하여 무가치화시켰다. 가사노동을 가시화・가치화시키기 위하여는 가사노동을 가정생산활동으로 규정함과 동시에 가사노동의 분담화작업이 병행되어야 한다고 본다(문숙재. 1990 : 133-159).

　(3) 불평등한 부부관계의 개선

　최근 페미니즘연구가 활발해지면서 가족 내에서의 불평등현상이 관심을 끌게 되었다. 인간사회의 불평등현상을 이해하기 위해서 가족을 그 분석단위로 하여 고찰해 볼 때 성별불평등이 가장 분명히 드러난다고 한다. 특정 가족 구성원(특히 여성)의 희생에 바탕을 둔 가족의 안정에 대한 의미를 우리는 재고하여야 하며 한국의 집단적 가족주의에 대한 비판과 함께 건전한 가족문화의 창조에 노력하여야 할 것이다.

사회가 유지되기 위해서는 질서를 필요로 한다. 마찬가지로 가족의 유지는 가족질서를 필요로 하며 그 질서는 공정성을 바탕으로 하여 만들어지며 이 질서유지를 위해 부부가 어떤 양성관계를 이루어 나가야 할 것인가는 검토되어야 할 과제이다.

① 가사활동에 있어서의 불평등

가사활동에 관한 순수 경제학적 모델에 의하면 가정내에서의 가사분담은 시간적 여유, 가사활동에 관한 소질, 그리고 주어진 시간을 가사활동에 보내는 것이 효과적이냐 아니면 비가사활동에 보내는 것이 효과적이냐에 따라 결정된다는 것이다. 그러므로 여성이 가사활동에 많은 시간을 보내는 것은 여성이 시간적 여유가 있고, 가사활동에 소질이 있으며, 비가사활동을 하는 것보다는 가사활동을 하는 것이 경제적이기 때문이라고 해석한다. 따라서 여성도 경제활동종사로 시간적 여유가 없으면 그에 상응하여 가사활동시간이 줄어들 것이라고 본다.

그러나 많은 연구결과들에 의하면 가정내에서의 가사분담이 순수 경제학적 요인에 의해서만 결정되는 것이 아니고 여성이 여성이라는 사실 때문에 여전히 많은 가사부담을 진다는 것이다. 여성이 경제활동을 하더라도 가정내에서 부양자의 역할을 획득하지 못하며 여전히 가정주부로서의 역할을 갖는다. 이 때문에 기혼여성은 취업으로 인해 시간이 부족할 경우에는 자신의 여가시간을 줄여서 가사활동을 담당하지만 남성은 부인이 취업한다 하더라도 여가시간을 줄여서까지 가사활동에 참여하지는 않는다(Thompson and Walker. 1989 : 854-859).

남편은 가사활동에 참여하는 절대적 시간이 적을 뿐만 아니라 가사활동에 참여한다 하더라도 자녀와 놀기 같은 활동(가사활동 중에서도 재미있는 부분)에만 종사하는 경향이 있다. 그러나 여성은 혼자서도 가사활동을 많이 하기 때문에 가사참여의 대부분은 아내를 돕는 것이거나 다른 가족원과 함께 하는 경우가 많으므로 남성의 가사참여는 남의 눈에 많이 띈다. 그러나 아내는 유형의 가사활동(식사준비와 같이 직접 가사활동에 보내는 시간) 뿐만 아니라 무형의 가사활동(식사준비나 자녀양육을 위해 계획을 짜는 시간)에 보내는 시간이 많은데, 무형의 가사활동에 보내는 많은 시간이 남의 눈에 띄지 않는 것이다(조정문. 1993 : 102).

남성은 가사에 참여한다 하더라도 가사일에 대한 책임을 지지 않으려고 하며 일일히 아내의 지시를 받아서 하려는 경향이 있다. 이런 경우에 아내는 남편에게 시키는 것보다 차라리 자신이 하는 편이 낫다고 생각하기도 한다. 남편이 가사일에 책임을 맡지 않으려고 하는 이유는 가사일 그 자체에 대한 무지 때문이라기 보다는 가사일을 피하려는 하나의 전략으로 볼 수 있다. 남성들이 가사일을 회피하는 이유는 가사일 자체가 양육이라는 의미보다 복종이라는 의미가 더 많이 깔려 있기 때문이라고 볼 수 있다(Polatnick. 1973). 그리고 남성이든 여성이든 가사일에 많은 시간을 보내는 사람일수록 경제적 수입이 낮다는 연구결과도 있다(Coverman. 1983). 무임금의 가사노동보다는 화폐수입과 경제적 자원을 가져다 주는 경제활동에 더 많은 시간을 보내는 것이 더 유리하기 때문에 가사노동을 회피하려고 한다는 것이다. 이러한 지적은 가사노동은 누구나 피하고 싶은 것이라는 점을 암시하며, 가사노동은 여성에게 어울리는 그리고 여성이 즐거워하는 역할이라는 보수적인 입장과는 상치된다. 따라서 가사노동을 누구 한사람에게만 맡기는 것은 부당하며 공동으로 그 책임을 나누는 것이 바람직하다. 결국 가정내 가사활동의 분배에 있어서도 공정한 분배가 요구된다. 그리고 한가지 첨가할 사항은, 많은 여성들이 남편의 가사참여를 원하는 이유가 남편의 가사참여가 실질적인 도움이 되기 때문이라기 보다는 남편의 가사참여를 남편의 사랑과 관심의 표현으로 생각하기 때문이라는 지적도 있다. 따라서 아내의 이런 기대에 부응하기 위해서도 남편의 적극적인 가사참여가 요구된다.

② 부부폭력에 나타난 불평등

부부폭력은 여성의 불평등을 제도화하는 남성우월사상을 보여주는 가족생활의 한 단면인 동시 가족관계를 통해 여성의 예속적 지위가 계속 유지되어가고 있음을 잘 설명하고 있다.

기존의 가족세력구조는 남성우위 계급조직으로, 구타당한 여성들 스스로 이러한 부부세력 부분에 있어서 상당히 전통적인 사고방식을 지니고 있음이 발견되었다. 즉 상당수의 사람들은 남성들이 가장이 되어야 하고 여성들의 가장 큰 기쁨은 아내와 어머니가 되는 것이라는 사실을 믿고 있으며 성적으로 항상 남편의 요구를 받아들이는 것이 아내의 도리라고 믿고 있다(Straus. 1976 : 54-76. Williams. 1982 : 재인용. 김정옥. 1988 : 75). 또 남아들은 강제적인 남성다움을 동경하며 이것이 여성에 대한 우위와 세력을 굳히는데 가장 유용하다고 믿고 있으며 이러한 믿음이 상대적으로 여성을 폭력의 희생자로 만든다고 한다(Parsons 1966 : 재인용. 김정옥. 1988 : 75). 그외 여성이 결혼하고 자녀를 가지는 것이 여성개인에게 주어진 만족이며 가정을 지켜야 된다는 규범은 여성들로 하여금 학대받는 결혼생활을 이탈하지 못하도록 하였으며, 사회구조적으로 여성에게 가해지는 경제적 제약과 남성우위의 범죄관결체제, 그리고 부부폭력을 단지 개인적 가정생활로만 보고자 하는 잘못된 통념들이 계속 부부폭력을 만들고 있다.

김광일(1987. 37-43)은 부부폭력에 대한 다음과 같은 우리사회의 잘못된 통념이 변화되어야만 실제적으로 가족내 폭력은 감소될 것이라고 하였다. 첫째는 아내구타를 부부싸움으로 보는 것이다. 부부싸움이므로 남이 상관할 성질의 것이 아니고 시간이 지나면 해결될 문제라고 보는 통념이다. 둘째는 아내(여자) 구타는 충분이 있을 수 있는 일로서 못된 아내는 때려서라도 길을 들여야 한다는 생각이다. 못된 아내라고 규정하는 것도 일방적인 기준이며 여성이 인격체라는 사실은 도외시되고 있다. 셋째는 아내구타자는 술중독자로 술이 사람을 때린다라는 생각이다. 이는 아내구타자들로 하여금 취중에 한 자신의 행위에 대한 책임의식을 약화시키며, 구타의 희생자인 아내도 남편의 본성, 본질을 고찰할 필요를 느끼지 않게 한다. 이러한 통념은 부부폭력이 습관적으로 발생되는데 기여아닌 기여를 하고 있는 것으로 이러한 모순은 극복되어야 한다.

이러한 잘못된 통념들은 여성이 한 인간으로 어떻게 살아야 하며, 가정생활을 통해 그녀가 진정 얻을 수 있는, 얻어야 하는 것이 무엇인가에 대한 새로운 문제의 제기를 통해서만 비로소 인식될 수 있고 나아가 이를 없애기 위한 여성의 집단적 노력과 활동의 필요성이 자각될 때 가능하다고 본다.

2) 새로운 가족지원 체계

(1) 다양한 가족형태

새로운 정보사회에 들어선 지금 우리는 핵가족이 가장 이상적인 가족형태가 아님을 알게 되었다. 그래서 많은 학자들은 고립된 핵가족 체제에 대처할 수 있는 새로운 가족체제를 제안하고 있다. 즉 식당, 유료청소부, 간호부, 유치원, 정원, 도서관, 체육시설이 갖추어진 공동주택과 공동체 생활이 그 예이다(Gilman. 1968 : 312). 가사노동을 덜기 위한 두서너 가구 단위의 새로운 생활양식과 사회화된 의식주 지원체계(공동식사 메뉴와 식사배달, 그리고 생활양식과 청소대행업 등)를 받아 가사노동을 줄이고 육아를 공동으로 담당하는 생활양식이다. 이 경우에 어른들은 생활시간표를 짜서 아이를 돌본다든지, 어른이 집에 없을 때에는 공동부담으로 사람을 고용하여 아이를 돌보게 한다든지, 형제가 없는 아이를 다른 집 아이들과 가깝게 지내게 하여 자기부모외의 어른들과 지내게 하는 이점들이 이런 형태의 생활방식에서 얻을 수 있다. 나아가 고립된 핵가족 형태에서 보다 이런 가족형태에서 정신적으로 안정되고 어른들도 훨씬 더 편해져 부정적 감정을 덜 느끼게 되어 삶에 있어 수동적·공격적 현상들도 줄어든다(Kimball. 1988 : 185).

같은 지역에 살지는 않지만 서로 네트워크을 가지고 도우며 생활하는 가정들도 있다. 예를 들면 여성들만의 모임에 속해 있는 여섯명의 회원들은 명절때 같이 모여서 지내고, 아플 때 서로 도와주고, 은퇴한 노인을 집에 모셔와 숙식 및 가족적 분위기를 제공하는 조건으로 아이를 돌보게 한다(Kimball. 1988 : 186).

또 여러 가정들이 모여 협동조합을 구성하여 육아, 물품구매, 교통수단 등을 공동분담하는 방법도 있다. 한국여성민우회의 생활소비자 협동조합 (한국여성민우회(대표 한명숙)내의 한 조직으로 조합원 약 1000명이 약 100여 가지의 생필품을 공동구매하면서 삶의 질을 높이기 위해 노력한다(한국여성민우회. 함께가는 여성. 1991년 10월호(통권 50호)) 은 이러한 생활방식의 시도이며 핵가족 가족체계에서 가질 수 없었던 편리함을 제공해 주며, 혈연중심주의, 가족이기주의에서 여성들을 벗어나게 하여 온정적 공동체에 익숙해지고 새로운 가족규칙의 제정에 앞장서고 또 이를 서로 지키려는 준수능력을 함양시켜 우리사회가 민주적 사회체제로 나아가게 하는 밑거름이 되고 있다.

혈연관계가 없는 성인들이 가정생활을 함께하는 것에 대한 좋은 모델이 없는 것이 새로운 가족형태의 도입에 큰 문제로 지적되고 있지만 공동의 가족들이 규칙을 만들고 그 규칙을 지키려는 노력이 앞으로의 사회변화와 함께 좋은 가족생활의 한 형태로 자리잡아 갈 수 있다고 본다.

(2) 교육·대중 매체의 지원

학교에서는 남녀학생 모두에게 부모가 되는 일, 요리, 가사, 기구조작 등을 가르쳐 주어, 가족생활이 성별로 나누어 그 역할이 분담되어지는 것에 의해 영위되는 것이 아니라 공동의 협력으로 유지·발전되어지는 것임을 일깨워 주어야 한다.

교육부의 제6차 교육과정 개정 시안(1991년 10월 26일)에는 종래 중등교육기관의 여학생에게만 이수되었던 과목(기술·가정)이 남녀구별없이 전체 중학교에서 이를 이수할 수 있도록 하는 내용이 포함되어 있다. 가정생활에 관한 교육이 이제 남녀공동체제로 부분적이나마 변화되고 있음은 바람직한 현상이며 가정생활교육, 생활인의 함양이라는 관점에서 그 교과내용에 무엇을 포함시켜야 할 것인가에 대해 끊임없는 노력이 있어야 할 것이다.

교육내용의 이런 변화와 함께 대폭 수정되어야 할 부분이 대중매체의 편향성이다. 많은 도서와 TV, 그리고 광고의 내용면에서는 공공연히 성별역할론이 주장되고 있으며, 행복한 여자를 직장도 있고 그러면서 아이에게 젖도 먹이고 가정생활도 꾸려나가는 여성으로 그리고 있으며, 실제 이러한 많은 에너지를 가지고 있는 여성을 미화시켜 평등한 가정생활을 하는데 필요한 남편의 참여욕구를 방해하고 있다. 여성의 사회적 진출이 당연시된 현대사회에서 남성들을 가사노동과 육아에 참여시키기 위해 대중매체들이 보다 다양한 모델을 제시해야 할 것이다.

(3) 사용자의 지원

자본주의 사회체제에서 많은 부부들은 직장에 근무한다. 그러나 많은 맞벌이 부부들이 자녀를 기르면서 가정을 관리하고 직장의 발전을 도모해야 한다는 사실은 힘든 일이다. 잘 발달된 정보·통신업무는 직장에서의 근무시간을 줄이게 해 주기도 하고, 실제 출근하지 않고 가정에서 회사의 업무를 보는 가택근무(가정근무제, cottage work) 방법도 있지만 기혼 남녀들에게 특히 자녀돌보기는 가장 힘든 일로 호소되고 있다.

라포포르(Rapoport, 1978 : 117)는 미국, 영국, 프랑스, 독일, 스웨덴 등의 경우 가택근무제, 남성에게도 산전·산후 출산휴가를 주는 제도, 아이를 직장에 데려오는 제도, 근로시간과 근로형태의 선택제 등을 실시하고 있으며 이러한 제도의 실시 배경에는 가정에 대한 보살핌이 이젠 여성만의 일이 아니라는 인식과 어린이는 부모가 번갈아가며 돌보는 것이 보다 이상적이라고 보는 신념이 있기 때문이라고 한다.

현재 서독의 사무직 종사자들의 1/2이 융통성 있는 근무시간의 혜택을 받으며, 스위스는 40%, 프랑스는 30%, 미국은 12%가 이 같은 다양한 근무시간 방법을 활용하고 있다(Kimball, 1989 : 189). 특히 어린자녀가 있는 자영업자나 변호사, 컴퓨터 프로그래머 같은 숙련노동자들은 보다 쉽게 가택근무 혹은 압축근무가 이루어지며 우리나라에서도 융통성 있는 근무시간조정과 업무연계가 가능한 정보통신관련업체에서 특히 기혼여성노동자를 위해 가정 근무제가 실시되고 있으며 이는 점차 남성노동자에게까지 확산될 추세이다.

(4) 국가가 할 수 있는 것

가족정책(family policy)이란 국가가 가족에게 그리고 가족을 위해 행하는 활동을 의미한다(Kamermen. 1978 : 3). 이때 국가의 역할은 요보호대상자를 위해 가족기능을 제공하는 협의의 차원이 아니라 가족내 개개인의 삶을 향상시키고 그들을 건전하게 사회내에 통합시킬 수 있는 수준의 활동까지 포함한다 (변화순. 1989 : 141).

산업화가 진전되는 과정에서 국가의 가족정책은 보호가정과 아동의 지지, 인구사회발전 변화(이혼율과 별거율이 증가, 미혼모와 편부모의 증가, 출산율과 결혼율의 감소 등)에 따른 가족보호에서 벗어나 이제는 여성의 경시풍조 확산에 따른 문제, 국민생활수준과 요구수준의 상승에 따른 문제, 남녀평등이념에 대한 사회의 상승된 가치수준 수렴방안 등에 이르기까지 다양해졌다. 그리고 국가는 이러한 문제점과 그 해결방안을 위해 인간평등의 기본이념과 가장 인간다운 생활 즉 기본적인 가정생활 영위를 위해 노력을 아끼지 않아야 할 것이다.

헌법은 남녀평등을 기본정신으로 하고 있지만 현실적으로 그 평등의 기준을 어디에 두고 있느냐에 따라 실제 남녀가 차별없이 생활을 영위하고 있다고 볼 수 없는 양상이 많이 나타나고 있다.

1989년 4월 1일 개정된 남녀고용평등법은 노동현장에서의 모집과 채용 및 임금 등에 있어 남녀차별이 있어서는 안된다는 뜻에서 제정되었다. 그러나 성별분리채용, 직장내의 임금, 승진, 업무, 교육기회 등에 있어서 차별은 여전한 상태이고 사용자가 이러한 법규정을 어겼을 경우 실제 법이 명시한 대로 집행코자 하는 의도(벌금 등)가 미약해 현실적으로 남녀고용평등법의 실효가 나타나고 있지 않다. 따라서 정부는 기업 등이 모집·채용시 남녀차별을 행하는 구체적 사실을 고발·접수하는 제도를 만들고, 고용평등을 실현하는 기업에 세제감면 등의 혜택을 주어 현실적으로 남녀고용평등이 정착될 수 있도록 하여야 하며 나아가 남성위주의 노동 시장에 여성이 당당하게 참여할 수 있도록 불완전 고용(부당해고, 시간제 고용 등)을 막는 방안도 계속 강구해야 한다.

헌법이 결혼에 있어서도 부부평등한 권리와 의무를 명시하고 있으면서 부부가 직장에 종사하면서 가정을 관리하고 가족의 최대의 복지를 위해 노력할 수 있도록 제도적 장치를 과연 잘 마련하고 있는가는 논란의 대상이 되고 있다. 앞에서 우리는 사용자(기업)가 근로자들에게 가정과 직장의 균형을 위해 근무시간및 휴가 등을 보다 융통성 있게 실시해야 되는 사회지원체제가 앞으로 사회에서도 더욱 필요함을 주장했다. 이러한 사용주의 원만한 가족생활을 통해 궁극적으로 사회복지와 국가발전을 도모하려는 자세에 정부는 그 나름대로의 제도적 뒷받침을 해야 한다.

우리사회의 산업구조가 제조업 중심에서 유통소매·서비스 등으로 바뀌어 가고 있고, 결혼한 여성 직장인이 증가하고 있는 점에서 국가가 주도하여 안정된 여성고용을 제도화하려는 시도가 있었다. 즉 1989년 6월 16일자로 개정공포된 "공무원임용시험령"은 근무할 지역및 기관이나 거주지와 함께 남녀성별을 분리모집할 수 있도록 되어있는 것을 성별구분을 없애고 남녀자유경쟁에 의해 공채하였다. 그 결과 1989년 12월 대구시가 실시한 하반기 공무원 공채에서 여성이 45%을 차지해 지금까지의 10-20%을 훨씬 상회하였으며, 1992년에는 70%를 넘을 것으로 본다.

그러나 "지방공무원임용시행령"이나 "각 시도의 공무원임용규칙"까지에는 성별분리가 불가능토록 법제정이 되어 있지 않아 특히 많은 여성공무원이 종사하는 지방 공무원임용에 관한 법의 개정이 강력히 요구되어오다가 1991년 7월 1일부터 지방공무원 채용에서도 남녀분리 모집이 불가능해졌다.

여성에게도 남성과 똑같은 취업기회가 주어져야 되고 동일한 노동에 있어서는 동일한 임금이 책정되어야 하고 능력에 따른 승진이 실시되어야 한다는 것은 당연한 사실이면서도 동시에 여성노동력을 대체노동력 또는 값싼 노동력으로, 또 여성의 임금을 가계보조비 정도로 인식하고 있는 국가의 태도가 개선되지 않는 한 개별 가정과 사용주의 평등사상은 결실을 맺을 수 없다. 영국이 내무부 산하에 평등고용기회위원회를 두고 있는 점과 (이은영. 1990 : 5-10) 독일이 각 지방자치단위에 평등지위담당부서를 두어 가정에서 뿐 아니라 직장, 지역사회활동 등에서 발생되고 있는 남녀불평등 사례(주로 여성차별 관행이 많음) 등을 접수하여 국가행정차원에서 제도적으로 그러한 불평등을 해소시켜 나가, 많은 부모들이 안심하고 생업에 종사하도록 하여 궁극적으로 안정된 가정생활의 영위를 도와주고 있는 가족정책 등은 본받아야 한다. 특히 독일의 이 부서들은 전국적인 네트워크를 만들어 탁아소 문제와 가사노동의 부담을 줄이는 방안, 그리고 부부갈등을 해결하는 방법 등에 관한 자료를 상호교환하고 있다(1991년 6월 20일 개최된 한국여성개발원의 한독여성정책세미나의 자료에서 발췌).

〈연구문제〉
1. 우리의 가정생활에서 나타나고 있는 남녀차별 사례를 들고, 그 역사적, 사회적 배경에 대해 설명하시오.
2. 보다 평등한 부부관계를 영위하기 위한 남녀의 개인적·사회적 노력을 제시하고, 주위에서 그러한 가족의 예를 한 번 찾아보시오.

제 6 장
다양한 가족 생활 유형

김태현

　인류의 역사가 시작된 태초부터 인간은 남성과 여성의 만남으로서의 혼인제도를 지녔으며, 세계에 존재하는 많은 문화들은 갖가지 가족 제도들을 발달시켜 왔다. 그러나 오늘날 결혼의 거부와 실패, 노동 본질의 변화, 출산 통제의 증가, 양성간의 관계 변화, 직업과 교육 경향의 변화 및 생물학의 급속한 발전 (Keller, 1985 : 524) 등으로 가족의 계속성을 위협하는 요소들이 출현하여 많은 사람들은 가족에 대한 중요한 질문들을 한다. 발달된 산업 사회에서 핵가족이 이상적이고 운명적인 가족형태라고 과연 말할 수 있을까? 오늘날 가족이 실제로 해체되는가? 혹은 또하나의 새로운 형태로 진화하는가? 가족은 존속시킬 가치가 없는가? (Etzion, 1977), 가족의 미래란 있는가? 정말 미래가 있을 수 있으며 실현가능한가? 그것은 과연 현재의 가족 문제를 해결할 수 있는가? 이러한 의문들을 상쇄시켜 줄 만한 미래의 가족에 대한 대안으로서 새로운 가족 유형들을 보고자 한다.

　다양한 가족 생활 연구에 접근하는 쟁점은 구조, 기능 및 합법성의 다양화로 나누어 볼 수 있다. 구조의 다양화는 가족 단위의 문제와 가족의 크기 등의 물질적 구조와 관련되어 있고, 기능의 다양화는 성역할 분담, 노동력 재생산, 자녀 양육의 관행 및 태도, 경제적 분담, 정서적 안정과 관련되어 있고, 합법성의 다양화는 성행위, 가족상황에 합법성을 부여하는 규준이 어느 정도까지 융통성을 가질 것인지와 관련되어 있다. 이것은 결국 대별하면 결혼의 형태, 남녀 평등 및 노동의 문제, 육아의 담당으로 정리할 수 있다.

1. 가족 구조의 다양화

1) 독신자(singlehood)

산업화 이후 뚜렷한 추세를 보이고 있는 가족 형태 중의 하나가 〈표 6-1〉에서 보는 바와 같이 1인 가족의 증가이다. 우리나라는 과거로부터 결혼하지 않은 남녀가 죽으면 가장 무서운 귀신이 된다는 독신 금기 사회였으나 1985년 현재 35세 이상의 미혼자수가 9만 1천 명으로 75년의 3만 6천 명에 비해 10년 사이에 2.5배나 증가하였다(김태현, 이성희, 1991).

〈표 6-1〉 결합단위로 본 가족형태

(단위 : %)

	1955	1975	1990
부부가족	63.6	71.6	75.2
직계가족	30.7	19.4	15.6
방계가족	1.4	0.4	0.7
과도기적 가족	1.1	2.1	1.6
1인 가족	3.2	6.5	6.9
전체	100.0	100.0	100.0

자료 : 최재석(1983), 한국가족제도의 연구, 일지사.
　　　공세권 외(1990), 한국가족의 기능과 역할 변화, 한국보건사회연구원.

독신자가 되는 것은 결혼 후 독신을 선택하는 경우와 처음부터 독신을 선택하는 경우가 있다. 독신으로 이끄는 요인으로 결혼이라는 울타리 밖으로 밀어내는 배척 요인(pushes)과 독신으로 끌어 들이는 유인 요인(pulls)이 있다(표 6-2).

〈표 6-2〉 독신 생활로 이끄는 요인

배척 요인	유인 요인
1. 결혼생활에서의 제한점 　가. 1 : 1의 질식시키는 관계 　　　서로가 올가미에 걸려 있는 느낌 　나. 자아 발전의 방해 　다. 권태, 불행, 분노 　라. 기대에 대한 실망 2. 배우자와의 부족한 의사소통 3. 독점적 관계에서 오는 친구 부족, 배우자와 의미있게 경험을 나누지 못할 때 오는 고독감, 외로움 4. 이동성과 이용 가능한 경험의 제한 5. 여성 운동에의 참가와 그 영향	1. 직업 경력 2. 경험의 다양성 3. 자기 충족, 심리적 자치감 4. 흥미를 일으키는 생활유형 5. 변화와 실험의 자유 6. 이동성 7. 친밀한 친구 관계의 지속 8. 지지 조직에의 참여 　가. 독신여성 조직 　나. 독신남성 조직 　다. 집단 생활

이와 같은 요인으로 독신자가 증가하고 있으나, 이들은 제한된 사회제도로 인해 발생되는 문제와 압박을 받는다. 한편, 대안적인 생활 유형으로서의 독신은 문화적 출현 과정에서 존재한다. 독신자에 대한 사회적 신조는 그것을 지지하는 이데올로기가 발전함에 따라 성장할 것이며, 이는 실행 가능한 선택으로 인정 받게 될 뿐 아니라 나아가 수용될 수 있을 것이다.

2) 자발적 무자녀 가족(voluntary childlessness family)

다양한 사회에서 선택의 여지가 높아짐에 따라 자발적으로 무자녀 결혼을 선택할 수 있다. 자발적으로 무자녀를 선택한 결혼은 첫째, 결혼하기 전에 부모의 역할을 하지 않겠다고 약속하는 경우가 있고, 둘째는 자녀를 가지는 것을 연기하다가 무자녀 가족으로 남게 되는 경우가 있다.

두번째 경우는 좀더 복잡한 과정을 통하게 되는데, 제 1 단계는 결혼 생활

시작시 설정한 목표를 성취하기 위해 확정된 기간 동안 아기 갖는 것을 연기한다. 제 2 단계는 한정된 기간에서 무한정한 연기로 옮겨간다. 제 3 단계는 영원히 무자녀로 남을 수도 있다는 사고의 질적인 변화를 가져와 아이 없이 지내는 것과 관련된 많은 사회적, 개인적, 경제적 이익을 경험할 기회를 가지게 된다. 마지막 제 4 단계에서는 무자녀의 영원한 상태를 결심하는 단계로 발전한다(Houseknecht, 1986 : 512-513).

하우스네흐트는 자발적 무자녀 가족으로 결심하는 데에 영향을 주는 중요한 요인들로 교육, 노동력 참여, 직업 참여, 자치권, 준거 단체의 지지 등을 꼽았으며, 교환이론적인 측면에서 무자녀 여성의 경우 무자녀로 인한 보상을 받게 되는데 그것을 ① 자녀의 양육과 관련된 경제적 비용의 회피 ② 직업 참여에서 얻어지는 경제적 보수 증가 ③ 직업 참여로 수반되는 여러 가지 보상의 증가로 지적하고 있다.

이러한 과정을 거쳐서 자발적으로 선택해서 무자녀가 된 결혼일지라도 사회적 압력이나 편견에 대한 방어로서, 또는 미래의 안정된 결혼 생활을 위하여, 때로는 양자의 가능성에 대해서 고려해 볼 수 있다. 그러나 이런 경우 그들 자신이 아이를 입양해서 그들의 생활유형을 실제로 바꿀 가능성은 높지 않다. 다만 입양한다는 태도 표현을 통하여 부모가 된 듯한 상징적인 가치를 가지는 데 그치는 경우가 많다. 즉 자신들도 아이를 키울 수 있다고 믿음으로써 부모됨과 비부모됨의 심리적 차이의 가능성을 부인한다. 그럼으로써 스스로 정상 상태임을 재단언하는 효과가 있다. 또한 무자녀 부인들은 그 독특함이나 소외된 감정으로 무자녀에 대한 지지 관념을 확고히 하기위하여 때로는 무자녀 부모를 위한 조직체를 만들기도 한다(김태현, 1986).

3) 편부모 가족(single parent family)

이혼, 별거 및 미혼모의 증가로 자녀만 데리고 사는 여성이 증가하고 있으며, 편부도 소수이긴 하지만 증가하고 있다. 특히 서구 사회에서 1967년 서독에서 처음으로 채택한 쌍방 무책임 이혼(no-fault divorce)이 확대되고 여성의 직장 생활이 증가함에 따라 이러한 가족 형태는 급속히 늘어나고 있다. 미국의 경우를 보면 1980년대 초 편모 가족은 15%, 편부 가족은 3%였다. 1982년에 출생한 미국 아동 중 18%가 미혼모에서 태어난 사생아였다. 따라서 편부모 체계는 대개 부모 중 한 사람이 죽거나 이혼함으로써 발생하지만 오늘날에는 사생아를 낳거나 입양함으로써 발생하는 비율이 조금씩 증가하고 있다.

우리 나라의 경우 1966년 편부모 가구는 39만 4380 가구였으나 1980년에는 거의 2 배에 해당되는 74만 3627 가구로 증가하였으며, 그 비율은 전 가구 구성에 있어서 10%나 차지하고 있다(미혼부모는 제외시킨 수치임).

지리적 이동이 빈번한 산업 사회의 핵가족 아래에서 편부모 가족은 과거의 확대 가족에서 제공하던 친족의 지원을 받을 수 있는 가능성이 축소되었기 때문에 편부모 가족의 문제는 오늘날 사회문제가 되고 있다. 이들 가족의 가장 큰 문제로는 자녀 양육 문제, 경제적 문제 및 법적 보장 문제를 들 수 있다. 먼저 자녀 양육 문제에 있어서 직장을 가진 어머니들의 자녀들은 집단적 보호 시설(congregate care)에 보내든지 혹은 친척, 친구, 이웃을 이용하든지(informal care) 간에 병원이나 다른 사회 기관과 적절한 유대 관계를 맺어 안정을 유지할 수 있도록 도와 주어야 한다. 경제적 문제는 특히 편모인 경우 고통을 받게 되는데 이는 여성을 표준적이고 정당한 임금 생활자로 간주하여 소득에서의 성차별을 없애는 데서 해결된다고 본다. 법적 보장 문제는 한 사회가 가족을 어느 범위까지 인정하느냐의 문제와 관련된다. 예를 들면 스웨덴에서는 미혼모와 그 자녀를 법적인 가족으로 인정하고 있으나, 한국에서는 법적으로 인정하지 않으므로 이들은 사회적·도덕적 차별 대우로 고통을 받게 된다. 편부모 가족은 이상적 가족에 대한 대중의 이미지로 인해 고통을 받고 있으므로 이러한 고정적인 이미지를 변화시키려는 노력이 필요하다. 즉 정부 정책이나 교육 및 다른 정책에서 폭 넓은 이해와 변화가 있어야 한다.

김정자와 그의 동료들(1984)은 다음과 같은 통합적 프로그램을 편부모 가족을 위해 제시하고 있다. 그런데 이 통합적 프로그램을 실시하는 데 있어서 몇 가지 고려해야 할 사항이 있다. 첫째, 통합적 프로그램 중에서도 우선 순위를 정할 필요가 있다. 편부모 가족들은 경제적 어려움을 가장 크게 호소하고 있으므로 경제적 지원 프로그램이 우선적으로 실시되어야 한다. 둘째, 통합적 프로그램 중에서 어떤 특정의 프로그램이 더욱 필요한 편부모 가족이 있다. 예를 들어 경제적 지원 프로그램은 경제적으로 어려운 농촌 가족에게 필요하다. 그리고 경제적으로는 여유가 있으나 정서적 어려움과 자녀 양육의 어려움을 다른 집단에 비하여 더 크게 직면하는 집단에게는 상담 프로그램과 교육 프로그램의 지원이 우선적으로 요구된다(표 6-3).

<표 6-3> 편부모 가족을 위한 통합적 프로그램

경제적지원 프로그램	상담 프로그램	가사보조 프로그램	아동보호 프로그램	교육 프로그램
생계비 보조 교육비 보조 의료비 보조 직업 훈련 및 취업 알선 현금저리대부	상담사업 편부모 모임 마련	가정봉사원 제도 가사노동제공	탁아프로그램 방과 후 자녀 지도	자녀교육을 위한 교육 편부모교육

편부모를 정상적이고 사회적으로 지속될 모습으로 간주하기 위해서는 우선 이를 보는 관점에 많은 변화가 있어야겠다. 편모 가정의 자녀에 대한 연구에 있어서 다음과 같이 우리의 관점을 변화시키는 데 도움을 줄 수 있는 중요한 점이 지적되고 있다.

1. 아동은 고질적인 갈등이 비교적 적고 애정적인 가정에서는 정상적으로 발달할 수 있다.
2. 아동은 한 쪽 부모가 수행할 수 없는 과제의 일부를 수행함으로써 책임감과 권리를 얻게 된다.
3. 초기에 어머니는 억압적으로 되고 아동은 공격적이 되지만 외부의 지원을 받게 되면 이런 것은 점차 변화된다.

4. 가족원간의 상호 의존성이 증가한다.

한편 편부모의 자생 집단(self-generated groups)의 출현으로 그들은 이 집단을 통해서 서로 경험을 나누고 그들이 겪는 고독감을 완화시키며 자존감을 강화시키는 수단을 제공받을 수 있어야 한다. 이러한 과정에서 대부분의 편부모들이 결혼하여 계부모 가족을 형성하게 되는데 이 경우 편부모들은 한쪽 부모의 자녀나 양쪽 부모의 자녀를 포함하여 보다 큰 두 부모 체계를 이루기 위해 편부모 체계를 변경시켜야 한다.

4) 계부모 가족(step-parent family)

계부모 가족이란 2명의 성인과 그들 중 한 쪽 혹은 양쪽에서 나온 자녀들로 이루어진 다양한 유형의 가족을 말하는데 다음과 같은 특징을 가지고 있다.

1. 가족은 처음부터 부부 두 사람으로 시작하지 않고 과거의 배우자와의 관계에서 이미 이루어진 부모 자녀 관계에서 출발한다.
2. 한 사람 또는 두 사람의 친부모가 계부모 가족에 영향을 준다.
3. 자녀는 두 가정의 성원으로서 기능하기도 한다.
4. 가족은 복잡하고 확장된 가족관계망을 갖는다.
5. 계부모 가족에 영향을 주는 친부모, 즉 이전의 배우자와 관련된 강력한 삼각 관계가 존재한다.
6. 계부모와 의붓 자녀 간에는 법적 관계가 없다.

하나의 계부모 가족이 형성될 때는 이전의 결혼이 끝나고 전혀 새로운 체계가 생기는 것이 아니다. 사망이나 이혼은 체계를 해체한다기보다는 변경시키는 것이다. 이혼 이후 가족원들이 오랫동안 과거와 크기는 같으나 변형된 체계 속에서 생활하게 되는 경우가 있는데, 이런 체계도 여전히 자녀 문제, 금전 문제 중심으로 기능한다. 결국 변형된 체계는 의붓가족으로 확정되는 수도 있다. 페퍼나우(Papernow, 1984)는 계부모 발달의 단계를 다음과 같이 제시하고 있다.

첫째, 초기 단계에서 계부모들은 그들이 만들고자 하는 가정에 환상을 가진다. 즉 정서적으로 서로 나누며 사는 애정적이고 헌신적인 가정을 만들 것이라는 상상을 하게 된다. 반면에 자녀들은 생부모가 죽거나 가족을 버린 경우가 아닌 상태에서는 계부모가 떠나가 버리고 생부모와 이전의 가족 체계로 복귀하려는 환상을 가진다. 그 다음에 성원들은 자기 생활 리듬, 규칙, 일상 행동에 차이가 있다는 것을 알아 차리며 이런 차이점을 혼합하는 것이 어렵다는 것을 알게 된다. 의붓 자녀들은 친부모에게 불효하지 않는 한계 내에서 현재의 계부모에게도 잘 처신하는 방안을 모색하게 된다. 새로운 배우자를 만나 재혼한 것에 만족하는 생부 혹은 생모는 자기의 새 배우자가 자기의 자녀와 만족스러운 관계를 가질 수 없다는 데에 놀라게 된다. 대부분 계부모 가족들은 이들의 관계가 친부모-자녀 관계와는 같지 않다는 사실에 계속해서 부딪치기 때문에 사실상 부모의 역할을 공유한다는 것은 거의 불가능해지게 된다.

둘째, 중기 단계로 접어들면, 배우자들은 자기들의 차이점을 직접 터놓고 말하게 되며 계부모 가정 생활의 느낀 바를 표현한다. 이런 직접 표현은 갈등을 야기하지만 털어놓는 점이 중요하다. 이 시기에 어떤 문제점은 사소하게 보일 수도 있지만 그 갈등은 가족 구조를 변화시키고 있는 중요 문제들을 반영해 주고 있기도 하다. 그리고 점점 진행됨에 따라 행동 양식으로 옮겨가는데, 이런 행동의 단계는 자기들이 자신들 스스로의 운명을 책임지고 있다고 믿는 계부모 가족들이 '우리'라는 느낌을 가지게 되었음을 반영한다.

셋째, 후기 단계로 들어오면 가족원들은 더욱 친밀해지고 진실하게 대한다. 고통스럽고 어려운 문제까지 다루게 되며 결국 가정 생활의 전 영역에서 적절한 기능이 이루어 진다.

계부모 가족의 관계는 만족감뿐만 아니라 신뢰감도 생긴다. 그리고 가족원들은 단순히 결혼에 의한 결합이 아니라 개인들간의 상호 작용에서 특징적으로 나타나는 관계를 발전시켜 나간다. 재구성된 가족이 요즘 생활 방식에서 보편적인 부분이 되어가는 경향이나 그러한 가정에서의 생활상의 문제점은 복잡 다양하다. 아직 이런 형태의 가족의 역할이나 관계를 적절히 표현하는 용어도 없다. 사회가 이러한 새로운 형태의 가족을 좀더 잘 받아들일 수 있을 때, 이러한 가족에 관해 서술하는 효과적인 표현 방식을 개발할 수 있을 것이다.

5) 수정 확대 가족 또는 수정 핵가족(modified extended family. modified nuclear family)

서스맨(Sussman), 깁슨(Gibson), 리트왁(Litwak) 등은 현대 사회의 전형적인 가족 구조로서 핵가족 대신 수정 확대 가족, 친족망과 같은 개념을 제안하고 더 나아가서 부부나 친족관계의 결속이라기보다는 구성원 상호간의 정서적 유대가 강조되는 "친밀한 환경으로서의 가구"를 주장하며 이러한 형태가 현대 가족의 고립을 피할 수 있다고 주장한다(SKolnick, 1983).

수정 확대 가족은 부모, 자녀 가족이 각기 별개의 가구를 마련하지만, 근거리에 살면서 실제로는 한 집과 같은 왕래와 협조를 하며 사는 것을 의미한다. 이 방식들은 절충적인 방법으로서, 양측의 프라이버시를 비교적 방해하지 않고 자녀에게 큰 부담을 주지 않으면서 친밀한 유대를 이룩하고자 하는 것이다. 그러나 우리나라에서는 시가 근처에 거주하면서 시부모의 간섭과 영향을 받아야 하는 가부장제 특성이 앞으로도 상당기간 잔류할 것이므로 이를 극복하기 위해서는 자녀와 부모 세대의 경제적, 정신적 독립이 우선되어야 한다고 본다. 수정 핵가족은 외형상으로는 한 울타리 안에 거주하지만 내용적으로는 안채, 바깥채, 혹은 위층, 아래층 또는 같은 집에 살아도 한 끼는 다같이, 아침 식사는 각각 등 어느 정도 피차 간에 프라이버시를 유지하며 동거하는 방식이다. 3세대 가족 구조가 현대 산업화 사회에 적합한 가족의 기능을 수행할 수 있고 안정된 가족 관계를 가질 수 있도록 가족의 구조, 기능 및 관계의 상호 역동성이 충분히 연구되면 우리 사회에 정착될 수 있는 좋은 모델이 될 수 있을 것이다.

6) 4세대 가족

인간의 수명이 계속 연장됨에 따라 가족 구조 형태는 앞으로 3세대 가족에서 4세대 가족으로 전환하게 된다. 만일 노인을 가족이 부양하는 현존 제도가 앞으로 그대로 존속된다면, 40대의 직장인은 실제로 60대의 부모와 80대의 조부모 등 4인의 노인을 모셔야 하고, 밑으로는 고등학교, 대학교에 재학하는 자녀 양육에 소요되는 비용을 동시에 부담해야 하는 책임이 있다. 이러한 가족 구성 형태에서는 80대의 조부모는 소득원을 상실한 지 20년이 넘고, 60대 부모 역시 이미 정년 퇴직을 하고 자녀에게 의존하고 있는 상태이다. 4세대 가족, 즉 8인으로 구성되는 이러한 가족 형태에서 소득이 있는 사람은 40대의 장년인 손자뿐이다. 자유경제 체제 아래에서의 임금 구조는 가족을 부양하기에 적합하도록 책정되어 있는 관계임으로, 한 명의 봉급 생활자가 위로 4명의 고령자를 부양, 책임진다는 것은 가계지출면에서도 문제가 된다. 4세대 가족에서는 40대의 며느리가 60대 부모와 80대 조부모의 취사, 몸시중, 병간호 등의 일도 겸해야 한다. 80대 노인 중에는 중풍, 노망 등으로 대소변을 받아내야 하는 경우도 적지 않다. 4세대 가족에서는 주거 문제도 있다. 이러한 가족 구성 형태에서도 방 4개가 있는 주택이 필요한데 봉급생활자들의 능력으로는 주택구입비의 문제가 뒤따른다. 따라서 앞으로의 사회에서 노후 생활을 해야 할 노년층은 노후를 스스로 책임지든가 사회 부양에 의존하는 비중이 높아질 수밖에 없고, 그렇게 하기위해서는 해당자 모두가 미래 생활에 대처해 나가기 위한 사전 준비, 사전 계획을 소홀히 할 수 없을 것으로 본다.

2. 가족 기능의 다양화

오늘날과 같이 고도 산업사회가 출현하기까지 가족은 경제적, 교육적, 종교적, 오락적, 보호적인 여러 기능을 갖고 있었으나, 현대 가족은 재화나 의류의 생산은 가정 밖에서, 때로는 식사까지도 외식으로 해결한다든가, 교육은 학교나 학원, 오락은 영화, 텔레비전, 보호기능은 사회복지기관, 보험회사, 경찰 병원에 의해 대행되고 있다. 이러한 가족의 기능적인 면의 변화는 몇몇 다양한 가족형태를 초래할 수 있다.

1) 공동체 가족

현대 사회에 적응할 수 있는 방법은 직면한 문제들을 개인이나 가족이 개별적이라기보다는 광범위한 조직체로서 협동적으로 해결해야 한다는 측면에서 공동체 가족을 시도하고 있다.

19세기 사회학자들은 공동체를 재발견하고 사회에서 가장 소중한 것들인 사랑, 헌신, 우정, 협동, 유대 등이 공동체로부터 산출된다는 것을 밝혔으며 미래사회가 공동체적 사회로 건설되어야 한다는 전망을 확고하게 정립해 주었다(정해은, 1992 : 232). 1840년대에 최초의 공동체적 가족은 유토피아적 사회주의 가족을 실험한 미국의 존 험프리 노이즈(John Humphrey Noyes)가 창시한 오네이더(Oneida) 공동체이었다(Schulz, 1982 : 331). 이후 공동체 연구가 급격히 고양된 것은 제2차 세계대전이 종결된 20세기 후반부터이며 더 구체적으로는 현대 자본주의의 모순이 극도로 첨예화된 1950년대부터이다.

(1) 오네이더 공동체(Oneida Community)

1849년 87명으로 시작한 이 공동체는 뉴욕 중부에서 19세기 신앙부흥운동(revivalism)에 휩싸여 성장하였다. 일부일처제는 집단혼(group marrige)으로 대치되었고, 어떤 남녀든 다른 남녀에게 성 관계를 요구할 수 있다. 이것은 중앙위원회를 통하여 통제된 채 상대방에게 신청할 수 있었다. 이들의 피임법은 남성의 성욕 절제와 사정 통제에 의해 엄격하게 이루어졌다. 또한 우생학적 프로그램에 의하여 어린이를 공동양육하였고 공동체가 지정한 간호원과 교사에 의해 지도되었다. 1878년 먼션하우스(Mansion House)가 건립된 이후 각 구성원들은 개인방을 쓰기 시작했고 자녀들도 그들이 양육하였다. 그러나 사

제 6 장 다양한 가족 생활 유형   151

적인 생활이 허용되었다 할지라도 사유재산은 그렇지 않았다. 매일 야간집회가 열렸고 농장으로부터 자급자족뿐만 아니라 기업 경영에도 성공적이었다. 1880년에 집단혼과 우량 양육법은 포기되었다. 일부일처를 형성한 사람들은 오네이더 컴퍼니(Oneida Company)로 독립시켰다. 결국 노이즈는 아들을 통한 계승에 실패하고 공동체는 와해된다. 이 오네이더 공동체는 유토피아적 사회주의 중에서도 비교적 성공적인 미국 실험 중의 하나였다(Schultz, 1982).

(2) 러시안 실험가족(the Russian Experiment)

이 실험은 전 인구 중에서 2억 명 정도가 영향을 받았다. 혁명전 러시아는 4/5의 스라빅(희랍 정교회)과 마호메트 교를 신봉한 비 슬라빅으로 구성되어 있었는데 다양한 가족 형태를 지니고 있었지만 우월한 형태는 확대 가족으로 향하는 쌍무적인 부부가족이다(Leslie, 1967 : 133). 마르크스적 사회주의는 여성 역할에 급진적인 변화를 주었는데 1920년에 제정된 법령은 이혼금지, 일부일처제로 대표된다. 낙태가 인정되었지만 1936년 법령은 의학적 이유를 제외하고는 폐지되었다. 자녀는 공동양육되었고 여성노동의 참여는 1930년에는 2/3나 되었다. 2차 대전 이후 이혼율의 증가, 출산율 감소, 청소년 비행의 증가가 가중되자 1944년에는 등록혼만이 개인상의 권리로 인정되었고 결혼식장이 대중적으로 되었다. 오늘날 소련의 가족은 급진적으로 변화하였다.

(3) 키브츠(the Kibbutzim, Kibbutz)

1910년 데가햐(Degahia)의 설립에서부터 시작된 키브츠는 오늘날에도 3세 대째 계속되고 있다. 키브츠의 시초는 협동체계를 지닌 거대하게 확대된 가부장적 가족제도인 동유럽 게토(eastern European gettos)에서 찾을 수 있다. 이들은 삶의 독특한 양식을 지니며 이스라엘의 총 농산물의 11%를 차지하며 많을 때는 50%까지 생산한다.

키브츠는 강력한 시온주의, 애국지상주의와 더불어 민주주의와 극단적 좌경

사회주의 간의 중간적 이데올로기를 표방하여 개척정신, 노동, 협동성, 평등주의가 강조되었다. 자녀교육은 집단교육 원칙에 의해서 유아의 집(infant house, 15개월 이하), 영아의집(toddler house, 15개월~4세), 유치부(kindergarten 4~7세), 아동기 지역사회(children community, 7~12세), 중고등부(high school, 12~18세)에 각각 수업하고 노동을 한다.

공동체 운동이 필요하게 된 이유는 다음과 같다.

① 세대간의 문제

젊은 세대가 기존질서(기존세대)를 배격하고 그 대신 새로운 질서, 새로운 사회를 동경하면서 현실사회에 대한 대안으로 새로운 공동체를 만들어 보자는 심각한 고민이 제기되었다.

② 가족 문제

가부장적 권위주의가 자녀의 인격이나 인권을 침해하고 자유를 박탈하고 있으며, 부부 관계에 있어서도 서로가 서로에게 사랑을 빙자해서 소유하고 있다.

③ 여성 문제

가족은 생산과 소비의 공동 단위가 되어야만 여성이 참여 의식을 가질 수 있으나 핵가족에서 여성은 생산에서 소외당하고 있다. 가사 노동은 여성을 중심으로 할 것이 아니라, 공적분야(지역사회)를 중심으로 의·식·주의 소비생활이 이루어져야만 여성이 가사 노동에서 해방되어 생산에 참여할 수 있다. 특히 미혼모의 증가로 편모가족이 증가하므로 이를 위한 공동체의 필요성을 절실히 느꼈다.

④ 놀이와 일의 가치문제

19세기 유토피아론자는 육체적인 노동은 인간의 창조적인 삶 그 자체라고 묘사하고 있다. 그러나 현대 자본주의사회는 소득 자체에만 더 매달리게 되어 오락과 휴식 등 건전한 놀이가 없다. 공동체 생활에서는 취미가 비슷한 사람끼리 모여 참여할 수 있으므로 놀이도 일만큼 중요해 질 수 있다.

⑤ 정체감의 문제

분화, 경쟁적, 전문화된 사회에서 개인은 자기가 맡은 일이 부분적인 기능

밖에 수행하지 못함을 알기 때문에 자아정체감이 뚜렷하지 못하다. 그러므로 확고하고 뚜렷한 공동체 멤버로서의 소속감, 이해타산적이 아닌 자연스런 사랑과 존경이 필요하게 되었다.

　⑥ 인간 혁명

　비대해진 관료 조직, 권력 제도 앞에서 무기력한 인간을 어떻게 새롭게 만들 수 있는가? 창의력과 새로운 의욕을 어떻게 소생시킬 수 있는가? 하는 물음은 인간 혁명의 필요성을 야기시켰다.

　이러한 여섯 가지의 이유로 등장한 초기 공동체는 피난처와 희망이라는 유토피아적 신념을 가지고 유토피아적 갈망을 성취하기 위해 모인 형태였다.

　현대 코뮨 운동은 중간집단을 형성하는 것이 목적이다. 즉, 코뮨은 대국가적인 이상국가가 아니라 인간적인 사랑을 기반으로 한 핵가족과 확대가족의 중간 형태인 소공동체를 의미한다. 국가사회의 의존 아래에서 탈피하여 소공동체가 모든 문제를 대가족적으로 해결한다. 즉, 남녀노소가 한 공동체에서 경조시에 필요한 여러 생활보장을 제공하고 육아, 가사노동, 생산을 공동으로 해결해 나간다. 그 크기는 하나의 가족처럼 6-7명으로 구성된 작은 경우도 있을 수 있고 촌락처럼 천명 이상의 큰 규모로 구성될 수도 있다. 구성원 수가 많을 경우는 경제적 실리 면에서 유리하고 분업조직이 다양해질 수 있어 개인의 다양한 요구를 충족시킬 수 있는 장점이 있으나 형식화, 조직화되어 다시 비인간화되기 쉽다. 구성원 수가 너무 적을 경우는 경제적으로 불리하고 분업조직이 단조로워 발전이 없을 수 있다.

　공동체마다 구성원의 필요와 목적에 따라 창의적으로 만들어질 수 있어 도시 코뮨, 농촌 코뮨, 예술가 코뮨, 또는 출판 코뮨 등이 출현할 수 있다. 예를 들어 도시 코뮨은 이미 직장이 있는 사람들이 직장을 그대로 유지하면서 수입을 모아 소비를 공동으로 해결하는 소비중심 코뮨이 있게 된다. 코뮨이 미래 가족의 대안으로 정착되려면 코뮨 내의 생활은 단순, 검소한 가치관으로 유지하면서 사회개혁, 서비스 및 남을 돕는다는 방향으로 발전해야만 한다. 우리 나라에서 의정부에 있는 풀무원은 1975년부터 노동과 신앙을 중심으로, 그리고 부천에 있는 복음자리 마을은 1977년부터 신앙과 인간화 운동을 중심으로 공동체 가족을 이루고 있으며 현재 젊은층에서 공동체 가족에 대한 가능성을 모색하는 움직임이 일어나고 있다.

2) 부부취업형, 역할공유형, 역할전환형 가족(dual career, role sharing, role reversal family)

산업사회의 대표적 핵가족(남편-도구적 역할, 여성-표현적 역할)형태가 역기능적인 가족형태로 지적되면서, 과거의 상이한 부부역할 수행보다는 역할의 공유, 동등한 의사결정, 평등한 동반자적 관계를 유지하고자 하는 욕구에 부응할 수 있는(박충선, 1991) 부부취업형, 역할공유형, 역할전환형 가족이 증가하고 있다. 부부취업형은 각자가 자기 실현을 이룩할 수 있는 직업을 갖고 있어서 각기 직업 생활에서의 만족을 얻는 형이며, 역할 공유형은 가정내의 역할을 부부가 공평하게 분담하는 형이다. 또한 역할 전환형은 자신이 좋아하는 일을 자유롭게 선택할 수 있어 선택에 따라 여성이 경제적 생산의 역할을 맡고 남자가 가정내 역할을 담당할 수 있다. 이 세 가지 유형 중에서 앞으로 부부취업형이 가장 크게 증가되리라 예상됨으로 이 유형만 구체적으로 다루기로 한다.

(1) 부부 취업형 가족

구조적으로는 기존의 확대가족 내지 핵가족 형태를 취하지만, 부부가 함께 경제활동을 한다는 면에서 기능적인 측면이나 가족 관계 측면에서 새로운 가족형태로 간주할 수 있다. 특히 이러한 가족 형태는 가족의 내부적이고 규범적인 변화를 가족의 역할분담이나 가족 이데올로기의 변화까지 포함한다는 점에서 중요한 변화라고 하겠다(Gerson, 1985;박충선, 1992).
① 취업여성의 증가
산업화가 진전되면서 가족의 기능에 있어서 가장 두드러진 변화 중의 하나

가 여성의 사회참여, 특히 경제 활동의 증가와 더불어 일어나고 있다. 여성의 경제 활동의 증가 원인은 사회 구조적 변화, 개인적 동기 및 가족의 변화라는 측면에서 찾아 볼 수 있다.

첫째, 1960년대 이후 경제 개발계획에 따른 정부의 산업화 정책이 가속화되기 시작하면서 1970년대 경기 호황의 붐을 타고 수출산업에서 저임금 연소 여성의 노동력을 대량 필요로 했고 농촌의 청장년층의 이농 및 도시 취업으로 농촌의 노동력이 부녀화됨에 따라 농촌지역의 여성 경제 활동 참가율이 증가하게 되었다. 한편 대량생산 및 대량소비의 산업화는 생산중심의 경제 체제에서 소비 유통 중심의 경제 체제를 탄생시켰다. 이로 인해 과거 주로 생산직에 종사했던 여성인력에 더하여 소비와 유통을 전담하는 서비스직, 사무직에 여성 인력이 대거 참여하게 되었다.

둘째, 위와 같은 산업 구조상의 변화와 더불어 여성의 사회활동 및 경제활동을 가속화시킨 요인으로는 여성의식의 변화를 들 수 있다. 여성에게도 교육을 받을 수 있는 기회가 증가됨에 따라 독립적이고 자율적이며 평등적인 가치관을 습득함으로써 사회참여를 통한 여성의 자아실현 욕구와 여성 노동력에 대한 사회적 수요가 증가됨에 따라 여성 취업률이 증가한 것이다.

셋째, 가족크기의 변화를 들 수 있다. 만일 여성의 삶의 터전이 되어온 가족 구조의 변화가 따르지 않았다면 지금과 같은 여성의 사회참여는 보다 완만한 속도로 진행되었을 것이다. 즉, 과학 기술 및 의학 기술의 발달은 인간의 평균 기대 수명을 연장시켰고 동시에 영아 사망률의 감소와 자연 출산율의 저하를 가져왔다. 또한 상대적으로 자녀에 대한 의존도가 낮아졌고 산업화로 인한 가족의 빈번한 이동은 가족의 규모를 서서히 축소시켰다. 한편 우리나라에서는 경제개발의 효과를 높이는데 장애가 되는 인구 압력을 줄이기 위하여 국가적인 차원에서 체계적인 가족계획 사업을 실시한 결과 가족 규모의 축소를 가져왔다. 인간의 평균기대 수명의 연장과 자녀 수의 감소는 가족의 생활주기상 획기적인 변화를 가져왔다. 즉 과거에는 평균 4-5명의 자녀 양육을 위해 20년 이상을 소비해야 했으나 이제는 자녀양육의 부담이 1/3 정도로 축소되었다. 이와 더불어 가사를 간소화시켜 주는 각종 기계가 발명되어 이용됨에 따라 여성이 활동할 수 있는 시간이 증대되었다. 이는 여성으로 하여금 적극적으로 사회 경제적 활동에 참여할 수 있는 실질적인 기회를 마련해 주어 초기의 미혼여성의 취업에서 점진적으로 기혼여성의 취업까지 수용하게 되었다.

혼인 상태별 여성의 취업률 변화를 보면 80년도 이전에 미혼여성의 취업률이 높았고 1983년 이후부터는 기혼여성의 취업률이 높다(표 4).

〈표 6-4〉 혼인 상태별 여성의 취업률

년도	미혼(%)	기혼(%)
1970	39.5	29.9
1975	50.4	42.9
1980	43.5	34.2
1983	31.9	33.4
1985	36.7	40.7
1987	45.9	44.7

자료 : 경제 기획원(1970, 1975, 1980) : 인구 및 주택 센서스 보고
　　　경제 기획원(1984) : 1983년 제1차 고용구조 특별 조사결과 보고
　　　경제 기획원(1986) : 1985년 경제 활동 인구 연보
　　　경제 기획원(1986) : 1987년 경제 활동 인구 연보

② 취업여성과 가족 역할

여성의 직업 생활은 경제적 요청에 따라 시작하는 경우가 많지만 경제적 기능에 국한되지 않으며, 사회 참여를 통한 자아 완성의 욕구를 충족시키는 기능을 한다. 그러므로 직업은 여성에게 있어서 점차로 사회 생활의 필수적 측면을 이루는 것으로 결혼 후 직장 생활을 중단하지 않고 결혼 생활을 함으로써 여성의 첨가적 역할이 되었다.

남자들이 마치 남편과 아버지로서의 가정적 역할과 직업적 역할을 겸하는 것과 마찬가지로 여자들도 아내와 어머니로서의 역할을 직업적 역할과 양립시켜 나가야 하는 실정이 되었다. 그러나 여성의 직업활동은 그들의 가정적 역할

수행의 병행으로 어려움을 겪게 된다. 최근의 한 조사(한국 노총 여성 위원회, 1991)에서도 기혼 여성노동자 가운데 75.7%가 가장 큰 애로점으로 자녀 양육과 수행상의 보수성을 탈피하지 못한 실정으로 취업주부는 비취업주부보다 주부 자신의 남편에 대한 역할 기대와 실재 역할 수행 간에 차이 및 가정과 직업의 이중 역할에서 오는 긴장감, 피로감 때문에 갈등을 느끼고 있다(최규련, 1991).

현대 가정의 남편은 여성이 가정 밖에서 세상일을 남자와 나누어 하는 것처럼 남자도 가사와 육아에 대하여 성가신 일로서가 아니라 애정을 주고 받으며 서로간의 친밀감을 위해 함께 나누는 것으로 생각해야 한다. 근래 대학생들을 대상으로 한 조사(1989)에서도 성역할 고정 관념 탈피는 가사와 육아에서 두드러지고 있는데, 맞벌이 가정의 경우 전체 대상자의 90%가 가사 및 육아에 부부가 공동으로 참여해야 한다고 나타났듯이 가정을 원만하게 유지하려면 새로운 역할 개념의 수용이 필요하다. 즉 남성적 특성과 여성적 특성은 서로 독립적이고 상호 배타적이 아닌 관계에 있으며 각각의 상황적 여건에 따라 대치 전환될 수 있다는 사실의 수용이다. 따라서 부부는 누구나 필요에 따라 도구적, 수단적 기능을 수행하거나 표현적, 정서적 기능을 수행할 수도 있다는 인식이 있어야 한다. 바꾸어 말하면 가정내 역할은 주부가 주로 맡아 하면서 가족에게 분담시키는 것이 아니고 역할의 공유, 즉 가족은 누구나 시간, 기능, 적성에 맞추어 가정내 역할을 솔선 수행하려는 긍정적이고 적극적인 태도의 전환과 수용이 필요하다.

반면, 중류층 기혼 여성들 사이에서는 취업 여성들의 이러한 현실적 어려움과 갈등에도 불구하고 결혼 생활에 대한 만족이나 자신의 생활에 대하여는 긍정적 태도를 지니는 경향이 가사에만 종사하는 여성들보다 높은 편임이 최근 연구(이동원, 1987 : 최규련, 1990)에서 밝혀지고 있다. 대부분의 직업 여성들은 직업 활동이 모성 역할에는 부정적인 면이 많지만 부부 관계는 긍정적인 영향이 있다고 생각하며, 결혼 생활에 대한 만족은 일반 여성보다 높고, 부부 간의 의사소통의 범위와 정도도 높은 것으로 나타나고 있다.

이와 같이 기혼 여성의 직업 활동은 현실적으로 고되며 많은 갈등을 겪지만 직업을 통하여 삶의 보람을 느끼며 부부관계에도 발전적인 영향을 미쳐 결혼 생활에 대한 안정과 만족감을 증진시킨다. 한국 여성이 가족과 직업을 양립하려는 요구는 앞으로도 계속 증가할 것이며, 여성이 인간적 권리를 누리며 남녀 평등을 이룩해야 할 현대 사회의 요청에서도 여성의 이중 역할 해소를 위한 의식 및 제도적 개혁이 이루어져야 할 것이다.

③ 취업 부부의 전략

취업 부부에게 요구되는 여러 가지 상황에 대처하는 가장 중요한 것은 균형이다. 각 배우자가 이루어야 할 적당한 균형은 '나'(자신을 위한 시간), '우리'(가족을 위한 시간), 그리고 '그들'(직업과 지역 사회 단체들을 위한 시간)과의 관계이다. 또한 부인의 직업 연결망, 남편의 직업 연결망 및 가족 관계망이 충분히 고려되어 가족과 직업생활에 잘 적응될 수 있도록 해야한다. 모든 역할을 훌륭히 해내는 성취자가 되고자 하는 사람들은 자신에 대해 비현실적인 기대를 하고 있는 것이다. 한 사람이 직장, 결혼 생활, 자녀 양육에 이르는 모든 일을 완벽하게 해내는 것은 불가능하다. 그런 사람들은 긴장과 싸우게 될 뿐이다. 실현가능한 기대를 갖는 방법은 우선 순위들 간에 균형을 잡고 절충을 하는 것이다.

이러한 난점을 극복할 수 있는 취업부부의 전략을 다음의 네 가지로 제안해 볼 수 있다. 첫째, 서로 다른 영역에 있어서 배우자 개입을 제한한다. 부부 중 한 사람이 어떤 영역에서 일차적인 책임을 갖는 것이다. 그러나 이 책임의 소재는 전통적 기대에 기초하여 자동적으로 결정되는 것이 아니라 서로의 협상에 의거한다. 이 유형은 양성성을 소유한 사람이 더 잘 적응할 수 있다. 지금까지는 거의 모든 사회가 여성다움과 남성다움의 특성들을 반대의 양 극단에서 가치를 평가하였으나 앞으로는 여성다움과 남성다움은 서로 다르지만 동등하게 가치를 평가하게 될 것이다.

둘째, 주기 재조정으로 개인의 결정 사항과 외부 요인간의 조화를 이루도록 한다. 가족과 직업에서의 과도한 요구시기가 서로 겹치지 않도록, 자녀 출산을 연기시키거나 직장에서의 승진 시기를 조정한다.

셋째, 가족생활과 직업생활 간의 경계를 강화함으로써 각자 생활의 영역을 분리화시키는 것이다. 즉, 동시에 가족과 직업을 다루지 않도록 각각의 영역을 구획화시켜 나가는 것으로 일단 직장을 떠나면 가정에 충실히 임한다. 또한 가족과 직업 사이의 경계를 강화함으로써 가족과 직업에 있어서 문제가 동시에 발생하지 않도록 하고 해결도 순서적으로 다룰 수 있도록 한다.

넷째, 부담스러운 선택(예 : 파출부 고용, 외식, 가사 노동의 기계화)의 긍정적인 면에 초점을 맞추도록 한다. 거기엔 직장을 통한 사회 접촉, 배우자 각자의 자급 자족 및 과도한 역할 부담 등에서 벗어날 수 있는 이득이 있다.

가정과 직장을 양립하는 여성의 숫자가 증가함에 따라 이미 여러 가지 고용 제도의 대안이 나타나고 있다. 업무의 시작, 종료시간을 노동자가 결정하는 선택적 시차 근무시간제, 컴퓨터 단말기와 팩시밀리를 통해 회사와 연결되어 있는 상태에서 일을 가정에서 하는 자택 근무제, 전일 근무를 두 사람의 시간 근무자가 하는 선택 전일 근무제 등은 맞벌이 부부에게 도움을 줄 수 있는 고용형태이다. 또한 직장 안에 탁아소를 설치하여 부모들이 일하는 시간 중에도 자녀들과 가까이 있도록 하는 직장 탁아제도는 맞벌이 부부들을 고무시키는 정책의 일환으로 현재 우리나라에서도 추진, 시행 중에 있다. 아버지의 육아 참여를 고무시키기 위한 한 방안으로 육아 휴직제의 확대 실시가 있다. 즉 육아를 위한 휴직제를 자녀의 어머니뿐만 아니라 아버지에게도 적용시켜 부부 중 누구든지 육아를 위해 선택할 수 있도록 한다. 이는 남성도 육아의 책임이 있음을 상기시키는 상징적인 의미도 있게 된다.

3. 가족 합법성의 다양화

가족은 결혼이라는 합법적 절차를 거쳐서 성립되는 형식적 제도이다. 현대에 이르러 가족의 성립에 있어 합법성을 부여하는 기준이 어느 정도 융통성을 가져야 하는가에 대해 논란이 제기되는 동거가족, 독신부모가족 및 동성애 가족이 증가하고 있다.

1) 동거가족(cohabitation)

　동거가족은 합법적인 결혼보다는 단순히 가족관계를 원하는 젊은 세대들이 주로 선택하는 형태이다. 이는 장차 결혼을 하기 위한 준비일 수도 있고, 전통적인 결혼을 대신하는 영구적인 형일 수도 있다. 전통적인 결혼이 상업적인 교환, 또는 여성적, 남성적 역할의 교환으로 축소되는 것을 비판하고 거부하는 젊은 세대들은 자유 결합을 통해 부부간에 보다 높은 상호성을 추구하고, 또 전통적인 남녀역할(생산과 소비의 성별 분업)을 탈피하기를 시도한다. 부부간의 조화는 우선적으로 남자의 수입에 여자가 의존하지 않고 부부가 다 같이 경제적 자율성을 확보할 수 있는 일과 권리의 상호성의 실현에서부터 추구되는 것이다. 몇 십년 전에는 동거하는 것이 가족이나 이웃에서 잘 받아들여지지 않았지만 현대에는 대다수의 도시에서는 사람들이 동거에 대해 무관심하거나 관용적인 태도를 보이고 있다(Robertson, 1981). 미국동거 가족은 4%로 추정되며 1986년 한 기관의 보고에 의하면 20대의 독신 여성의 1/3이 남자와 동거한 경험이 있다.

　성에 대한 이중기준이 점점 자취를 감추어감에 따라 미국 여성의 2/3가 평균 초혼 연령에 이를 때 이미 성교의 경험이 있는 것으로 추정된다. 프랑스는 1970년대 말에 45세 미만의 기혼자 중 약 15%가 결혼 전에 동거 경험을 가졌던 것으로 밝혀졌다. 동거가 가장 많은 것으로 알려져 있는 스칸디나비아 국가에서는(스웨덴의 경우 1972년에 이미 12%가 동거가족) "가족이 결혼을 창조한다."는 말이 나올 정도이다. 즉, 아이가 먼저 생겨나서 가족을 형성한 다음에 결혼으로 이어지는 경우가 많다는 것이다. 프랑스에서는 1978년에 "결혼하지 않고 함께 사는 부부는 결혼한 부부와 동류로 간주한다"는 법률이 제정되었다. 즉, 동거 가족은 결혼한 부부와 똑같이 사회보장과 상호보험, 기타 사회제도의 혜택을 받을 권리가 보장된 것이다. 동거가족의 부인에게도 결혼한 부부보다 더 유리해지는 경향도 나타난다. 이는 공개적으로 동거를 독려하고 또 결혼의 책임을 지는 가족들을 낙담시키는 비난을 야기시켰고 차츰 시정되는 단계에 있다(이영자, 1989). 우리나라에서는 저소득층 가족에 있어 동거가 증가하고 있으며 성남시 노동자 가족에 대한 사례 연구(김애령, 1987)에서는 조사 대상자 35명 중 7명은 아직 결혼식을 올리지 않은 동거부부이며 8명은 자녀가 태어난 후 결혼식을 올릴 것으로 보고되어 있고, 서울시의 저소득층 밀집거주지역의 혼인양태를 분석한 연구(박숙자, 1990, 106)에서는 20대 부부들은 대개가 결혼식을 올리기 이전에 동거가 쉽게 이루어지는 이유는 방세를 절약할 수 있으며 따라서 생활비는 감소하여 어느 정도 저축을 할 수 있다는 경제적인 이점과 단신의 외로움을 덜 수 있다는 점이라고 한다(김애령, 1987). 동거하는 동기는 사람마다 다르기 때문에 일률적으로 말할 수는 없다. 동거기간이나 관계특성 등에 따라 동거의 유형을 몇 개로 나누어 볼 수 있다. 첫째, 일시적인 편의에 의한 동거가 있다. 이것은 단순히 주거를 공유함으로 생기는 편리함 때문에 동거하는 경우이다. 둘째, 남녀 교제에 있어서 두 사람이 서로 함께 있는 것을 원하기 때문에 동거하는 경우가 있다. 셋째, 시험 결혼과 같은 의미의 동거가 있어 앞으로 장기간 같이 살 수 있는가를 타진해 보는 목적을 가진다. 특히 각자가 자신이나 상대방이 장차 전통적인 부부역할을 할 것인지 아닌지를 판단하게 해주는 기회를 갖는 것이다. 넷째, 결혼을 하고자 하는 남녀가 결혼할 여건이 갖추어질 때까지 일시적으로 동거하는 경우가 있다. 다섯째, 남녀가 결혼한 것과 비슷한 관계에 있으나 법적이나 종교적인 결혼 절차를 거치지 않은 경우이다. 동거에서도 부모가 되는 것을 거부하지 않는 등 일상 생활태도는 합법적인 결혼에서와 별다름이 없다. 결혼과 같이 장기간 지속되는 경우는 적지 않다(오선주, 1989).

2) 독신부모 가족

결혼하지 않은 채 자녀를 가지는 경우로서 미혼모가 미혼부보다 훨씬 많다. 이것은 현대여성에게서 자치성의 욕구가 증대하면서 남편 없이 자녀와 가족을 이루는 것을 의도적으로 선택하는 경향이 늘어나는 현상을 반영하는 것이다. 즉, 원하지 않은 실수의 임신이거나 또는 강제에 의한 경우보다는 새로운 형태의 삶을 사는 방법으로 미혼모가 되거나 동거하다가 남자와 헤어진 후에도 그대로 자녀를 키우고 혼자 사는 경우들이다.

3) 동성애 가족(homosexual union)

현대 사회에서 동성애자들로 이루어진 배우자나 자녀를 포함하는 가족을 과연 가족으로 인정할 수 있느냐에 대한 검토를 하기에 이르렀다. 골란티와 하리스(Golanty and Harris, 1982)는 미국에 있어 전체 인구의 5~10%가 동성의 사람과만 성적, 정서적 관계를 맺고 있다고 추정하고 있다. 미국의 부부에 대한 1983년도 연구(Blumstein and Schwarty)에서는 동성애자도 부부로 취급하였다. 이러한 결정은 1960년대 후반에 킨제이 연구소에서 36~45세의 남성동성애자를 연구한 결과 그 중 71%가 동거하고 있다는 보고에 따른 것이다. 이성부부와 동성애부부 간에 유사점이 있기는 하지만 상당한 차이점 또한 존재한다. 차이점은 관계의 발전, 인식, 금전, 성, 권력을 다루는 방식에서 나타난다.

대부분 동성애 부부들은 이성의 배우자들의 경우보다 더욱 더 개인의 욕구를 충족시키기 위해 서로에게 의존할 수밖에 없다. 대인 관계상의 도움이 한정된 동성애 부부들은 사회적 지원을 전혀 받지 못하기 때문이다. 부부들의 금전, 직장, 성을 중심으로한 대부분의 연구에서 이성부부와 동성애 부부 간에 그리고 남성동성애 부부와 여성동성애 부부 간에 많은 차이점이 있음이 밝혀졌다. 여성동성애 부부를 제외하고는 모든 부부에서 돈이 관계 내의 권력유형에 영향을 준다고 하였다. 남성동성애 부부에 있어 수입은 배우자의 권력을 결정하는데 매우 중요한 영향력을 행사한다. 이 부부들이 배우자가 가진 돈의 액수에 대해서 실망할 때 전반적인 관계의 만족도가 낮아진다고 느끼지만 여성동성애 부부들은 예외이다. 직장에 대한 문제에서 동성애 부부들은 직업상의 필요에도 불구하고 그들의 관계를 함께 유지해 나가는 문제를 우선적으로 고려한다고 하였다. 이것은 여성부부들이 누가 일할 권리를 갖느냐에 관심을 보이는 것과는 대조된다. 동성애 부부가 가족에서 차지하는 비중은 작지만 남성동성애자 사이에서 장기간의 관계가 존재한다는 사회의 인식이 커지고 있기 때문에 가족형태의 하나로 간주되고 있다.
　이상에서 살펴보았듯이 가족의 변화를 시도한 수많은 실험과 대안들이 출현하여 때로는 실패하기도 하고 때로는 성공하기도 한다.
　이들은 모두 현시점에서 볼 때는 사실이고 진실이다. 아직도 가족은 소멸되지 않고 변함없이 중요한 기능을 수행하고 있지만 기존의 가족 구조, 기능 및 합법성을 해체시키려는 경제, 사회, 기술적인 세력 그리고 세속적인 세력들이 끊임없이 위협하고 있다. 이러한 위협에서 탈피하기 위해서는 새로운 제도적 대안에 대응하는 것도 중요하지만 인간 내면 의식전환이 선행되어야 한다고 본다. 즉 도덕적 개인주의를 바탕으로 하는 개인들이 가족이라는 집단에서 나누어 갖는 믿음을 향유하는 기본정신을 가져야 한다.

〈연구문제〉
1. 수정 확대 가족이 우리 사회에 정착될 수 있기 위해서 극복해야 할 점은 무엇인가?
2. 공동체 가족이 대안가족으로 출현한 가족 및 사회적 배경은 무엇인가?
3. 취업부부에게서 발생하는 문제점을 극복할 수 있는 전략은 무엇인가?

가족의 상호작용
제 Ⅲ 부

　가족은 배우자 선택과정과 결혼제도를 통하여 형성되며, 가족이 형성된 후에는 가족원간에 상호작용하면서 각자의 가족내 위치에 적합한 역할과 권력 등을 수행해야 한다. 그런데 역할은 사회의 변화에 따라 성별로 구분되었던 성역할 개념에서 남녀 평등적인 새로운 역할개념으로 변화되고 있으며, 가족내 역할도 선택적인 개념으로 변화되고 있다. 권력 역시 다양한 접근방법에 의하여 부부간, 부모자녀간의 권력에 대한 새로운 해석이 요구되고 있다. 이러한 역할이나 권력의 수행과정에 있어서 가족원간의 적응이나 장애가 없는 효과적인 의사소통이 요구된다.

　그리고 가족원간의 상호작용결과는 만족이나 성공이라는 개념으로 평가될 수 있다. 당사자간에 결혼의사가 일치된 배우자 선택, 시대에 적합한 가족역할이나 권력의 수행, 기능적이고 건강한 가족으로서의 적응, 가족원간의 의사소통 특성에 대한 이해를 기초로 한 효율적인 의사소통 등은 만족스럽고 성공적인 가족생활이 되게 할 것이다.

　이상과 같은 관점으로 제 3 부에서는 가족원간의 상호작용을 보다 깊이 있게 이해하도록 하기위하여 가족의 성립과 가족원간의 관계 특성 및 그 결과 등에 대하여 살펴보기로 한다. 구체적으로는 배우자 선택, 결혼 및 가족의 적응, 가족 역할, 가족 권력, 가족 의사소통, 그리고 결혼 및 가족생활 만족을 다루고자 한다.

제 7 장
가족의 성립과 적응

김명자

　가족은 사회조직의 기본단위로 사회의 전체적 체계와 유기적 관련을 지니며 상호 영향을 주고 받는다. 사회변화에 따라 가족생활도 다양하게 변화하고 있으나 이제까지의 많은 연구가 중산층을 대상으로 이루어졌으므로, 본 장에서는 제반 선행 연구들을 종합분석하여, 개인중심 성취지향을 특징으로 하는 현대 산업사회의 중류계층 양식을 기준으로 서술하고자 한다.

　가족이 결혼에 의하여 성립되며, 가족의 제반기능 중 애정적, 정서적 기능이 현대가족에서 중요한 기능으로 강조되고 있고, 또한 가족의 적응과 안정성이 부부간의 애정에 근거한다는 전제하에, 배우자 선택과 결혼생활적응, 나아가 가족의 적응 및 건강가족에 관하여 살펴보고자 한다.

1. 배우자 선택

　가족은 결혼으로부터 출발하므로 가족생활과 결혼간에는 밀접한 관계가 있으며, 이 두 제도는 어느 사회에서나 보편적 제도이기도 하다.
　모든 개인은 일정한 연령에 달하면 배우자 선택과 결혼이라는 과정을 거쳐 자신이 태어난 가족(family of orientation)으로부터 독립하여 새로운 가족(family of procreation)을 형성하게 된다.
　배우자 선택은 일생에 있어서 가장 중요한 결정사항이며, 당사자들의 행·불행뿐 아니라 일생동안 생활의 질, 자녀, 친족관계 등에 영향을 미치므로, 누구를 배우자로 선택하느냐의 문제는 중대한 관심사가 아닐 수 없다.
　결혼은 인간의 생애에서 결정적 전환점으로, 개인의 의지에 따라 그 대상과 시기를 선정할 수 있으므로, 결혼생활의 성공여부는 배우자 선택에 의해 결정된다하여도 과언이 아니다. 남녀를 막론하고 누구와 결혼을 하느냐의 문제는 일생에 가장 심각한 문제 중의 하나인데, 성공적 결혼이란 두 사람이 서로 잘 협력하고 적응하며 살아가는 것을 의미하므로, 배우자는 상호 인성, 욕구, 가치관 등에 있어 잘 조화될 수 있어야 한다.
　결혼이 가문의 영속을 위한 수단이었던 전통사회에서의 결혼은 개인과 개인의 결합이 아닌, 가문과 가문의 결합으로, 배우자 선택의 기준도 개인적 동기보다는 가문이나 사회 경제적 지위에 치중되었으며, 그 결정권도 부모에게 집중된 중매혼이었다. 그러나 남녀평등사상의 보급과 개인주의의 만연 등으로 결혼의 목적이 개인의 행복추구, 자아실현 등으로 변화하면서 두 사람간의 애정·인성을 바탕으로 한 개인적 동기에 치중하고 있으며, 당사자 스스로 배우자를 선택하는 자유혼으로 변화하고 있다.
　그러나 개인적 동기에 의한 자유로운 선택을 하는 현대 산업사회에서도 배우자 선택은 직접·간접으로 부모의 영향을 받으며, 일정한 규정과 양식이 있어 그 선택 대상은 제한되기 마련이다.

1) 배우자 선택의 기준

    (1) 외혼제(外婚制)와 내혼제(內婚制)
 배우자 선택에서 가장 중심적 규범으로 외혼제(exogamy)와 내혼제(endogamy)가 있다. 외혼제는 특정한 집단이나 범위 밖에서 결혼 대상자를 선택해야 한다는 규범으로, 근친간에는 결혼할 수 없다든가(incest taboo), 우리나라의 경우, 현행 민법에서 동성동본(同姓同本) 간의 결혼을 금지하고 있는 것이 그 예이다.
 내혼제는 자신이 속해 있는 특정한 집단이나 범위 안에서 결혼 대상자를 선택해야 한다는 규범으로 인종, 국적, 종교, 사회계층, 연령 등이 같은 개인간의 결혼이 바람직하다는 것을 말하며, 상대방의 조건이 자신과 비슷해야 상호 공감이 쉽고 이해와 적응이 쉽게 이루어진다는 것이다.
 특히 과거에는 결혼을 개인과 개인의 결합일 뿐 아니라, 가문간의 결합으로 생각했으므로, 전혀 배경이 다른 개인간의 결혼은 상호 동등한 결합이 될 수 없으며 따라서 갈등과 불이해를 초래하기 쉽다고 여겼다. 그러므로 이러한 어려움을 방지하기 위하여 내혼 규범이 생긴 것이다.
 내혼제와 외혼제는 한 사회에서 동시적인 작용이 가능한 것으로, 예컨데 김해 김 씨와 김해 허 씨, 인천 이 씨는 모두 동일한 김수로왕의 후손들이므로 상호 혼인해서는 안된다는 것은 외혼의 원리가 적용되는 것이고, 천주교신자는 천주교신자끼리 혼인해야 한다는 것은 내혼의 원리에 의한 것이다. 여기에서 내혼의 원리로 규정되는 집단은 극히 큰 범위의 것이고, 외혼의 원리가 적용되는 것은 그보다 좁은 범위의 집단인 경우가 많다.
 그러나 사회변동이 급격한 현대 산업사회에서는 사회적 배경, 생활양식 등이 일관성 있게 지속적으로 유지되기가 어려우며, 개인의 가치의식도 변화하므로, 내혼제에 관한 규범은 완화되고 있는 추세이다.

    (2) 동질혼(同質婚)과 이질혼(異質婚)
 배우자 선택에 있어 또 다른 주요개념이 동질혼(homogamy)과 이질혼

(heterogamy)이며, 이것은 결혼 당사자 간의 차이점과 유사점을 나타내는 것이다.

동질혼과 내혼제 혹은 이질혼과 외혼제의 차이점은, 내혼규정 혹은 외혼규정이 배우자 선택에 요구되는 규범으로, 하나의 규제로서 작용할 수 있음에 반하여, 동질혼·이질혼은 배우자 각자에 존재하는 유사점·차이점을 뜻할 따름이다. 예를 들어 종교가 다른 개인간의 결혼은 내혼 규범을 어긴 것이라 할 수 있으며, 이 결혼은 종교에 있어 이질혼이라 말할 수 있다.

윈치(Winch, 1974)가 배우자 선택에서 상호보완의 원리를 주장함으로써, 동질혼의 원리가 부분적으로 도전을 받기도 했으나, 동질혼의 원리는 현재까지도 꾸준히 지지되고 있으며, 대부분의 연구에서 상호보완성보다는 유사한 사람간에 매력을 느낀다고 밝히고 있어, 동질혼의 원리를 채택하는 경향을 보인다.

(3) 성별에 따른 기준

배우자 선택에 있어 동질혼·이질혼에 대한 관심과 함께, 성별에 따라 선택기준이 상이하다는 견해가 꾸준히 지속되고 있다. 즉, 전통적으로 여성은 남성에 의하여 사회경제적 지위가 영향을 받으므로, 배우자 선택에서 남성의 도구적, 실용적인 면을 중시하는 반면, 남성의 선택은 보다 낭만적이며, 직접적으로 사랑 자체와 관련된다는 것이다.

이러한 현상은 딸을 출가시킬 때는 자신의 가정보다 잘 사는 가정으로 출가하기를 희망하는 상향혼의 경향을 보이는 반면, 며느리를 선택할 때는 친정의 사회 경제적 배경보다는 당사자의 인간됨을 더욱 중시하는 경향을 보이는 것과도 일치한다.

그러나 전통적 성역할 구분이 모호해지고, 상호평등에 근거한 우애적 관계를 추구하는 현대 사회에서의 배우자 선택은, 다분히 개인중심, 남녀평등을 지향하면서 다양하게 변화하는 경향을 보인다.

국내에서 실시된 여러 실증연구를 종합해 보면, 남녀 모두 성격이나 건강, 애정 등을 가장 중요시하고 있으며, 학력이나 사회경제적 배경과 같은 도구적 가치는 그 다음으로 중요시하는 것으로 드러났다. 이것은 배우자 선택조건으로 부양능력, 경제적 협조와 같은 객관적 조건을 중시하던 과거의 가(家) 중심의 결혼으로부터, 상호 매력과 애정 등 개인적 주관적 속성을 중시하는 우애적 결혼으로 변화하고 있음을 보여준다.

2) 배우자 선택이론

가족학 연구에서 배우자 선택에 따르는 커플 간의 관계 진전에 대하여 오랫동안 다양한 견해가 제기되어 왔으며, 이들은 모두 이성간의 관계가 어떻게 성립되어 유지·발달 또는 해체되는가에 그 초점을 맞추고 있다.

1970년대까지는 단계모델(sequence model, progressive stage)이 배우자 선택과정을 설명하는 주요 관점으로 받아들여졌으나, 1980년대 이후 모든 커플이 유사한 단계를 밟아 결혼에 도달한다는 단계모델에 대한 비판과 함께 특정한 배우자 선택과정을 강조하는 순환적 인과모델(circular-causal model)에 관심이 기울어지고 있다.

본 절에서는 이제까지 주요관점으로 여겨왔던 단계모델에 대한 설명과 함께 최근에 제기되고 있는 순환적 인과모델을 제시함으로써, 배우자 선택에 대한 올바른 방향성을 제시하고자 한다.

단계모델은 개인의 신념, 태도, 가치 등 인지적 요인을 비교적 고정적인 개인의 특성으로 보고, 이러한 개인의 특성에 의존하여 커플의 관계가 증진되는 것으로 본다. 상대방에 대한 정보가 각 단계에서 상세하게 검토되며, 어느 단계에서나 상대방을 받아들일 만하다고 판단되면 그 관계는 지속되고, 그렇지 못하면 그 관계는 끝나게 된다.

단계모델에서는 배우자 선택기준으로 사회인구학적 요인, 상호매력, 유사성과 같은 심리적 요인에 초점을 두며, 여기에서 의사소통은 이러한 특성에 대한 정보를 알려주는 기능을 하는 것으로 본다. 이 모델은 모든 커플이 결혼에 이르기까지 질서정연한 순서를 밟아 특정의 단계를 거친다는 것으로, 일단 관계가 형성되면 모든 커플은 유사한 과정을 경험하면서, 결혼이라는 마지막 단계에 도달한다는 것이다.
 여과망 이론, SVR이론, 결혼전 관계형성 모델 등은 배우자 선택연구에서 많은 관심을 끌어왔던 단계모델의 예이다.

(1) 여과망 이론(Filter Theory)
 케르코프와 데이비스(Kerkoff & Davis, 1962)는 최초로 배우자 선택의 여러 요인을 발달적 모형으로 전개하여 관심을 끌었다.
 약혼 단계 또는 여러 단계에 있는 대학생 커플을 종단 연구한 결과, 그 관계의 초기 단계에는 인종·연령·종교·사회계층과 같은 사회적 특성이 중요한 작용을 하고, 관계가 진전되면서 가치관의 공감이 중요해지며, 좀더 오랫동안 사귄 친밀한 관계에 이른 단계에서는 상호보완의 기능이 중요함을 나타내고 있다. 우드리(Udry, 1971)는 이러한 견해를 좀더 정교화시켜, 모든 가능한 데이트 상대로부터 관계를 맺기 시작하여 결혼에 이르기까지 6개의 여과망(filter)을 거치면서 점차 그 대상이 좁혀지고 제한되어 마지막으로 한 사람을 선택하게 된다고 하였다.
 이것을 좀더 구체적으로 살펴보면 다음과 같다〈그림 7-1〉참조.
 첫번째, 근접성의 여과망을 통하여 모든 가능한 대상자 가운데, 현실적·지리적으로 쉽게 만날 수 있는 사람들로 그 대상이 제한된다.
 두번째, 매력의 여과망을 통하여 상호매력을 느끼며 호감을 갖는 사람들로 그 대상은 다시 좁혀진다. 이때 매력을 느끼게 하는 요인은 개인마다 다르겠으나 상대방의 행동을 관찰한 결과에 의한 인성·외모·능력 등이라 하겠다.
 이들은 다시 세번째 사회적 배경의 여과망을 통하여 인종·연령·종교·사회계층·직업·교육수준 등이 비슷한 커플들로 더욱 범위가 축소되며, 여기에서 동질혼의 원칙이 적용됨을 알 수 있다.
 다음에 네번째 상호 의견일치 여과망을 통하여 인생관·결혼관 등 중요문제에 대하여 동일한 가치관이나 견해·태도를 지닌 커플만 남게 된다.
 다섯번째가 상호보완 여과망으로 상호간의 욕구와 필요를 서로 충족시켜 줄 수 있고, 어느 한 편의 단점을 다른 편에서 보완해 줄 수 있을 때 결혼할 가능

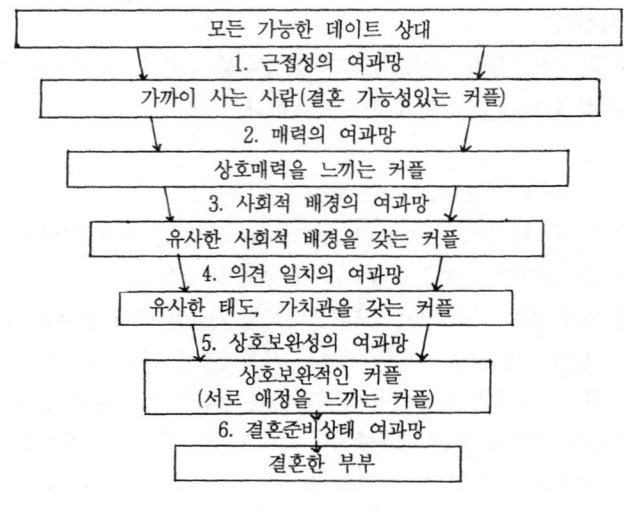

〈그림 7-1〉 여과망 이론
출처 : Udry(1971), p. 212.

성은 증가된다. 이러한 상호 보완성은 윈치(1974)의 상호보완적 욕구이론 (theory of complementary need)에 의하여서도 증명된 바 있다.

예를 들어, 지배욕과 복종욕은 상호보완적 욕구인데 지배욕이 강한 남성은 복종적인 여성을 구하게 된다는 것이다. 위의 여과망을 모두 통과한 뒤 마지막으로 결혼준비상태라는 여과망을 통과함으로써 비로소 결혼에 이르게 된다. 남성의 경우 병역을 마친 뒤나, 취직을 하는 등 결혼에 적절한 시기와 준비가 갖추어져야 결혼할 수 있는 것이 그 예이다.

(2) 자극-가치-역할 이론(Stimulus-Value-Role theory, SVR 이론)
배우자 선택이나 두 사람 관계의 진전에 대하여 머스타인(Murstein, 1970, 1978)은 여과망 이론을 보완하여 S. V. R. 이론을 제안하였는데, 이것은 교환적 관점에서의 이론으로, 자극단계에서 특히 보상이나 대가의 교환이 중요하다고 지적하고 있다.

① 자극단계(stimulus stage)
　첫번째 만남의 단계로 상호 매력을 느낌으로써 상호작용이 시작된다. 직접적인 상호작용을 시작하기 이전에 외모나 명성 등과 같은 관찰가능한 상대방의 자질을 평가하여 자극을 유발하는 매력을 발견하는 단계로, 매력은 각 파트너가 소유한 가능성이나 자원의 동등한 교환으로부터 기인한다고 본다.
　즉 상대방의 신체적, 정신적, 사회적 공헌이나 평판 등을 평가하여, 자신과 상대방이 지닌 자원의 공평성에 기초하여 그 관계의 지속여부를 결정하는 단계이다. 대체로 여성은 남성의 전문적, 직업적 능력에 대해 매력을 느끼는 경향이며, 상호 느끼는 총체적 매력이 어느 정도 균형을 이루면 다음 단계로 발전된다.
　② 가치비교 단계(value stage)
　상호가치관이나 태도를 비교하며, 특히 인생의 목표·결혼관·성역할 등 중요 영역에 대한 가치관이 상호 유사함을 느끼게 되면, 두 사람의 관계는 더욱 발전되어 다음 단계로 진전된다.
　③ 역할조화의 단계(role fit stage)
　현재 그리고 결혼 이후의 역할수행능력, 상호역할기대를 고려하며, 이때 상호역할기대가 일치되고 적절할 때, 이들은 결혼으로 발전되며, 상호 역할기대가 어긋나고 역할수행 능력이 부족하다고 느끼면 그 관계는 끝난다.
　머스타인은 첫번째 만남을 자극단계로, 2-7회 만남을 가치 단계로, 8회 이상 만남을 역할 단계로 구분하였으나, 만난 횟수에 의하여 단계를 구분한 것은, 관계의 질적인 면에 대한 고려가 도외시된 것이라는 비판이 가해지고 있다.

　(3) 배우자 관계 형성(Premarital Dyadic Formation) 모델
　루이스(Lewis, 1973)는 배우자 선택과정의 6단계 발달이론을 제시하였는데, 그 내용은 다음과 같다.
　① 유사성(similarity) 단계 : 상대방의 사회적 배경·가치관·인성 등이 유사함을 지각한다.

② 래포(rapport) 단계 : 상호 긍정적 평가, 호감을 지니며 친밀감을 느낀다.

③ 자기노출(self-disclosure) 단계 : 솔직하고 개방적인 자기표현을 하여 상호 적나라한 관계가 수립된다.

④ 역할취득(role taking) 단계 : 역할수행에 대한 상호 정확한 개념·능력을 파악한다.

⑤ 역할의 조화(role fit) 단계 : 상호역할기대, 필요 역할수행에서의 상호 보완능력, 유사점 등을 파악한다.

⑥ 상호결정(dyadic crystalization) 단계 : 상호간의 역할영역이 결정되고 한 커플로서의 정체감을 수립하여 당사자는 물론 타인들로부터도 한 커플임을 인정받는다.

이상 살펴본 세 가지 단계모델에서 현재까지도 꾸준히 제기되고 있는 미해결의 문제는, 각 커플이 여러 단계 중 어느 단계에 속해 있는 지에 대하여 명백히 규명하기 어려운 점, 또한 각 단계를 객관적으로 어떻게 명확히 구분하느냐 하는 점과, 한 단계에서 다음 단계로 언제 어떻게 발전해 나가는 지를 구분하는 일이 명확하지 못하다는 점으로 요약된다.

단계이론의 타당성에 대한 반론이 계속되고 있으므로, 이의 적합성을 검증하기 위하여는, 보다 많은 실증적 검증을 통한 질적인 평가와 병행하여, 제반 이론적 관점들을 통합해 나가야 할 것이다.

(4) 순환적 인과 모델(Circular-Causal Model)

이 모델에서는 개인의 신념이나 태도, 가치와 같은 인지적 요인이 의사소통을 통해 변화하는 역동적인 것으로 취급된다. 즉 의사소통을 통해 커플은 상호영향을 주고 받아, 드디어는 상호 점진적으로 동화되어, 그들의 공유하는 문화체계를 생성하면서, 커플간의 유사성은 강화 내지는 증가된다고 보는 것이다. 이렇게 볼 때, 인지적 요인을 개인의 고정적 특성으로 보고, 의사소통으로 나타나는 정보를 선택적 여과의 근거로 삼는 단계모델과는 구분이 된다.

스테판(Stephen, 1983, 1985)은 이 모델의 검증을 위하여 스테디 단계에 있는 104 커플을 대상으로 5주 간격으로 4회에 걸쳐 조사·분석하였다. 커플이 공유하는 사적 의미체계 측정에 적절한 상징적 상호 의존성 점수(symbolic interdependance score)를 4회 반복 측정한 결과, 관계의 진전에 따라 커플간의 신념, 태도, 가치가 유사해짐을 증명함으로써, 순환적 인과모델을 지지하였으며, 따라서 유사성은 주어진 조건으로 고정적이라기 보다는, 상호관계에 의해 변화하는 역동적 요인임을 밝혔다.

스테판은 사회교환이론과 상징적 상호작용을 통합하여 상징적 교환의 관점에서 설명하고 있는데, 기본 전제는 두 사람 관계의 진전은 제반 사물에 대한 커플간의 공통의 견해를 공유(shared world view)하는 것으로 가능해지며, 이것은 주로 의사소통에 의하여 형성된다고 본다.

결국 커플간의 태도나 가치, 신념의 유사성 정도는 그들이 얼마나 상징적으로 상호 관련되어 있는가를 나타내 주는 지표라 할 수 있으며, 개인의 신념이나 태도는 변화 가능한 것이며, 따라서 커플간의 유사성 역시 시간의 경과에 따라 증가 또는 감소할 수 있다는 것이다.

스테판의 이러한 상징적 상호 관련성의 관점은, 보다 포괄적인 배우자 선택 연구에 시사하는 바가 있으나, 커플간의 유사성이 의사소통과 직접 관련된다는 실증적 증거가 부족하므로, 더욱 많은 연구가 요구된다.

이상 살펴본 바와 같이 배우자 선택이론은 동질혼, 상호보완 등 단일 원리나 단일 요인의 접근에서 탈피하여, 배우자 선택에 다양한 결정요인이 있음을 전제로 이론적 발전이 있음을 알 수 있다. 특히 이동성이 심한 현대 산업사회에서 사회경제적 지위, 종교, 인종 등과 같은 사회문화적 요인보다는 상호관계에서의 역동적인 면에 강조점을 두는 이론의 증가 경향을 보인다.

두 사람의 관계를 상호의존적 단위로 개념화하고 있는 경향을 감안할 때, 앞으로의 이론화 작업에서는, 분석단위를 개인의 속성보다는, 상호공유하는 관계의 특성에 두어, 관계 자체에 대한 분석이 이루어져야 할 것이며, 관계의 측정을 위한 도구의 개발이 요구된다. 또한 관계 발달 이론의 검증을 위하여는 종단적 연구, 반복측정이 요구된다.

3) 배우자 선택의 유형

배우자 선택 유형을 흔히 중매혼과 자유혼으로 대별하나, 실제에 있어서는 좀더 다양한 내용이 포함된다.

배우자 선택유형과 기준이 산업화의 진전에 따라 어떻게 변화하고 있는가를 표시한 것이 〈그림 7-2〉인데, 여기에서 왼쪽 끝은 전통적 유형, 즉 중매혼을 나타내고, 오른쪽 끝은 급진적 유형이며, 이 양극사이에 중간적 형태가 있다.

① 중매혼　　　② 절충형　　　③ 자유혼　　　④ 법적인
강력한 동질혼　제한된 선택　개방된 선택　경혼제도 부인

〈그림 7-2〉 배우자 선택 유형의 변천과정
출처 : Adams(1980), p. 101.

흔히 산업화된 사회나 우리나라에서의 배우자 선택 유형은 ② 와 ③ 의 중간 지점 쯤에 위치한다는 것이 보편적 견해이다.

(1) 중매혼

배우자 선택권이 혼인당사자에게 있는 것이 아니라, 부모나 친족 등에게 있는 형태이다. 따라서 당사자간의 애정이나 성격 등은 거의 고려되지 않은 채, 가문이나 사회경제적 지위를 중요시하며, 정혼과정에서 중매인이 중요한 역할을 한다. 심지어 과거에는 결혼식전날까지도 당사자끼리 전혀 만나지 못하는 경우도 있었다.

이때의 결혼은 두 개인의 결합이라기 보다, 가문과 가문의 결합으로 여겨지며, 이상적인 아내의 역할보다는 이상적인 며느리의 역할이 강조된다.

전통적 한국사회나 일본처럼 친족집단이 강하고 중요한 기능을 행하는 사회에서 전형적으로 보여지는 형태이다.

(2) 절충형

중매혼과 자유혼의 중간형태로, 배우자 선택권이 부모로부터 점차 당사자에게 주어져 가는 형태이다.

절충형에는 두 가지 유형이 있을 수 있는데, 그 하나는 당사자가 자유로운 교제를 통하여, 결혼상대를 선택한 후 부모에게 소개하여 동의를 얻는 것이고, 다른 하나는 부모가 상대자를 선택하여 자녀의 동의를 얻는 방법이다. 우리나라에서도 부모나 친척, 친구 등이 결혼을 앞둔 남녀에게 교제할 상대를 소개해 주어 당사자간의 합의를 보도록 하는 경향이 늘고 있다. 이러한 절충형은 중매혼의 결점을 보완할 수 있고, 상대를 구할 수 있는 범위가 넓으므로, 많은 젊은이들이 선호하는 경향이다. 또한 부모나 친지의 소개를 통하여 상대방의 배경을 알고 교제하는 것이므로, 안전하고 부모와의 갈등이 최소화될 수 있다.

우리나라 대학생이 희망하는 배우자 선택 유형을 살펴보면(유시중, 한유상, 1984), 〈표 7-1〉에서 보는 바와 같이, 자유혼이나 절충형을 희망하는 비율이 높은 것으로 드러났다. 앞으로 이들의 희망이 어떻게 실현될 지는 알 수 없으나, 중매혼의 비율이 매우 낮게 나타난 것으로 보아, 배우자 선택에 있어 결혼 당사자가 상당히 능동적, 적극적 태도를 갖는다 하겠다. 이것은 결국 결혼 전의 이성교제와 상대방에 대한 애정이 결혼의 전제조건임을 말해준다. 또한 절충형도 우리나라 남녀 대학생 사이에서 상당히 환영받는 방식으로 나타나고 있

〈표 7-1〉 대학생이 희망하는 배우자 선택 유형

응답자 배우자선택유형	남학생 (N= 208)	여학생 (N= 261)	계 (N= 469)
중 매 혼	4.3%	1.1%	2.6%
절 충 형	44.2%	49.8%	47.3%
자 유 형	51.5%	49.0%	50.1%

출처 : 유시중, 한유상(1984), 남녀대학생의 결혼관, 경북대학교, 동양문화연구 11호, p. 197.

음을 알 수 있다.

　　(3) 자유혼

결혼 당사자의 행복추구나, 사랑의 실현을 강조하는 오늘날의 결혼에서는 배우자 선택은 자연히 당사자들의 의사에 맡겨지게 되며, 개인적 동기가 중요한 영향을 미치게 된다.

상호 직접적인 교제를 통하여 자신에게 적합한 사람을 선택할 수 있으므로 배우자 선택의 실험과정으로 이성교제가 보편적으로 행하여진다. 자유혼 혹은 연애혼에서는, 가정적 배경보다는 개인적 요인이 더 큰 의미를 가지나, 이러한 개인적 요인 역시 가정환경이나 배경에 의해 크게 영향받음을 간과해서는 안될 것이다.

또한 지나친 사랑의 강조로, 일단 결혼한 뒤라도 사랑이 식으면 쉽게 이혼이 가능하다는 자유풍조는 우리가 경계해야 할 것이다.

결국 배우자 선택은 참된 사랑을 기반으로 하되, 이것이 성숙된 상호관계로 발전되도록 끊임없는 인내와 노력을 기울여야 한다.

2. 결혼 생활 적응

결혼은 사회적 제도로서 사회적 의미를 지닌다. 애정, 낭만적 사랑 등 결혼에 이르는 모든 사건들이 사적인 일이라면, 결혼은 결혼식이라는 공적, 상징적인 의식을 통하여 한 부부로서의 새로운 사회적 관계를 알리며, 이에 따라 사회구조 속의 한 부부로서 지위에 변화가 오고, 법률적·사회적으로 기대되는 성인으로서의 책임과 권리가 따른다. 과거의 결혼이 경제 안정, 사회적 지위의 획득, 자녀출산 등 실용적 필요에 바탕을 두고, 도덕률이나 사회규범이 강조된 제도가 우선적이었으나, 오늘날에 이르러는 배우자 상호간의 동료감, 애정, 자아성장 등 개인의 정서적 충족을 추구함에 따라, 배우자 관계는 상호 요구수준도 높아지고 있다.

이처럼 사회변화에 따라 결혼생활에서 추구하는 바도 변화하고 있으나, 결혼이 독신 생활로부터 한 부부의 생활로 바뀌는 결정적인 전환점이며, 새로운 인생의 시발점임에는 변함이 없다. 그럼에도 불구하고, 대부분의 부부는 그들이 직면한 많은 변화로 인하여 혼돈과 당혹감을 경험하기도 한다.

본 절에서는 먼저 결혼에 따르는 제반 변화에 대하여 살펴봄으로써, 결혼생활 적응에 대한 이해를 돕고자 한다.

① 결혼을 통하여 사회적으로 새로운 공적 지위를 부여받는다.

이러한 공적지위로 인하여 부부는 더 이상 사적인 관계만이 아니므로, 그들의 변화된 법적, 사회적 지위를 수용하고, 결혼생활에 따르는 제반 책임을 이행해야 하며, 이러한 책임을 거부한다면 결혼생활에 문제가 발생한다.

② 결혼과 동시에 독신의 생활로부터 부부의 생활로 전환이 이루어지고, 부부로서 법적인 지위를 부여받으며, 따라서 일상의 모든 사회생활에서 부부는 하나의 법적 단위로 작용한다.

③ 사회관계에도 변화가 오게 되어, 부부는 많은 사회생활에서 개인보다는 한 부부로서 행동하게 되고, 많은 활동이 부부 단위로 이루어지기도 한다.

④ 결혼으로 인하여 배우자 상호 평가나 자각에 변동이 따르게 되는데, 즉 배우자에 대한 역할기대, 행위기대가 있기 마련이며, 상호요구와 기대가 잘 맞을 때 결혼적응도 잘 이루어진다. 부부는 상호 기대와 수행정도에 따라 상호 평가를 하게 되며, 이러한 평가과정을 통하여 기대수준이 재조정된다.

1) 결혼 생활 적응의 개념 및 관점

앞에서 살펴본 바와 같이 부부는 사회적 지위의 변화와 같은 피상적인 생활의 변화뿐 아니라, 결혼 전과는 상이한 생활을 경험하게 되며, 여기에는 상호 적응이 요구된다. 이러한 변화에 대한 적응과정에서, 개인의 생활에서 당연하게 여기던 부분에 대하여도 도전을 받게 되며, 자아에 대한 본질적인 면의 변화를 경험하기도 한다.

따라서 결혼은 행위로서의 고정된 상태가 아니라, 당면한 새로운 현실로의 전환을 통하여 부부가 창출해내는 역동적 과정이라 하겠다.

결혼에 이른 부부의 적응방식과 적응의 정도는, 결혼생활의 성공과 개인의 행복에 매우 중요한 영향을 미친다.

적응은 그 나름대로 역동성을 지닌 과정으로 결혼적응이라는 용어에는, 결혼한 부부는 새로운 상황에서 함께 생활하는 것을 배우며, 또한 독립된 개인으로보다는, 함께 사는 부부로서의 상호 일상적 요구에 대처해야 한다는 의미가 포함된다. 나아가 상대방의 기대에 보다 잘 부응하기 위하여는, 각자 자신의 행위를 적절히 변화시켜야 하며, 또한 부부가 하나의 단위로 상호작용하기 위하여는 이러한 변화를 바람직한 것으로 받아들여야 한다는 점이 전제된다.

따라서 새로운 상황과 변화를 융통성 있게 수용하고, 다양한 상황에서 모든 사람과 원만한 관계를 유지해 나갈 수 있는 사람은 결혼생활 적응이 보다 용이하다 하겠다.

웰즈(Wells, 1984)는 결혼생활적응에 대한 다섯 가지 관점을 제시하고 있는데 첫째는, 결혼생활적응을 결혼생활에서 드러나는 부부간의 차이점에 대하여 상호 조화시켜 나가는 과정으로 보는 관점(reconciling differences)이다.

이것은 부부 각자가 그들의 차이점을 제거하는 방향으로 변화하는 것이 아니라, 차이점에 대하여 상호 갈등이나 부조화 없이 생활해 나감을 말한다. 대부분의 부부는 생활습관, 사고, 행위 등 모든 생활영역에 있어 어느 정도 다른 점을 지닌 채 결혼생활에 임하기 마련이다. 이러한 경향은 동질혼의 경우에서도 마찬가지이다. 결혼 전에는 대체로 두 사람의 관심이 상호 유사한 점에 집중되는 경향이므로, 인종이나 종교가 다른 이질혼의 경우처럼 문제의 소지가 될 정도로 차이가 없는 한, 차이점에 대하여는 별로 관심을 두지 않는 것이 보편적인 경향이다. 그러나 일단 결혼하고 나면 일상적 생활습관이나 수면습관처럼 사소한 차이점에 대하여도 불평을 느끼게 된다. 따라서 부부 각자가 이러한 차이점에 대하여 상호갈등이나 부조화 없이 생활해 나가는 과정이 바로 적응이다.

두번째는 결혼생활 적응을, 결혼한 부부의 상호관계나 상호작용이 결혼 전과는 다르게 변화해 나가는 과정으로 보는 관점(functional change in a

relationship)이다.
　결혼 전의 상호작용은 대체로 이성교제와 구애의 목적을 강화하는 기능에 국한된 것이었으나, 결혼 후의 관계는 결혼 전과는 상이한 상황에서 이루어지며 따라서 원만한 결혼생활에 기여하는 방향으로 재조정되어야 한다.
　예를 들어 결혼 전에는 여가시간을 거의 함께 보내며 함께 지내는 동안은 모든 생활을 공유하지만, 헤어져 있는 동안은 각자 생활의 독립성이 충분히 보장되었다. 그러나 결혼 후에 주거를 함께 한다고 해서 모든 시간을 부부가 함께 공유할 수는 없을 것이며, 따라서 함께 지내면서도 각자의 사생활을 어느 정도 가질 수 있도록 조정해야 할 것이다.
　세번째는 개인의 인성을 결혼생활이나 성인생활에 적절하도록 조정해 나가는 사회화 과정(adjustment as socialization)의 한 부분으로 결혼생활 적응을 보는 관점이다.
　성인의 사회화와 성인발달 과정에 관한 연구에서는, 개인은 생애주기에 따라 새로운 상황을 맞이하며 새로운 역할을 학습하고 수행하면서, 계속적으로 성장, 발달해 나감을 제시해 주고 있다.
　결혼은 개인의 생애주기에서 새로운 역할로의 전환을 의미하며, 따라서 결혼생활 적응이란 새로운 역할에 대한 사회화 과정이라는 것이다.
　특히 의학의 발달로 평균 수명이 증가되고, 출산율 감소, 조기단산 등으로 자녀양육의 책임으로부터 벗어나 탈부모기 이후에 두 부부만 남는 시기도 장기화되어 가고 있으며, 이러한 사실은 결혼생활에 대하여 어떤 계획을 가지며, 부부 상호간 무엇을 기대하게 되었는가에 영향을 미친다. 따라서 결혼생활은 변화, 성장, 발달의 개념이 포함되는 역동적 상호작용의 지속적인 과정이다.
　이러한 관점에서의 결혼적응의 이해와 분석을 위하여는 역할갈등, 역할긴장, 역할모호 등에 관한 역할분석이 요구된다.
　네번째로 결혼적응의 또 다른 관점은 적응이 결혼생활에서 요구되는 일상적 과업들을 학습해 가는 과정(learning the routine)이라는 것이다.
　결혼 전과는 상이한 새로운 과업들을 수행하기 위하여는, 부부의 생활을 새롭게 조직화하여 일상화시켜야 하며 이러한 과정이 적응에 요구된다.

다섯번째는 결혼적응을 두 사람의 독자적 생활양식을 융합하는 과정으로 보는 관점(integration of two lifestyles)인데, 영향력 있는 배우자 쪽에서 보다 강력히 자신의 생활유형을 주장할 것이며, 갓 대학을 졸업했거나 조혼인 경우, 자신이 성장한 가족의 생활유형에 더욱 집착하는 경향을 보일 것이다.

결혼생활에서 당면한 적응의 영역은 부부간의 지극히 사적인 상호관계를 중심으로 하는 성관계, 인성, 경제문제, 역할분담, 자녀, 여가에 관련된 영역과, 부부가 일상적으로 대하는 대인관계를 중심으로 하는 시댁, 처가관계, 친구관계, 종교 영역으로 대별할 수 있겠으나, 이 모든 영역은 개인적, 사회적 요소가 모두 내포되므로 각기 별개로 볼 수는 없으며, 상호 연관성이 있는 것이다.

2) 결혼생활 적응에 영향을 미치는 요인

결혼생활 적응에 관한 포괄적 연구는 최초로 버제스와 코트렐(Burgess & Cottrell, 1939)에 의하여 이루어졌는데, 이들은 잘 적응된 결혼에 대하여 다음과 같이 제안하였다.

즉 중요한 문제에 대한 부부간의 의견일치, 부부간의 공동 취미와 활동공유, 상호애정과 신뢰감의 잦은 표현, 그리고 결혼생활에 대한 불평이 없고 부부간의 조화가 잘 이루어지는 경우 등이다. 더 나아가 이들은 결혼생활 적응에 영향을 미치는 요인에 대하여 사회적 배경을 중심으로 분류하고 있다.

즉 부부의 가족배경이 유사하고, 자신이 자라난 가정의 부모가 행복하며, 제반 생활영역에 대하여 보수적인 의식을 지닌 경우, 비교적 결혼적응이 잘 이루어진다고 했다.

이들과 거의 같은 시기에 터만(Terman, 1939)은 결혼생활 적응에 영향을 미치는 요인에 대하여, 평균 11년 정도 결혼생활을 해 온 792명의 부부를 대상으로, 인성요인을 중심으로 연구하였다. 터만은 인성의 문제가 결혼생활 적응의 모든 면을 설명할 수 있는 것은 아니나, 주된 영향을 미친다고 하면서, 행복한 남편은 정서적으로 안정되고 협력적이며 평등의식을 지니고 책임감 있고 외향성을 보이며 조직적이고 보수적인 인성특성을 지녔음을 밝혔다. 행복한 부인은 위의 인성 이외에 친절하고 자신감 있으며, 정확하고 조심성 있고 낙관적인 성향을 보인다.

반면 불행한 남편은 정서적으로 불안정하며, 변덕스럽고 신경질적인 성향을 보이며 지배적이고 열등의식이 있으며 급진적인 인성특성을 보인다. 불행한 부인은 이외에 경쟁적이며 급진적 이기적 지나치게 활동적인 성향을 보인다.

또한 동질혼과 관련시켜, 사회 경제적 배경이 유사한 사람은, 결혼의 목표나 역할기대, 가치관 등이 유사한 경향을 보이므로, 결혼생활의 중요한 면에 대한 의견일치가 잘 이루어져, 상호적응이 잘 되는 것으로 여러 연구에서 제시하고 있다.

그 외의 많은 연구자들이 각기 상이한 지역에서 상이한 대상자를 중심으로 연구하였는데, 이들의 연구결과는 문제가 없는 가족에서 성장한, 성숙되고 안정된 성품과, 전통적 의식과 확고한 신념을 가진 사람이 결혼생활 적응을 잘한다는 데에는 견해가 일치하고 있다.

그러나 콜브(Kolb)를 비롯한 몇몇 학자들은, 결혼생활 적응에 관하여 규범과 관련시켜 비판하고 있는데, 즉 결혼적응의 개념은 자신과 국적이나 인종, 종교, 계층 등이 유사한 사람 중에서 부모가 선택해 주는 전통적이고 안정된 결혼을 암암리에 강요하는 것으로, 결국 배우자 선택이나 결혼의 상호관계에 대한 규범이 사회의 질서나 가족생활의 안정유지에 기여하는 것은 사실이나, 개인의 성장, 자유와는 모순되는 가족구조를 지지한다는 것이다. 이들은 사회문화적 배경이 상이한 이질혼의 경우에도, 상호차이점에 대하여 적응하고 극복할 수 있는 능력과 의지가 있다면, 역할기대나 가치관에서 일치를 보이는 경우가 많아, 동질혼이 결혼 적응에 기여한다고 일반화하는 점에 대하여 의문을 제기하기도 한다.

즉 기존의 결혼적응에 관한 개념은 지나치게 단순화되고, 규범적인 것이므로 결혼생활에 따르는 사랑과 증오, 기쁨과 슬픔, 권태와 흥분 등 인간생활의 모든 면을 포괄적으로 포함시켜야 한다는 것이다(Lesile & Korman, 1985에서 재인용).

3) 결혼생활 적응을 위한 제안

결혼생활의 성공적 적응을 위한 여러 학자들의 견해를 종합적으로 제시해 보면 다음과 같다.

① 인간간의 관계는 지속적으로 변동하며, 따라서 상호관계는 결코 고정적이 아니다. 이러한 변화는 연령 증가, 지능, 인성의 변화 등 개인과 관련된 많은 복합적 요인에 기인하며, 어느 결혼생활이나 개인의 의지와는 관계없이 계속적인 변화가 있기 마련이므로 이러한 변화를 통제하고 대처해 나가야 한다.

② 적응은 결혼 이전부터 시작되며, 결혼초기에 적응이 잘 이루어지도록 하는 것이 바람직하다. 일반적으로 결혼 이전에 중요 영역에 대한 적응이 잘 이루어진 경우에, 결혼 후의 적응이 보다 용이해진다. 해결되지 않은 채 미루었던 문제나 상이점들이 부부관계에서 치명적인 상처로 남을 수가 있으므로, 가능한 결혼 초기부터 적응이 잘 이루어지도록 하는 것이 좋다.

신혼초에는 부부 각자가 상대방의 욕구나 필요에 민감하므로, 상호행위의 변화가 보다 용이하나, 결혼생활이 진행되면서 상대방의 요구에 덜 민감해지며, 개인의 행위는 보다 습관적으로 굳어버리고 자기 만족을 추구하는 경향을 보인다.

특히 결혼 초기에 다양한 문제와 상이점에 직면하게 되는데, 이러한 상황에 부부가 어떻게 적응해 나가며, 또한 문제에 대하여 어떻게 대처해 나가는지는 이후의 가족주기 진행에 따른 제반 적응에 영향을 미친다.

③ 결혼 후에 상대방을 고치려는 노력보다는 자신에게 적절한 배우자를 현명하게 선택하는 것이 중요하다. 개인은 결혼 이전에 이미 형성된 역사를 지니고 있으므로, 결혼 후에 자신이나 상대방의 극적인 변화를 시도하는 것은 무리한 일이다.

④ 결혼생활 적응은 일생 동안 지속되는 과정이다. 결혼초기에 성공적 적응이 이루어졌다 하더라도 가족주기의 진행에 따라 변동이 발생하며, 또한 다양한 위기에 대처하여 변동이 요구된다. 이러한 변동은 지속적인 적응을 요구하

며 부부간의 친밀감의 유지 발전을 위하여는 상호 지속적인 적응과 관심을 요한다.

4) 결혼생활 적응유형

정상적이며 안정된 결혼생활의 실체를 파악하기 위한 여러 연구 중, 큐버와 헤로프(Cuber & Harroff)가 실시한 연구는 안정된 결혼생활의 다양성을 나타내주는 흥미있는 결과를 보여준다. 이들은 미국사회에서 기업 경영자, 변호사, 고위관리직 등 33-55세의 12년 이상 결혼생활을 하고 있는 정상적인 중산층 이상의 남녀 211명을 대상으로, 5년여에 걸쳐 개인적 체험담을 수집하여 연구한 결과, 잘 적응된 결혼생활 속에 상당히 다양한 유형이 있음을 발견하고 5가지 유형으로 구분하였는데, 이들의 연구는 행복한 결혼생활은 대개 비슷하다는 신화를 깨뜨렸다고 볼 수 있다.

(1) 갈등이 습관화된 부부(conflict-habituated relationship)
부부관계는 긴장, 갈등의 관계이며 잔소리, 말다툼의 연속으로 사적으로나 공적으로나 상대방을 비난한다. 이들의 갈등은 사소한 일상생활의 견해차이에서부터 도덕률, 종교, 정치문제 등에까지 이르며, 단지 함께 있는 것 자체만으로도 싸움이 일어날 충분한 이유가 된다. 그러나 싸움이 결혼을 해체시킬 만한 이유가 되지는 않으며, 따라서 불안정한 결혼이라고 할 수는 없다. 이들은 싸우면서 살아가는 관계이다.

(2) 생기를 잃은 부부관계(devitalized relationship)
신혼초기에는 낭만적 사랑과 친근감에 휩싸여, 활기차고 강력한 감정적 교류가 있었으나, 결혼생활이 지속됨에 따라 부부관계는 생기를 잃고 피상적인 관계에 머무르고 있다. 표면적 갈등은 적으나 만족감과 행복감이 결혼지속 연수에 따라 감소되는, 흔히 있는 부부관계로 그럭저럭 결혼생활을 유지하는 부부들이다.

(3) 소극적, 공리주의적 부부관계(passive-congenial relationship)

생기를 잃은 부부관계와 비슷하나, 이들은 신혼초부터 감정적 개입 없이 상호피상적 관계이었음이 다른 점이다. 부부 각자 자신의 관심사에 몰두할 따름이며, 상대방에 피차 관여하지 않고, 각자의 생활을 영위한다. 또한 부부관계에 흥미나 많은 감정을 두지 않고, 자신의 직업적 성공, 가사, 사회활동 등에 관심과 비중을 크게 두며, 부부간의 유대는 2차적인 것으로 본다. 즉 이들은 상호필요와 편리에 의해 결혼했을 따름이며, 따라서 남편은 살림 잘하고 자녀를 잘 기르는 부인이면 족하고, 부인은 경제적 안정을 보장해주는 남편이면 족하다. 이들의 부부관계는 감정의 교류 없는 '공허한 함께 있음'의 단조로운 새장이다.

대상자의 80% 정도가 이상의 3가지 유형에 속하며, 이들은 결혼 이외에 본질적인 보상을 주는 더 나은 대안이 없으므로 생활을 지속한다.

즉 좋은 요리사, 함께 즐길 수 있는 사람, 성생활의 파트너, 경제력의 확보, 기혼자를 지지하는 사회적 규범 등 편리와 필요에 의하여 결혼하는 사람들로 3가지 유형 모두 실용적인(utilitarian) 결혼이라 할 수 있으며, 부부간의 상호작용 수준이나 친밀감 수준은 낮은 편이다.

(4) 생기 있는 부부관계(vital relationship)

다음에 언급할 전면적 부부관계와 함께 비교적 이상적 유형이라 할 수 있으며, 전 표집의 약 15% 정도를 차지하고 있다. 이들은 부부가 심리적으로 강하게 연결되어 있으며, 둘의 관계에 큰 비중을 두며 '우리' 의식으로 함께 참여하고 즐기고 행동한다. 즉 동료감에서 주된 만족감을 얻으며, 부부관계자체가 각자에게 극히 중요하나, 어느 정도의 독자성도 지녀서 사회생활에도 성공적이다.

(5) 전면적인 부부관계(total relationship)

생기 있는 부부관계와 흡사하나 보다 많은 측면에서 상호 동료감과 관여도가 높다. 부인은 여러 가지 양상으로 남편 일에 참여하며, 갈등이 있을 때는 누가 옳고 그른가 보다는 긍정적 상호관계를 그대로 유지하는데 더 큰 관심이 있다. 즉 이들은 상호 친밀하고 깊이 몰두하는 내면적 관계의 부부들이다.

(4) 유형과 (5) 유형은 본질적(intrinsic)인 결혼으로, 부부간의 상호작용 그 자체를 보상으로 여기며, 결혼생활을 통하여 친밀감의 욕구를 충족하는 부부들이다.

3. 가족의 적응

가족학 연구에서 가족의 적응에 관한 개념정의에 대하여 브훌러(Buehler, 1990)는 세 가지 관점에서 종합하고 있는데, 첫번째가 가족기능의 원활성 여부, 즉 역기능, 순기능 측면에서의 정의이다 (current level of functioning). 적응이 된다 (being adjusted)는 것은, 가족이 기능적으로 잘 유지되고 있으며, 건전한 상태임을 의미하며, 적응이 안된다 (being unadjusted)는 것은, 가족이 무언가 잘 못하고 있으며, 병리적 상태에 있음을 뜻한다.

이들은 가족이 전체로서의 기능을 어떻게 수행하는가에 대하여 다양한 영역에 걸친 가족원의 자각을 측정하고 있으며, 흔히 측정되는 영역은 응집력 (cohesion), 성장능력(ability to grow), 적응력(adaptation), 정서적 관여 (affective involvement), 통제력(control), 의사소통 등이다.

올손(Olson, 1986, 1988)은 폭 넓은 문헌고찰을 통하여, 순기능적인 가족을 나타내 주는 50개 이상의 개념을 제시하고, 이 개념들을 종합 분석한 결과, 이 모두를 함축성 있게 대표해 줄 수 있는 개념이 적응력과 응집력 그리고 의사소통이라고 제안하였다. 그들은 이 개념을 근거로, 가족의 유형화 작업과 함께 순기능적 가족을 명료화하려는 시도를 하였는데, 현재로서는 대부분의 연구자들이 가족의 유형화 작업보다는, 순기능적 가족에 대하여 관심을 집중하고 있는 단계이다.

두번째로 가족 스트레스 영역에서는, 가족의 적응을 변동에 대한 반응 (response to change)으로 본다. 초기에는 잘 적응된 가족은 변동이 발생한 후에 안정된 상태로 돌아간다는 평형모델에 중점을 두었으나, 최근에는 스트레스에 대한 가족반응의 복합성을 인식하면서, 변동에 대한 반응을 통하여 가족은 성장, 발달한다는 성장지향 모델을 지지하고 있다.

이러한 관점에서 머퀴빈과 머퀴빈(McCubbin & McCubbin, 1988)은 가족내의 변동과 긴장의 유형을 근거로, 가족 반응의 정도와 반응시간의 틀에 근거하여 조정(adjustment)과 적응(adaptation)의 개념을 구분하였다.

이들에 의하면 조정은 1차적 변동(1st order change), 단기적 변동으로 정의하고, 가족의 역할이나 규칙 관계가 변동의 영향으로 재정의되는 것이 아니라, 부분적인 수정을 가하게 되는 것으로 보았으며, 주로 일상적 변동(normative change)에 대한 반응으로 보았다.

이에 대하여 적응은 보다 의미 있는 2차적 변동(2nd order change)을 포함하는 장기적 변동으로 정의하고, 이러한 변동의 영향으로 가족의 역할이나 규칙 관계가 재정의되는 것으로 보았으며, 주로 비일상적인 변동(nonnormative change)에 대한 반응으로 보았다.

세번째는 체계와 환경 간의 조화(system-environment fit)의 관점에서 적응을 개념화하는 것으로, 이것은 체계적 관점에 근거를 둔 것이다(Menaghan, 1983, Atonovsky & Sourani, 1988).

즉 가족체계의 요구와 자원이 환경과 조화를 이룰 때 가족의 기능이 보다 기능적일 수 있다는 관점으로, 이들은 잘 적응된 가족은 환경과의 조화가 잘 이루어지는 반면, 잘 적응하지 못하는 가족은 환경과의 조화가 안되는 가족으로 본다. 결국 기능적 측면에서 가족적응을 연구한 올슨이나, 스트레스 모델을 근거로, 변동에 대한 반응으로 가족적응을 연구한 머퀴빈 모두 체계적 관점에서 환경과의 상호작용을 전제하고 있음은 동일하다고 하겠다.

이상 살펴본 바와 같이, 대부분의 연구자가 가족의 적응을 정적인 것이 아닌 역동적 과정으로 정의하고 있으나, 실제 연구에 있어서는 자기보고식에 근거한 횡단적 연구를 통하여, 현재의 행위나 현재의 상태 등 결과로서 측정되고 있는 점이 문제로 지적되고 있다.

가족의 적응 측정과 관련된 또 한 가지 문제는, 가족의 적응측정은 개인과 부부 그리고 가족수준에서 각각 이루어져야 한다는 주장 아래에, 동일한 척도를 각각의 수준에서 측정하는 경우가 빈번하나 개인, 부부, 가족의 적응 개념이 동일하다고는 볼 수 없다.

따라서 각 수준에서의 적응의 개념에 대한 명료화를 위하여는, 각 수준에 적절한 타당성 있는 척도가 요구된다.

이러한 개념의 다양성 문제와 측정문제를 감안하여, 본 장에서는 적응을 유기체가 자신의 욕구와 환경과의 사이에서 조화를 추구하면서 그 욕구를 충족시키기는 과정으로 정의하고, 기능적 측면에서 가족의 적응을 연구한 올손 등의 견해를 중심으로 서술하고자 한다.

1) 기능적 측면에서의 가족의 적응

올손은 결혼의 역동적 과정을 설명한 50여개의 개념들로부터 적응력과 응집력 그리고 의사소통을 가족진단의 핵심적 영역으로 선정하였으며, 이 세 가지 영역의 중요성과 가치는 많은 연구자들에 의하여 계속 증명되고 있다.

또한 이 세 영역과 관련하여 몇몇 이론적 모델들이 독자적으로 개발되어 왔으나, 지난 5년간의 대부분 연구가 체계적 관점에서 이루어지고 있다.

(1) 가족 적응력(family adaptation)

가족의 적응력이란 가족체계가 상황적으로 또는 발달과정에서 발생할 수 있는 문제에 대응하여 가족의 권력구조나 역할, 관계의 규칙을 변화시킬 수 있는 능력 즉 융통성의 정도를 뜻하는 것이다. 이것은 가족원들이 자신의 의견을 주장하는 유형, 리더십, 부모의 양육태도, 타협방식, 역할관계, 가족규칙의 융통성 등 여섯 가지 요인을 근거로 측정된다.

가족 적응력을 측정하기 위한 지표와 적응력의 수준이 〈표 7-2〉에 나타나 있다.

모든 체계는 스스로를 유지하기 위하여 안정지향성(morphostasis)과 변화지향성(morphogenesis)을 동시에 지니며, 체계가 제대로 기능하기 위하여는 안정과 변화를 모두 필요로 하는데, 변화능력은 기능적 가족과 역기능적 가족을 구분하는 기준이 된다.

〈표 7-2〉 가족 적응력 지표

적응력수준 측정요인	경직	구조직	융통적	혼돈
주장	수동적, 공격적 유형	일반적으로 단호히 주장	일반적으로 단호히 주장	수동적, 공격적 유형
통제	권위주의적 리더십	민주주의적 리더십	동등한 리더십	리더십이 없음
훈육	권위주의적 : 매우 엄격	민주주의적	민주주의적	방임형 : 매우 관대
타협 협상	제한된 협상, 문제해결능력 빈약	구조적 협상, 문제해결능력 좋음	좋은 협상, 문제해결능력 좋음	무한정의 협상 문제해결능력 빈약
역할	경직된 역할, 스테레오 타입의 역할	역할분담	역할확립 및 역할 분담, 역할의 자연변화	역할의 극적인 변화
규칙	경직된 규칙, 명시된 규칙이 많고 함축적인 규칙은 적음. 엄격하게 규칙 준수요구.	규칙의 변화 거의 없음. 함축적인 규칙보다 명시적인 규칙이 더 많음. 보통규칙 강요.	규칙의 변화가능. 함축적인 규칙이 더 많음. 때때로 규칙 강요.	규칙의 극적인 변화. 함축적인 규칙이 많음. 명시적인 규칙 거의 없음. 규칙을 마음대로 적용시킴.

출처 : Olson & McCubbin(1982), p. 52.

지나치게 변화지향적인 가족을 혼돈 가족(chaotic)이라 하며, 이러한 가족은 예측할 수가 없고, 변화로 인하여 공통의 의미를 형성하고 관계를 발전시킬 기회가 결여되므로 역기능적인 가족이 된다.

반대로 변화를 지나치게 억제하는 안정지향적인 가족은 경직 가족(rigid)이다. 가족체계는 가족주기의 진행에 따라 실직, 질병 등 가족이 경험하는 다양한 생활사건에 대응하여, 끊임없이 적응하는 과정을 통하여 재구성되어야 함으로, 경직된 가족 역시 역기능적이다.

경직된 가족과 혼돈된 가족의 중간에 구조적 가족(structural)과 융통적 가족(flexible)이 위치하며, 이들은 적절한 수준의 적응력을 지닌 가족으로 기능적이다. 이러한 내용은 〈그림 7-3〉과 같이 나타낼 수 있다.

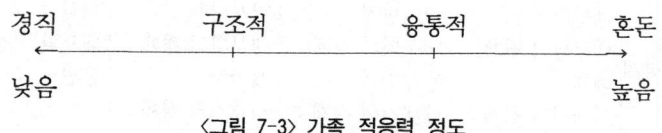

〈그림 7-3〉 가족 적응력 정도

이와 같이 변동의 관점에서 적응을 개념 정의한 올손이 적응력과 가족의 기능 정도와는 곡선의 관계가 있다고 가정하는데 대하여, 비버스와 볼러(Beavers & Voeller, 1983)는 성장의 관점에서 적응을 개념화하면서 적응력의 증가에 따라 가족이 보다 기능적으로 된다는 직선의 관계를 상정하고 있다. 이에 대하여는 실증연구와 논란이 계속되고 있는 중이다.

가족주기 진행에 따른 적응력 변화에 대한 올손(1988)의 연구에 의하면, 진수기를 제외한 모든 단계에서 부인의 적응력이 남편에 비하여 높은 것으로 나타났으며, 적응력 수준은 부부 모두 신혼기에서부터 점진적인 감소를 보여, 청소년기 가족, 진수기 가족에 이르기까지 지속적으로 감소하다가 그 이후에 다시 증가함을 보인다.

남편은 청소년기 가족에서, 부인은 진수기 가족에서 적응력 수준이 가장 낮았으며, 사춘기 자녀는 부모에 비하여 자기 가족의 적응력 수준이 낮다고 평가하였다.

이것은 사춘기에 처한 자녀들이 가족으로부터의 자유와 자율을 추구하며, 기존 가족규칙에 도전하면서 보다 자유로이 융통성을 추구하기 때문으로 사료된다.

(2) 가족 응집력(family cohesion)

응집력은 가족체계 내에서 가족원 상호간에 지니는 정서적 유대감과 가족원

〈표 7-3〉 가족 응집력 지표

응집력수준 측정요인	과잉분리	분 리	연 결	속 박
정서적 유대	매우 낮음	낮음-중간	중간-높음	매우 높음
가족의 경계	외부와의 경계 : 개방적 내부와의 경계 : 폐쇄적 세대간의 경계 : 경직	외부와의 경계 : 반개방적 내부와의 경계 : 반개방적 세대간의 경계 : 명확	외부와의 경계 : 반개방적 내부와의 경계 : 개방적 세대간의 경계 : 명확	외부와의 경계 : 폐쇄적 내부와의 경계 : 혼잡
연 합	연합정도 약함	부부의 연합명확	부부의 연합정도 강함	부모, 자녀와의 연합, 속죄양현상
시 간	가족과 물리적 정서적 시간적 분리가 매우 큼	홀로 보내는 시간과 함께 보내는 시간 중요시함	함께 보내는 시간 중요시. 합당한 이유라면 개별시간 허용	함께 보내는 시간 매우 많음. 개별시간은 거의 허용하지 않음
공 간	물리적 정서적으로 공간적 분리 최다	사적공간 허용. 가족과도 때때로 같이 있음	가족과 함께하는 공간 많음. 사적공간 최소	가정에서의 사적공간은 거의 허용치 않음
친 구	주로 개인친구만 존재. 가족친구들은 거의 없음	개인친구와 가족친구존재	개인친구, 부부, 가족친구와 함께 활동	개인친구 거의 없음. 주로 부부 가족친구들과 함께 활동
의사결정	주로 개별적으로 결정	대부분의 결정은 개별적으로 이루어지고, 가족과 관련된 문제는 함께 결정	개별적으로 내려야 할 결정도 함께 나눔. 대부분의 결정은 가족과 함께 결정	모든 결정(개별적 관계적)은 가족만이 결정
관심사 및 여 가	주로 개별활동만 이루어짐	자발적으로 가족 활동, 개별활동 지지	가족활동, 가족은 개별활동에 관심보임	대부분의 활동과 관심사는 가족과 함께 나누어야함

출처 : Olson & McCubbin(1982), p. 50.

개인이 경험하는 자율성의 정도를 의미하는 것으로, 가족내의 다른 체계 또는 가족원간의 친밀감이나 일체감, 유대감을 느끼는 정도를 뜻한다.

　가족 응집력 정도를 측정하기 위하여 연구되는 구체적 내용은 정서적 유대, 가족의 외부환경이나 하위체계간의 경계, 연합이 이루어지는 정도와 대상, 가족공동의 시간과 가족원 개인의 사적 시간의 허용정도, 가족공동의 공간과 개인의 사적 공간의 허용정도, 친구관계, 의사결정유형, 가족공동의 관심사 및 여가 등 여덟 가지 주제이다. 가족응집력을 측정하기 위한 지표와 응집력의 수준이 〈표 7-3〉에 나타나 있다.

　응집력이 지나치게 높은 가족을 속박 가족(enmeshed)이라 하는데, 이러한 가족에서는 가족원 상호간이 지나치게 밀착되어 있어, 개인의 자율성이 결여되고 사생활을 침해받으며, 개인의 목표를 실현하지 못하므로 역기능적인 가족이 된다.

　반대로 과잉분리 가족(disengaged)은, 응집력 수준이 지나치게 낮은 가족으로, 가족원간의 정서적 유대나 친밀감이 거의 없어 상호 무관심하며, 가족원 각자가 지나치게 자율성과 개성을 지니는 가족이므로 역시 역기능적이다.

　그러나 가족주의를 바탕으로 영위되는 우리의 가족생활을 감안할 때, 응집력이 지극히 낮은 경우 병리적이라 한 점은 수긍이 가나, 응집력이 높은 가족도 병리적이라는 데에는 지나친 단순화가 아닌가 생각된다. 속박은 전 가족원에 해당하는 현상이 아니고, 가족내의 하위체계에 국한되는 것이 일반적이며, 건전한 높은 수준의 응집력과 병리적 속박은 구분되어야 할 문제라고 생각된다.

　속박된 가족과 과잉분리된 가족의 중간에 분리 가족(separated)과 연결 가족(connected)이 위치하며, 적절한 수준의 응집력을 지니므로 기능적이다. 이러한 내용은 〈그림 7-4〉와 같이 나타낼 수 있다.

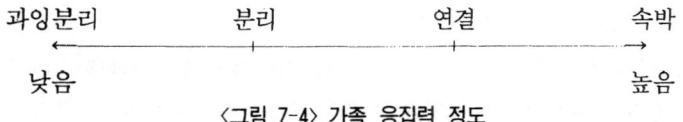

〈그림 7-4〉 가족 응집력 정도

가족주기 진행에 따른 응집력의 변화를 보면(Olson, 1988), 부부 모두 신혼 초에 응집력이 가장 높았는데, 이것은 결혼에 대한 낭만적, 이상적 생각으로 함께이고자 하는 갈망을 고조시키기 때문인 듯하다.

자녀가 독립해 나가고 정체감을 수립하는 시기인 진수기에 응집력 수준이 가장 낮았고, 진수기 이후 다소 높아짐을 보였다. 가족주기의 모든 단계에서 부인이 남편보다 높은 응집력을 보이며, 진수기 가족에서만 부인의 응집력이 다소 낮게 나타났다.

또한 사춘기 자녀는 부모에 비하여 낮은 응집력을 보였는데, 이것은 가족으로부터 독립하고자 하는 사춘기 자녀의 발달과업 수행에 따른 자연스러운 결과로 생각된다.

청소년기 가족과 진수기 가족에서 적응력과 응집력이 낮은 것은, 이 단계 가족의 발달과업에 대하여 중요한 시사점을 제공해 준다고 하겠다.

(3) 순환 모델(circumplex model)

올손과 그의 동료들(1979)은 가족의 응집력과 적응력을 복합시켜 순환 모델을 제안하였는데, 이 모델은 가족분석의 유용한 틀로써 가족진단과 치료계획에 활용되고 있다. 이 모델은 체계이론과 발달이론을 통합한 것으로 가족주기의 각 단계를 통하여 항상 변동이 발생한다는 점이 전제된다.

이 모델은 내용적으로는 의사소통 영역도 포함하나, 응집력과 적응력이 도표에서 사용되는 개념이다. 즉 의사소통은 가족상호간의 응집력과 적응력을 보다 원활하도록 하는 촉진영역으로 보고, 순환모델에 직접 포함시키지는 않은 것이다.

응집력과 적응력 수준을 각각 4차원으로 구분하여 16개의 가족체계 유형을 제시하고, 이것을 보다 일반적으로 균형(balanced) 가족, 중간범위(mid range) 가족, 극단(extreme) 가족 등 3종류로 구분하였다. 이에 대한 내용은 〈그림 7-5〉와 같다.

〈그림 7-5〉에서 가장 안쪽 원은 균형가족으로, 가족 응집력과 적응력이 모두 중간수준에 속하는데, 즉 응집력 수준은 분리와 연결범주에, 적응력 수준

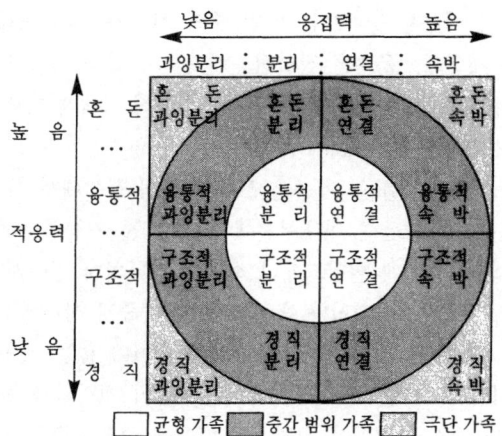

〈그림 7-5〉 순환 모델에 의한 가족체계 유형
출처 : Olson & McCubbin(1982), p. 54.

은 구조적이거나 융통적인 범주에 위치한다. 중간원은 중간범위 가족으로 두 차원중 한 차원은 적정수준이나, 나머지 한 차원은 극단에 위치하는 가족이다.

가장 바깥 부분은 극단가족으로 응집력과 적응력 두 차원 모두 극단에 위치하는 가족이다. 그러나 올손(1988)은 그 이후의 연구에서 정상적인 가족의 경우 극단가족은 극히 소수임을 밝히고 있다.

순환모델로부터 시사받을 수 있는 주요한 내용은, 균형가족이 극단가족에 비하여 보다 긍정적인 의사소통 기술을 지니며, 균형가족은 긍정적 의사소통 기술을 통하여 융통성 있는 응집력과 적응력을 지닌다는 점이다. 따라서 일반적으로 균형가족이 중간범위나 극단가족에 비하여 만족도도 높고 기능적이라는 가설이 여러 실증연구를 통하여 지지되어 왔다.

대체로 응집력이나 적응력 수준이 지나치게 낮거나 높은 극단 가족의 경우, 보다 어려움을 겪으며, 정신 분열증이나 신경증세 등 병리적 증세를 보이는 경우가 많아, 극단 가족이 역기능적임이 밝혀지고 있다. 결국 가족이 성공적으로 기능하는지의 여부를 알아보는 방법 중의 하나가, 순환모델에서 가족의 위치를 파악하는 것인데, 올손은 적절히 기능할 수 있는 위치가 가족의 발달단계에 따라 달라질 수 있다고 제안함으로써, 기능적 가족에 대한 융통성 있는 태도를 보여준다(Lavee & Olson, 1991).

예를 들어, 청소년 자녀를 둔 가족은 모델의 중심 부분에서 가장 잘 기능하며, 노부모는 사분면의 오른쪽 아랫부분에서 가장 잘 기능한다는 것이다. 즉 청소년기는 부모와 지나치게 밀착되거나(속박), 지나치게 멀어져도 안되고(과잉분리), 적응력도 너무 경직되거나 혼돈되지 않은 중간 상태에서 가장 잘 기능한다는 것인데, 이것은 위협적이거나 경직된 규칙이 없는 가족이 청소년에게 필요함을 시사한다. 반면 노부모는 가족원들간의 친밀감과 높은 응집력을 필요로 하나, 보다 경직된 경계를 채택하기 때문에 적응수준은 낮아지며 이러한 상태에서 잘 기능한다는 것이다.

2) 건강가족

앞에서 살펴본 기능 가족에 덧붙여 건강가족에 관하여 고찰해 봄으로써, 현대 가족에 만연하고 있는 제반 가족문제를 미연에 방지함은 물론, 더 나아가 건강가족을 유지, 발전시키기 위한 방향을 제시하고자 한다.

건강가족이 개인의 정서적 안정과 정신건강 그리고 행복감 증진에 중요한 영향을 미친다는 데에는 모두가 견해를 함께 하나, 건강가족에 대한 구체적 연구가 이루어진 것은 최근 10여년 간의 일로 이에 관한 정보는 매우 빈약한 실정이다.

미국에서의 건강가족에 관한 연구는 흔히 강한가족(strong family), 건강가족(healthy family), 기능가족(functional family) 등의 용어로 연구되는데, 오토(Otto, 1962)에 의하여 시작되어 그 이후 큐란(Curran, 1983), 스티네트(Stinnett, 1985)에 의해 꾸준히 연구되고 있으며, 앞에서 제시된 순환모델에서도 건강가족에 대한 내용을 시사받을 수 있다.

여기에서는 스티네트의 연구를 중심으로 건강가족에 관하여 살펴보고자 한다.

스티네트는 건강가족을 '결혼만족도와 부모자녀간의 만족도가 높으며 가족원 상호간의 욕구를 상호 충족시켜주는 가족'으로 개념정의하였는데, 이것은 가족관계와 인간발달적인 측면에 강조점을 두고 있음을 나타내 준다.

스티네트가 660가족을 대상으로 실증연구를 통하여 분석한 건강가족의 특성을 요약하면 다음과 같다.

① 가족원 상호간에 긍정적인 감정을 지니며, 상호 심리적으로 격려하고 지원하는 가족이다. 상대방의 장점을 부각시키며 이에 관심을 보이고 존중하며 인정하는 분위기이다.

② 가족 내외에서 함께 지내는 시간이 많으며, 함께 활동하면서 많은 일을 공유한다. 이들은 의미 없이 우연히 함께 시간을 보내는 것이 아니라, 함께 있음 자체를 즐기며, 많은 생활영역에서 함께 지낼 수 있도록 각자의 생활을 구조화한다. 집 밖에서의 산보, 여행, 관찰, 운동 등에 온 가족이 함께 참여하면서 가족간의 유대감을 보다 공고히 한다.

③ 가족원의 행복과 복지감 증진에 상호 깊은 관심을 가지고 상호 깊이 관여한다. 많은 일을 처리해야 하는 바쁜 사회생활 가운데에서도 가족의 행복을 우선시하고, 보다 적극적으로 가족관계의 질을 향상시키도록 생활을 구조화한다.

④ 바람직스러운 의사소통유형을 발전시킨다. 가족원이 함께 대화를 나누는 시간이 많으며, 상대방의 견해에 존중감과 관심을 보이며, 갈등에 대하여도 개방적으로 토론함으로써, 갈등을 효율적으로 활용하는 법을 터득한다.

⑤ 가족원이 함께 종교의식이나 종교활동에 참여하며, 가족원 모두가 종교단체의 구성원이며 신앙심도 깊다.

이들은 영적인 생활을 공유하며 전지전능한 신의 존재를 인정하고, 이것이 가족생활을 강화시켜 준다고 믿는다. 이것은 종교에서 강조하는 교리나 가치관이 현실의 생활에 적용되었을 때 사랑, 인내, 후원적 관계 등으로 전환되어 인간관계를 보다 강화시킬 수 있기 때문이라 생각된다.

⑥ 위기나 문제에 당면했을 때 보다 긍정적으로 대처할 수 있는 능력이 있

다. 현실생활에서 당면하는 어려움으로 인하여 가족원간에 갈등을 유발하기보다는 온 가족이 결속하여 후원적으로 대처해 나간다.

또한 최근에 이르러 기능적 가족에 대한 관심이 고조되면서 체계이론, 의사소통이론, 학습이론 등에 근거하여 가족의 기능을 포괄적으로 다루고 있는 연구가 시도되고 있다(Byles et al, 1988).

이러한 모델에서 가족의 기능화에 중요한 영역으로 취급하고 있는 내용은, 효율적인 문제해결능력, 명확하고 개방적인 의사소통능력, 가족원의 역할수행능력, 애정이나 감정표현능력, 가족원 상호간의 애정적 지원과 관심, 행위규범과 기준의 유무 등이다.

우리나라에서의 건강가족에 대한 연구는 이제 시작에 불과하며, 따라서 우리나라에 적절한 건강가족 모델의 설정을 위하여는, 가족의 기능화와 관련된 제반 영역과 변동에 대한 적응능력, 대처능력을 포함한 보다 포괄적인 내용이 다루어져야 할 것이다.

결국 가족은 사회변동에 적응하면서 끊임없이 변화하나, 가족의 본질은 비교적 일관성을 유지한다 하겠다. 건강한 가족은 국가의 큰 자원으로 사회안정과 국가발전의 초석이 되며, 건전한 가족생활을 통하여 개인은 삶의 의미를 찾고 잠재력을 발전시켜 나갈 수 있으리라 생각된다.

〈연구문제〉
1. 결혼생활 적응을 돕기 위하여 배우자 선택시 어떠한 점에 유의해야 할 것인지 생각해보자.
2. 순환모델과 관련하여 현재 자신의 가족의 위치를 분석 진단해보자.
3. 우리나라에서의 건강가족 모델에 대하여 논의해보자.

제 8 장
가족의 역할

옥선화

　가족의 역할은 사회의 변화에 영향을 받고 있다. 우리 사회가 농경사회로부터 산업사회로 전환된 이래, 가족내에서 남편과 아내가 담당하는 역할이 성별로 각각 규정되었다. 즉 일반적으로 남편은 직장에서 근무함으로써 소득을 올리는 경제적인 역할을 담당하고, 아내는 가정에서 육아와 가사를 담당하는 것으로 가족의 역할이 성별로 구분되었다.

　한편, 현대 여성해방운동의 영향으로 가정과 사회생활에서의 남녀평등에 대한 인식이 확산되고 있다. 평등주의자들은 평등한 사회를 이루기 위해서는 사회적 활동의 기회가 남녀 모두에게 공평하게 부여되어야 함을 주장하는 동시에, 가정내 역할수행에서도 남녀평등이 실현되어야 함을 강조한다. 그러나 최근의 가정생활변화는 신전통주의적 역할의 정착이라고 할 수 있다. 즉 남편은 일차적 가족부양자이고 아내는 일차적 가사담당자가 된다.

　최근에는 개인이 새로운 가족을 형성하여 부부 또는 부모가 되는 것은 누구나 수행하는 발달과업이라는 인식이 변화하여, 개인이 선택하는 문제로 인식되기 시작하였다. 가족역할에는 부부취업, 역할공유 또는 역할전도 등이 선택가능한 대안으로 제시되고 있다.

1. 가족역할과 성역할 개념

1) 가족내 역할의 분화

전통사회의 생산계층에 속한 가족에서는 성별에 관계없이 모든 세대가 생산활동에 참여해 왔다(한남제, 1983;Burr, Day & Bahr, 1993 : 373). 그러나 현대 사회는 산업사회로 변모하고 있으므로, 변화하는 사회에서 가족이 가지고 있는 역할을 조명해 보고 더 나아가 성역할과 가족내 역할구조를 살펴보도록 한다.

가족을 변화시킨 가장 중요한 근원은 산업사회의 기능적 분화의 증가이다. 가족 이외의 사회적 제도가 증가하면서 경제적, 정치적, 종교적, 교육적, 기타 제도적 기능들이 핵가족이나 친족집단내에 매몰되는 정도는 급격히 낮아지게 되었다. 따라서 과거에 가족이 담당하였던 기능 중에서 대부분의 제도적 기능들은 이제는 핵가족이나 친족집단의 기능이라기보다는 사회적 기능이라고 할 수 있다. 파슨즈(Parsons)는 사회의 분화 과정을 다음과 같이 설명한다.

분화는 단순구조가 기능적으로 다른 구성요소에 따라서 나뉘어지는 과정이라고 할 수 있다. 이러한 구성요소들은 서로가 상대적으로 독립적이 되고, 그 다음에는 분화된 단위의 기능이 상보적인 것은 더욱 복합적 구조로 재결합한다. 모든 산업사회 발달의 핵심적 예는 분화인데…… 친족가계로부터 경제적 생산단위의 분화이다(Adams, 1986 : 238에서 재인용).

파슨즈의 정의에서 핵심단어는 '독립적'이다. 파슨즈의 예는 산업사회에서 경제적, 생산적 역할은 가족으로부터 벗어났다는 것을 나타낸다. 이와 같은 가족역할의 분화에 대한 파슨즈의 개념은 이후의 연구에 많은 영향을 미치게 되었다. 비교문화적 연구를 포함해서 연구결과를 분석해 본 결과, 산업사회의 핵가족내에서 남편은 도구적 역할을 수행하고, 아내는 표현적 역할을 수행하는 것으로 나타났다. 가족내에서의 부부간 역할은 다음 〈그림 8-1〉과 같이 나

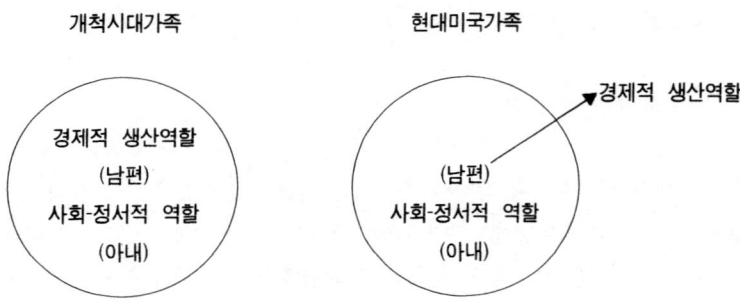

〈그림 8-1〉 미국가족내에서 부부간 역할분담의 변화

(출처 : Adams, The Family, 1986 : 239)

타낼 수 있다.

 이러한 미국 가족내에서의 역할분담의 변화는 우리나라에서도 유사하게 나타나고 있다. 우리나라는 1960년대부터 본격적으로 산업화 과정이 진행되어 1970년을 기점으로 도시인구가 농촌인구보다 많아졌다. 따라서 우리나라 가족의 역할변화도 도시 가족내에서의 역할변화를 중점적으로 검토해 보아야 한다(한남제, 1983).

 최근의 연구결과(최규련, 1990)에 따르면 우리나라 부부는 대체로 성별분업을 지지하는 방향으로 역할을 지각하는 경향이다. 즉 가족부양자역할은 남편의 역할로 지각하고 가사와 자녀양육역할은 부인의 역할로 지각한다. 한편 가족오락, 친척관계, 자녀사회화는 공동의 역할로 지각하고 있으며, 이러한 경향에서 성차는 나타나지 않았다. 한편 남편들이 부부관계에서 동료애의 욕구를 거의 나타내고 있지 않기 때문에, 우애관계를 지향하는 아내의 가치와 상반된다(권희완, 1992).

 이러한 연구결과를 보면 우리의 일상생활에서 부부간의 역할은 분리되어 있으며, 결과적으로 부부간의 역할관계에 대한 기대의 불일치로 인하여 부부간에 역할갈등이 발생할 가능성이 있다.

2) 성역할과 가족역할

　남성 혹은 여성이 어떻게 다르며 무엇이 이러한 차이를 가져오게 하였는가에 대하여 생각해 본 후에, 이러한 성역할 구분이 가족역할에 어떻게 반영되고 있는지에 대하여 알아보도록 한다(Schultz & Rodgers, 1985 : 205-19).
　사람은 태어나면서부터 가족내에서 부모자녀관계를 통하여 성역할 특성에 대하여 기본적인 학습경험을 하게 된다. 성차별적 역할이 보편적이었던 과거에는 남성과 여성은 어릴 때부터 성역할 본보기가 아버지와 어머니로 구분되었었다. 여아는 아주 어릴 때부터 어머니를 여성성의 본보기로 하며, 대개는 어머니와 아주 친밀한 관계를 가지면서 많은 시간을 보낸다. 따라서 여아는 아동기때부터 수동적이며 의존적인 부인의 역할을 아주 자연스럽게 경험하게 된다. 여아는 이러한 역할특성이 어머니가 가지고 있는 아버지의 아내로서의 역할이라고 인식할 뿐만 아니라, 의존적인 가족구성원으로서의 자신의 역할로 인식하게 된다.
　남아는 아주 다른 방법으로 남성화된다. 대개 아버지는 가정에 있는 시간이 별로 없기 때문에, 남아는 대중매체나 또래집단에 의하여 남성성의 이미지에 대한 영향을 받게 된다. 더욱이 여아는 수동적 의존성이라는 "여성성"을 가정에서 언제나 경험하는 반면에 남아는 남성적 정체감을 성취해야 한다. 남아는 어머니에 대한 의존성으로부터 벗어나서 공격적이고 독립적이며 자기주장적인 남성적 특성을 발달시켜서 이를 자신의 역할로 인식하게 된다.
　생후 20개월 정도가 되면 여아나 남아는 자기의 성에 적합한 장난감을 선택할 줄 알게 된다. 또한 성인용 물건들도 성별로 구분할 수 있다. 그리고 5-8세가 되면 아동은 남성성과 여성성 개념을 구분하여 말할 수 있게 된다(Greta Fein et al, 1975 : Schultz & Rodgers, 1985에서 재인용;이영, 조연순, 1991 : 364-5). 이 때부터 남아는 강하고 체격이 크며 더 위험한 것 등 외모와 행동에서 여아와 차이가 나타나게 되며 이러한 초기의 이미지가 성인의 남성성과 여성성의 이미지에서도 일치된다.
　이와 같은 어릴 때부터의 고정관념은 성차별을 자연스러운 것이라고 믿게 한다. 그러나 성차별적 고정관념에 대하여 생물학적인 필연성은 발견할 수 없다. 그뿐만 아니라 양성적인 성역할 특성이 남녀 모두에게 바람직한 것으로 제안되고 있는데, 이는 오늘날의 사회가 효과적으로 기능하기 위해서는 양성적인 사람의 융통성과 적응성이 필요하기 때문이다. 즉 변화하는 환경과 세계에 대한 심리적, 사회적 적응이라는 관점에서 볼 때, 어느 한 성별의 특성에 얽매이는 것보다는 양성의 특성을 모두 소유하는 편이 적응력이 우세하다(윤진, 1985 : 224).

현대인의 적응에 가장 유용하다는 양성성을 기초로 하여 가족내 역할공유를 실현하는 데 가장 중요한 관건은 남성이 유아와 아동의 양육 등 가족생활과 관련된 문제에 여성과 평등한 책임을 인식하는 데 있다. 그러나 성별 역할구분에 의하여 남성들은 큰 이익(즉 기회, 선택범위, 이동성, 성취에 대한 대가, 기술배양, 권위, 특권)을 얻었으므로, 역할공유에 대한 남성들의 저항은 계속될 것이다(권오주 외 4인 역, 1991 : 177-8). 그럼에도 불구하고 현대 사회에서는 평등주의가 확산되고 있으며, 여성의 취업증가에 따라서 가족내 역할분담구조의 일부가 변하고 있다. 성차별적 역할분담보다는 역할공유를 선택하고, 남녀 모두가 양성성을 지향함으로써 어느 한 성(性)에게 역할부담이 과중하게 됨을 피할 수 있다. 이로써 가족내 역할구조는 재편성되며 인간의 삶의 질에 가장 큰 영향을 미치는 가족관계의 질적인 향상을 가져올 수 있다.

2. 역할이론의 발달

역할이란 특정한 지위와 관련된 문화형식의 전부를 지칭하는데, 가족의 역할을 연구하는 데는 구조주의적인 입장이 타당할 것(한남제, 1983)이다. 가족구성원들이 역할을 수행하는 것은 규범구조에 의하여 각 구성원들이 가져야 할 의무와 권리를 이행함으로써 역할이 수행되는 것이기 때문이다. 근대 이후로는 가족의 규범구조가 덜 경직되어 가는 경향이 뚜렷하며 가족의 역할 또한 재조정되어 가고 있다. 이러한 역할변화에 접근하기 위한 기초 단계로 역할이론과 역할개념을 파악해 보기로 한다.

1) 역할이론의 배경과 역할개념

(1) 역할이론의 배경

역할이란 용어는 극장에서 배우들에게 배역을 하면서 사용하던 것이다. 역할개념은 린튼(Linton)이 "지위와 역할"이란 용어를 사용함으로써 사회적 관계연구에 광범위하게 사용되어져 왔으며, 모레노(Moreno)는 심리요법과 역할훈련의 도구로써 역할을 사용했고, 카메론(Cameron)은 사회구성원인 인간은 사회 속에서 효과적으로 그들 동료와 협동하고 호혜적이 되기 위해서는 다양한 역할을 발전시켜야 한다고 말함으로써 모든 개체는 다양한 역할을 수행해야 함을 시사했다(최외선, 1983).

사아빈(Sarbin, 1968 : 492-5)은 역할수행자가 역할에 몰입하는 정도에 따라서 역할몰입수준을 8개의 차원으로 구분하였다. 역할몰입수준이 가장 낮은 경우에는 역할과 자아가 구분되며 무관여 수준이다. 한편 역할몰입 수준이 가장 높은 경우에는 역할과 자아가 구분되지 않으며 최대한으로 몰입된다. 이를 몰입정도별로 나누어 보면 다음 〈그림 8-2〉와 같다.

0단계 : 무관여. 가장 낮은 수준으로 관여하는 정도이며, 특정한 행동을 하도록 기대되지 않는다.
1단계 : 우연적 역할 수행. 최소한의 노력과 최소한의 감정으로 최소한 관여하는 수준의 역할이다.
2단계 : 관례적 활동. 배당된 역할이 기술된 정도로만 관여하는 수준이다. 이러한 활동유형은 기계적 행동이라고 언급된다.
3단계 : 몰두된 활동. 흔히 열정적 행동이라고 불리우며, 이 수준정도의 관여는 역할을 취득했다고 보여진다.
4단계 : 전형적 최면상태의 역할취득. 상대적으로 볼 때, 높은 정도로 관여하는 것이다. 최면상태의 전형적인 행동은 근육경직, 충동적 최면

후의 행동, 감각적, 운동적 변화 등을 포함한다. 현대 최면이론에서는 이와같은 변화를 역할요구와 관여의 부수적 효과라고 간주한다.

5단계 : 연극적 신경증. 이 단계에는 앞의 두 단계의 특성이 포함되며, 자기제한이 덜 되며 전형적인 최면적 역할수행이 보다 더 연장된다.

6단계 : 무아의 경지. 이 단계의 관여는 자발적 활동의 부유상태이다. 이러한 강도의 역할수행은 일상적 거래에서는 볼 수 없다. 이러한 모든 활동은 제도적 의례나 피로, 신체적 소진상태 등을 통해서 종료된다.

7단계 : 마법의 대상. 관여차원의 최고단계로 무아의 경지이상으로 경험이 확대된다.

```
0. 무관여
    1. 우연적 역할수행
        2. 관례적 활동
            3. 몰두된 활동
                4. 전형적 최면상태의 역할취득
                    5. 연극적 신경증
                        6. 무아의 경지
                            7. 마법의 대상
```

역할과 자아 구분됨　　　　　　　　역할과 자아가 구분안됨
몰입안됨　　　　　　　　　　　　　최대 몰입
노력없음　　　　　　　　　　　　　최대 노력

〈그림 8-2〉 역할몰입의 8 차원

(출처 : Sarbin, Role Theory, 1968 : 493)

(2) 역할개념

역할이란 사전적 정의로는 제가 하여야 할 제 앞의 일이라고 하며, 특정한 사회에서 개인의 지위에 따라서 결정되는 사회적으로 기대되는 행동유형이다(옥선화, 1980). 윈치(Winch)는 가족의 역할은 역할수행과 역할유지를 뜻하며, 역할기대는 역할수행에 대한 평가기준이라고 하였다(최재석, 1969 : 241에서 재인용).

대부분의 학자들은 기대되는 행동이나 개념으로서의 역할과 수행으로서의 역할행동을 구분하지만 일부학자들은 두 개념을 동일시하기도 한다. 그러므로 역할에 기대와 행동개념을 모두 포함해야 할지에 대해서 의견이 일치되고 있지 않으나, 궁극적으로 볼 때 역할이란 자신에 대한 상대방의 기대를 지각하여 사회적으로 수용되는 방법으로 맡은 바를 수행하는 것이라고 정의할 수 있다.

2) 여권주의론

(1) 여성해방운동

세계 제2차 대전 이후에 여성의 지위와 발전에 관한 유엔의 위원회에 루즈벨트 여사가 참여함으로써, 여성은 사회적 기회를 상실하고, 삶에서 복종이라는 멍에를 가지고 있다는 점에 대하여 일반인들의 인식이 증가되었다. 그리고 1960년대에 미국에서 여성에 관련된 다양한 보고서가 등장하고, 국립여성조직(The National Organization for Women)이 결성됨으로써 현대여성운동은 조직적 기반을 가지게 되었다. 그 이후 여성운동은 더욱 발달하고 다양해졌으며 지금은 여권신장론, 급진적 여권주의, 사회주의 여권신장론, 흑인여성운동 등 네 가지의 주요 입장을 가지고 있다(Adams, 1986 : 241-3). 이러한 입장들 중에서 우리 사회에 보편적으로 적용시킬 수 있는 여권신장론과 급진적 여권주의에 대하여 생각해 보도록 한다.

여권신장론은 미국의 국립여성조직에 의해서 표현된 여성해방론자·인본주의자 입장이다. 미국국립여성조직의 주요한 관심사는 여성이 취업에서 평등한 기회를 갖는 문제이다. "누가 누구에게 압박을 당하는가?"라는 물음에 대한 답은 "성별분리라는 성역할 체계에 의해서 여성과 마찬가지로 남성도 압박을 당한다."는 것이다. 이러한 관점에서 바로 1970년대에 남성해방에 대한 관심이 일어나게 되었다.

급진적 여권주의는 "누가 누구에게 압박받는가?"라는 물음에 매우 직선적으로 "여성이 남성에 의해서"라고 대답한다. 남성은 여성의 가정노예화 및 여성의 무보수노동으로부터 이익을 얻는다고 하며, 해방투쟁에 대한 반대는 반대의 성, 즉 남성으로부터 나온다고 본다. 이들은 여성을 남성에게 복종하도록 구속하는 사슬이 가사역할이든 육아든 성이든 그 어느 것이든지 간에 여성에게 구속이 되는 사슬은 끊어야 한다고 주장한다.

여권신장론은 인본주의에 입각한 것으로 가장 오래되고 지지기반도 넓다. 반면에 급진적 여권주의는 그다지 지지를 받지 못하고 있으며, 사회주의 여권신장론도 전반적인 사회주의의 퇴조 속에서 설 땅을 잃어 가고 있다.

(2) 남성해방

여성해방운동의 주류인 여권신장론의 한 분파로서 남성해방운동이 있다 (Adams, 1986 : 243). 남성들은 남성의 능력이 여성에 의하여 대체됨을 깨닫고, 오직 특정한 인성 잠재력만이 남성에게 수용되고 있음을 인식하고 있다. 이러한 입장에서 보면 우리 모두는 현재의 체제 안에서 억압을 받고 있는 것이다. 이와 같은 입장이 예전에는 표현되지 않았던 것이 아니라, 조직적인 표현으로 받아들여지지 않았던 것이다. 왜 남성들은 독립적이고 경쟁적이며, 비감정적이고, 공격적이어야만 하는가? 성별과는 관계없이 모두에게 유용한 인성특성을 발전시킬 수 있도록 하는 것이 더 낫지 않겠는가?

그러나 남성다움의 경직성과 편협함 때문에 남성의 의식을 향상시키는 것은 매우 제약적이다. 중산층의 남성은 대체로 남성지배로부터 이익을 보았으며, 의식향상에는 자기노출이 필요한데 자기노출이라는 것은 남성에게 쉬운 일이 아니고, 직업생활에 쫓기고 있기 때문에 의식향상에 소비할 시간과 에너지가 부족하고, 대중매체는 아직도 남성우월주의적 남성성을 강조하고 있다. **따라서 평등주의에 입각한 남성해방의 실현에는 많은 장애가 있다.**

3) 신전통주의적 역할과 역할갈등

(1) 신전통주의적 역할의 출현

사회의 변화에 대하여 대부분의 사람들은 동의하고 있고 우리의 **일상생활에서 사용하는 물자의 변화는 엄청나게 크다고 볼 수 있지만,** 과연 우리의 가족생활에 나타난 변화는 어느 정도라고 말할 수 있겠는가. 20세기에 들어선 이래 인간평등주의에 입각하여 결혼생활에서 부부간의 평등이 주장되고 있다. 최근에 점차적으로는 결혼이 평등주의적으로 되어 가고 있지만 완전한 평등으로부터는 거리가 멀다고 할 수 있다.

실제로 우리 사회에서 일어난 변화란 공개적으로 인식되고 수용된 성차별로부터 홀터(Holter)가 명명한 준평등주의라고 불리는 은밀한 성차별로의 변화이다. 물론 준평등주의도 몇 가지 기능을 하고 있다. 첫째, 여성이 현대사회에서 낮은 지위에 있는 기관을 지배(예: 초등학교 교육)한다. 둘째, 여성이 가정에서 더 많은 영향력을 행사하는데 그것은 특히 가정이 곤란에 처해 있을 때이다. 셋째, 최근에 일어난 가족역할의 변화라는 것은, 역할공유가 아니라 폴로마와 가아랜드(Poloma & Garland)가 명명한 신전통주의적 역할로 변화한 것이다. 신전통주의적 역할이란 부부가 서로 원하여 각각의 직업을 가지게 된 경우에도 남편의 직업이 우선적이며, 아내는 가계소득을 보충하기 위해서 또는 주부와 취업이라는 두 가지 직업을 가질 능력이 있는 경우에만 직업을 가질 수 있다는 것이다(Adams, 1986 : 243-5).

따라서 우리는 성별로 분화된 성인역할을 기대하는 가운데 남녀의 성취정도가 나뉘어지기 시작함을 보아왔다. 비록 점점 더 많은 여성들이 직업과 결혼을 결합시킬지라도 이 증거들에 따르면 여성에게는 가족역할이 직업역할보다 더

우선할 것으로 기대된다. 따라서 여성보다 남성이 직업세계에서 그들의 지적 잠재력에 보다 많이 도달할 수 있게 되는 것이다(이미숙, 1986).

   (2) 역할변화와 역할갈등

   남성과 여성이 평등주의적 역할에 대한 태도에 불일치를 나타내고 있다는 사실과, 대부분의 남성은 말로만 평등주의를 받아들이고 집주변에서 보충적 역할만을 할 경우에는 본질적으로 갈등이 발생할 것이라고 예측할 수 있다. 여러 학자들의 연구결과(Adams, 1986 : 245)에 의하면 부부간에 역할에 대한 태도가 일치하지 않을 경우에는 갈등이 발생하는데, 특히 남편은 전통적이고 아내는 평등주의적이어서 역할불일치가 발생할 때 부부관계가 불만족스러우며, 갈등상황에 처하게 된다.
   그런데 부부간에 역할기대가 일치되기는 매우 어려우며 서로가 원하는 방향으로 역할행동을 한다는 것도 쉽지 않다. 자신과 배우자의 역할수행 적합성과 상대방의 기대에 대한 순응은 가족역할수행으로부터 발생하는 만족도에 가장 강력한 예측치가 된다.
   사실 부인이 가사책임 이외에 다른 역할(예를 들면 취업한 경우)을 가지고 있을 때는 남편의 동의는 아주 중요한 것이 된다. 부인이 취업한 경우에는 비취업부인보다 역할수행에 약간의 변화가 오기는 하나 아직도 취업부인은 가정과 직장에서의 이중역할로 인한 역할갈등을 갖고 있다(유영주, 1984).
   전통적 역할 이데올로기에 의존하면서 여성해방과 비전통적 역할행동에 대한 변화를 수용하게 되는 경우에 부부간에 역할일치가 이루어지기 매우 어렵다. 이런 경우에 표면적으로 역할긴장이 발생하거나 내면적인 부부간의 갈등이 발생하게 된다. 개인이 일상생활에서 역할을 선택할 가능성이 증가함에 따라, 결혼에 의하여 의사소통, 적응, 친밀감의 향상이 이루어질 수도 있고 결혼생활이 갈등이나 해체로 치닫게 되기도 한다.

3. 가족역할의 선택

가족구성원의 역할은 각자가 가족내에서 차지하는 지위에 따라서 해야하는 일이 배당되는 것이며, 가족생활을 원만하게 유지하기 위해서는 배당된 일 즉 역할을 적절하게 수행하여야 한다. 서구사회의 생활유형을 중심으로 보면, 사람이 성장하면 누구나 결혼을 하고 자녀를 출산하여 부모가 된다는 과거의 인식은 이제 변화의 시대를 맞이 한 것으로 보인다. 개인은 결혼을 선택할 수도 있고 독신생활을 선택할 수도 있다. 또한 결혼을 선택할 경우에도 부모됨을 선택할 수도 있고 무자녀 부부생활을 선택할 수도 있다. 그러나 지금도 대부분의 사람들은 결혼을 하며 자녀를 출산하여 부모가 된다. 따라서 여기에서는 부부의 역할과 부모의 역할에 대하여 생각해 보기로 한다.

1) 부부역할

결혼은 성인 남녀 두 사람이 협동생활을 약속하는 것이다. 따라서 이들은 서로가 수행하여야 할 역할에 대하여 의논하고 상호간의 역할기대를 수용하여 부부로서 각자의 역할을 충분히 인식하여야 한다.

이와 같이 부부간의 상호행위는 상대의 기대를 고려하면서 자기의 행동을 조정해 나가는 역할취득 과정(유영주, 1985 : 201)이므로 부부는 서로에 대한 이해와 신뢰를 기초로 관계를 발전시켜 나아가야 한다. 성역할태도라든가 가족역할에 대한 태도가 부부간에 서로 일치하지 않는다면 부부의 결혼에 대한 평가가 부정적이 되므로(McHale & Crouter, 1992), 부부는 서로의 배우자의 기대를 파악하여 결혼관계의 질을 높이는 것이 바람직하다.

(1) 아내역할

여성의 지위가 법률, 정치, 경제적 측면에서 다양하게 변화함에 따라서 여성의 역할선택의 폭이 넓어졌다. 예전에는 여성은 성인이 되면 당연히 결혼하여 아내이자 어머니라는 역할을 갖는 것이라고 생각되었다. 물론 현재도 대부분의 여성이 결혼을 하고, 사회적으로 여성의 가정내 역할이 강조되고 있으며, 여성은 결혼을 잘 하는 것이 지위를 높이는 길이라는 인식이 팽배하고 있기는 하다. 여성의 집단교육, 경제적 독립의 가능성과 주부역할에 대한 경시 등의 상호영향은 여성은 주부의 역할을 수행하여야 한다는 지속적인 기대와 결합되어, 여성의 역할선택에 복잡성을 증가시키고 있다.

현대 여성에 관련된 문헌들을 보면 여성은 취업과 가정주부의 역할 중에서 양자택일을 하는 것으로 주장되고 있다. 주부가 되는 것과 주부이면서 직업을 갖는 것 중에서 선택을 가정하는 경우에는 앞에서 언급한 전통적·신전통주의적 논의에 의한 한계에 부딪치게 된다(Adams, 1986 : 249-50).

미국 인기 만화의 주인공인 블론디의 아내로서의 역할묘사에 대한 연구결과 (Buckland, Garrison & Witt, 1992 : 22)를 보면, 블론디는 50년전 과거의 아주 가정적이고 여성적인 아내의 모습으로부터 변화하여 현재는 성숙하고 세련되며, 시간제 취업을 한 여성으로 그려지고 있다. 이는 아내의 역할에 대한 현대인의 의식변화를 나타낸다고 볼 수 있다.

우리나라의 주부들은 역할 중요도를 평가함에 있어서 아내의 역할을 어머니의 역할보다는 중요도가 낮은 것으로 지각하고 있어서(유영주, 1984 : 115-6), 가족관계의 중심이 부부관계보다는 부모자녀관계에 있는 것으로 보인다. 한편 남편들은 아내보다 배우자의 역할수행에 대해 더 높이 평가하고 있으며, 취업 부인의 역할 갈등이 비교적 높은 편이다(최규련, 1990 : 198).

(2) 남편역할

일반적으로 남성들은 사회적으로 몇 가지 문제들을 해결하도록 요구된다. 남성은 자연의 정복자로서의 전통적인 이미지와 현대 대부분의 직장인의 모습인 앉아서 일하는 역할간의 조정을 해야 한다. 그리고 가정 안에서의 경제적 역할을 제거하고, 가족 밖의 세상에서 시간과 에너지를 어떻게 투자할 것인지, 가족을 어떻게 부양해야 할 것인지를 결정해야만 한다. 그뿐만 아니라 새로운 민주적 가족 이데올로기를 자녀에 대한 권위와 같은 부권적 남성의 이미지와 조화시켜야만 한다.

가족내에서 남편의 역할수행은 부인이 취업한 경우에 부인의 요구에 의한 소극적인 것이거나 부인의 이중노동의 부담을 덜어 주기 위한 도움 정도로 부인과 역할을 공유하는 수준은 아니다(최규련, 1990 : 196-7).

이와 같이 가정 안에서 남편의 역할수행 정도가 미약한 수준에 머무르고 있으나, 1960년대 연구부터 최근에 이르기까지 집수리라든가 자녀의 학습지도 등에는 남편이 꾸준히 참여하고 있다(옥선화, 1984; 최규련, 1990).

한편 최근의 연구결과(Barnett, Marshall & PLeck, 1992)에 의하면 중산층 남성의 경우에 직업역할과 가족역할의 질이, 남성의 심리적 건강에 긍정적으로 영향을 미친다고 한다. 즉 남성의 직업역할과 더불어 가족역할의 질이 높을수록 심리적으로 건강하며 스트레스를 덜 받는다. 이와 같이 가족역할이 개인의 삶의 질에 직접적으로 영향을 미치게 되므로, 개별가족은 가족역할이 만족스러운 수준에 이를 수 있도록 가족의 특성에 적합한 가족역할구조를 이루어야 할 것이다.

2) 부모역할

가족을 하나의 체계(Aldous, 1978 : 24)로 본다면, 자녀의 출생으로 가족체계에는 여러 가지 변화가 일어나게 된다. 부부 하위체계만으로 이루어졌던 가족체계에 부모자녀 하위체계가 추가되며 이는 가족구조의 재조직을 의미하는 것이다. 즉 부부는 남편 또는 아내로서의 역할만 수행하다가 아버지 또는 어머니로서의 역할도 수행해야 한다. 이와 같은 역할의 추가로 부부간의 적응에 초점을 두었던 부부는 부모로서의 발달과업을 수행해야 하나, 대부분의 경우 부모역할을 수행하기 위한 준비는 거의 이루어지지 않은 상태에서 부모가 된다.

따라서 부모기로의 전환에 대한 초기의 연구들은 그 변화가 대부분의 부모에게 심각할 정도의 위기로 인식되어 있었다. 한편 부모기로의 전환이 일어나는 시기뿐만이 아니라 중년기에도 부모로서의 역할수행에 갈등을 느낀다(유희정, 1992)고 한다.

그러나 1970년대 이후의 연구들은 부모됨을 위기가 아닌 정상적인 사건으로의 전환으로 보고, 자녀를 갖게 됨으로써 얻게 되는 만족감과 긍정적인 결과에도 관심을 보이고 있다(이숙현, 1990).

전통가족에서는 부모의 역할을 엄부자모(嚴父慈母)라 하였으나 현대가족에서의 부모의 역할은 어떻게 표현될 것인가. 부모는 아동의 신체적, 정서적, 지적 욕구를 충족시켜 줄 책임을 지며, 자녀가 성장함에 따라 보호자로서, 동일시 대상으로서, 그리고 상담자이며 때로는 친구로서 자녀와 함께 성장하면서 자녀가 당면하는 문제에 따라 다양하게 대처하는 여러 가지 역할을 감당해야 한다(유안진, 1987 : 329-40). 이러한 역할을 잘 수행하려면, 가족생활주기의 각 단계마다 부모역할에 대한 검토와 원만한 역할수행에 도움을 줄 수 있는 가족지원체계가 필요하다.

(1) 어머니역할

어머니는 자녀출산 후에는 육아를 전적으로 담당하는 경우가 보편적이다. 결국 첫자녀 출산후에 성역할이 더욱 분화되면서 전통적이 된다(Cowan, 1985 : 박숙자, 1992에서 재인용)고 할 수 있다.

우리나라 주부들이 경험하고 있는 생활문제 중에서 가장 곤란함을 느끼는 문제는 자녀와 관련되는 문제(옥선화, 이기춘, 이기영, 이순형, 공인숙, 1991)이므로 결국 주부들에게는 어머니역할 수행상의 어려움이 가장 크다고 볼 수 있다. 그런데 주부의 역할 중에서 가장 중요한 역할 역시 어머니역할로 드러나고 있으므로(유영주, 1984), 우리나라 주부들은 어머니의 역할에 가장 중점을 두고 있으면서 그로 인한 문제로 어려움을 겪고 있다.

역할수행과 관련되는 연구로는 특히 주부의 취업여부에 따른 역할갈등의 차이에 대하여 많은 연구결과(최규련, 1990)가 제시되고 있다. 대체로 전업주부보다 취업부인의 역할갈등이 높은 편이며, 특히 자녀양육역할에 갈등을 많이 느끼고 있는 것으로 보고되고 있으므로 특히 주부가 취업한 경우에는 어머니역할 갈등이 높다고 하겠다.

(2) 아버지역할

전통적으로 아버지의 역할은 자녀를 훈육하는 엄격한 교육자로서의 역할이었다. 아버지가 가족내에서 경제적 기능을 수행하면서 가족의 부양자역할을 하던 농경사회에서는 아버지의 책임은 명백한 것이었다. 그러나 현대사회에서는 아버지의 역할에 대한 규정이 명료하지 않다. 현대의 아버지는 전통적인 권위형이거나 자녀의 놀이상대형, 또는 산타클로즈와 같은 유형(Adams, 1986 : 248) 등으로 나누어 볼 수 있는데, 대부분의 경우에는 이러한 유형들이 결합되어 있다.

최근연구(박성연, 1990 : 100-4)에서는 자녀의 발달에 아버지의 역할이 매우 중요함이 보고되고 있다. 아버지의 가족내 역할은 양성적 특성을 가지며 어머니와 역할을 공유할 때 보다 더 기능적이다.

3) 새로운 가족역할의 선택

(1) 부부취업

최근들어 기혼여성의 취업률이 급격히 상승하면서 부부가 모두 취업한 가족에 대한 관심이 고조되고 있다. 여성의 취업은 20세기 산업사회의 특성이 된다. 산업사회에서 여성들은 노동시장에 진입하여 직업과 승진을 독립적으로 얻을 수 있는 권리를 획득하였다. 여성취업 초기에는 미혼여성이 여성노동자들의 대부분을 차지하였지만 지금은 기혼여성이 차지하는 비율이 더 높다. 취업여성들은 대부분 가족의 생활수준을 향상시키기 위해서 일을 하지만, 일이 창조적이며 자아성취를 표현하는 수단이 되기도 한다.

과거에는 주부가 취업을 하는 경우에는 결혼적응이 원만하지 못하다고 가정되었다. 이러한 견해가 옳다고 하더라도, 여성이 취업했기 때문에 결혼부적응이 초래되었는지 또는 여성이 결혼에 적응을 잘못했기 때문에 취업을 하게 된 것인지는 분명하지 않다. 그러나 이런 문제를 취업여부만 가지고 논란할 수는 없으며, 취업부인과 비취업부인의 결혼적응은 역할합의, 취업동기, 사회계층 등의 변수와 관련지어서 생각해 보아야 한다(Adams. 1986 : 251-2). 부인의 취업과 결혼적응에 대해서는 앞의 제 7 장에서 자세히 다루었으므로 이 장에서는 역할합의가 결혼생활에 미치는 영향에 대해서만 살펴보고자 한다.

여성이 결혼한 후에도 직장생활을 계속하는 문제에 대해서 연구된 결과를 보면, 여성에 대하여 전통적이거나 신전통주의적인 역할수행을 기대하는 경우가 평등주의나 역할공유보다 더 많은 편이다. 1970년대에 코마로프스키(Komarovsky, 1973 : Adams, 1986 : 252에서 재인용)가 대학생을 상대로 연구한 결과를 보면, 남자대학생 중에서 가정주부의 역할만을 택하는 여성과 결혼하기를 희망하는 경우가 24%였고, 결혼 후에도 아내가 취업하는 것에 동의하는 경우는 16%이나 이 경우에는 어느 여성도 충족시킬 수 없는 조건을 내세우고 있으므로 결국은 취업을 근본적으로는 찬성하지 않음을 알 수 있다. 신전통주의적인 반응을 나타내는 경우는 48%로 이들은 출산시에는 직장을 잠시 쉬었다가 재취업하는데 동의하는 경우이다. 오직 7%만이 장래의 아내가 직업생활을 촉진시킬 수 있도록 자신의 역할을 기꺼이 수정하겠다고 응답하였다. 이 응답자들은 주부역할과 아내의 취업에 대하여 가정주부역할은 경시하고, 아내의 직업역할에는 위협감을 느끼는 등 굉장한 양면성을 나타내고 있다. 이러한 양면성은 아내의 역할갈등을 악화시키는 것이다. 한편 1980년대의 한 연구결과(Spitze & Waite, 1981)를 보면 결혼 초기에는 남편은 아내의 선호에 자신을 일치시키려고 태도를 수정하는 반면에 아내는 남편의 희망에 따르려는 경향을 보여서, 부부가 합의에 도달하려는 시도를 한다. 이때 부부간의 입장이 서로 일치하는 경우에 보다 만족스러운 부부관계를 예측할 수 있다.

한편 부부가 모두 취업한 가족에서는 자녀양육 및 보호의 문제가 대두된다. 어머니의 보호가 절대적으로 필요한 6세 이하의 자녀가 있는 경우에는 자녀양육 대리자가 반드시 필요하다. 과거에는 자녀양육 대리자로 조모나 외조모 등

친족의 지원이 보편적(이연숙 외 3인, 1991)이었으나 최근 들어 탁아소나 유아원 등의 전문시설이용을 원하는 방향으로 바뀌고 있다. 특히 저소득층의 경우에는 직장탁아를 원하고 있으며, 상당수의 저소득층 대상의 직장에서는 직장탁아를 채택한 이후에 기혼 여직원의 작업능률이 향상되었다고 한다.

이와 같이 부부취업이라는 새로운 가족역할의 선택은 취업을 한 주부 개인뿐만이 아니라 남편과 자녀의 가족역할에도 많은 변화를 초래하는 것이다. 취업의 동기는 자발적 선택에 의한 경우도 있고 경제적 필요에 의한 경우도 있는데, 어떤 동기에서 취업하였든지 간에 부부가 취업한 가족은 가족역할 구성에 변화가 발생됨을 인식하고 가족구성원 각자가 변화에 적극적으로 대처할 준비를 할 필요가 있다.

(2) 역할공유와 역할전도

인간평등의 시각에서 본다면 남성 혹은 여성이 특정한 역할을 의무적으로 수행해야 한다는 것은 남녀 모두에게 구속이 된다. 부부가 처한 형편에 따라서 보다 바람직한 방향으로 역할을 공유하거나 전도하는 것이 새로운 가족역할을 선택하는 것이 된다.

부부가 역할을 공유하면 할수록 부부관계의 질은 높다. 부부가 역할을 공유한다는 것은 배우자가 서로 경제적 부양 및 가사, 그리고 의사결정에서 동등함을 의미한다(Adams, 1986 : 258). 대부분의 경우에 여성들이 역할공유를 선호하는데 역할공유를 이루기 위하여, 특별한 노력을 기울여야 한다. 여성이 전통적으로 남성들이 담당하던 일들을 배우고, 전통적으로 여성의 일이었던 일 중에서 일부를 포기하는 일은 쉽지 않다. 더구나 여성들은 가사에 대한 표준이 높기 때문에 남성들이 해 놓은 가사의 수준을 참아내기가 어렵다. 그러나 부부가 역할을 공유하는 평등주의적 역할수행을 선호하고 이러한 역할수행유형을 유지하려면 소위 효율성에 기초한 남녀역할 분리라는 역할분담의 유형으로 다시 돌아 가지 않도록 남녀 모두 역할수행능력을 향상시키도록 해야 할 것이다.

한편 여성의 역할을 논할 때 취업 선택은 여러 각도에서 검토되었으나 남성의 역할을 논의할 때는 이런 문제는 제기되지도 않는다. 왜냐하면 남성들의 경우에는 당연히 직업을 갖는 것이라고 인식되어 왔기 때문이다. 여성해방운동에서 조차도 전통적인 역할을 전도하도록 요구하지 않는다. 다만 역할에 양극이 있다면 서로 중간지점에서 만나도록 하자는 것이다. 그러나 진실한 의미의 선택의 자유란 역할전도가 포함되는 선택이어야 한다.

〈연구문제〉
1. 가족내 역할의 성별분리에 대한 역사적 배경에 대하여 논의하고, 현대산업사회의 가족역할분담 모형을 구상하여 보시오.
2. 우리나라와 미국의 문화적 배경을 고려하면서 부모역할이 선택의 문제라는 관점에 대하여 논하시오.
3. 취업부인의 역할과중문제의 해결방안을 개인적 측면과 사회적 측면으로 구분하여 구체적으로 제시하여 보시오.

제 9 장
가족의 권력

박미령

　가족은 가족원 간의 친밀한 관계에 기초한 1차적 집단이지만 다른 사회집단에서와 마찬가지로 가족내에도 권력의 역학이 존재한다.

　따라서 우리가 가장 자연스럽게 받아들이는 가족원간의 인간관계도 자세히 들여다보면 가족내 권력관계의 영향아래 놓여 있음을 발견하게 된다.

　본 장에서는 갈등관리와 협상 등을 포함하는 권력의 한 장(場)으로써의 가족을 이해하기 위해 가족권력의 여러 측면을 다루어보고자 한다.

　먼저, 가족권력의 개념 및 접근방법에서는 가족권력을 보는 다양한 관점을 통하여 가족권력에 대한 폭넓은 이해를 돕고자 한다.

　다음으로 가족권력을 권력 기반, 권력 과정, 권력 결과의 세 영역으로 나누어보고 최근의 연구경향이 권력 과정을 중요시하는 것을 반영하여 권력 과정을 보다 상세히 살펴본다. 그리고 가족내 권력을 부부 권력, 부모-자녀 권력, 기타 가족원 권력으로 나누어 각 권력관계의 특징 및 관련연구결과들을 제시한다.

1. 가족권력의 개념 및 접근방법

1) 가족권력의 개념

가족권력은 광범위한 사회적 권력의 하위 부분으로 볼 수 있으며, 그 경우 가족권력에는 부부권력, 부모권력, 자녀권력, 형제권력, 친족권력 등이 포함될 수 있다.

넓은 의미에서 권력은 사회관계 속에서 타인의 저항이 있는 경우에까지도 자신의 의지를 관철할 수 있는 개인의 능력으로 정의되어 왔다.

가족권력의 개념정의를 구체적으로 살펴보면 다음과 같다.

블러드와 울프(Blood & Wolfe, 1960 : 11)는 권력은 상대방의 행동에 영향을 줄 수 있는 잠재 능력으로 정의될 수 있으며 권력은 가족생활에 영향을 미치는 의사결정능력에서 나타난다고 주장하였다.

스트라우스(Straus)는 권력을 가족내 다른 구성원의 행동을 통제, 제안, 발의, 변화 혹은 수정할 수 있는 행동들로 정의했다(Burr, Ahern & Knowles, 1977 : 50).

올슨과 크롬웰(Olson & Cromwell)은 권력은 몇몇의 서로 상이하나 서로 관련되어 있는 개념과 영역으로 구성된 포괄적 구조물이라고 주장하면서 권력을 다음과 같이 정의하였다. 즉, 체계적 속성으로서의 권력은 사회조직내에 있는 다른 성원의 행동을 변화시킬 수 있는 한 개인의 잠재적 혹은 실제적 능력이며 가족체계의 속성으로서의 가족권력은 다른 가족구성원의 행동을 변화시킬 수 있는 개개성원의 잠재적, 혹은 실제적 능력이라는 것이다(Olson & Cromwell, 1975 : 5).

한편, 최근들어 권력의 다영역적 특성을 강조하는 경향이 있는데 크롬웰과 올슨은 권력을 권력 기반, 권력 과정, 권력 결과의 세 영역으로 구분하여 설명하였다.

권력 기반은 권력의 원천을 말하는 것이며, 기본적으로 자원과 같은 의미를 나타낸다. 권력의 원천이 되는 자원에는 경제적 자원뿐 아니라 규범적 자원

등의 비경제적인 자원도 포함된다. 따라서 규범적 자원, 감정적 자원, 개인적 자원, 인지적 자원 등이 비경제적 자원에 포함된다.

이들 비경제적 자원을 구체적으로 설명하면 다음과 같다.

 (1) 규범적 자원 : 누가 권위를 가지고 있느냐에 대한 문화적 및 하위문화적 정의.

 (2) 감정적 자원 : 참여의 수준 혹은 다른 사람의 위임과 의존정도

 (3) 개인적 자원 : 개성, 신체적 매력, 역할 능력.

 (4) 인지적 자원 : 권력의 인지가 개인과 타인에게 가지는 영향력.

권력 과정은 개인이 협상이나 의사결정 과정에서 통제력을 가지기 위해서 사용하는 상호작용기술을 말한다.

여기에는 통제시도, 주장, 협상, 설득, 영향, 최종적인 의사결정을 수정 혹은 유지하게 하는 직접, 간접적인 행동들이 포함된다.

마지막으로 권력 결과는 누가 최종적인 의사결정을 하는가에 초점이 맞추어진다. 따라서 권력 결과는 다음과 같은 것들을 살펴봄으로써 보다 구체적으로 알 수 있다.

 (1) 어떤 의사결정이 선택될 수 있는지를 결정하는데 중요한 역할을 하는 가족상황에 대한 정의를 누가 내리는가.

 (2) 어떤 의사결정은 적합하며 어떤 것은 적합하지 않은지에 대한 결정을 누가 하는가.

 (3) 권위가 위임되는 경우 최종적인 의사결정을 할 사람을 누가 지정하는가(McDonald, 1980 : 113-114).

다음 〈그림 9-1〉은 가족권력의 개념에 대해 앞서 다룬 내용들을 예시한 것이다.

권력에 대한 정의가 다양하게 이루어져 왔음에도 불구하고 다음과 같은 공통점을 찾을 수 있다.

 (1) 권력은 그것이 다른 사람의 행동을 변화시키는 것으로 표현되었든, 혹은 의도된 효과를 창출해낸 것으로 표현되었든, 원하는 목표나 결과를 성취하는 능력이다.

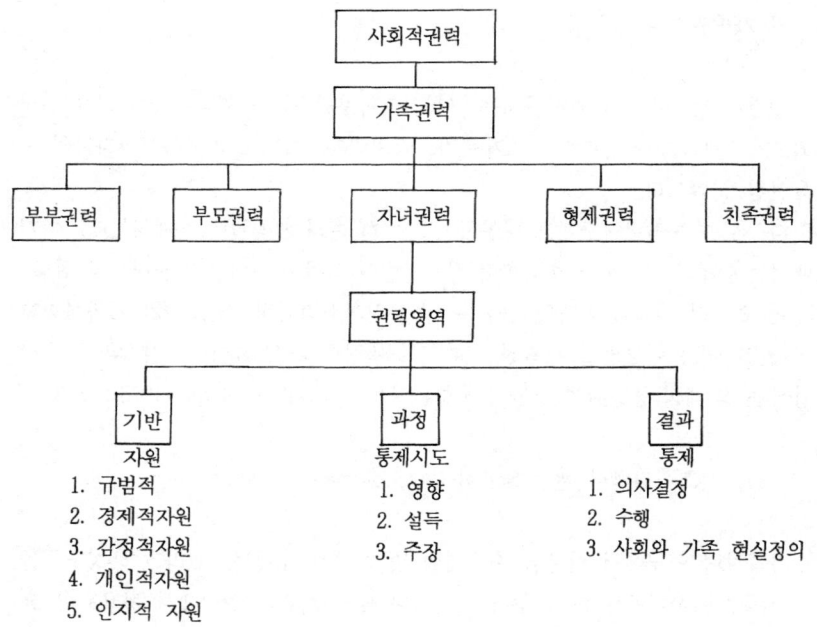

〈그림 9-1〉 가족권력 연구에서의 권력의 영역 및 분석단위의 상호관련성
출처 : McDonald, 1980 : 114

 (2) 권력은 한 개인의 개인적 특성이라기보다는 체계적 특성이다.
 (3) 권력은 정체적이라기보다는 역동적이며 따라서 상호적 인과관계를 포함한다.
 (4) 권력은 인지적이며 또한 행동적 상황이다.
 (5) 권력은 비록 한 이익분야에서의 개인의 권력이 다른 이익분야에서의 타인의 권력을 보상할 수 있다고 하더라도, 비대칭적인 관계이며 따라서 권력관계는 비대칭적 혹은 불평등적인 것으로 특징질 수 있다.
 (6) 권력은 사회구조적, 상호작용적, 그리고 결과적 구성요소를 포함하는 다영역적 특성을 지닌다(McDonald, 1980 : 111-113).

2) 가족권력의 접근방법

일반적으로 개인간 권력관계는 사회심리학자나 가족사회학자들에 의해 연구되고, 조직간의 권력관계는 경제학자, 정치학자, 그리고 거시사회학자들의 주요관심 분야이다.

따라서 가족권력연구에도 다양하고 상이한 여러 관점들이 존재하는데, 여기에서는 4개의 상이한 사회과학적 접근방법에 의해서 권력을 기술하고자 한다.

본 절에서 기술할 4개의 관점은, (1) 사회심리학적 관점, (2) 가족사회학적 관점, (3) 아동발달적 관점, (4) 가족과정적 관점 등이며, 각각의 접근방법에는 몇 개의 중범위 이론들이 포함된다(Cromwell & Olson, 1975 : 15-37).

(1) 사회심리학적 관점(Social-Psychological Perspective)

가족권력 연구에서 사용된 주요개념 및 이론적 모델들, 그리고 측정도구들은 사회심리학자들에 의해 수행된 소집단 및 사회권력 연구에서 차용되어 온 경우가 많다.

권력의 소집단 분석을 통한 연구에는 두 가지의 제한점이 있는데, 그 하나는 분석되는 집단의 규모에 관계없이 분석이 단지 동시에 이루어지는 두 행위자 사이의 상호작용만을 대상으로 이루어진다는 것이다. 또 하나는 소집단 연구에서 이루어지는 두 행위자 중심의 분석결과를 가족권력연구에 적용함으로써 나타나는 이론적 및 경험적 제한점이다.

이와 같은 제한점에도 불구하고 사회심리학적 접근방법인 교환이론(Exchange Theory), 의사결정이론(Decision Making Theory)은, 가족권력 연구분야에 많은 공헌을 하였다.

① 교환이론(Exchange Theory)

교환이론은 행위자가 서로를 통해서 얻는 보상과 대가의 관점에서 상호작용을 보며 보상과 처벌 혹은 대가의 상호분배의 교환적 측면에 초점을 맞춘다.

교환이론의 일반적 가정은 개인은 그들이 경험하는 보상과 대가의 차이를 극소화시키는 방식으로 행동한다는 것이다. 따라서 한 사람이 다른 사람에게 권력을 가지면 상대방이 경험하는 보상과 대가를 결정하거나 통제할 수 있는 정도까지 그의 행동에 영향을 미칠 수 있다는 것이다. 교환이론가들은 권력기반을 수동적이거나 정체적인 것으로 보기 때문에 권력은 한 사람이 가진 권력기반에 의해 타인의 행동이 영향을 받은 경우에만 실제로 나타난다.

교환이론에 있어 권력의 실제적 과정은 영향(Influence)으로 명명된다.

호만스와 블로(Homans & Blau)가 사회심리학 분야의 교환이론을 발전시키는데 공헌했고 티보트와 켈리(Thibaut & Kelly)의 분석이 그들의 이론을 보완했다.

티보트와 켈리는 을에 대한 갑의 권력을 을이 경험하는 결과에 영향을 미치는 갑의 능력으로 개념화하였다. 이때 을에 대해서 갑이 가지는 권력은 갑이 을을 위해 결정할 수 있는 결과가치(Outcome Values)의 범위의 함수이다. 만약 을이 모든 결과들에 대해서 동일하게 가치를 둔다면 갑은 그의 행동선택이 을이 경험하는 결과가치에 대해 아무런 영향력도 가지지 않기 때문에 권력을 가지지 못한다.

예를 들어 남편이 부인에 대해 관심이나 애정이 적은 경우 부인의 애정철회는 남편의 행동을 변화시키는 효과적인 통제기술로 사용될 수 없다.

에머슨(Emerson)은 권력이 다른 사람의 의존성 내에서 함축적으로 존재한다고 주장, 권력을 갑에 의해 잠재적으로 극복될 수 있는 을편에서의 저항의 양으로 정의하였다. 따라서 권력은 을의 갑에 대한 의존성과 같다고 보고 있다. 에머슨은 권력관계가 시간이 지남에 따라 상호의존성이나, 균형상태로 변화하는 경향이 있다고 주장하였다.

권력의 균형상태란 어떤 행동영역에서 한 쪽이 상대방을 완전히 지배하는 반면 다른 영역에서는 상대방이 지배할 수도 있는 경우를 말한다. 또한 같은 영역에서 양쪽 모두가 권력을 전혀 가지지 않은 경우도 권력의 균형상태라 할 수 있다.

교환이론에서는, 다른 사람에 대한 한 사람의 권력은 원하는 행동의 교환에 있어서, 다른 사람의 보상과 대가를 조종하거나 결정할 수 있는 능력에 달려있다고 본다. 따라서 권력자원의 소유와 권력의 사용사이에 높은 정적상관을 발견할 수 있다.

② 의사결정 이론(Decision Making Theory)

교환이론과는 달리, 의사결정 이론은 그 초점이 거시적이고, 과정보다는 결과의 용어로 정의되는 경향이 있다.

가족권력은 특히 의사결정의 맥락에서 자주 연구되는데, 그 이유는 가족에서 의사결정 과정의 결과는 가족원간에 이익이 충돌하는 한 현상으로 간주될 수 있기 때문이다. 즉, 누가 마지막 결정을 하며, 누가 논쟁에서 이기는가 등이 본질적으로 이익 충돌의 한 현상이기 때문이다. 마치(March)는 "힘이 동작의 연구인 것처럼, 영향력은 의사결정의 연구이다"라고 말하면서, 권력이 의사결정의 맥락에서 연구되어야 한다고 주장했다.

따라서, 한 행위자의 권력은 다른 행위자의 의사결정이나 선택에 미친 그의 영향력에 의해 조사될 수 있다고 보는 것이다. 달(Dahl)은 마치의 정의를 정교화하여, 을에 대한 갑의 권력은, 갑이 아니면 을이 하지 않았을 어떤 것을 을에게 하도록 하는 정도라고 정의하였다. 여기에서도 초점은 과정보다는 결과에 있다. 따라서 권력의 양은 을이 갑의 의도에 따라 어떤 행동을 할 수 있는 가능성과, 갑의 의도 없이 을이 스스로 그 행동을 할 수 있는 가능성 사이의 차이에 의해 측정될 수 있다.

과거에는 서베이(Survey)와 구조화된 면접조사 방법이 가족권력 연구에 많이 사용되었으나, 최근에는 행동관찰 측정법을 포함한 다양한 측정법이 광범위하게 사용되고 있다.

(2) 가족사회학적 관점(Family Sociological Perspectives)

가족사회학적 관점에서 최초의 이론적, 경험적 연구는 험스트(Herbst)에 의해 이루어져, 가족권력의 이론적 모델의 시초가 되었다. 험스트는 사회심리학 분야에서 사용된 레빈(Lewin)의 장이론을, 행동이나 의사결정 영역으로 구성되는, 부부상호작용을 개념화하는데 적용하였다. 여기에서 권력은 의사결정

영역을 통제할 수 있는 능력으로 정의되었다. 부부상호작용의 활동과 의사결정영역은 일련의 과업을 가족 중 누가 하느냐에 의해 측정되었다. 또한 같은 과업에 대해 누가 결정하느냐 하는 질문도 행해졌다. 이에 따라 헙스트는 활동(Activity)과 의사결정(Decision)이라는 두 측정방법에 의해, 부부권력 유형을 분류하여 남편지배형(Husband Dominant) 부인지배형(Wife Dominant) 부부자율형(Autonomic), 부부공동형(Syncratic) 등으로 유형화하였다. 이 네 가지 유형은 상호작용유형의 상대적 빈도에 의해 정의되었다. 독재형(Autocratic, 남편지배형 또는 부인지배형)은 의사결정이나 부부간 행동이 부부 중 일방에 의해 이루어질 때 나타난다. 부부공동형은 의사결정이나 부부간 행동이 부부 두 사람 모두에 의해 함께 이루어진다. 반면 의사결정이나 행동에 있어서 부부가 상호 독립적으로 기능할 때에는 부부자율형이 된다.

울프(Wolfe)는 헙스트의 개념을 가족내 권력과 권위모델에 적용하였다. 울프는 권력을 다른 사람의 욕구를 충족시켜 줄 수 있는 가치 있는 자원통제 차이로 정의하고, 권위(Authority)를 역할규정(Role Prescription)과 집단규범(Group Norm)의 한 측면으로 정의하였다. 이러한 울프의 개념화는 부부 및 가족권력 분야에서 두 개의 이론적 발달에 촉매역할을 하였다.

하나는 개인적 속성과 소유를 강조하는 자원이론이고, 다른 하나는 누가 권력을 가져야하는가에 대한 사회적 규범과 문화적 결정을 강조하는 이념적 이론이다.

　① 자원이론(Resource Theory)

자원이론은 교환이론의 한 변형(Variant)으로 볼 수 있는데, 그것은 다음의 세 가지 가정에 근거하고 있다.

가) 모든 개인은 목표를 성취하기 위해, 자신의 욕구와 필요를 만족시키려 계속 노력한다.

나) 개인의 필요의 대부분은 다른 개인이나 집단과의 사회적 상호작용을 통해 충족된다.

다) 이러한 상호작용 동안, 개인의 욕구의 만족과 개인이나 집단의 목표성취에 기여하는 자원의 계속적인 교환이 있다.

이 이론은, 권력의 균형은 결혼관계 내로 많은 자원을 가져오는 쪽에 있게 된다고 주장한다. 히어(Heer)는 블러드와 울프에 의해 제시된 사회경제적 자원 외에, 개인적 매력이나 역할 능력 같은 사회심리적 속성들을 자원에 포함시켰다. 또한, 히어는 월러(Waller)의 최소이익의 이론(Theory of Least Interest)을 교환이론에 적용, 관계에 있어서 최소이익을 가지는 쪽이, 상대방을 착취할 수 있는 가능성을 더 많이 가진다고 주장했다.

한편, 전통적 자원이론의 한 변형으로, 길레스피(Gillespie)가 주장한 구조적장벽을 들 수 있다. 그는 여성차별이나 남성지배의 영구화를 통해 여성이 권력을 가지는 것을 방해하는 심리적, 법적, 사회적 장벽이 있음을 지적했다. 따라서 사회화, 결혼계약, 수입, 직업적 위세, 사회참여, 교육, 교외거주, 가족생활주기, 신체적 강제 등이 부부권력의 원천으로 권력관계에 영향을 미친다고 주장하였다.

따라서 부부간의 권력차이는 개인적 자원이나 배우자의 개인적 능력에 달려 있다기보다는, 전적으로 여성에게 불리한 성차별에 보다 더 많이 기인한다는 것이다.

② 이념적 이론(Ideological Theory)

블러드와 울프는 이념적 이론이라 불리는 접근방법을 제시했는데, 이념적 이론은 권위(Authority)의 개념과 매우 밀접하게 관련되어 있다. 권위는 합법적권력(Legitimate Power)으로 정의되어지며, 이는 누가 권력을 가지는가에 대한 문화적결정들을 포함한다. 블러드와 울프는 이러한 규범적 신념에서의 변이를 설명할 수 있는, 일련의 이념적 또는 문화적인 변수들을 규명하여 경험적 연구에 적용했다.

③ 규범적 자원이론(Normative Resource Threory)

로드맨(Rodman)은 11개 문화권의 도시 지역에서 이루어진 연구 결과들을 재해석하여, 문화적 맥락에서의 자원이론을 주장했다. 이 이론은 저개발 문화권에서의 교육, 수입, 직업지위 등 자원변수는 권력싸움에서 단순한 자원변수가 아니며, 사회구조 속에서 지위를 나타내주는 변수이기도 하다는 것이다. 이 이론은 멕시코의 도시 및 농촌지역과 미국의 도시지역을 대상으로 실시된

로드맨의 연구결과에 의해 확인되었다.
 벌(Burr)은 규범적 자원이론(Normative Resource Theory)을 제시함으로써, 로드맨의 이론을 보다 정교화하였다. 벌의 주장에 의하면 교환이론은 규범적 자원이론의 맥락내에서만 작용되는데, 그럼에도 불구하고 규범적 자원이론과 교환이론이 서로 상충되는 내용을 담고 있지는 않다. 따라서 자원과 권력 사이의 관계는 규범이 평등한 한도내에서 유지되는 것으로 본다.
 규범적 자원이론은, 상호성(Reciprocity)에 관한 규범, 분배정의(Distributive Justice) 등의 문화적 맥락이 교환과정에 영향을 미칠 수 있다는 데에 큰 의미를 부여하고 있다.

(3) 아동발달적 관점(Child Development Perspective)

 아동발달 분야는 부모자녀 간의 권력관계 연구에 주요관점을 제공하였다. 아동발달적 관점에서 권력을 볼 때 중요한 개념은 부모권력(Power)과 지지(support)의 두 변수이다. 시몬즈(Symonds)는 지배-복종의 연속선과 수용-거부의 연속선으로 권력과 지지를 봄으로써, 부모권력과 지지 두 변수의 중요성을 처음으로 규명했다.
 쉐퍼(Schaefer)도 통제-자율과, 온정-적의라 명명된 두 개의 유사한 연속선을 규명했다.
 이론적으로는 부모권력 영역과 지지영역이 상호독립적인 것으로 가정되어 왔으나, 지지 변수가 실제적으로는 권력의 하위영역으로 정의되고 조작화되어 왔다.
 따라서 지지는 바람직한 행동에 대해 칭찬을 하거나 긍정적인 언급을 해주는 것으로 정의되어 프렌치와 레이븐이 분류한 보상적 권력과 같은 의미로 사용된다.
 권력과 지지의 두변수뿐 아니라, 주도권력(Power Assertion)과 유도권력(Power Induction)의 개념도 권력연구에서 중요하게 다루어진다.
 여기에서 주도권력이란, 직접적 힘에 의해 비자발적인 복종을 얻어내는 것이고, 유도권력은 설명을 통해 자발적 복종을 얻어내는 것을 말한다. 롤린즈와 토머스(Rollins & Thomas)의 연구결과에 의하면, 아동의 사회화에 있어서 부모가 높은 수준의 유도권력과 온정(Nuturance)을 사용하면 아동이 복종하는데 효과적인 것으로 나타났다.

종합적으로 볼 때, 유도권력과 지지(보상권력)의 두 권력영역은 아동의 복종을 증가시키고 사회화 과정을 용이하게 하는 것으로 보인다.

(4) 가족과정적 관점(Family Process Perspetive)

가족과정적 관점은 임상학자들에 의해 이루어진 접근방법이다. 따라서 정상 혹은 비정상 가족의 권력과정에 관한 연구가 임상적-실험실적상황(Clinical-Laboratory Setting)에서 이루어졌다.

가족과정적 접근방법은 가족권력 연구에 두 가지의 중요한 방법론적 공헌을 하였는데 하나는 관찰연구방법의 가치를 알려준 것이고, 또 하나는 남편 부인 그리고 자녀들을 연구에 포함시킨 것이다. 이를 통해 가족과정적 접근방법은 가족권력 연구에 있어서 이론과 연구, 그리고 실제가 상호유익한 방식으로 조합될 수 있음을 보여주었다.

그러나 이 연구방법은 크게 두 가지의 제한점을 가지고 있는데, 그 하나는 용어사용에 있어 개념적 명백성이 결여되어 있다는 점이다. 이 접근방법은 언어적 의사소통을 가장 자주 분석의 대상으로 삼는데, 이때 사용되는 용어가 개념적으로 명백하지 않은 경우가 많다. 예를 들어 레이턴 등(Leigton et., al.)은 언어적 의사소통에 있어서의 자발적 발언을 지배(Dominance)와 권력(Power)의 측정을 위해 사용하고 있는데, 방해와 자발적 발언이라는 두 변수가 때로는 영향과 통제로 명명되기도 한다.

또 하나의 주요 제한점은 이 접근방법이 일반적으로 비이론적(Atheoretical)이어서 체계적으로 발달되거나, 가족권력에 관련된 특정이론들을 검증하지 못한다는 것이다.

① 체계이론(Systems Theory)

가족과정적 접근의 가장 큰 공헌은 가족연구에 체계이론을 적용한 것이다. 체계이론은 모든 구성원 사이의 상호의존성을 중요시한다. 체계의 한 쪽 구성원의 변화는 체계의 다른 쪽 부분의 보완적 변화(Compensating Change)를 수반한다. 따라서 한 개인의 행동을 전체의 한 부분으로서 고려할 수 있어야만 그에 대한 정확한 이해가 가능하다.

체계이론에 의해 가족권력을 연구할 때 중요한 개념은 가족규칙의 개념이다. 우리가 연구하려는 가족의 규칙체계를 안다면 가족내 권력의 역동을 보다 잘 이해할 수 있을 것이다. 가족규칙이 일단 성립되면 그것은 일반적으로 용인되는 가족정책이 되며 거의 재타협되지 않는다. 또한 체계적 관점에서 볼 때, 체계로서의 가족은 가족체계를 유지시키려는 방향으로 방향설정이 되어 있으나, 가족내에서의 필요한 변화에 대해서는 반응적이라고 본다.

가족을 체계로서 고려할 때, 가족권력은 가족의 유지에 필요한 역할을 하는 가족과정의 한 가지 유형이라는 관점에서 연구된다. 가족권력은 가족상호작용의 맥락내에서 연구되어야 하며, 단순한 인과관계로 가족권력을 설명하는 것은 불가능하다. 가족상호작용에서 중요하게 관찰되는 것은, 그 체계내에서 바람직한 혹은 합리적인 행동으로 간주될 수 있는 행동의 한계가 어디까지인가를 나타내주는 함축적인 규칙들에 의해 이루어진다. 또한 어떤 가족체계는 변화에 대해 개방적인 반면 어떤 가족체계는 변화에 대해 매우 폐쇄적으로 대응하기도 한다.

따라서 체계이론은 가족권력연구에서 권력역동 혹은 가족과정을 매우 중요한 측면으로 간주한다. 또한 체계이론은 전체가족내에서 부부 같은 단 하나의 2인집단(Dyad)에 초점을 맞추는 것을 지양하며, 가족행동의 일부분이 아닌 가족역동의 전과정에 초점을 맞추어야 한다는 점을 강조하고 있다.

2. 가족권력의 기반, 과정, 결과

앞에서 살펴본 바와 같이, 권력은 권력 기반, 권력 과정, 권력 결과의 세

영역으로 나뉘어질 수 있다.

본 절에서는 권력 기반, 권력 과정, 권력 결과 각각에 대해 자세히 다루어 보고자 한다.

1) 권력 기반

권력 기반은 권력의 원천을 말하는 것으로써, 일반적으로 자원과 같은 의미로 사용된다. 따라서 경제적 자원, 규범적 자원, 감정적 자원, 개인적 자원, 인지적 자원 등 다양한 형태의 자원이 권력의 기반이 될 수 있다.

이와 같이 다양한 권력의 기반은 권력의 다양한 동기기반(Motive Base)으로 작용하는데, 프렌치와 레이븐(French & Raven)은 다양한 동기기반에 따라 권력을 다음의 다섯 가지 유형으로 구분하였다.

1. 보상적 권력 : 을에게 보상을 줄 수 있는 갑의 능력에 기반을 두는 권력.
2. 강요적 권력 : 을에 대한 갑의 능력에 기반을 두는 권력.
3. 합법적 권력 : 갑이 자신의 행동이나 의견을 통제할 권리가 있다고 생각하는 을의 신념에 기반을 두는 권력.
4. 준거적 권력 : 권력을 가진 사람, 갑에 대한 을의 동일시에 기반을 두는 권력.
5. 전문가 권력 : 갑이 가진 지식과 기술에 대한 을의 지각에 기반을 두는 권력.

따라서 가족내 권력은 그 권력관계에 개입되어 있는 가족관계에 따라 부부권력, 부모-자녀권력 등으로 나뉘어질 뿐 아니라 각 권력이 기반하고 있는 권력 기반이 무엇인가에 따라서도 다양하게 구분될 수 있다.

2) 권력 과정

권력 과정은 개인이 협상이나 의사결정 과정에서 통제력을 가지기 위해 사용하는 상호작용기술을 말한다. 따라서 권력과정에는 다양한 권력의 기반들이 권력으로 구체화되어 나타나기 위해 필요한 일련의 역동적 과정들이 포함된다. 여기에는 상대방에게 영향을 미치고 그를 설득하며, 자신의 의견을 강력히 주장함으로써 권력 결과를 자신이 원하는 방향으로 산출하고자 하는 다양한 노력들이 나타나게 된다. 또한 그러한 노력은 명시적으로 나타날 수도 있고 은밀한 방식으로 이루어 질 수도 있다.

일반적으로 권력 과정이라 하면, 맥도날드의 주장을 받아들여 통제시도를 의미하는 것으로 사용되는 경우가 많다. 따라서 영향, 설득, 주장 등의 형태로 나타나는 통제시도는 권력 과정이고, 그 결과 나타나는 통제를 권력 결과로 간주한다. 그러나 권력의 과정을 보다 넓은 의미에서 보면 통제시도를 위해 사용하는 여러 가지 전략들뿐 아니라 보다 포괄적인 가족역동과정들이 권력 과정에 포함될 수 있음을 알 수 있다.

다시 말해서, 다양한 권력의 기반들이 권력으로 구체화되어 나타나는 역동적 과정을 이해하기 위해서는 이 과정에서 사용되는 상호작용기술뿐 아니라, 이들 기술이 작용하는 배경으로서의 가족과정에 대해서도 논의되어야 한다.

(1) 통제시도로써 사용되는 상호작용기술

다양한 권력의 기반들이 권력으로 구체화되는 과정에는 여러 가지 방법들이 사용될 수 있다. 즉, 자신이 원하는 방향으로 가족원의 행동을 변화시키기 위해서(통제시도) 권력기반을 가지고 있는 사람은 다양한 상호작용기술을 사용할 수 있다.

이 상호작용기술에는 영향력행사, 설득, 주장, 절충, 양보, 논리적 진술, 위협 등이 포함되며, 이 이외에도 개인이 특수하게 사용하는 여러 가지 기술이 포함될 수 있다. 예를 들어 어떤 부인은 자신의 의견에 따라주지 않는 남편에게 상당기간 말을 안하는 방법을 사용하여 이에 지친 남편의 굴복을 받아내기도 한다.

실증적 연구결과(이정연, 1992)를 보면, 우리나라의 부인들은 남편에 대한 통제시도로써 유도, 고립화, 언쟁, 시중소홀, 애정철회의 5개 방식을 사용한다.

(2) 가족내 권력과정

개인이 자신의 권력을 구체화시키기 위해서 다양한 상호작용기술을 사용한 다는 것을 앞 절에서 살펴보았다.

이러한 상호작용기술은 그 자체로써 독립적으로 사용되는 것이 아니라 그것이 사용되는 가족과정과 긴밀히 연결되며 사용된다.

예를 들어 가족내 권력의 조직이 매우 엄격하게 이루어져 가장이 모든 일을 독단적으로 처리할 경우 설득이나 협상 등의 합리적 상호작용기술을 사용하기가 매우 어렵다. 반면 민주적인 권력조직을 가지고 있는 가족내에서는 아주 어린아이라도 자신의 의견을 가지고 부모를 설득할 수 있다.

따라서 권력과정 속에는 상호작용기술과 이 기술이 사용되는 배경으로서, 가족과정이라는 두가지 측면이 포함된다.

권력 과정의 배경으로써 가족 과정에는 매우 광범위한 내용들이 포함될 수 있지만 여기에서는 다음의 세 가지 측면에 초점을 맞추어 다루어 보고자 한다.

첫째, 한 가족원이 권력의 기반이 되는 자원을 가지고 있다고 가정할 때, 실제로 어떤 경우에 어떤 방식으로 그 권력을 사용하는가?

둘째, 가족 내에서 각 가족원이 가진 권력의 배분과 조직은 어떻게 이루어지는가?

셋째, 가족원이 가진 권력자원과 권력조직 그리고 의사결정 과정과 같은 가족권력 과정 사이에는 어떤 관련이 있는가?

① 가족원의 권력사용

한 개인이 권력을 가지고 있다고 할 때 다시 말해서, 권력의 기반이 되는 자원을 가지고 있다고 할 때, 그 권력이 꼭 사용된다는 보장은 없다.

권력은 사용될 수도 있고 사용되지 않을 수도 있다. 대부분의 남자는 여자에 비해 강한 신체적 힘을 가지고 있지만 모든 남자가 여자와의 관계에서 신체적 힘을 권력의 기반으로 사용하지는 않는다.

가족 내에서, 개인에 의한 권력의 사용은 권력의 기반이 되는 특정자원의 소유와, 그 자원을 권력의 기반으로 사용하겠다는 의사가 동시에 있어야만 가능하다.

권력의 사용에 대해 논의할 때, 권력이 실제로 사용되는 상황뿐 아니라, 신중히 자제되는 상황에 대한 고려도 중요하다. 따라서 개별가족구성원의 권력사용에 관한 연구를 위해 다음과 같은 질문들이 제기될 수 있다(Sprey, 1975 : 64-65).

ㄱ) 권력 사용에 있어 비용요인으로 작용하는 것은 무엇인가?
ㄴ) 특정한 자원의 사용가능한 범위 내에서, 가장 빈번히 사용되는 것은 어떤 것이며 그 이유는 무엇인가?
ㄷ) 자원은 반복적으로 사용될 수 있는가? 아니면 시간이 지남에 따라 소모되거나 그 효과가 없어지는가?
ㄹ) 권력사용에 대한 실제적 결과와 가족원들에 의해 인지되는 권력사용에 따른 비용 사이에는 어떤 관계가 있는가?
ㅁ) 개별가족원의 자원사용이 가족내 권력의 조직을 이론적으로 얼마나, 또 어떻게 설명하는가?

② 가족내 권력의 조직

권력관계는 한 체계 내에서 개인들 간의 대결을 나타내준다(Sprey, 1975 : 69).

우리는 가족원들이 최소한 부분적이라도 갈등적 이익을 그들 공동의 상황 안에서 공유하고 있다고 가정할 수 있다. 이러한 갈등적 이익의 존재는 권력의 사용에 대한 충분조건은 아니나 필요조건이다.

대부분의 가족적 혹은 부부간 갈등은 특정한 권위구조 같은 일상적 방법에 의해 처리된다. 여기서 권위는 특정한 사회적 지위와 관련된 문화적으로 합법화된 권력을 말한다.

대부분의 가족내 갈등 처리에 그 가족원이 가지고 있는 권위구조가 매우 중요한 역할을 하기 때문에 가족원이 가진 권위구조는 가족내 권력의 조직과 매우 밀접히 관련된다. 따라서 부계적 권위구조를 가질때 남편이 지배적인 권력을 가지게 되는 것은 보편적 현상이다.

  이러한 권위구조와는 별개로, 특정한 역할이나 상황에서 잘 수행할 수 있는 능력인 전문적인 지식이나 기술(Expertise)이 있을 수 있다. 예를 들어 부계적 가족구조내에서 가장은 대부분의 권력을 가지게 되지만, 어떤 특정 분야에 있어서 그가 가진 부계적 권력은 그 분야에 대한 전문기술이나 지식의 부족으로 인해 매우 비효율적으로 행사될 수도 있다.

  물론 민주적 권위구조를 가진 가족에서는 가장 이외의 가족원이 전문적 권력을 사용함으로써 효율적으로 권력이 배분 사용되기도 한다. 그러나 엄격한 부계적 권위구조를 가진 가족에서는 모든 권한이 가장에게 집중됨으로써, 기타 가족원이 권력을 사용하기가 어려운 경우가 많다. 더욱이 민주적이든 비민주적이든 일단 수립된 권위구조는 쉽게 변화하지 않는다.

  따라서 이미 수립된 권위구조에 의해 조직화되는 권력과 전문적인 지식이나 기술에 의해 조직화되는 권력은 본질적으로 다르다.

  일반적으로 이 두 가지 양상의 권력은 서로 결합되어 작동되지만 분리된 개념화를 요구하며, 특히 권위구조와 비공식적인 노동분담 중 하나 혹은 모두가 도전받는 상황에서 더욱 그러하다.

  문제해결이 요구되는 상황에서 전문적인 지식이나 기술이 중요한 역할을 할 때에는, 자원이나 기술에 의해 노동분담이 이루어지는 결과로 이어지고, 그것은 본질적으로 변화에 대해 개방적이다.

  반면 특정한 권위구조자체가 권력의 주요한 자원으로 받아들여지는 가족에서는, 이미 수립된 권력구조가 변화되는 것은 매우 어렵고 경우에 따라서는 거의 불가능하다.

  이미 수립된 권력구조가 도전받는 상황에 대한 연구가 바아와 롤린즈(Bahr & Rolins : 1971, 360-367)에 의해 수행되었다.

  그들은 위기가 부부권력에 미치는 효과에 대해 연구했는데 실험적 게임을 사용한 연구에서 실험적으로 유도된 해결할 수 없는 위기는 위기 전에 부부 중 더 많은 권력을 가졌던 쪽 배우자의 권력을 감소시키고, 나아가 부부권력구조의 변화를 유도한다는 것이 밝혀졌다.

이 연구에서 부부 중 우월한 권력을 부인 쪽에서 가지고 있을 때 남편이 가지고 있을 때보다 위기상황에 더 취약한 것으로 나타났다. 더욱이 비위기적 상황에서 평등한 부부권력구조를 가질수록 위기상황 동안 더 많은 부부권력변화를 가져오는 것으로 나타났다. 결론적으로 부부권력에 대해 위기가 가지는 효과는 위기 전 그 부부가 가졌던 권력구조와 관련되어 있다. 매우 지배적인 배우자를 가졌던 부부들은 기존의 권력구조를 고집하는 경향이 있었고, 따라서 위기동안의 권력구조 변화에 대항하는 경향을 나타냈다. 반면 특별히 한 쪽 배우자에게 권력이 집중되어 있지 않았던 부부들은 유동적인 권력구조를 가지고 있어 권력구조의 변화를 비교적 쉽게 수용하였다.

가족 내에서 각 가족원의 권력이 어떻게 조직되는가 하는 것은 가족내 권력의 역동성을 나타내주는 중요한 정보이다. 또한 권력의 역동은 위기에 의한 권력 조직의 변화 같은 구체적 상황을 통해 파악될 수 있다.

가족내 권력의 조직은 기존의 권위구조에 의해 이루어질 수도 있고 전문적인 기술이나 지식에 의해 이루어질 수도 있다. 또 기존의 권위구조나 전문적인 기술이나 지식 이외에 또 다른 조직원리가 있을 수도 있다. 그 중에는 모든 가족에게 적용할 수 있는 일반적인 조직원리도 있을 것이고 어떤 특수한 가족에게만 적용되는 특수한 조직원리도 있을 것이다. 따라서 가족내 권력의 다양한 조직원리를 파악하는 것이 가족내 권력의 역동을 알기 위한 기본적인 과정이다.

결혼과 가족내에서 권력의 조직이 어떻게 이루어지는가 하는 문제는 가족에 내재되어 있는 권력의 조직원리와 그 원리들을 변화하는 상황 속에서 재조직할 수 있는 잠재력, 그리고 기존의 권력관계 등과 밀접하게 관련되어 있다. 따라서 한 가족내에서 권력이 어떻게 조직되어 있는지를 알기 위해서는 이들 관련 요인들에 대한 이해가 선행되어야 한다.

③ 권력과 가족상호작용

권력과 가족상호작용을 논의할 때 무엇보다도 중요한 것은, 갈등관리와 협상의 장(場)으로서의 가족을 이해하는 것이다. 흔히 부부나 가족의 유대는 매우 밀접하고 지속적인 것으로 가정되는 경향이 있으나, 가족은 하나의 갈등관리유형으로써, 가족의 해체라는 대안을 선택하기도 하는 갈등의 장(場)이기도 하다.

권력과 가족상호작용에 있어서 다음의 질문들이 제기될 수 있다(Sprey, 1975 : 76-79).

첫째, 결혼이나 가족내에서 권력이 없는 사람의 권력은 어떻게 설명할 것인가?

부권적 가족에서 주부와 아이들이 이 범주에 들어갈 수 있다.

흔히 권력이 자원으로부터 나오는 것으로 간주되기 때문에, 자원을 가지지 못한 주부나 아이를 권력이 없는 존재로 치부하기 쉽다. 그러나 가족원의 상호작용을 고려할때 그 관계는 그렇게 단순하지 않다.

가족 내에서 자원이 불평등하게 소유될 때, 자원을 가진 쪽에서 그 자원의 사용을 제한당하는 경우가 있을 수 있다.

예를 들어 부모는 아이의 무지나 지식의 결여때문에 아이와의 갈등적 상황에서 져주기도 한다. 마찬가지로 신체적 연약함, 기술의 결여, 그리고 여러 가지 형태의 자원 부족은 경우에 따라서는 경쟁적인 의사결정의 결과에 영향을 주는 효과적인 수단이 될 수 있다.

따라서 어떤 유대의 체계내에서든지 자원과 권력과의 관계는 상대적이다. 자원을 가진 사람이 꼭 권력을 가지거나 사용하는 것은 아니기 때문이다.

여기에서 중요한 것은 가족이라는 체계를 지배하는 규칙이나 역할분배, 즉 그 가족을 지배하는 조직의 원리이다.

따라서 각 가족원 사이의 상호작용을 통해 사용되는 다양한 행동책략들이, 어떤 조직원리를 따르는지 그리고 그것은 가족권력과 어떻게 연결되는지, 또한 가족원의 재협상에 의해 그러한 조직원리가 어떻게 변화되는지에 관심을 기울일 필요가 있다.

둘째로, 권력의 가족상호작용이 단순히 누가 이기고 누가 졌느냐 하는 두 가지 결과에 의해 파악될 수 있는가?

의사결정산물을 통한 권력연구에서는 어떤 특정한 의사결정에 대해 누구의 의견이 더 많이 반영되는지를 조사한다. 그러나 공동의사결정에서는 어느 누구의 승리로도 간주할 수 없는 경우가 있다. 예를 들어 남편은 제주도로의 휴가 여행을 주장하고 부인은 설악산행을 고집할 때, 제3의 장소인 해운대로 상호타협하여 결정할 수도 있다. 또 경우에 따라서는 도저히 합의가 안되어 휴가여행을 포기하거나 각각 다른 장소로 여행을 떠날 수도 있을 것이다.

따라서 이 경우 중요한 것은 누가 이기느냐는 권력결과가 아니라 최종 결론에 도달하는 상호작용과정이다.

3) 권력결과

권력결과는 누가 마지막 의사결정을 통제하느냐와 관련되어 있으며 보다 간단하게 표현하면 "누가 이기느냐?"에 관한 것이다.

따라서 권력결과 연구는 주로 의사결정 결과를 통해 이루어져왔다. 의사결정은 그 개념 자체에 역동적 과정에 대한 연구가 포함될 것이 시사되고 있는데 실제의 연구에서는 의사결정의 정태적 측면만이 다루어지고 있다.

즉, 일반적으로 이루어지고 있는 권력결과 연구는 누가 무엇을 할 것을 결정했느냐에 대한 응답자의 회고적 보고에 의거하여 이루어지고 있다. 비록 그러한 정보가 권력연구에 유용한 면이 있다고 하더라도 권력결과에 대한 정태적 분석만을 강조함으로써 권력의 역동성을 간과하는 중대한 결함을 가지고 있다.

일반적으로 권력결과는 의사결정 결과만을 강조하여 연구됨으로써 정태적 산물만을 중요시하고, 그 결과 현실과는 동떨어지게 너무 단순한 결론으로 이끌어지는 경향이 있다.

이와 같이 의사결정의 최종산물에 초점을 맞추는 것은 상호작용 과정의 복잡성을 모호하게 할 수 있으며, 특히 비갈등적 관계의 경우 더욱 그러하다.

따라서 스칸조니(Scanzoni, 1979)는, 권력결과는 다양한 선행 및 매개변수와 중요하게 연결되어 있는 모든 과정을 포함하는 지속적인 과정의 한 단계에 지나지 않는다고 주장하기도 했다.

3. 가족내 권력

가족권력은 부부권력, 부모권력, 자녀권력, 형제권력, 친족권력 등 몇 가지 하위권력으로 나누어 볼 수 있다.

이들 각 하위권력들은, 각기 관련되어 있는 관계의 성질이 다르고 이에 따라 권력의 기반이나 권력과정들이 다르게 나타난다.

본 절에서는 가족내 권력을 부부권력, 부모-자녀권력, 기타 가족원 권력의 세 가지로 나누어 살펴보고자 한다.

1) 부부권력

가족권력에 대한 연구는 그 대부분이 부부권력을 중심으로 이루어지고 있다. 현대가족에서 부부관계는 가족관계의 근간이 되는 관계이며, 전통적 부계우위의 가족관계가 상당부분 변화하고 있는 우리나라 가족에서, 부부권력 구조변화는 매우 흥미있는 연구과제이다.

부부관계가 부계적 규범에 의해 지배되었던 전통가족에서와는 달리 현대가족에서의 부부권력관계는 매우 다양하게 나타날 수 있다. 그 이유는 결혼내 인간관계가 완전히 구조화된 관계에서 부분적으로 구조화된 관계로 변화하기 때문이다(Scanzoni : 1979 : 297-298).

부분적으로 구조화된 관계 내에서는 규범이 어떤 행동들을 제약하지만 나머지 행동들은 당사자 간의 자유로운 선택에 맡겨지게 됨으로 부부권력관계도 부부간의 다양한 협상관계에 의해 다양하게 나타난다.

부부간 권력관계가 어떻게 나타나는가(권력 결과)는 부부가 가진 제반특성들(권력 기반)과, 상호 협상하는 과정(권력 과정)에 따라 달라진다.

그러나 실제 연구에서는 권력 기반, 권력 과정, 권력 결과를 모두 다루지는 않고 여러 가지 가정내 의사결정 사항에 대한 최종의사결정자를 기준으로 한 의사결정 권력을 중심으로 연구되고 있다.

따라서 부부간 의사결정권력은, 최종의사결정자를 기준으로 부부간의 상대적 권력과 권력의 공유도를 측정하고 이를 조합하여, 남편우위형, 자율형, 일치형, 부인우위형으로 분류하고 있다.

우리나라의 부부 권력구조는 자율형이 가장 많고 다음이 일치형, 남편우위형, 부인우위형의 순서로 나타난다(최규련, 1990 : 201). 이러한 경향은 현대 한국가족에서 외형적으로는 부인의 권력이 증대된 것처럼 보이지만 실제적으로는 부부가 각각 고유영역에서 결정권을 가지며, 부부간의 역할분담이 뚜렷하게 이루어져 있다는 것을 나타내준다.

한편, 부부권력을 권력 기반, 권력 과정, 권력 결과 등 다영역적 관점에서 살펴보면 다음과 같다.

먼저 권력기반은 주로 자원이라는 관점에서 다루어지는데 부부간 권력의 기반이 되는 자원으로는 교육수준, 수입, 직업 지위 등을 들 수 있다. 따라서 부부 중에서 교육 수준, 수입, 직업 지위 등의 상대적 자원이 우세한 쪽의 권력이 증가된다.

그러나 부인의 교육, 수입 등의 자원은 부인의 권력증가에 영향을 미치나 남편의 자원은 권력증가에 큰 영향을 미치지 않는다는 보고도 있다(최규련, 1990 : 203).

따라서 권력의 기반이 되는 자원의 증가가 권력증가와 단순히 관련되는 것이 아니고, 부부가 가진 규범 등 기타 관련변수들의 매개적 영향을 받는다. 즉 부계적 규범 자체가 하나의 자원이 될 수 있기 때문에 부계적 규범이 강한 사회에서는 부인이 가진 자원의 증가가 부인권력의 증대로 이어지기 어렵다.

도리어 부부가 가진 강한 부계적 규범이 부인의 상대적 자원 우세에 의해 도전을 받게 됨으로 부인의 권력이 더욱더 낮아지는 현상으로 나타나기도 한다.

따라서 우리나라의 가족에 있어서 자원의 증가와 부부권력과의 관계를 알기 위해서는 보다 정교한 연구모델이 요구되며, 이때 고려해야할 사항으로 다음의 세 가지를 들 수 있다.

첫째, 연구되는 자원의 범위에 경제적 자원뿐 아니라 규범적 자원, 감정적 자원, 개인적 자원 등 비경제적 자원도 포함시켜야 한다.

둘째, 이를 위해서는 부부간에 교환될 수 있는 자원의 목록에 대한 정교한 분석이 요구된다. 사필리오스-로스촤일드(Safilios-Rothschild, 1976 : 355)는 일곱 가지를 자원목록으로 제시한 바 있다(표 9-1).

그에 의하면 권력자체도 자원이 될 수 있는데, 그것이 규범의 형태든 인습의 형태든 이미 수립된 기존의 권력은 그것 자체가 새로운 권력을 창출하는 기반이 될 수 있다는 점에 유의해야 한다.

셋째, 자원은 여러 가지 측면에서의 객관적 준거에 의해 측정될 수도 있고, 부부 당사자가 지각하는 주관적 자원인지에 의해 측정될 수도 있다(박미령,

〈표 9-1〉 배우자 간에 잠재적으로 교환될 수 있는 자원목록

배우자 간에 잠재적으로 교환될 수 있는 자원목록	
1. 사회·경제적	• 돈
	• 사회적 이동(social mobility)
	• 특권(prestige)
2. 애정적	• 애정
	• 사랑(사랑하는 것-사랑받는 것)
	• 필요한 사람임을 느끼는 것
	— 상대방을 필요로 하는것
3. 표현적	• 이해
	• 감정적 지지
	• 특별한 관심
4. 동료적	• 사회적
	• 여가
	• 知的
5. 性	
6. 서비스	• 집안일
	• 아동양육
	• 個人的 서비스
	• 연결 서비스(linkage service)*
7. 권력	

* 다른 사회체제와 가족을 연결시키는 것.

1987 : 48). 객관적 자원평가와 주관적 자원인지는 부부권력에 미치는 영향이 다를 수 있기 때문에 자원분석시 구별이 요구된다.

부부권력의 권력과정은 많이 연구되어 있지는 않으나, 권력과정에서 부부가 사용하는 전략에는 성차가 있다는 보고가 있다. 즉, 남편은 부인에 비하여 상호작용을 많이 포함하고 자기주장을 직접 전달하는 전략을 많이 사용한다. 그러나 부인은 침묵, 애정철회 고립화와 같은 일방적 전략과 암시, 유도 등의 간접적인 전략을 보다 많이 사용한다(Falbo & Peplau, 1980).

이정연(1992 : 59)은 서울시 및 수도권에 거주하는 60세 미만의 기혼남성을 대상으로 한 연구에서 유도, 고립화, 언쟁, 시중 소홀, 애정철회의 다섯 가지 권력과정유형중 부인들이 가장 많이 사용하는 통제전략이 유도임을 밝혔다.

한편, 권력결과는 주로 의사결정권력에만 초점이 맞추어져 왔으나 자율형, 일치형, 남편우위형, 부인우위형등, 부부간의 상대적 권력분석을 통한 유형분류 이외에 통제시도 효율성을 통한 권력결과분석도 이루어지고 있다(이정연, 1992).

또한 맥도날드(McDonald, 1980)는 의사결정 권력 이외에, 수행과 사회 및 가족의 현실에 대한 정의도 권력의 결과에 포함시키고 있다.

2) 부모-자녀권력

부모-자녀관계는 기본적으로 20세 이상의 연령차이를 수반하는 불평등 관계이다. 물론 시간의 경과에 의해 부모가 노쇠해지고, 자녀가 성인기를 맞게 되면서 관계의 양상이 변화하기도 하지만, 부모-자녀권력 관계연구의 초점은 부모의 자녀에 대한 보다 효율적인 사회화 방식에 모아져 있다.

즉, 어떤 경우에 자녀는 부모의 훈계에 복종하고 어떤 경우에 부모의 훈계에 대해 반발하는가?

부모는 자녀에 대한 최초의 사회화 대행자로서, 자신이 속한 가족이나 사회에 적합한 방식으로 자녀를 사회화시키며, 이 과정에서 부모로서의 권력을 사용한다.

부모-자녀관련 문헌들은 부모행동의 두 변수, 즉 부모권력 변수와 온정 변수가 자녀의 사회화에 미치는 부모의 영향을 측정하는 데 중요한 것으로 규명해냈다(Rollins and Thomas, 1975 : 38).

부모의 온정은 부모가 자녀에게 나타내 보이는 행동으로써, 자녀로 하여금 부모가 있을 때 안정감을 느끼게 하며, 자녀의 마음 속에 자신이 부모에 의해 기본적으로 승인되고 용인된다는 것을 확신케 하는 것이다. 부모의 온정은 자녀를 칭찬하고 승인하고 용기를 북돋우며, 도와 주고 언어나 신체적 표현으로 애정을 표시하는 등의 구체적 행동을 통해 나타난다.

부모권력은 부모가 자녀로 하여금 자신이 원하는 방식으로 행동하도록 이끌 수 있는 잠재적 영향력을 가지는 것이다.

부모권력은 그 권력기반에 따라 다음의 네 가지로 분류될 수 있다.

가) 결과통제권력(Outcome control power) : 자녀에 대한 보상이나 처벌을 조정할 수 있는 능력이 부모에게 있다는 것을 자녀가 인지하는데 기인하는 부모권력

나) 참조 권력(Referent Power) : 부모와의 동일시에 의거한 부모권력

다) 합법적 권력(Legitimate Power) : 부모가 자신의 행동을 통제할 권리가 있고, 자신은 부모에게 복종할 의무가 있다고 자녀가 인지하는 것에 기반한 부모권력

라) 전문가 권력(Expert Power) : 부모가 어떤 특수한 지식이나 능력을 가지고 있다고 자녀가 인지하는 것에 기반한 부모권력

부모권력의 기반이 어느 곳에 있든지 부모가 자녀를 통제하려고 시도할 때 부모권력이 클수록 자녀는 더욱 기꺼이 복종한다. 그러나 자녀의 사회화를 효율적으로 하기 위해서는 높은 부모권력수준뿐 아니라 높은 수준의 부모의 온정도 동시에 필요하다. 따라서 부모권력의 효율적 사용을 통해 만족스러운 권력결과를 얻기 위해서는 부모의 충분한 애정적 뒷받침이 전제되어야 한다.

한편 부모자녀권력 연구에서, 부모권력에 비해 자녀권력은 거의 다루어지지 않고 있다. 자녀에 대한 부모의 사회화 책임이 미성년 자녀에게 집중되었음을 감안한다면, 성인이 된 자녀가 부모에게 가질 수 있는 자녀권력도 중요한 연구

과제가 될 수 있다. 따라서 시간의 경과에 따른 부모권력과 자녀권력 사이의 균형 변화는 흥미있는 연구과제이다.

부모-자녀권력 연구에서 자녀의 측면이 다루어진 연구에서는 주로 자녀의 응답을 통해 부모의 권력구조가 연구된다.

청소년 자녀가 인지하는 부모의 권력구조는 부모가 가진 자원, 가족 자원, 가족 크기, 청소년 자신의 전통주의 등의 영향을 받는다(McDonald, 1979). 따라서 청소년자녀 모두 부모의 교육수준이 높을때 부모권력을 높게 인지한다. 반면 남자청소년 자녀의 경우 가족수입이 많은 경우 부모권력을 낮게 인지하는 것으로 나타났다. 또한 가족의 크기가 큰 경우 여자청소년자녀는 아버지에 비해 어머니의 권력을 상대적으로 크게 인자한다.

또한 자녀가 지각하는 부모의 권력구조는 자녀가 가진 성역할 정체감에 영향을 미치는데, 부모의 권력구조를 일치형으로 지각하는 경우 자녀는 양성성의 성역할 정체감을 갖는다. 모 우위의 권력구조로 지각할 경우 양성성도 많이 나타나지만 미분화성이 더 많이 나타나 성역할 정체감에 곤란을 겪는 것으로 나타난다(김경자, 1990 : 165).

부모권력유형에 따른 자녀의 부모에 대한 태도에서 여학생은 평등형으로 지각할 때 부모에 대한 만족도 및 모에 대한 친밀도가 높게 나타난다. 반면 부 우위형일 때에는 아버지에 대한 신뢰도가 높게 나타난다(임정희, 1982 : 71).

3) 기타 가족원권력

부부권력, 부모-자녀권력을 제외한 기타 가족원 권력으로는 다양한 가족관계에 기반한 다양한 유형의 권력이 제시될 수 있다.

예를 들어 형제권력, 조부모-손자녀 권력, 시부모-며느리 권력, 처부모-사위권력이 그것이다. 또한 개개가족이 처한 친족관계망에 의거, 이들 관계를 제외한 삼촌, 고모, 이모 등 특정 친척원의 권력이 가족역동에 중요한 영향을 미칠 수도 있다.

그러나 현재까지 이들 기타 가족원 권력에 대한 연구는 매우 미미한 실정이다.

 기타 가족원 권력은 그 자체로도 의미가 있지만, 그보다는 보다 중요한 가족권력이라 할 수 있는 부부권력이나 부모-자녀권력을 포함하는 광범위한 가족권력의 역학관계에 그들 권력이 영향을 미칠 수 있다는 점에서 더욱 중요하다.

〈연구문제〉
1. 각자가 경험한 가족내 사건 중 권력관계가 가족원 간의 관계설정에 중요한 영향을 미쳤던 경우를 예를 들어 설명하시오.
2. 앞의 경우 권력을 행사했던 가족원은 통제시도를 위한 상호작용기술로써 어떠한 것을 사용했는지 설명하시오.
3. 가족권력을 설명하는 이론적 접근방법 중 한 가지를 선택, 1 번에서 제시되었던 가족사건에 적용하여 설명하시오.

제 10 장
가족의 의사소통

김순옥

　가족원간의 관계는 친밀하고 지속적인 상호작용을 하는 관계이다. 이러한 관계와 가족원간의 의사소통과는 밀접하게 관련되어 있다. 즉 가족원간에 친밀하고 지속적인 상호작용을 하기 위해서 의사소통의 필요성이 강조되기도 하고, 가족원 상호간에 원활한 의사소통이 있음으로 해서 가족원간의 친밀한 관계가 더욱 강화되기도 한다. 따라서 가족원간의 상호작용에 대한 이해를 위해서는 가족의사소통에 대한 이해가 필수적이라고 할 수 있다.

　본 장에서는 의사소통에 대한 기본적인 이해를 돕기 위한 의사소통의 개념, 가족의사소통 실태를 이해하기 위한 가족집단 및 가족원간의 의사소통형태, 그리고 가족원간의 의사소통에 있어서의 장애요인과 향상 방안에 대하여 살펴보기로 한다.

1. 의사소통에 대한 기본적 이해

가족원간의 의사소통에 대한 기본적인 이해를 위하여 의사소통의 중요성, 정의, 구성요소, 관련된 용어, 공리 등을 살펴보기로 한다.

1) 의사소통의 중요성

인간은 사회적 동물이라는 사실이 이미 주지된 바와 같이 인간은 완전히 고립된 상태로 존재하지 않고 다른 사람들과의 관계를 형성, 유지하면서 존재한다. 사람들간의 관계에서는 서로의 생각을 교환하거나 감정을 표현하는 의사소통이라는 현상이 수반된다.

개인들간의 의사소통은 그 특성이 각각 다를 수 있다. 즉 한 개인이 어떤 사람과의 의사소통에서는 공감을 받아 편안하고 즐거운 감정을 느낄 수 있으나 또다른 사람과의 의사소통에서는 비난을 받음으로써 불쾌한 감정을 느낄 수도 있다. 또는 어떤 개인이 다른 사람을 수용하기도 하고 거부하기도 할 것이다.

이와 같이 개인들간의 의사소통 특성은 각각 다르기 때문에 의사소통은 현상 그 자체로서도 중요한 의미를 가지며, 또한 이 의사소통에 따라 개인이나 그들의 관계 및 그들이 속한 집단이 영향을 받기 때문에 인간관계에서의 의사소통은 중요성을 갖게 된다. 의사소통이 중요한 이유를 구체적으로 설명하면 다음과 같다.

첫째, 의사소통은 인간 행위의 한 형태로서, 의사소통에 대한 이해는 인간에 대한 이해를 증진시키기 때문이다.

둘째, 개인은 다른 사람과 의사소통하는 과정에서 반영적인 자아를 인식하게 되어 자신에 대한 개념을 정확하게 파악할 수 있는 기회를 갖게 되기 때문이다.

셋째, 개인들간의 의사소통양식에 따라 그들의 관계는 달라질 수 있는데 긍정적인 의사소통은 상호간의 이해를 증진시키고 우호적인 관계를 발전시키지만 부정적인 의사소통은 그들의 관계를 악화시키거나 단절시키는 부정적인 영향을 미치기 때문이다.

2) 의사소통의 개념

(1) 의사소통의 정의

　의사소통현상은 매우 복잡하고 다양한 특징을 가지고 있다. 다시 말하면 상황에 따라 의사소통현상이 다르게 나타나기도 하고 중요시되는 점이 달라지기도 한다. 예를 들면 라디오의 뉴스방송은 송신자가 불특정한 수신자들에게 일방적으로 메시지를 전달하는 것이며, 선거유세장에서 입후보자가 정견발표를 하는 것은 청중들로 하여금 입후보자 자신의 정치적 견해를 이해하도록 하고 더 나아가 지지하도록 설득하려는 것이며, 부부간에 이야기를 나누는 것은 두 사람 모두 때로는 송신자가 되고 때로는 수신자가 되면서 쌍방적으로 메시지를 주고 받으며 공감을 형성하는 것이다.
　이와 같이 다양한 의사소통 현상으로 인하여 의사소통에 대한 정의를 간단히 또는 획일적으로 내릴 수 없기 때문에 학자들은 그들의 주요관점에 따라 정의를 달리하고 있다.
　의사소통에 대한 정의는 크게 세 가지 관점 즉 구조적 관점, 기능적 관점, 의도적 관점에 의하여 이루어진다고 볼 수 있으므로 세 가지 관점 및 그에 따른 의사소통의 정의를 살펴보기로 한다(차배근, 1976).
　첫째, 구조적 관점은 의사소통을 메시지나 정보의 송수신과정으로 보는 견해로서, 의사소통이란 메시지를 보내고 받는 과정 또는 정보가 한 장소에서 다른 장소로 흐르는 과정이라고 정의한다. 따라서 의사소통의 구조를 중요시하며 메시지의 유통과정이나 기술적인 문제에 비중을 둔다. 즉 주어진 정보를 어떠한 방법으로 정확하고 신속하게 전달할 것인가를 취급한다. 대표적인 학자들로는 샌보온(Sanborn), 섀년(Shannon), 위이버(Weaver), 위너(Wiener), 밀러(George A. Miller), 웨슬리(Westley) 등이 있다.
　둘째, 기능적 관점은 의사소통을 기호사용행동 자체로 보는 견해로서, 의사소통이란 어떤 자극에 대한 한 유기체의 분별적 반응이라고 정의한다. 따라서 기호화 및 해독과정을 중요시하며 의사소통의 기능이나 의미상의 문제에 비중을 둔다. 즉 인간들이 어떻게 기호를 사용하여 의미를 창조하고 공통의미를 수립하는가를 취급한다. 대표적인 학자들로는 스티븐스(Stevens), 바안런드(Barnlund), 댄스(Dance), 모리스(Morris), 플랫(Platt), 거어브너(Gerbner), 오스굿(Osgood), 탄넨바움(Tannenbaum) 등이 있다.

셋째, 의도적 관점은 의사소통을 어떤 사람이 다른 사람에게 영향을 미치기 위하여 의도적으로 계획한 행동이라고 보는 견해로서, 의사소통이란 한 개인이 다른 사람들의 행동을 변용시키기 위하여 자극을 보내는 과정이라고 정의한다. 이 때 의식적인 의도가 있는 행위라는 점을 강조하므로 설득과 같은 의미로 사용되기도 한다. 의도적 관점에서는 의사소통의 효과에 관한 문제를 중요시하며 의사소통 결과 유발된 의미가 수신자의 행동에 어떻게 영향을 미치는가를 취급한다. 대표적인 학자들로는 호브랜드(Hovland), 체리(Cherry), 아이젠슨(Eisenson), 오우어(Auer), 어윈(Irwin), 밀러(Gerald Miller), 버로(Berlo) 등이 있다.

이상의 세 가지 견해 및 그 정의들을 종합해보면 의사소통이란 유기체들이 기호를 통하여 서로 정보나 메시지를 전달하고 수신해서 서로 공통된 의미를 수립하고, 나아가서는 서로의 행동에 영향을 미치는 과정 및 행동이라고 정의할 수 있다.

(2) 의사소통의 구성요소

의사소통의 구성요소는 학자들에 따라 약간씩 견해를 달리하고 있으나 종합하면 화자(話者, 발신자 또는 메시지를 주는 사람), 정보(메시지), 매체, 청자(聽者, 수신자 또는 메시지를 받는 사람), 상황, 효과로 분류할 수 있다.

의사소통 요소에 대하여 몇 학자들의 견해를 살펴보면 다음과 같다.

새리노와 보다캔(Sereno & Bodaken, 1975)은 의사소통의 구성요소를 체계, 지각, 의미창조, 과정으로 분류하고 각 요소는 상호관련되어 있다고 하였다. 즉 개인은 체계내의 자극을 자신의 선택, 조직, 해석에 따라 지각하여 그 자극에 대한 의미를 창조하고 그 의미를 타인과 공유하려는 과정을 거친다는 것이다. 여기에서 체계는 내적 체계와 외적 체계로 구분되는데, 내적 체계란 개인의 태도와 자아존중감, 독단성 등의 성격을 포함하는 내적 요소를 의미하며 외적 체계란 단어, 논리성, 감정성 등의 언어적 단서와 표정, 자세, 음성, 신체상태 등의 비언어적 단서를 포함하는 외적 요소를 의미한다.

그런가 하면 스티네트, 월터스, 케이(Stinnett, Walters & Kaye, 1984)는 의사소통 요소는 메시지를 주는 사람, 메시지 자체, 메시지를 받는 사람, 메시지를 주고 받는 상황을 포함하며 각 요소가 지니고 있는 특성에 의하여 의사소통 현상이 달라진다고 설명하고 있으며, 헤이리(Haley) 역시 나, 말해지는 것, 너, 상황을 의사소통의 기본적 요소로 분석하고 있다(Foley, 1974).

내프와 밀러(Knapp & Miller, 1985)는 대인간 의사소통의 기본적인 요소로써 의사소통의 특성, 상황, 언어, 비언어를 들고 있으며, 아담스(Adams, 1980)는 의사소통의 주요 요소 두 가지를 말해지는 내용과 말해지는 방법이라고 하면서 대부분의 가족에서는 말해지는 내용보다는 말해지는 방법 때문에 더 어려움을 갖는다고 하여 가족의사소통에 있어서 메시지 자체보다는 방법의 중요성을 강조하고 있다.

차배근(1976)은 의사소통 요소를 커뮤니케이터, 메시지, 매체, 수용자, 효과, 피드백, 상황으로 분류하고 있는데 커뮤니케이터란 행위자를 의미하며 개인 또는 집단일 수 있다. 메시지란 행위자의 생각이 기호로 바뀐 상태로 행위자가 사용하는 기호들 또는 자극들의 집합이라고 할 수 있는데 객관적 사물, 사상(事象), 상황을 대신하는 언어, 그림, 도식 등이 여기에 해당된다. 매체란 메시지를 담는 용기 및 그 용기의 운반체, 회로 등을 말하는 것으로 신문, 라디오, TV, 잡지 및 음파, 광파 등이 해당된다. 수용자란 메시지를 받는 개인이나 집단을 말한다. 수용자는 커뮤니케이터가 보내는 메시지를 받아 반응을 보이게 되는데 이 반응 중 커뮤니케이터가 의도한 반응만을 효과라고 한다. 피드백이란 커뮤니케이터가 수용자의 반응을 보고 자기의 의도와 비교, 평가해서 차이가 있을 때 자극을 수정, 보완해서 다시 보내는 것을 의미한다. 커뮤니케이션 상황이란 의사소통이 일어나는 시대적, 지리적 상황으로 분위기, 장소, 시간, 송·수신자의 관계, 사회적 정치적 체계, 세계정세, 문화적 배경 등이 해당된다.

홍기선(1989)은 의사소통의 요소를 구조, 내용, 효과로 구분하여 설명하고 있다. 구조란 의사소통에 참여하는 사람들의 메시지가 전달되는 과정 즉 정보가 한 곳에서 다른 곳으로 전달되는 통로, 또는 정보의 양과 흐르는 방향에 영향을 주는 제도적 물리적 상황이나 조건을 의미한다. 내용이란 의사소통에 참여한 사람들이 사용하는 언어와 비언어 즉 정보가 표시되는 상징과 그 상징을 통해 전달되는 의미를 말한다. 효과란 의사소통에 참여한 사람들의 지식, 의견, 태도의 변화 즉 정보가 교환됨으로써 의사소통자에게 나타난 변화를 의미한다.

(3) 의사소통과 관련된 용어

의사소통현상은 의사소통이 이루어지고 있는 장(場)에 따라 여러 유형으로 분류된다. 여기에서는 가족이라는 집단내에서 이루어지는 가족의사소통과 관련된 용어에 대해서 살펴보기로 한다.

가족의사소통은 가족집단 또는 두 사람 이상의 가족원간에 있어서 언어나 표정, 몸짓의 신체동작 등을 매체로 하여, 전하고자 하는 메시지를 주고 받는 상호작용과정이라고 할 수 있다. 가족의사소통과정에 있어서 가족원은 발신자, 즉 화자(話者)가 되거나 수신자, 즉 청자(聽者)가 된다. 다시 말하여 누구는 화자, 누구는 청자로 고정되어 있는 것이 아니라 가족원 모두가 때로는 화자, 때로는 청자가 되는 것이다. 그리고 가족의사소통에 있어서 메시지의 내용은 다양할 수 있다. 즉 문제해결을 위한 메시지인 기능적 메시지나 정서적 욕구 충족을 위한 메시지인 친화적 메시지 등으로 구분할 수 있다. 매체 역시 다양한데 크게는 언어적 형태와 비언어적 형태로 구분되어진다. 또한 가족의사소통은 두 사람 이상이 주로 대면관계에서 상호작용하는 것이기 때문에 피드백이 비교적 즉각적이며, 의사소통하고 있는 가족원간에 서로 영향을 미치는 효과가 발생한다.

　이와 같은 가족의사소통 현상을 보다 깊이 있게 이해하기 위해서는 가족의 사소통 현상과 관련된 몇 가지 개념들을 알아야 한다. 관련된 용어들의 개념을 로쉬, 그리프, 뉴젠트(Raush. Greif & Nugent, 1979)가 정리한 내용을 참고로하여 서술하면 다음과 같다.

　① 내용(content) 과 관계(relationship)

　의사소통에 있어서 내용과 관계는 베이트슨(Bateson)의 개념에서 도입된 것으로, 내용은 베이트슨의 보고(report)와 유사하고 관계는 베이트슨의 명령(command)과 유사한 개념이다. 내용은 의사소통하고자 하는 메시지 또는 정보를 의미하며, 관계는 메시지를 통해 규정되는 의사소통자간의 상호작용특성을 의미한다.

　가족원들간의 의사소통에 있어서 오고 가는 메시지는 내용을 전달하는 것만이 아니라 관계를 규정한다. 예를 들면 어머니가 아들에게 "문을 닫아라" 했다면 '문을 닫으라'는 메시지를 전달하는 내용측면과 '나는 어머니이고 너는 아들이니 어머니인 나의 명령에 따라 네가 문을 닫을 것이다'라는 관계측면이 포함되어 있는 것이다.

　의사소통이 자연스럽고 원만할수록 관계측면은 덜 중요하다. 반대로 원만하지 못한 의사소통에서는 의사소통의 내용측면은 덜 중요하게 생각하고 관계측면의 특성에 대하여 끊임없이 다투게 되는 경향이 있다.

　일반적으로 부부 의사소통이나 가족 의사소통의 이론에서는 가족원들간의 관계측면에 더 많은 관심을 갖는 경향이 있다.

　② 언어적(verbal) 형태와 비언어적(nonverbal) 형태

　의사소통에 있어서 메시지를 전달하는 매체인 신호나 기호에는 여러 가지가 있을 수 있다. 말, 음성, 글, 그림, 몸짓, 표정, 냄새 등이 그것이다. 이와 같은 매체를 특성에 따라 구분하여 보면 언어 자체가 사용되는 언어적 형태와 음성이 사용되는 준언어적 형태 그리고 언어나 음성이외의 수단이 사용되는 비언어적 형태가 있다(Swensen, 1973). 준언어적 형태는 때로 비언어적 형태에 포함되기도 한다.

언어적 형태와 준언어적 형태는 그 수단이 언어 또는 음성으로 비교적 단순하지만 비언어적 형태는 좀더 복잡하여 몇 가지 유형으로 세분된다. 즉 비언어적 형태는 신체이동, 자세, 몸짓, 표정을 통한 신체동적 형태(kinesic), 접촉을 통한 촉감적 형태(tactile), 냄새를 통한 후각적 형태(odorific), 간격을 통한 공간적 형태(territorial 또는 proxemic), 의상이나 장식을 통한 인공적 형태(artifactual) 등으로 분류되기도 하고(Swensen, 1973) 의상, 얼굴과 눈, 자세, 몸짓, 접촉, 목소리, 공간과 지역성, 환경 등으로 분류되기도 한다(홍기선, 1989).

언어적 형태는 좀더 분명하지만 비언어적 형태는 불분명하고 모호한 경우가 많다. 언어적 형태와 비언어적 형태 모두에 관심을 가져야 하지만 분명하지 못한 경우가 많은 비언어적 형태에 더 많은 주의를 기울여야 할 것이다.

③ 디지털(digital) 형태와 아날로그(analog) 형태

의사소통 매체의 또다른 분류방법으로는 디지털 형태와 아날로그 형태가 있다. 디지털 형태는 메시지 전달을 위하여 사용되는 단어, 기호, 상징 등으로 주로 언어적 형태이다. 반면에 아날로그 형태는 나타내고자 하는 것을 그대로 표현하는 것을 의미하는데, 예를 들면 고양이 그림을 그린다거나 고양이의 움직임을 흉내내어 고양이를 나타내는 것이다. 아날로그 형태는 자세, 몸짓, 표정, 음성 등 주로 비언어적 형태와 동일하다.

베이트슨은 아날로그 또는 비언어적 형태를 사랑, 증오, 존경, 공포, 의존 등의 인간관계와 관련있다고 하면서 아날로그 형태가 디지털 형태보다 더 원시적이라는 견해에 반대하였다. 또한 그는 아날로그 형태를 디지털 형태로 전환하는 것이 불가능한 것은 아니지만 어렵다고 하였다.

④ 반복성(redundancy)

가족의사소통 연구에 있어서 기본적인 관심사 중의 하나는 특정한 상호작용 형태의 반복성이다. 반복성은 의사소통에 있어서 착오나 오해를 방지하는 강력한 안전장치이기 때문에 적절한 반복성이 필요한 것이다. 단순한 기계적 의사소통체계에 있어서는 최적의 반복성을 논하기가 쉽지만 가족체계에서는 최적의 반복성을 결정하기가 더 어렵다. 다시 말하면 기계적 의사소통 체계에서

메시지를 전달할 때는 외부 잡음을 극복하는데 필요한 반복의 양과 형태가 최적의 반복성으로 규정될 수 있지만, 가족의사소통 체계에 있어서의 반복성은 **상호작용형태**를 의미하기도 하고, 관계규칙을 나타내기도 하고, 누가 누구에게 무엇을 말할 것인가를 규정하여 가족원들의 역할을 분담 고정시키는 형태를 나타내기도 하기 때문에 적당한 반복수준을 결정하기가 어렵다. 그러나 메시지의 뜻이 분명하게 전달되고, 하나의 메시지가 반복됨으로써 느껴지는 지루함이 없고, 한 메시지의 반복으로 인하여 다른 메시지의 전달을 방해하지 않는다면 반복수준이 적절하다고 할 수 있다.

반복성은 가족마다 차이가 있다. 예를 들면 갈등을 유발시킬 문제를 제기하는 사람, 그 문제 제기를 반박하는 사람, 이를 조정하는 사람이 각각 있을 수 있는데 어떤 가족에서는 아버지가 언제나 문제를 제기하고, 어머니는 그것을 반박하고, 자녀가 중재하는 가족이 있는가 하면 또다른 가족에서는 각각의 역할이 다를 수 있다.

친근한 관계로 의사소통이 계속되는 부부간이나 가족원간에 있어서는 같은 메시지가 반복되기도 하고, 언어적 채널과 비언어적 채널이 반복되기도 한다. 언어적 채널과 비언어적 채널이 반복되는 경우에는 두 채널이 같은 의미를 전달하여 메시지의 뜻이 더 분명해지거나, 아니면 두 채널이 서로 다른 의미를 전달하여 오히려 혼란스러워지기도 한다.

일반적으로 지나치게 몰입된 가족은 의사소통에 있어서 과다한 반복성을 지니는 반면에 지나치게 분리된 가족의 의사소통은 반복성이 너무 적게 나타난다고 할 수 있다.

⑤ 대칭적 형태(symmetrical pattern)와 상보적 형태(complementary pattern)

가족원간의 의사소통이 지속되다보면 일정한 관계규칙이 형성되는데 이 관계규칙은 가족원들이 공공연하고 명백하게 규정짓기도 하고 은밀하게 암묵적으로 정해지기도 한다.

가족의사소통 이론가들은 베이트슨이 1936년에 제시한 두 가지 상호작용 유형을 인용하여 부부관계나 가족관계의 특성을 설명하고 있다. 그 두 가지 상호작용 유형이란 대칭적 형태와 상보적 형태이다.

　대칭적 형태란 각 의사소통자의 행동이 서로 상대방의 행동을 반향시키는 형태로 의사소통자간에 대등하며 신분상의 차이를 최소화하며 경쟁하는 것이다. 다시 말하면 같은 견해라 할지라도 서로 동의하지 않고 각자의 의견을 각자의 말로써 경쟁적인 태도를 취하면서 의사소통하여 각자의 태도를 서로 상승시키는 영향을 준다. 예를 들면 갑이 상대방 을을 비웃으면 을이 더욱 심술맞게 반응하고, 을의 심술 영향으로 갑은 을을 더욱 비웃게 된다.

　반면에 상보적 형태란 한 사람이 다른 사람의 행동을 보충하는 형태로 모든 의사소통에 있어서 지배 복종의 관계가 형성된다. 예를 들면 갑이 무엇을 주장하면 상대방 을은 복종하여 갑으로 하여금 더욱 자기 주장을 하게 하며 을은 더욱 복종적으로 된다. 상보적 형태의 특징은 불평등하며 신분상의 차이를 최대화하는 것이다.

　이 두 형태는 가치판단을 내포하고 있는 것이 아니므로 어느 형태가 바람직하고 어느 형태가 바람직하지 않다고 평가할 수는 없다.

　건전한 가족관계에서는 두 형태가 균형적으로 적용되어 상황에 따라 두 형태 중 어느 한 형태가 적절하게 나타나며 두 형태가 서로 전환될 수 있다. 그러나 만약 두 형태 중 어느 한 형태로만 지나치게 편중된다면 병리적 현상으로 발전될 수 있다. 즉 계속적으로 대칭적 형태가 강화된다면 파괴적일 수 있고, 상보적 형태가 계속 강화된다면 무기력해질 수 있다.

　　⑥ 이중구속(double bind)

　하나의 메시지를 전달하기 위하여 사용되는 여러 매체들이 동일한 정보를 제공하면 메시지는 매우 정확하게 전달된다. 그러나 하나의 메시지를 전달하는데 사용된 매체들의 정보가 각각 다르다면 메시지는 두 가지 이상의 의미로 전달되거나 모호해진다. 예를 들면 말로는 "괜찮아요"하면서 음성은 화가 나 있다면 두 가지의 메시지가 전달된 셈이다. 이러한 현상을 베이트슨 등은 이중구속이라고 명명하였다.

　이중구속은 매체간의 불일치로 인한 두 가지 이상의 의미를 전달하는 것만을 의미하는 것이 아니라 서로 다른 추상적인 차원을 통하여 나타내는 상호

배타적인 명령도 의미한다.

　이중구속의 특성을 가진 메시지는 상반되고 모순되므로 수신자가 어떠한 반응을 보이더라도 적합하지 않다. 이러한 이중구속은 가족과 같이 친밀하고 오래 지속되는 관계에서 더 잘 발생될 수 있다.

　⑦ 불일치(disjuntiveness)

　가족의사소통 이론가들은 의사소통에 있어서의 내용, 관계, 방법, 추론 등이 일치하지 않아 오해, 갈등 등이 발생될 수 있다고 가정한다.

　불일치의 유형으로는 다음 네 가지를 들 수 있다.

　첫번째 유형은 내용과 관계의 불일치로서 불일치의 대표적인 유형이다. 예를 들면 남편이 부인에게 "뭐가 잘못되었소?" 했을 때 부인이 화가 난 어조로 "아무것도 아니예요"라고 응답했다면 부인의 의사소통행위는 아무것도 아니라는 내용과 나는 남편에게 화가 나 있다라는 관계간에 불일치가 된 것이다. 내용과 관계의 불일치는 이중구속과 같은 현상이다.

　두번째 유형은 실격(disqualification)이다. 실격이란 의사소통하고 싶지 않거나 할 능력이 없는데 의사소통을 강요받았기 때문에 메시지를 전달해야만 하는 송신자가 자신의 의사소통을 무효화하는 방법으로 의사소통하여 자신을 방어하는 것을 의미한다. 따라서 실격은 내용과 방법의 불일치라고 할 수 있다. 자기모순, 전후 불일치, 주제 전환, 무관한 내용, 불완전한 문장, 오해, 모호한 말투, 판에 박힌 말투, 은유적인 표현을 문자 그대로 해석하는 것, 직접적인 표현을 은유적으로 해석하는 것 등이 실격에 포함된다. 실격은 의사소통을 혼란스럽게 만들고 참여한 자신 또는 타인들의 정체감과 참여자들간의 관계 특성에 대한 느낌이나 생각을 모호하게 만드는 병적 관계를 나타나게 한다.

　세번째 유형은 부인(disconfirmation)이다. 부인이란 수신자가·송신자의 메시지나 메시지의 정당성을 인정하지 않는 것이다. 부인은 때때로 '다른 사람의 마음 읽기' 형태로 나타난다. "너는 너 자신이 걱정한다고 생각하지만 실제로 너는 걱정하지 않는다"라고 말하는 경우나 자녀는 울적한 상태인데 부모는 자기 자녀가 행복해 한다고 말하는 경우를 예로 들 수 있다. 부인은 내용과 추론의 불일치이다.

네번째 유형은 일단락짓기의 불일치(punctuational disjunctions)이다. 의사소통은 연속적 과정이다. 친밀하며 지속적인 관계에서는 일시적인 사건들이 연속되며 비슷한 사건들이 재현되기 쉽다. 일단락짓기란 연속적인 의사소통에 있어서 누구의 행위가 자극이고 누구의 행위가 반응인가를 인식하는 것, 즉 자극과 반응의 관계를 규정하는 것을 의미한다. 짧은 시간의 상호작용에 있어서는 자극이 되는 행위와 반응이 되는 행위를 구분하는 것이 용이하다. 그러나 지속적인 상호작용에 있어서는 자극과 반응을 구분하는 것이 쉽지 않으며, 또한 각 행위가 자극이 될 수도 있고 반응이 될 수도 있다. 즉 갑의 어떤 행위는 을의 행위를 유발시키는 자극이 될 수 있고, 을의 이전 행위에 의하여 유발된 반응일 수도 있다. 이 때 자극과 반응에 대한 갑과 을의 인식이 같을 수도 있고 다를 수도 있는데 갑과 을의 인식이 다른 경우를 일단락짓기가 불일치된 경우라고 한다. 다시 말하면 일단락짓기의 불일치란 의사소통에 참여한 사람들간에 자극과 반응이 서로 다르게 일단락지워지는 것을 의미한다. 예를 들면 부인의 잔소리와 남편의 회피가 계속되는 부부가 있을 때 남편은 부인의 잔소리 때문에 피하게 된다 하고, 부인은 남편의 회피 때문에 잔소리하게 된다고 한다. 즉 남편은 부인에 대한 반응으로 자신의 행동이 있다고 일단락짓고 부인은 반대로 남편의 행동에 대한 반응으로 자신의 행동이 있는 것이라고 일단락 짓는 것이다.

⑧ 메타의사소통(metacommunication)

의사소통의 내용과 관계 중 내용면을 규정하는 관계면을 메타의사소통이라고 하는가 하면(Watzlawick. Beavin & Jackson, 1967) 지속적인 의사소통과정에 대한 해석을 메타의사소통이라고 한다는(Rauch. Greif & Nugent, 1979) 견해가 있지만, 일반적으로 메타의사소통은 의사소통이 이루어지는 방법에 대한 의사소통을 의미한다. 즉 의사소통에 대한 의사소통을 의미하는 것으로 그 형태는 언어적일 수도 있고 비언어적일 수도 있다. 예를 들면 "분명하게 말해봐요"라는 언어적 형태나 말을 중단시키는 위압적인 눈짓 등의 비언어적 형태의 메타의사소통이 있다.

메타의사소통은 의사소통에 있어서의 문제를 해결하는 데에 필요하다. 예를 들면 메타의사소통은 의사소통의 불일치 문제를 해소할 수 있다. 내용과 관계의 불일치에서 들었던 예에 있어서 부인이 "아무 것도 아니에요."라고 했을 때 남편이 "당신은 아무 것도 아니라고 말하지만 뭔가 문제가 있는 것 같은 태도인데요"라는 메타의사소통을 하고 이에 대해 부인이 내용과 관계가 일치되는 의사소통을 하면 처음의 불일치는 해소될 수 있다. 그러나 남편의 메타의사소통이 없거나 이에 대한 부인의 적절한 반응이 없다면 불일치는 해소되지 않고 이중구속으로 발전하게 된다.

⑨ 항상성(homeostasis)과 피드백(feedback)

잭슨은 관찰을 통하여 한 가족원이 치료되면 다른 가족원이 장애를 일으키게 되는 사실을 발견하고, 그 사실을 근거로 하여 가족항상성 개념을 발달시켰다. 즉 그가 관찰한 몇몇 병리적 가족 중에서는 가족기능수행의 체계를 유지하기 위하여 가족원 중의 한 사람이 아프거나 미치거나 불행해지는 것 같다고 하였다. 이러한 현상에 대하여 잭슨은 전체적인 체계로서의 가족 균형을 유지하도록 하는 통제과정 중의 일부분으로 간주될 수 있다고 하였다. 이와 같이 잭슨은 가족체계가 균형을 유지하고자 하는 방향으로 역동적인 상호작용을 한다고 주장하였으며 균형이 내·외적 요구나 변화에 의하여 위협을 받게 되면 균형을 재정립하기 위하여 관계적 규칙이 개입된다고 하였다.

항상성은 피드백이라는 기제를 필요로 한다. 피드백이란 산출된 결과(output data)에 의하여 입력(input)이 영향을 받는 것과 관련되는 순환적 과정으로 부정적(negative) 피드백과 긍정적(positive) 피드백이 있다.

부정적 피드백이란 항상성을 유지하려는 과정으로 일탈이 최소화되도록 입력을 조정하며, 긍정적 피드백이란 일탈이 증가되도록 입력을 조정하는 것을 의미한다. 따라서 부정적 피드백을 일탈방지과정이라 하고, 긍정적 피드백을 일탈확대과정이라고도 한다. 즉 부정적 피드백은 가족체계의 안정과 관계 있고, 긍정적 피드백은 가족체계의 변화와 관계 있다.

불행하게도 가족의사소통이 부정적 피드백 또는 긍정적 피드백 중 어느 것을 나타내는지 항상 분명한 것은 아니다. 그러나 가능한 예를 들어보면 상보적 의사소통 형태는 부정적 피드백의 예가 되고, 대칭적 의사소통 형태는 긍정적 피드백의 예가 될 수 있다.

(4) 의사소통의 공리

의사소통과 관련하여 다음과 같은 가설적인 공리가 제안되고 있다(Watzlawick, Beavin & Jackson, 1967). 의사소통의 가설적인 공리는 의사소통의 기본적인 현상을 설명한 것이다. 각 공리에서의 용어의 의미는 (3)항 의사소통과 관련된 용어를 참고하면 알 수 있을 것이다.

첫째, 의사소통하지 않는다는 것은 불가능하다. 대인관계에 있어서 모든 행동은 의식적이든 무의식적이든 메시지를 전달하는 것이 된다. 다시 말하면 말이나 행동은 물론 침묵조차도 관계에서의 어떤 것을 나타내기 위한 의사소통행위인 것이다.

둘째, 모든 의사소통에는 내용(content)과 관계(relationship)의 두 가지 측면이 있다.

셋째, 의사소통자간의 관계는 계속되는 의사소통에 있어서의 일단락짓기(punctuation)에 의하여 특징지어진다. 자극과 반응의 관계에 대한 인식의 불일치, 즉 일단락짓기에 대한 불일치는 끊임없이 관계 투쟁의 근원이 되는 것이다.

넷째, 사람들은 언어적 형태(verbal pattern)와 비언어적 형태(nonverbal pattern)로 의사소통한다. 언어적 형태를 디지털 형태라고도 하며 비언어적 형태를 아날로그 형태라고도 한다. 또한 언어적 형태는 의사소통의 내용 측면과 더 관련이 있으며, 비언어적 형태는 의사소통의 관계 측면과 관련이 더 있다.

다섯째, 모든 의사소통은 의사소통하는 사람들의 관계에 따라 대칭적 형태(symmetrical pattern)이거나 상보적 형태(complementary pattern)이다.

2. 가족의사소통의 형태

가족은 상호관계가 지속적으로 이루어지는 집단이므로 시간이 흐름에 따라 상호작용이 유형화된다. 가족내 의사소통 역시 가족원 상호작용의 일부로 가족마다 또는 가족원 관계마다 독특한 양식으로 형성, 유지, 변화되는 것이다. 이 때 어떤 가족은 비교적 언제나 일정한 의사소통의 유형으로 고정될 수도 있고, 또 어떤 가족은 다양한 의사소통유형을 사용할 수도 있다.

가족의 의사소통형태는 가족집단 전체로서 나타내는 양식과 가족원간의 각 관계에서 나타내는 양식이 있을 수 있다. 따라서 가족의사소통형태에 관해서는 가족집단으로서의 형태와 가족원간의 형태로 구분하여 살펴보기로 한다.

1) 가족집단으로서의 의사소통형태

가족집단으로서의 의사소통형태는 다음과 같은 몇 가지 유형으로 분류되어지며 각 유형은 특성을 달리한다(Galvin & Brommel, 1982 : Sears. Freedman. & Peplau, 1985).

(1) 사슬형(chain network)

〈그림 10-1〉 사슬형

사슬형은 양쪽 끝에 위치하는 가족원은 한 가족원과만 의사소통하고, 중간에 위치한 가족원들은 두 가족원과 의사소통하는 유형이다. 중간에 위치한 가족원들은 서로 동등하고 가족내에서 보다 중심적인 사람이며, 양끝의 가족원은 다소 격리되어 있다. 사슬형에서는 권위에 따른 위계적 체계가 있어서 메시지가 권위 있는 윗사람으로부터 아래로 전달되기도 하고 반대로 아랫 사람으로부터 위로 전달되기도 한다.

사슬형은 가족 모두가 바빠서 가족원들이 함께 할 시간을 만들기 어려울 경우에는 효과적으로 사용될 수 있으나 가족원들을 분리시키기도 한다. 또한 사슬형에서는 어떤 문제는 누구에게만 직접 이야기하고 누구에게는 직접 이야기해서는 안된다는 의사소통 규칙이 적용되기도 한다.

(2) 원형(circle network)

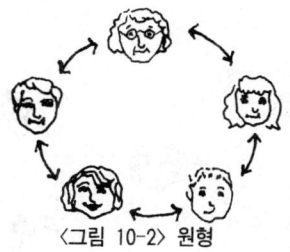

〈그림 10-2〉 원형

원형은 사슬형과 유사하지만 사슬형의 가장자리에 있는 가족원간에 의사소통이 되는 유형이다.

모든 가족원은 각각 양옆에 해당되는 가족원과 의사소통하지만 다른 사람과는 의사소통이 잘 안되며, 모든 가족원은 평등한 상태이다.

(3) Y형(Y network)

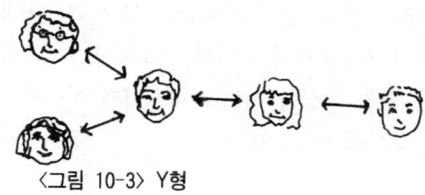

〈그림 10-3〉 Y형

Y형은 메시지가 한 가족원을 통하여 한 가족원 혹은 둘 이상의 가족원에게

전달되는 유형이다. 자녀를 데리고 재혼하는 가족에서 흔히 볼 수 있는 형태로 친부모는 의식적이든 무의식적이든 계부모와 자녀간의 중간에 위치하여 Y형을 형성하게 된다. 이러한 가족에서는 친부모만이 자녀를 훈육하는 규칙을 갖게 된다.

사슬형, 원형과 함께 Y형은 메시지가 한 가족원에게서 다른 가족원에게로 전달되면서 왜곡되어질 수도 있고 선별되거나 전달자의 마음대로 메시지를 바꿀 수도 있다. 따라서 사슬형, 원형, Y형은 가족 충돌을 감소시키기도 하지만 메시지를 잘못 전달하기도 한다.

(4) 바퀴형(wheel network)

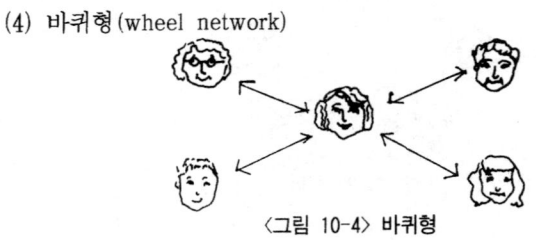

〈그림 10-4〉 바퀴형

바퀴형은 중심이 되는 한 가족원은 모든 가족원과 의사소통할 수 있으나 나머지 모든 가족원은 중심이 되는 한 가족원과만 의사소통하는 유형이다.

모든 메시지를 통제하는 한 가족원은 메시지를 긍정적으로 또는 부정적으로 여과시키고 왜곡시킬 수 있으며 의사소통 규칙을 강화시킬 수도 있다. 또한 가족체계내의 긴장을 효율적 또는 비효율적으로 관리할 수도 있으며 지배적인 역할을 할 수도 있다. 한 가족원만이 모든 가족원과 의사소통하기 때문에 그 사람은 가족의 기능수행에 있어서 중요하게 된다. 의사소통의 부담이 크고 집중적으로 될 때는 중심이 되는 가족원에게 어려움이 발생하지만, 가족원들을 친밀하게 단합시킬 수도 있다.

(5) 완전통로형(all-channel network)

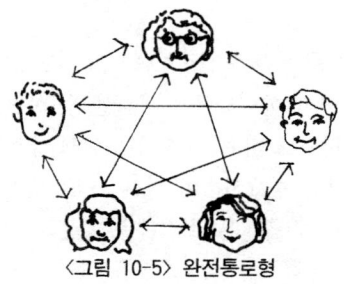

〈그림 10-5〉 완전통로형

완전통로형은 모든 가족원들간에 양방적으로 의사소통이 이루어지는 유형이다. 의사소통은 모든 방향으로 흐르고 피드백을 최대로 사용한다. 모든 상호작용은 직접적이며 어느 가족원도 중개인이 되지 않는다.

완전통로형에서는 가족원 모두가 참여하여 의사소통하고 정보를 나누므로 문제해결방법이 효과적으로 결정될 수 있다. 다만 어떤 주제에 대해서는 언급하지말아야 한다는 규칙이 있을 때에는 효과를 얻지 못한다. 완전통로형은 동등한 참여가 가능한 한편 모든 방향으로 메시지가 흐르기 때문에 비조직적이고 혼란스러워질 수도 있다.

이상의 다섯 가지 유형 이외에도 특별한 상황에서는 다른 유형들이 형성될 수 있다. 대부분의 가족들은 일상생활에서 의사소통의 여러 유형을 사용한다. 상황에 따라 의사소통유형 선택이 달라지기도 한다. 예를 들면 일상의 일과에 대해서는 사슬형으로 의사소통하는 가족이 휴가를 계획할 때는 완전통로형이 될 수 있다.

가족의사소통 형태는 가족 이외의 의미 있는 타인의 참여에 의하여 영향을 받을 수도 있다. 의미 있는 타인이란 가족 중의 한 사람 또는 그 이상과 친밀한 관계를 맺고 있는 사람을 의미한다. 가족 이외의 의미 있는 타인이 참여하게 되면 그 타인과 관계를 맺고 있는 가족원의 의사소통 역할이 커진다.

또한 가족의사소통 형태는 자녀가 성장함에 따라 변화될 수 있다. 예를 들어 자녀가 어릴 때에는 질서의 유지와 훈련을 용이하게 하기위하여 사슬형이나 바퀴형일 수 있으나 자녀가 성장하면 자녀의 자율성과 책임감을 인정하여 완전 통로형이 될 수 있다.

　가족내에서는 의사소통 형태와 관련하여 하위집단이나 동맹관계가 발생하기도 한다. 사슬형에 있어서 한 쪽 끝에 위치한 두 사람은 모든 상황에서 매우 친밀하고 서로를 지지하기도 하며, Y형에 있어서 중심이 되는 가족원은 가족원 중 한 사람과의 관계를 중요시하여 다른 가족원에게는 정보를 주지 않거나 통제할 수도 있다. 어떤 가족원은 소집단을 형성하여 자기들끼리만 의사소통하고 다른 가족원과는 직접적인 의사소통을 하지 않는 경우도 있다.

　이상에서 살펴본 바와 같이 가족의사소통 형태는 누가 누구에게 의사소통하고, 누구를 포함시키고 누구를 제외하는지, 누가 완전한 정보를 얻고 누가 부분적인 정보를 얻는지, 누가 특정한 정보를 통제하는지 등의 문제들을 규정하며, 의사소통에 관한 규칙을 내포하고 있기 때문에 매우 중요한 의미를 갖는다.

2) 가족원간의 의사소통 형태

　모두 성인인 부부간의 의사소통 형태와 성인과 미성인간인 부모자녀간의 의사소통 형태로 구분하여 살펴보기로 한다.

(1) 부부간의 의사소통 형태

　부부간의 의사소통 형태 분류는 분류하는 기준에 따라 다르게 제시되고 있다. 여기에서는 부부간의 의사소통 실태를 이해하는데 도움이 되는 몇몇 학자들의 분류를 인용하기로 한다.

　기브(Gibb, 1965)는 의사소통의 기능성에 따라 방어적 의사소통과 지지적 의사소통으로 분류한다. 방어적 의사소통이란 독단, 통제와 전략, 무관심, 우월감 등의 역기능적 의사소통을 의미하며, 지지적 의사소통이란 성실한 정보 추구, 정보제공, 자발적인 문제 해결, 감정이입이 되는 이해, 대등함 등의 순기능적 의사소통을 의미한다.

사타이어(Satir, 1972)는 대인간의 상호작용에 관심을 갖기 시작한 지 30년이 되면서 대인간의 의사소통에 어떤 일반적인 유형들이 있다는 것을 실태를 통하여 알게 되었다고 하면서 다섯 가지 유형, 즉 회유형(placating), 비난형(blaming), 계산형(computing), 혼란형(distracting), 수평형(leveling)을 제시하였다. 수평형을 제외한 나머지 네 가지 유형은 개인이 위협을 느끼지만 자신의 약점을 나타내기 싫기 때문에 그 약점을 감추려고 노력할 때 나타나는 유형들이다. 각 유형을 구체적으로 살펴보면 다음과 같다.

첫째, 회유형은 상대방이 화내지 않게 하려는 유형으로 상대방의 기분을 맞추려고 애쓰고, 사과하고, 결코 반대하지 않으며, 아무 일도 아닌 것처럼 말하며, 자기 스스로는 아무 일도 할 수 없는 듯이 말한다. 한마디로 회유형의 사람은 아첨꾼으로 모든 일에 "예"라고 말한다.

둘째, 비난형은 자신을 강하게 보이도록 하려는 유형으로 상대방의 결점을 발견하여 비난하고, 독재자나 우두머리로서 행동하며, 목소리는 딱딱하고 날카롭고 크다.

셋째, 계산형은 위협이 아무런 해가 되지 않는 것처럼 행동하고 큰소리를 사용함으로써 자신의 가치를 내세우려고 하는 유형으로 어떠한 감정도 겉으로 나타내보이지 않고, 매우 이성적이며 정확하고 침착하고 냉정하며, 목소리는 건조하고 단조로우며, 말은 추상적이기 쉽다.

넷째, 혼란형은 위협을 무시하고 마치 위협이 없는 것처럼 행동하는 유형으로 다른 사람의 행동이나 말과는 무관한 행동이나 말을 하며, 초점에 맞는 반응을 하지 못하며, 목소리는 단조로우며 말과 맞지 않는다.

다섯째, 수평형은 불화를 화해시키고, 곤경을 타개하고, 사람들 사이에 다리를 놓는 유형으로 목소리, 얼굴표정, 몸의 자세, 음정, 말 등이 서로 조화를 이루며, 관계는 편안하고 자유롭고 솔직하며, 자경심에 대한 위협이 거의 없다. 수평형은 바람직한 의사소통 방법이기는 하지만 실제로 이 유형에 속하는 사람은 극히 소수에 불과하다. 그러나 수평형의 의사소통을 하기 위해서 많은 노력이 있어야 하겠다.

한편 호킨스, 바이스버그, 레이(Hawkins, Weisberg & Ray, 1980)는 의사소통형태를 언어화 정도와 감정노출 정도라는 두 차원을 각각 두 범주로 구분한 후 조합하여 네 가지 유형 즉 차단형(conventional), 억제형(controlling), 분석형(speculative), 친숙형(contactful)으로 구분하고 있다.

차단형은 문제를 피하거나 숨김으로써 명백하게 언어화하지도 않고 감정노출도 하지 않는 형이며, 억제형은 상호간의 의미탐색에 대하여 폐쇄적이고 거부적이어서 내적 상태를 분명하게 언어화하는 것을 피하지만 감정 상태는 언어 이외의 단서들을 통하여 많이 노출하는 형이다. 그리고 분석형은 문제에 대하여 다양한 측면에서 탐색하고 자신의 신념, 생각 등을 명백하게 언어화하며 다른 사람의 견해를 존중하는 개방적 태도를 지니지만 감정노출은 적은 형이며, 친숙형은 자신과 타인의 내적 상태에 대하여 분명하게 언어화하며 감정적 노출도 많은 형이다.

이상의 설명을 일목요연하게 도표화하면 다음과 같다.

〈표 10-1〉 호킨스 등(Hawkins et al.)의 의사소통유형

감정노출 정도 \ 언어화 정도	폐쇄적	개방적
낮은 노출	차단형	분석형
높은 노출	억제형	친숙형

다음으로 한국의 부부간 의사소통 형태에 대한 연구도 활발히 이루어지고 있는데 연구된 결과는 다음과 같다.

이창숙·유영주(1988)는 실태조사에 근거하여 한국 가족에 있어서 남편들의 의사소통유형은 권위형 친숙형 성실형 분석형 타인지향형으로, 부인들의 의사소통유형은 권위형 성실형 타인지향형 희생형 분석형으로 구분된다고 하였다.

그리고 이정순·박성연(1991)은 부부간에 일어나는 일반적인 의사소통행동, 배우자에게 의사소통을 하기 위한 접근방식, 의사결정, 배우자의 반응에 대한 고려, 의사소통을 성공적으로 이끌기 위한 노력 등을 조사하여 분석한 결과

남편의 의사소통 유형은 독선형 순종형 권위지향형 무관심형 상호존중형으로, 부인의 의사소통 유형은 독선형 무관심형 상호존중형 순종형으로 구분되었다고 하였다. 또한 남편과 부인간의 의사소통유형의 관계는 보완관계가 가장 많으며 다음이 대립관계, 대등한 관계의 순으로 나타났으며 보완관계에서는 남편보완과 부인보완이 비슷한 정도라고 하였다.

특히 송성자(1985)는 문제가족의 부인을 대상으로 하여 한국 부부간의 역기능적 의사소통 형태를 분석하였는데, 그 결과 남편의 역기능적 의사소통 유형은 권위지향형, 불성실지향형, 희생지향형, 지배지향형으로 나타났으며 부인의 역기능적 의사소통 유형은 지배지향형, 소심지향형, 불성실지향형, 희생지향형으로 나타났다.

(2) 부모자녀간의 의사소통 형태

부모자녀간의 의사소통은 부부간의 의사소통과는 다르다. 왜냐하면 부부는 서로 성인인 대등한 관계이지만 부모자녀는 성인인 부모가 미성년인 자녀를 양육하는 관계이기 때문이다. 따라서 본 절에서는 부모가 자녀의 사회화에 영향을 미친다는 점을 중요시하여 부모가 자녀에게 의사소통하는 대화형태에 대하여 살펴보기로 한다.

고든(Gordon, 1975)은 부모가 자녀에게 의사소통하는 전형적인 방법으로 다음과 같은 12가지 유형이 있다고 하였다.

① 명령·지시하기 : 자녀의 느낌이나 요구는 중요하지 않고 부모의 느낌이나 요구에 따라야 한다는 유형이다.

② 경고·위협하기 : 자녀에게 공포심을 느끼게 하여 복종하게 만드는 유형이다.

③ 훈계·설교하기 : 외적인 권위나 의무를 강조하는 유형이다.

④ 충고·제언하기 : 자녀 스스로 해결할 능력이나 판단이 있다고 믿지 않는 유형이다.

⑤ 강의·논쟁하기 : 논리나 사실로써 자녀를 가르치려는 유형이다.

⑥ 판단·비평·비난하기 : 자녀를 부정적으로 평가하는 유형이다.

⑦ 칭찬·동의하기 : 자녀의 능력을 인정하고 긍정적으로 대하는 유형이다.

⑧ 비웃기·창피주기 : 부모가 자녀를 빈정대거나 조롱하여 자녀의 자존심을 상하게 하는 유형이다.

⑨ 해석·분석·진단하기 : 부모가 자녀를 분석하고 자녀의 동기가 무엇이며 왜 그렇게 행동하는가에 대하여 알고 있다고 말하는 유형이다.

⑩ 재확인·동정·지지하기 : 자녀의 문제로 인하여 부모 역시 불안을 느끼며, 부모 자신의 불편함을 얘기하며, 뚜렷한 대안 없이 위로하는 유형이다.

⑪ 캐묻기·질문하기 : 부모가 자녀를 불신하거나 의심한다는 것을 전달하게 되는 유형이다.

⑫ 물러서기·농담하기·딴 데로 돌리기 : 자녀에게 관심이 없거나, 자녀의 감정을 존중하지 않거나, 자녀를 거부하는 것으로 자녀에게 전달될 수 있는 유형이다.

 부모가 자녀와 의사소통할 때에는 이상의 12가지 유형 중에서 명령이나 지시, 경고나 위협, 훈계나 설교, 강의나 논쟁, 판단이나 비평 또는 비난, 비웃음이나 창피줌, 해석이나 분석 또는 진단, 캐묻기, 딴 데로 돌리기 보다는 충고나 제언, 칭찬이나 동의, 동정이나 지지 하는 방법이 더 바람직스러울 것이다.

 그러나 부모나 자녀가 문제를 느낄 때에는 위의 12가지 전형적인 대화방법들 모두가 자녀들로 하여금 말을 중단하게 하거나, 죄의식 또는 열등감을 느끼게 하거나, 자존심을 상하게 하거나, 방어하게 하거나, 분노를 폭발하게 하거나, 수용되지 못하고 있다는 느낌을 갖게 하는 부정적인 영향을 나타내므로 부모자녀간에 효과적이고 지속적인 대화를 하기 위해서는 수용의 방법, 나-메시지 전달법, 무패방법 등이 적용되어야 한다고 고든(1975)은 주장한다. 이들에 대한 구체적인 설명은 다음 3절에서 하기로 한다.

3. 가족의사소통의 장애요인 및 촉진방안

1) 가족원간의 의사소통 장애요인

대인간에 있어서 의사소통의 일반적인 장애요인은 방어적 행동을 보이는 상호불신, 집단의 특성이나 세대 그리고 문화 등의 차이, 관계를 맺어야 할 사람을 낯설어함, 또는 위축되는 소외감을 들 수 있다(Giffin & Patton, 1976). 가족원간의 관계에 있어서는 일반적인 대인관계에 비하여 친밀한 의사소통에 대한 요구가 더욱 강렬하기 때문에 오히려 의사소통 장애를 더 자주 느낄 수 있다. 가족상황에서의 의사소통 장애요인을 부부관계와 부모자녀관계로 구분하여 살펴보기로 한다.

(1) 부부간의 의사소통 장애요인

부부간의 의사소통 장애요인으로는 다음과 같은 사항을 들 수 있다(Stinnett. Walters & Kaye, 1984).

첫째, 문화적 차이이다.

개인은 성장하면서 경험한 지역적, 사회적, 경제적, 종교적 환경 등에 따라서 자신의 독특한 가치관이나 행동유형을 형성한다. 따라서 다른 문화환경에서 성장한 두 사람의 결혼은 여러 측면에서 차이를 나타내게 되는데 의사소통 규칙에 있어서도 차이를 나타내게 된다. 즉 어떤 주제에 대해서 한 쪽 배우자는 논의할 수 있다고 생각하는가 하면 다른 쪽 배우자는 논의의 대상이 될 수 없다고 생각하기도 하고, 먼저 이야기를 시작해야 하는 사람이 누구이어야 하는가에 대한 견해가 다르기도 하는 등 부부간에 의사소통 규칙이 다르게 인지되어 의사소통에 장애를 가져오게 된다.

둘째, 성역할 학습의 차이이다.

남녀에 대한 사회문화적 기대가 다름으로 해서 성역할 학습에 차이가 있다. 즉 전통적으로 남자에게는 도전적, 공격적, 적극적, 성취지향적인 특성을 기대하는 반면에 여자에게는 수동적, 의존적, 애정적, 정서적인 특성을 기대하여왔다. 이러한 기대에 의하여 성역할이 내면화된 남녀의 행동유형은 부부관계에서도 나타나게 되는데 부부라는 친근한 관계에서 중요하게 여겨지는 표현적, 지지적 행동을 남편들은 부인에게 나타내기가 어려울 것이나 부인들은 그 것을 요구할 것이다. 그리하여 부부간에 만족스럽고 효과적인 의사소통을 하는데에 지장을 초래하게 되는 것이다.

셋째, 간접적 의사소통이다.

간접적인 의사소통은 의도하는 바를 확실하게 직접적으로 표현하지 않고 암시만을 보내어 수신자로 하여금 메시지의 참뜻을 파악하기가 힘들게 한다. 예를 들면 영화관에 가고 싶은 부인이 남편에게 "A영화관에서 좋은 영화가 상영된대요." 했을 때 남편은 부인이 영화관에 가고 싶어한다는 것을 알아채지 못하고 단지 좋은 영화를 상영한다는 사실로만 받아 들여 "영화관에 갑시다."라는 말을 하지 않을 때 부인은 자신의 요구가 거부당했다고 느낀다.

넷째, 단어사용의 차이이다.

같은 단어의 의미가 다르게 사용되면 의사소통에 장애가 발생된다. 예를 들어 남편이 부인에게 지배적인 여자는 싫다고 말했기 때문에 부인이 집안일에 대해 자신의 의견을 적극적으로 말하지 않는다면, 이 경우 남편이 말한 '지배적인 여자'를 부인은 '적극적인 여자'라는 의미로 받아들인 것이다. 또한 같은 말이라도 표현되는 억양에 따라 의미를 달리 받아들일 수도 있다.

다섯째, 지나친 일반화나 불확실한 가정(假定)이다.

모든 사람들이 다 똑같을 것이다 또는 인간에 관한 어떤 사실들은 모든 사람에게 다 적용될 것이다 등의 잘못된 일반화는 의사소통을 곤란하게 만든다. 그리고 명확한 의사소통을 방해하는 잘못된 가정으로는, 부부간에는 감정과 태도를 반드시 같이 해야 한다, 과거에 일어난 일이나 현재 일어나고 있는 일은 변화될 수 없다, 자신은 정확하게 검토하지 않고도 배우자의 감정이나 생각을 안다는 것 등을 들 수 있다.

여섯째, 선택적 인지이다.

선택적 인지는 인간 행동을 경직된 태도로 받아들일 때나, 다른 방법으로 받아들이는 것을 거부할 때 일어난다. 이전에 습득된 주관적 생각을 고집하고 변화를 거부하며, 이미 가지고 있는 견해와 반대되는 사실 앞에서 변화되기 보다는 그 사실을 인정하지 않으려고 한다. 특히 부정적인 면이나 견해를 강조하는 선택적 인지는 정확한 의사소통의 장애요인이 되고 대인관계를 불만스럽게 만든다.

일곱째, 모순적인 의사소통이다.

모순적 의사소통은 한 사람에 의하여 여러가지 다른 메시지가 보내질 때 발생한다. 모순적 메시지는 같은 의사소통 수준에서 보내질 수도 있고 다른 의사소통 수준에서 보내질 수도 있다. 여기에서 의사소통 수준이란 내용측면과 관계측면을 의미한다. 같은 의사소통 수준에서 모순적 메시지가 보내지는 예를 들어보면 부인이 남편에게 같이 시장보러 가자고 해놓고 5분 후에 분명한 이유 없이 같이 가기 싫다고 하는 경우이다. 이 경우 부인은 남편에게 내용측면에서의 모순적 메시지를 보낸 것이다. 이번에는 다른 의사소통 수준에서 모순적 메시지가 보내지는 경우의 예를 들어보면 부인이 남편에게 말로는 남편과 함께 여행가기를 원한다고 하면서 얼굴 표정은 귀찮아 하는 비언어적 메시지를 보내는 경우이다. 이 경우는 내용측면과 관계측면이 모순되는 메시지를 보낸 것이다. 모순적 메시지는 이중구속 효과를 초래하게 된다.

여덟째, 혼자 말하기이다.

혼자 말하기는 단지 자신만이 상대방에게 말하고 상대방에게는 생각이나 감정을 나타낼 수 있는 기회를 주지 않기 때문에 좋은 방법이 아니다.

아홉째, 방어적 의사소통이다.

방어적 행동은 일반적으로 다른 사람으로부터 위협을 느낄 때 취하게 되는 행동이다. 방어적인 행동을 하는 배우자는 의사소통에 있어서 상대 배우자를 이해하려고 하기보다는 자기를 보호하려고 하며, 따라서 상대방의 이야기에 대해서도 방어적 청취를 하게 된다. 방어적일수록 상대방의 감정, 요구, 의도를 덜 정확하게 인지하게 된다. 따라서 방어적 의사소통은 부부간 의사소통의 장애요인이 되는 것이다.

이상의 장애요인 외에 라이스(Rice, 1979)가 설명하고 있는 부부간의 의사소통 장애요인 몇 가지를 추가할 수 있겠다. 즉 물리적 거리감, 사생활이 보장되지 않는 상황, 의사소통에 대한 두려움을 느끼는 심리적 요인도 부부간의 의사소통을 방해하는 요인이 된다.

　(2) 부모자녀간의 의사소통 장애요인

　부모와 자녀는 가족내 위치나 역할이 서로 다르며, 세대의 차이가 있다. 따라서 부모와 자녀간에는 의사소통이 원활하지 못할 수 있는데, 그 구체적인 장애요인을 다음과 같이 들 수 있다.
　첫째, 부모자녀 상호간의 수용 결여이다.
　부모와 자녀간의 상호작용에 있어서 각자가 처한 위치만을 강조하고 상대방의 입장이나 상태를 고려하지 않는다면 각자 자신의 기대나 요구만을 관철하고자 하는 것이다. 다시 말하면 부모가 자녀의 정서 상태나 능력 등을 고려하지 않고 자녀에게 부모의 원하는 바만을 일방적으로 이야기 하고, 자녀 역시 부모의 요구가 부당하다는 주관적 판단 아래에 부모를 비난할 뿐 부모의 이야기를 수용하지 않는다면 결국 부모자녀간의 의사소통은 단절되고 만다.
　둘째, 세대차이로 인한 단어 사용의 차이이다.
　비슷한 연령층끼리는 또래집단 또는 동료집단을 형성한다. 하나의 또래집단은 동질성을 띠우게 되며 다른 또래집단과의 차이를 나타내게 되는데, 특히 부모와 자녀는 연령차이가 크기 때문에 부모집단과 자녀집단간에는 여러면에서의 차이가 있게 된다. 의사소통에 있어서 사용되는 단어 역시 차이가 있게 되어 자녀들만이 사용하는 단어가 있는가 하면 같은 단어라 할지라도 의미를 다르게 사용하기도 한다. 따라서 세대간에 달리 사용되는 단어나 그 의미를 정확하게 이해하지 못한다면 의사소통 장애가 발생하게 된다.
　셋째, 부모의 권위주의적, 독단적인 태도이다.
　부모는 자녀를 양육하고 사회화시킬 의무와 권리를 가지고 있다. 자녀를 양육 및 사회화시키는 과정에서 부모가 그 목표를 설정하고, 미성숙한 자녀는 따르기만 하면 된다고 생각할 때 권위주의적이거나 독단적인 태도를 나타내게 된다. 부모의 이러한 태도는 자녀의 입장에서 본다면 자녀 자신이 무시당하는 것이며, 상호작용이 아닌 일방적인 지시일 뿐이다. 따라서 자녀는 부모와의 의사소통을 거부하게 된다.

넷째, 부모의 지속적인 불쾌 정서 상태이다.

자녀는 부모의 상태나 행위에 대하여 민감한 반응을 보인다. 특히 자녀가 자신의 잘못된 점이나 요구를 이야기하고자 할 때는 부모의 상태를 살피게 된다. 부모의 감정이 나쁠 때는 부모로부터 좋은 결과를 기대하기 어렵다는 판단 아래에 부모와의 의사소통을 주저하게 된다.

다섯째, 부모의 부정적인 대화방법이다.

일반적으로 협박, 비난, 욕설, 조롱, 창피, 분노, 장황한 설교, 명령, 경고의 대화유형은 부정적인 대화방법이다. 이러한 대화방법은 자녀로 하여금 반발을 느끼게 하고 반항하게 만들어 원활한 의사소통이 이루어지지 않는다.

여섯째, 부모는 자녀들을 이해하지 못한다는 자녀 자신의 편견이다.

세대차이로 인하여 부모와 자녀간에는 견해의 차이가 있을 수 밖에 없다. 일반적으로 자녀는 자신의 현재 요구를 중심으로 행동하려고 하지만 부모는 자녀의 요구보다는 성취지향적인 행동을 요구하는 경향이다. 이 때 부모는 자녀보다 연장자로 생활경험이 많으며 양육자이기 때문에 부모의 견해를 강력하게 피력한다. 이러한 경우에 자녀는 자기자신을 부모에게 이해, 설득시키려 하기보다는 부모는 자신을 이해하지 못한다고 단정지어버리게 된다. 그리하여 계속적인 의사소통의 필요성을 부인하게 된다.

일곱째, 자녀의 자아긍정성 결여이다.

자녀는 사회화되어가는 과정에 있으며 부모는 사회화의 대행자이다. 따라서 부모는 자녀에게 사회화의 기대목표를 제시하게 된다. 일반적으로 자녀가 부모의 기대목표에 부응하게 되면 자아긍정성이 높아지고, 그렇지 못하게 되면 자아긍정성이 낮아진다. 다시 말하면 자녀가 부모의 기대에 부응하지 못한 경우에 부모가 자녀에게 비난적인 태도를 보이게 되면 자녀는 자신감을 상실하여 자아긍정성이 낮아진다. 자아긍정성이 낮은 자녀는 부모와의 관계에서 위축되는 입장에 있기 때문에 의사소통 불안의식이 유발되어 편안한 의사소통이 이루어질 수 없다.

2) 가족원간의 의사소통 촉진방안

가족원간의 의사소통은 가족이라는 상황 아래에서의 대인간 의사소통이다. 따라서 대인간 의사소통 향상을 위한 일반적인 지침을 간단히 살펴본 후 가족원간의 의사소통을 부부간과 부모자녀간으로 구분하여 그 촉진방안을 살펴보기로 한다.

물론 부부간이나 부모자녀간도 대인간이므로 각각의 의사소통 촉진방안은 각각의 경우에만 적용되는 것이 아니라 상호 적용이 가능한 것이다. 다만 부부관계나 부모자녀관계의 특성을 고려하여 각각의 촉진방안을 서술하기로 한다.

(1) 부부간의 의사소통 촉진방안

먼저 일반적인 대인관계에서 제안하고 있는 의사소통 촉진방안을 살펴보면 기핀과 패톤(Giffin & Patton, 1976)은 첫째, 자신의 상호작용 필요성을 솔직하게 인정할 것. 둘째, 다른 사람을 정확하게 인지하도록 노력할 것. 셋째, 항상 환경적 상황을 고려할 것. 넷째, 대인간 라포르(rapport)를 형성하도록 노력할 것. 다섯째, 가능한 한 최선의 인간관계를 형성할 것을 제안하고 있으며 바이텐(Weiten, 1986)fs 14;은 첫째, 긍정적 분위기 즉 지지적이고 개방적인 분위기를 만들 것. 둘째, 효과적으로 말할 것. 셋째, 효과적으로 들을 것을 강조하고 있다.

다음으로 부부간의 성공적인 의사소통을 위해서 스티네트 등(1984)은 다음과 같은 방법을 제안한다.

첫째, 대인관계에 대한 긍정적인 도덕성을 지녀라. 상호간의 인정, 신뢰, 존중, 이해를 토대로 하여 부부간에 긍정적인 도덕성을 갖게 되는 것이다.

둘째, 상호간에 존중하라. 부부간에 상호존중을 솔직하게 표현하면 위협을 느끼지 않게 되고 따라서 방어적 의사소통이 감소하게 된다.

셋째, 공통의 준거틀을 가져라. 비슷한 문화적 배경을 가진 부부는 경험, 생각, 태도 등이 비슷함으로써 준거틀이 유사하여 의사소통이 더 잘 된다. 그러나 과거생활 경험이 다르면 같은 사건에 대한 견해가 다를 수 있는데, 서로의 준거틀을 이해하면 불일치를 극복할 수 있을 것이다.

  넷째, 경청하라. 듣는다는 것은 적절하게 말하는 것만큼 중요하다. 들어준다는 것은 상대방의 메시지에 대하여 흥미가 있으며 상대방을 존중한다는 것을 나타내게 된다. 따라서 상대방은 자신의 생각이나 감정을 더 많이 표현하게 되는 것이다. 배우자의 말과 함께 감정을 듣는 것도 중요하다.

  다섯째, 메시지의 의미를 확인하라. 불명확한 메시지에 대한 부정확한 해석은 오해와 갈등의 원인이 되므로 메타의사소통에 의하여 메시지의 의미를 정확하게 파악해야 한다.

  여섯째, 공감하라. 부부간에 공감하면 큰 일에서만이 아니라 사소한 일에서도 배우자의 감정, 분위기, 요구에 대한 이해가 높아진다. 공감의 정도가 높으면 언어적 의사소통 없이도 배우자의 내적 감정상태를 알 수 있다.

  일곱째, 상대방의 감정을 알고 있다는 것을 알려라. 감정은 언제나 논리적이지는 않다. 배우자가 자신의 감정상태, 특히 부정적 감정상태를 알아준다면 부정적 감정은 해소될 수 있을 것이다.

  여덟째, 자신의 의견을 분명하게 말하라. 상대방의 기분을 상하지 않게 한다는 명분 아래에 말을 피하는 것을 삼가고, 부부 모두 사소한 일에 대해서도 거리낌없이 말해야 한다. 상대방을 공격하는 것이 아니라 자신의 감정을 표현하는 방법으로 말하고, 간접표현이 아니라 직접적으로 표현해야 한다.

  아홉째, 자기노출을 하라. 물론 적당한 수준의 자기노출이 필요하다. 특히 부정적인 자기노출은 오히려 부부관계를 악화시킬 가능성도 있으므로 자기노출의 표현 방법에 유의해야 한다. 즉 부정적 감정도 긍정적으로 표현할 수 있어야 한다.

(2) 부모자녀간의 의사소통 촉진방안

부모는 자녀를 양육, 훈육, 교육하는 입장에 있기 때문에 부모 자녀간의 의사소통에 있어서는 자녀에 대한 부모의 바람직한 의사소통 방법을 살펴보기로 한다.

일반적으로 부모는 부모 자신이 즐겁고 평안한 상태를 유지하면서 자녀에게 온정적으로 대하고 자녀의 이야기에 대하여 관심, 경청, 이해, 신뢰, 존중을 보여주어야 하며(김순옥, 1990) 격려, 칭찬, 제안, 정보제공, 질문, 유머, 간결한 표현, 긍정적 표현의 방법을 사용하는 것이 바람직하며 명령, 설교나 장황한 훈계, 비평이나 비난, 욕설, 위협, 설득, 빈정댐, 분노의 말을 하지말아야 한다(김진숙·연미희·이인수, 1990).

그러나 격려, 칭찬, 지지, 충고, 권유 등의 방법도 부적절하게 사용되면 비효과적이다(Gordon, 1975). 고든은 부모의 효율적인 의사소통 방법으로 수용의 방법, 나-메시지(I-message) 전달 방법, 무패 방법(no-lose method)을 권장하고 있다. 각 방법이 적용되는 때와 구체적인 내용을 살펴보기로 한다.

첫째, 수용의 방법에 대하여 살펴보면 수용은 단순히 부모가 자녀를 수용하는 것이 아니라 자녀로 하여금 부모가 자녀 자신을 수용한다는 것을 느끼게 하는 것을 의미한다. 왜냐하면 부모의 수용을 자녀가 느끼지 못한다면 자녀에게 아무런 영향을 미칠 수 없기 때문이다.

수용의 방법은 자녀가 문제를 가지고 있을 때에 효과적인 방법이 될 수 있다.

부모가 자녀를 수용하는 구체적인 기술은 다음과 같다.

① 자녀가 어떤 활동에 열중하고 있는 경우에는 부모가 자녀의 활동을 간섭하지 말고 그대로 둔다.

② 자녀가 이야기를 해 올 경우에는 부모가 침묵으로 반응하는 것, 즉 수동적인 경청도 비언어적인 수용의 방법이다.

③ 언어적인 수용방법으로는 앞에서 설명한 12가지의 전형적인 대화 방법(Gordon, 1975)을 사용하지 말고 말문을 열도록 하는 말이나 계속해서 말을

할 수 있도록 하는 말을 하는 것이다. 예를 들면 "그렇군" "음, 그래" "아, 그러니?" "좀 더 듣고 싶구나" "네 의견이 흥미 있구나" 등이다.

④ 자녀의 감정 상태를 피드백 해주는 적극적인 경청을 하는 방법이 있다. 적극적 경청(active listening)에서는 부모가 자녀의 감정 상태와 메시지의 의미를 이해하려고 애를 쓰는 것이다. 부모는 들은 바를 자신의 말로 바꾸어 표현하면 자녀가 맞는지 틀리는지를 확인한다. 이 때 부모는 평가, 의견, 충고, 논리, 분석, 설교 등을 피한다. 부모가 적극적인 경청을 하기 위해서는 부모는 자녀를 부모 자신과 분리된 개별적인 존재로 인정하여 자녀의 독특한 감정 상태와 감정처리 능력 그리고 문제해결 능력을 인정해야 하며, 충분히 들을 수 있는 시간적 여유를 가져야하며, 자녀를 지도 조정하려는 태도를 억제해야 한다.

둘째, 나-메시지 전달법은 자녀때문에 부모가 문제를 가졌을 경우에 자녀로 하여금 부모의 말을 받아들이게 하는 효과적인 방법이다. 나-메시지 전달법은 부모가 문제삼고 있는 자녀의 행동이 부모에게 어떤 느낌을 갖게 하는지를 자녀에게 솔직히 말하는 방법이다. 예를 들면 부모가 피곤해 있는데 자녀가 놀아 달라고 조를 때에 비효과적인 방법은 "혼자 놀아라" "귀찮게 하지 말아라"라는 너-메시지(you-message) 방법이며, 효과적인 방법은 "내가 피곤하구나" "쉬고 싶구나"라는 나-메시지 방법이다.

부모가 나-메시지를 사용하면 자녀는 부모에게 덜 저항하게 되며 자녀 스스로 행동을 바꾸게 되어 자녀의 성장을 돕게 된다. 또한 부모와 마찬가지로 자녀도 자신의 감정을 정직하게 표현하는 경향이 있게 된다.

나-메시지 사용에 있어서 유의할 점은 "내가 보기에 너는 바보 같아"와 같은 나-메시지로 위장된 너-메시지를 사용하지 말아야 한다. 그리고 부정적인 감정을 강조하지 말아야 하며, 특히 자녀에 대한 분노는 분노로써 표현하지 말고 분노를 느끼게 한 부모 자신의 일차적 감정으로 표현하여야 한다.

셋째, 무패방법(無敗方法)은 부모와 자녀사이에 갈등이 있을 때 효과적인 방법이다. 갈등은 있기 마련이라는 것을 인정하고, 갈등이 반드시 나쁜 것만은 아니라는 것을 인식하여 갈등을 건설적으로 해결하는 것이 필요하다. 흔히 부모자녀간에 있어서 권력투쟁을 하는 승부지향적 태도를 볼 수 있다. 특히 부모는 자녀와의 관계에서 권위를 행사해야 하며 자녀를 통제해야 한다고 생각한다. 그러나 부모의 지혜가 완벽하지 못하며, 자녀는 성장해가면서 독립성을 갖게 되어 부모의 권위에 도전하게 된다. 자녀는 부모가 자녀의 행동한계를 설정해주는 권위를 행사하기보다는 자녀의 행동에 대한 부모의 느낌을 말해주는 것을 원한다. 그리하여 부모의 권위에 의하여 직접 간섭받기보다는 자녀 스스로 판단하여 자녀 자신의 행동을 수정하고자 한다. 즉 자녀는 부모가 일방적으로 승리하는 방법을 받아들이려 하지 않는다. 이 때의 효과적인 방법이 무패방법인 것이다.

무패방법은 부모자녀간의 문제에 대하여 부모 또는 자녀가 이기는 방법을 피하고 부모자녀 양쪽이 다 받아들일 수 있는 제3의 방법을 찾는 것이다.

무패방법의 구체적인 실천 과정은 다음의 여섯 단계를 거친다.
1단계 : 갈등의 확인과 정의
2단계 : 가능한 모든 해결방법의 모색
3단계 : 가능한 모든 해결방법에 대한 평가
4단계 : 가장 좋은 해결방법의 결정
5단계 : 결정된 해결방법의 실천
6단계 : 해결방법의 실천과 그에 대한 계속적인 평가.

물론 각 단계에서 부모는 적극적인 경청을 해야 하고, 나-메시지로 자신의 의사를 전달해야 한다.

고든의 수용방법, 나-메시지 방법, 무패방법에 대한 비평이 있기는 하지만 그는 여러 경험을 통하여 이러한 방법들의 효과를 입증하고 있다.

〈연구문제〉
1. 가족원간의 의사소통에 있어서 매체로 사용되는 비언어적 형태를 관찰, 분석하시오.
2. 만족스러운 부부관계와 불만스러운 부부관계에서의 의사소통 형태를 조사, 비교하시오.

3. 부모의 적극적 경청이 자녀의 의사소통 행위에 미치는 효과를 연구하시오.

제 11 장
가족생활 만족

최규련

　가족은 가족원간에 직접적이고 친밀한 관계와 강한 일체감을 가지며, 애정과 이해에 기초한 본질적 결합관계를 추구하는 집단이다. 가족원 개개인은 주로 가족생활을 통해서 기본적인 욕구충족에 따른 만족감과 개인적 자아실현감을 추구하게 된다. 개인이 가족생활에서 어느 정도 개인의 욕구를 충족하고 만족과 행복을 경험하느냐 하는 것은 개인의 삶의 질을 결정할 뿐 아니라 상호 의존적 관계에 있는 다른 가족원의 행복과 나아가 전체 가족 체계의 행복과 안정에도 중요한 영향을 미친다. 그러므로 가족원 각자의 가족생활 만족은 개인과 가족, 사회 모두에게 매우 중요한 과제이다.

　가족은 부부의 결합으로 형성되고 지속되기 때문에 부부관계는 가족 체계의 기초를 이루는 일차적 요건이 된다. 특히 현대사회에서 개인의 욕구충족과 정서적 만족을 중시하는 결혼관의 영향과 이혼율 증가로 인해 행복하고 성공적인 결혼생활은 많은 가족학자와 가족정책 수립자에게 계속 중요한 관심 주제가 되고 있다. 그리고 자녀와 노인도 가족의 구성원으로서 원만하고 행복한 가족생활을 영위할 권리와 책임이 있기 때문에 역시 개인적·가족적 차원에서 이들의 가족생활 만족도 중요하다.

　본 장에서는 먼저 부부의 가족생활 만족과 성공적 결혼생활에 대해 살펴보고 다음으로 자녀와 노인의 가족생활 만족에 대해 살펴보기로 한다.

1. 부부의 가족생활 만족

부부의 가족생활 만족이란 부부 각자의 결혼 및 가족생활에 대한 평가적 차원을 내포하고 있다. 과거 전통사회에서 결혼을 숙명론적으로 인식하던 것과 달리 오늘날은 서구의 개인주의적 가치가 팽배해지면서 결혼을 개인의 행복증진의 수단으로 삼게 되었고 그에 따라 결혼생활이 평가의 대상으로 연구되고 있다. 또한 현대가족에서 결혼생활의 만족 여부는 부부 개인만이 아니고 다른 가족원의 행복과 발전은 물론 가족의 안정과 사회의 안정에도 그 영향이 파급된다. 따라서 오늘날 행복하고 원만한 결혼생활과 그 관련 요인에 대하여 학문적, 사회적인 관심이 더욱 고조되고 있다.

실제로 많은 가족임상가와 연구자들은 부부가 원만한 결혼생활을 유지하는 것이 부모 자녀관계나 형제 자매관계 등의 하위체계와 전체 가족 체계의 기능 수행에 매우 중요한 요건이 된다고 지적한다.

결혼·가족생활 만족 개념은 만족자체가 주관적인 감정이며 시시때때로 변할 수 있다는 성격 때문에 정확한 연구가 어렵고, 개념정의와 측정방법에 대해 합의도 부족하다. 그러나 대부분의 연구에서 결혼생활과 부부관계 전반에 대한 주관적인 평가를 의미하는 개념으로 사용되고 있다.

이에 관한 최초의 연구는 해밀턴(Hamilton, 1929)에 의해 행해졌고 그후 터먼(Terman, 1938), 버제스와 코트렐(Burgess & Cottrell, 1939) 등이 연구의 기반을 닦았다. 그후 외국에서는 경험적인 연구결과가 많이 축적되어 1970년대에 중범위이론의 개발과 방법론의 발달, 만족개념의 명료화 작업 등이 이루어졌고, 1980년대 이후 최근까지 연구방법의 다양화와 정교화 경향을 보이고 있다. 우리나라에서는 1970년대 말부터 연구되기 시작한 이래 최근까지 방법론적인 발달과 연구의 양적 증가가 현저하게 나타나고 있다.

결혼·가족생활 만족의 개념정의와 대표적인 이론모델 및 관련 요인들에 대해 살펴보기로 한다.

1) 부부의 결혼/가족생활 만족의 개념

 부부의 결혼생활은 가족생활의 한 부분이면서 가장 중요한 비중을 차지하기 때문에 결혼·가족생활 만족은 흔히 결혼만족으로 통용되고 있다. 결혼만족에 관한 연구에서 나타난 문제점은 개념의 혼란과 측정방법의 불일치 문제이었으나 최근 명료화를 위한 계속적인 작업 결과 어느 정도 문제점이 개선되고 있다.

 만족(satisfaction)에 대한 정의는 크게 두 가지 견해로 구분된다. 그 하나는 개인이 가지는 기대와 그 사람이 실제로 받는 보상 사이의 일치 정도를 의미하며 그에 따라 결혼만족은 개인이 결혼생활과 배우자에 대해 가지는 기대와 결과(outcome) 사이의 일치 정도로 정의된다(Lenthall, 1977).

 또 하나의 견해는 개인이 주관적으로 경험하는 충족 대 불충족, 행복 대 불행, 유쾌 대 불쾌의 현상을 의미한다. 따라서 결혼만족은 결혼생활 전반에 대한 개인의 주관적 감정으로 정의되거나(Burr et al., 1979) 또는 일정시점에서 자신의 결혼생활에 대해 경험하는 선호의 태도(Roach et al., 1981)로 정의된다.

 이와 관련 글렌(Glenn, 1990)은 1980년대에 발표된 결혼만족 개념과 측정경향을 크게 두 가지로 대별하여 전자의 견해를 적응학파(adjustment school)로 후자의 견해를 감성학파(individual feelings school)로 재정리하였다.

 글렌에 의하면 적응학파는 부부양방의 관계성(relationship)을 기술하며 현재의 결과가 결혼생활과 부부관계에 대한 개인의 기대에 일치되는 정도를 측정하고 이 외에 배우자와의 의견일치, 의사소통, 애정표현, 동반적 활동, 갈등 등의 관계요소를 파악한다. 대표적인 학자로는 록크(Locke), 버어(Burr), 스패니어(Spanier) 등이 있다.

 감성학파는 결혼생활 전반에 대한 개인의 주관적 평가나 느낌, 감정을 파악하며 개인적이고 정의적인 측면에 초점을 둔다. 대표적인 학자로는 로취(Roach), 노튼(Norton), 핀참과 브래드버리(Fincham & Bradbury) 등이 있다. 이들에 따르면 적응학파는 만족을 의미하는 특성이기보다는 만족에 영향을 미치는 여러 요인 중의 하나로 간주되며 감성학파가 더 포괄적인 의미를 지닌다고 주장된다.

외국에서는 1970년대에서 1980년대 초기까지 적응학파가 지배적이었고(Spanier & Lewis, 1980), 1980년대 이후에 감성학파가 기존의 적응학파에 대응해서 활발하게 영향을 미치고 있으며 앞으로도 두 학파를 중심으로 하여 결혼만족 개념에 관한 접근이 이루어질 것으로 전망된다(Glenn, 1990).

우리나라에서도 1980년대 이후 최근까지 감성학파의 견해가 더 많이 받아들여지는 추세에 있다. 따라서 결혼만족 개념은 결혼생활 전반에 대한 개인의 주관적 감정이나 선호의 태도로 정의되고 있다.

결혼만족 척도는 다차원 척도와 단일차원 척도로 구분된다(Fincham & Bradbury, 1987). 다차원 척도는 결혼생활을 여러 영역으로 나누어 평가하는 것으로 영역설정의 타당성과 기초이론의 부족 등의 문제를 안고 있으나 결혼생활과 부부관계에 대한 구체적인 정보를 제공하기 때문에 결혼생활의 문제진단 및 해결을 위한 기초자료로서 임상연구에 적합하다. 한편 단일차원 척도는 가치중립적이므로 결혼만족의 관련요인을 실질적으로 개념화할 수 있고, 영역설정에 따른 문제점이 없으므로 이론적·실제적 측면에서 더 실용적인 성질을 가지며, 복잡한 결혼생활과 부부관계 현상을 단순화시켜 평가하기 때문에 일반적 경향파악에 편리하다.

결혼만족 개념은 결혼행복, 결혼적응, 결혼의 질, 결혼안정 등의 유사용어 사용으로 더욱 혼돈이 되었다. 이는 분석의 단위와 설명되는 현상에 대한 혼돈에서 비롯되는데 결혼만족과 유사한 의미로 사용되는 용어에 대해 살펴보기로 하자.

(1) 결혼행복

개인의 충동, 희망, 기대 등이 적절히 충족되었을 때의 주관적 느낌으로 정의되며 결혼만족과 가장 유사한 의미를 갖는다. 그러나 캠벨 등(Campbell, Converse & Rodgers, 1976)은 두 개념이 모두 주관적 감정을 내포하고 있지만 행복은 감정에 의한 경험을 의미하고 만족은 판단되거나 인지되어진 경험을 의미하기 때문에 개인의 주관적 경험이 평가 되어지는 경우에는 만족 용어가 더 적합하다고 하였다.

(2) 결혼적응

남편과 부인의 순응과정으로 정의되며 일정 시점의 상태라기보다 조화로운 결혼관계를 지속하기 위해 필요한 역동적 과정을 의미한다. 그러므로 남편과 아내를 하나의 단위로 하여 역동적 과정에 대한 분석이 필요하다. 그러나 실제로 대부분의 연구에서는 결혼만족 측정과 차이없이 일정시점의 상태와 관계성을 개인의 지각에 의존하여 측정하는 경우가 많다.

(3) 결혼의 질

결혼생활의 지속 정도인 양적 측면과 대비되는 것으로서 부부관계의 질적 측면에 대한 평가를 의미한다.

스패니어와 루이스(Spanier & Lewis, 1980)는 결혼의 질을 부부관계에 대한 주관적인 평가로 정의하고 결혼만족, 행복, 적응, 통합, 커뮤니케이션, 갈등, 역할긴장 등의 하위영역을 포함하는 포괄적 개념이라고 하였다. 그러므로 결혼의 질은 결혼만족이나 결혼적응보다 더 넓은 범주를 가지는 개념이라 할 수 있다. 그런데 결혼의 질은 생활의 질 개념에서 차용한 것이므로 엄밀하게는 평가를 위한 객관적 기준과 주관적 기준이 있어야 하고 분석의 단위도 개인과 부부 모두가 될 수 있다.

(4) 결혼안정

결혼생활의 지속 대 해체 성향에 초점을 두고 부부관계의 유지 여부와 견고성 정도를 나타내는 개념이다. 결혼 안정성이 높다는 것은 한 배우자의 사망에 의해서만 혼인관계가 해소될 정도로 부부관계가 견고함을 의미한다. 한편 결혼 안정성이 낮다는 것은 부부 일방 또는 양방이 결혼생활을 의지적으로 해체시키려는 성향이 높음을 의미한다. 그러므로 결혼안정은 결혼생활에서 무엇이 일어났는지에 초점을 두기 때문에 결혼생활 중의 느낌과 관계성을 의미하는 결혼만족과는 별도의 개념이다.

1970년대에 들어와 이들 용어의 개념구분과 정립에 많은 노력을 기울인 결과 결혼안정은 다른 유사용어와 구별되는 개념으로 인식되었고 나머지 용어들도 '결혼만족'과 '결혼의 질'의 두 가지 부류로 수렴되는 추세이다(Spanier & Lewis, 1980).

외국의 연구에서는 1980년대 이후 최근까지 두 용어가 상호교환적으로 사용되고 있으나 결혼의 질이 더 많이 선호되는 경향이며 우리나라에서는 주로 결혼만족 개념이 많이 사용되고 있다.

2) 부부의 결혼만족에 관한 이론모델

결혼만족에 관한 연구에서 적용되는 대표적인 이론모델은 1970년대에 버어(Burr, 1973), 버어와 동료들(Burr et al., 1979), 루이스와 스패니어(Lewis & Spanier, 1979) 등이 상징적 상호작용론, 역할이론, 사회교환이론으로부터 발달시킨 중범위 이론(middle-range theory)들이다.

(1) 상징적 상호작용론과 역할이론에 입각한 이론모델

상징적 상호작용론에서는 인간을 이해하는 가장 최선의 방법은 사람의 마음에서 일어나는 정신적 의미와 가치를 다루는 것이라고 한다. 이들은 정신과정 중 특히 주관적인 정의와 가치부여를 강조한다. 역할이론은 개인 내부의 상징적 과정(예; 의미부여, 중요도 부여, 역할취득)과 개인이 수행하는 역할의 사회체계에의 순응과 기능을 포괄하는 이론이다.

버어 등(Burr et al., 1979)은 상징적 상호작용론과 역할이론을 기초로 역할수행의 질과 역할기대의 일치, 역할 중요도에 대한 주관적 지각을 중심으로한 중범위 이론을 제시하였다. 이들이 제시한 주요 명제들은 다음과 같다.

명제 1. 자신의 역할수행의 질과 배우자의 역할수행의 질에 대한 주관적 지각은 자신의 결혼만족에 각각 영향을 미치고 이것은 정적·직선적 관계이다.

명제 2. 역할기대의 중요도가 클수록 역할수행의 질이 결혼만족에 대해 갖는 영향은 더욱 크다.

명제 3. 개인의 상황에서 지각된 상대적 결핍감이 클수록 결혼만족은 낮아진다.

명제 4. 배우자와의 역할기대 일치 정도는 결혼만족에 영향을 미치며 이것은 정적·직선적 관계이다.

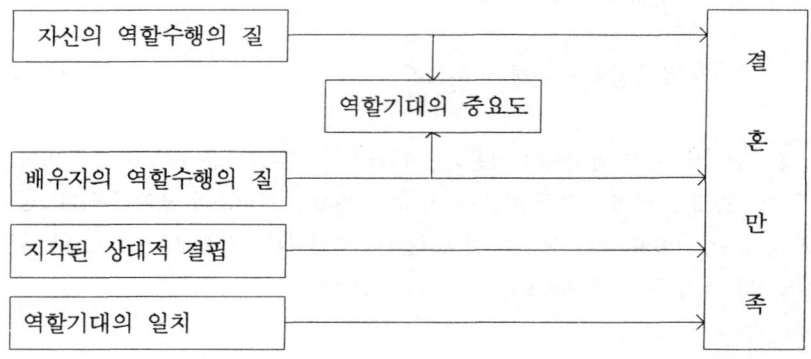

〈그림 11-1〉 결혼만족에 관한 이론모델(출처 : Burr et al., 1979 : 68-74)

(2) 사회교환이론에 입각한 이론모델

사회교환 이론의 기본전제는 인간은 사회적 상호작용 과정에서 보상을 극대화하고 비용은 최소화하려고 노력한다는 것이다. 버어(Burr, 1973)는 사회교환 이론을 적용해서 결혼만족에 관한 명제들을 발전시켰다. 그에 의하면 부부간의 상호작용에서 결과가 보상적이면 긍정적 감정(만족)을 산출하고 결과가 비용이 크면 부정적 감정(불만)을 일으킨다. 또한 각 사람이 받아들인 행동의 가치는 상호작용 빈도에 영향을 미치며 양 배우자에게서 보상과 비용의 균형이 이루어질 때 결혼관계도 지속된다.

　결혼의 질이 결혼만족, 결혼적응 등을 포괄하는 광의의 개념이라는 전제하에 루이스와 스패니어는 많은 실증적 결과로부터 결혼의 질과 안정성에 관한 이론모델을 제시하였다. 이들은 결혼생활에 따른 결과는 주로 배우자의 속성

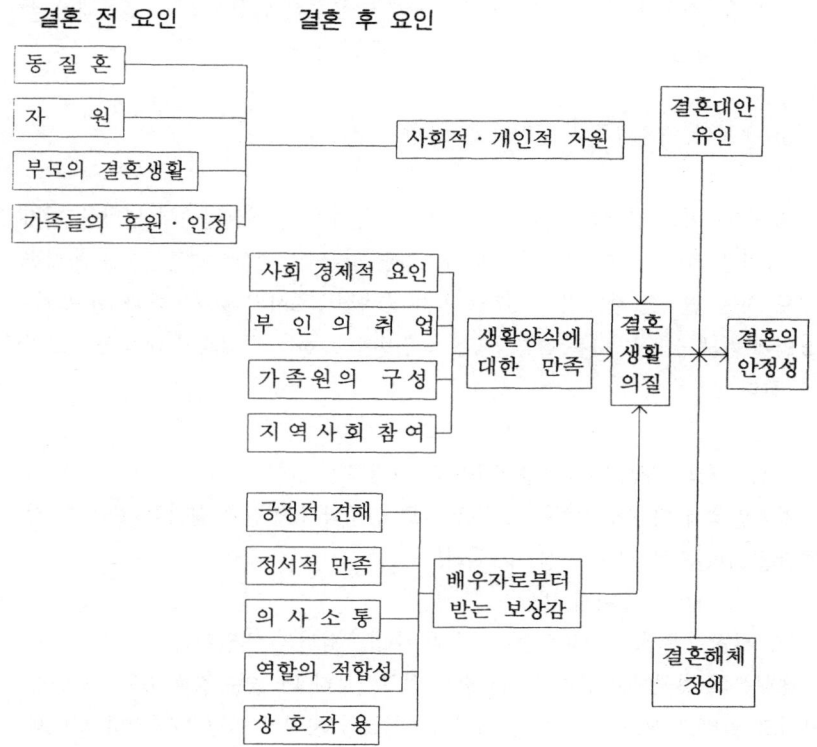

〈그림 11-2〉 결혼의 질과 안정성에 관한 이론모델(출처 : Lewis & Spanier, 1979 : 285)

에 대한 지각과 배우자와의 상호작용의 질에 대한 지각에 기초한다고 하였고 개인이 지각하는 보상이나 비용의 기준으로 비교수준(comparison level)과 대안 비교수준(comparison level for alternatives)을 제시하였다.

이론모델을 구성하는 주요명제들은 다음과 같다.

명제 1. 개인의 결혼생활에 유용한 사회적·개인적 자원이 많을수록 결혼의 질은 높다.
명제 2. 부부가 자신의 생활양식에 만족할수록 결혼의 질은 높다.
명제 3. 배우자와의 상호작용에서 보상이 클수록 결혼의 질은 높다.
명제 4. 결혼의 질이 높을수록 결혼안정성은 높다.
명제 5. 결혼의 질과 결혼안정성의 관계는 결혼해체 장애요인, 결혼대안 유인요인 등의 매개변수에 의해 영향을 받는다.

3) 부부의 결혼만족과 관련되는 요인

결혼만족에 관한 대부분의 연구들은 종속변수로서 결혼만족에 영향을 미치는 요인을 파악하고자 하는 것이었다. 한편 최근에 이르러 결혼만족을 독립변수로 하는 연구도 행해지고 있다. 먼저 종속변수로서의 결혼만족과 관련되는 요인에 대해 살펴본 다음 결혼만족을 독립변수로 한 연구결과에 대해 살펴보기로 한다.

(1) 종속변수로서의 결혼만족도와 관련되는 요인

결혼만족에 영향을 미치는 요인을 사회 인구학적 변인과 심리적 변인 및 상호작용 변인으로 나누어 볼 수 있다.

① 사회 인구학적 변인
가. 성별, 부부의 교육수준, 가족의 수입, 남편의 직업지위

대부분의 연구에서 남편이 평균적으로 부인보다 더 높은 결혼만족도 수준을 보이고 있다고 보고된다. 이는 개인적·기질적 차이가 아닌 남녀간의 경험세계의 분리와 사회화에 의한 차이로 부인이 남편보다 결혼에 대한 의식적 사고

와 기대를 더 많이 하는 것에 그 이유를 찾을 수 있다.

교육수준이 높을수록 결혼만족이 증가하는 경향이다. 그 이유로는 교육자체가 의사소통 기술과 문제해결 능력의 증가 및 적응력 향상을 가져온다는 것과 교육수준과 관련되는 사회경제적 지위에 따른 보상 등이 제시된다.

가족의 수입 정도와 남편의 직업지위는 부부의 결혼만족도와 정적 관계로서 가족의 수입이 많거나 남편의 직업지위가 높은 부부는 결혼생활에 더 만족하는 경향을 보인다. 이에 대해 스칸조니(Scanzoni, 1975)는 남편과 부인의 호혜적 과정(process of reciprocity)으로 설명한다.

즉, 남편의 높은 수입과 높은 직업지위는 물질적 보상과, 사회적 명예·위세 등의 상징적 보상, 직업만족 및 남편으로서 유능감을 제공하고, 이에 대해 부인은 서비스와 같은 도구적 보상과, 공감·애정표현 등의 표현적·정서적 보상을 제공함으로써 부부간에 균등하게 교환되는 보상으로 인해 결혼만족이 증가된다는 것이다.

한편 소득이 높다고 해서 그와 비례하여 결혼만족도가 계속 증가하지는 않는다는 주장도 있다(Piotrkowski, Rapport & Rapport, 1987). 이는 높은 소득을 획득하는 과정에서 직업에의 몰입과 가족생활을 희생하는 등 비용요소를 수반하는 것과 관련되는 것 같다.

그러나 무엇보다도 남편이 안정된 직장을 가지고 있고 가족의 소득이 안정되는 것이 결혼만족에 매우 중요하다는 것은 분명하다. 왜냐하면 남편이 실직한 가족에서 경제적 문제 외에도 남편의 사기저하, 정체감 상실 등으로 인해 부부의 결혼만족이 감소되고(Crouter & Perry-Jekins, 1986), 근로자 가족과 저소득층 가족에서도 부부간의 정서적 욕구충족은 경제문제로 인해 제약을 받으며 결혼만족도가 낮다고 보고되기 때문이다(이숙현, 1988 ; 최연실. 옥선화, 1987).

이와 관련 도시 저소득층 가족은 주거상의 문제로 인하여 부부의 사생활이 보장되기가 어려워 성생활의 문제, 남편의 외도가 발생할 가능성이 높고 결혼생활에 대한 스트레스 수준도 높다는 보고도 있다(옥선화, 1992).

한편 가족의 수입 정도보다는 생활수준이나 계층에 대한 개인의 주관적 평가가 결혼만족도에 더 큰 영향을 미친다는 주장도 있다(이동원, 1987;Berry & Williams, 1987).

나. 가족주기단계, 자녀유무, 결혼기간

가족주기 단계별 결혼만족도는 대부분 횡단적 연구결과로서 U자형 관계로 보고된다. 즉 신혼기에 높았던 만족도는 자녀출산 단계에서부터 낮아지며 자녀가 10대인 단계에서 더욱 낮아지다가 자녀독립 이후에 만족도가 증가하는 경향이다.

이러한 현상에 대해 대부분의 연구자들은 부모됨과 부모역할은 생활만족의 근원이 되고 개인적으로 부모 각자에게 보상으로 작용하는 측면이 있지만 부부관계에는 보상요인보다는 비용요인으로 작용하기 때문으로 해석한다. 즉 부모가 자녀양육과 사회화를 위해 시간, 돈, 에너지, 관심 등을 쏟음으로써 부부사이의 친밀감과 애정유지를 위한 상호작용이나 의사소통, 동반적 활동이 제한되고 자녀양육과 관련된 가사분담과 부부간 갈등이 증가된다는 것이다 (Spanier & Lewis, 1980).

한편 자녀 독립기 이후에 결혼 만족도가 증가하는 것은 자녀를 양육하고 교육하고 뒷바라지하기 위한 많은 일과 시간의 부담에서 벗어난 시기이므로 부부간에 갈등 발생의 소지가 줄어들었기 때문이다. 또한 오랜 기간의 적응기를 거쳐 서로를 보다 잘 이해하고 너그럽게 갈등을 수용하게 된 결혼기간과 연령에 따른 효과의 반영으로 해석된다.

그러므로 자녀요인만이 아닌 결혼기간, 동시결혼 집단(marriage cohort), 동시출생 집단효과(cohort effect) 등이 관련변인으로 작용하여 U자형 형태를 보인다고 할 수 있다.

절겐센(Jorgensen, 1986)은 가족주기 단계별 결혼만족도는 U자형 형태를 보이지만 각 단계별 관련변인에 따라 부부의 결혼만족 수준은 다양성과 개인차를 보인다고 하고 다음과 같이 관련변인을 제시하였다.

결혼초기 : 동질혼적 요소, 공감능력, 결혼전 교제기간, 부부체계의 경계 유
　　　　　지, 역할호혜성, 동반적 활동

임신기 : 임신에 대한 부부의 호의적 태도 여부, 임신과 관련된 변화에 대처

하는 능력, 역할호혜성, 역할수행의 융통성

자녀출산 및 자녀양육기 : 자녀출생 전의 결혼만족도, 임신의 계획성 여부, 자녀의 기질, 자녀양육에 대한 준비도, 사회적 지원도, 남편의 가사분담

자녀성장기 : 부부의 동반적 활동 정도, 결혼과 부모역할에 대한 중요도, 커뮤니케이션과 애정표현, 역할긴장 정도

자녀독립 후기 : 중년기의 위기조절, 부부간 상호작용 형태의 강도와 융통성

노년기 : 부부의 동반적 활동, 배우자에 대한 신뢰도, 친구와의 상호작용, 건강, 경제적 자원

자녀요인에 대한 연구들은 대부분 첫자녀 출생 전·후 부모역할 전환기의 결혼만족도 변화를 조사하였다. 그 결과 자녀출생의 긍정적인 효과는 극히 적어서 자녀출생 후 결혼만족도가 낮아지며 남편보다 부인에게서 결혼만족도의 하락 폭이 더 큰 것으로 보고된다. 한편 첫자녀 출생 전·후의 결혼만족도 변화유형은 다양하고 개인차가 있다는 보고도 있다(Belsky & Rovine, 1990). 우리나라에서는 부모 전환기의 결혼만족도가 다양한 유형을 보이나 대체로 긍정적 변화가 많은데 이는 부모의 자녀관이 문화에 따라 차이가 있는 것과 관련되는 것 같다(이숙현, 1992).

자녀 요인과 결혼기간이 결혼만족도에 미치는 독자적 영향을 파악하기 위해 자녀가 없는 부부를 통제집단으로 하고 자녀가 있는 부부를 실험집단으로 한 단기 종단적 연구가 실시되었는데 그 결과는 상반되게 나타났다. 그 하나는 자녀유무에 관계없이 처음보다 나중의 결혼만족도가 더 낮고 그 원인은 자녀출생이 아닌 결혼기간이라고 하는 결과가 있다(McHale & Huston, 1985 ; White & Booth, 1985). 반면 다른 연구에서는 자녀가 없는 부부의 결혼만족도는 그대로 지속된 반면 자녀가 있는 부부의 결혼만족도는 현저히 감소되는데 그 원인은 자녀 있는 부부는 불만족해도 자녀 때문에 결혼생활을 지속하지만 자녀 없는 부부 중 이혼을 고려하는 부부는 빠르게 실행에 옮겨 연구대상에서 제외되기 때문이라고 한다(Cowan et al., 1985 ; White, Booth & Edwards, 1986).

결혼기간에 따른 결혼만족도는 대부분 부적 상관을 보여서 결혼기간이 증가함에 따라 만족도가 감소되는 경향을 보이는데(Glenn, 1991 ; 최규련, 1991) 이러한 경향은 횡단적 연구에서만이 아니라 종단적 연구에서도 일치되게 나타난다.

즉 버제스와 왈린(Burgess & Wallin, 1953)은 결혼 5년 후와 20년 후를 비교하였고 럭키와 패리스(Luckey & Paris, 1966)는 결혼기간이 평균 7.7년된 부부들을 6년 후에 다시 조사하였는데, 두 연구에서 공통적으로 만족도가 큰 폭으로 떨어졌다. 이러한 경향에 대해 피에노(Pieno, 1961)는 결혼생활에서 불가피하고 일반적인 현상을 반영하는 것이며 부부상호 간의 일종의 권태, 흥미상실에 그 원인이 있다고 하고, 절겐센(Jorgensen, 1986)은 자녀요인, 또는 결혼생활의 지속에 따른 부부역할의 분리, 부부 간의 불일치 증가를 그 원인으로 지적하였다.

따라서 서구사회에서는 자녀가 부모의 결혼만족을 대체로 감소시키는 요인으로 작용하지만 한편으로 부모의 불만스런 결혼생활을 지속시키는 효과도 있다고 할 수 있다. 우리나라에서 자녀요인의 효과는 서구사회와 다른 양상을 보일 것으로 추정되나 관련연구가 적어 단정짓기 어렵다.

앞으로 다양한 접근방법을 통하여 가족주기 단계, 자녀요인, 결혼기간 등과 결혼만족도와의 관계를 살펴보아야 할 것이다. 그리고 자녀독립 전·후기나 중년기, 노년기 부부의 결혼만족도 변화에 관한 분석이 필요하다.

다. 부인의 취업

부인의 취업에 따른 결혼만족에 관한 초기 연구에서는 전통적인 부부역할관에 입각한 가설에 기초하여 부인의 취업 유무별 결혼만족도의 차이를 파악하고자 하였다. 그 결과 약간의 상반된 결과도 있지만 대체로 부인의 취업이 부부의 결혼만족을 낮추는 것으로 밝혀졌다. 특히 부인의 직업지위나 소득이 남편보다 더 높을 때 부부의 결혼만족도는 낮아진다고 한다(Spanier & Lewis, 1980).

최근에는 부인의 취업유무 자체가 결혼만족에 결정적인 영향을 주는 것은 아니며 부인의 취업을 둘러싼 여러 관련변인에 따라 결혼만족의 차이를 보인다는 결과들이 대부분이다.

  예를 들면 부인의 취업동기, 부인의 직업지위, 가족의 사회경제적 지위, 부인의 취업에 대한 남편의 태도, 부인의 취업에 따른 경제적·심리적·사회적 보상과 직업만족, 역할과중 정도와 역할긴장과 역할갈등 등의 여러 요인이 복합적으로 영향을 미치는 것으로 알려져 있다. 대체로 부인이 비경제적인 이유로 취업하는 경우에, 부인의 직업지위가 중위직 이상인 경우, 가족의 사회경제적 지위가 높은 경우에, 남편의 태도가 협조적인 경우, 부인의 취업에 따른 경제적, 심리적, 사회적 보상을 크게 느낄수록, 부부가 부인의 직업에 만족하는 경우, 역할과중이나 갈등이 적은 경우에 부부의 결혼만족도가 더 높다 (Spitze, 1988 ; 최규련, 1990).

  이 외에 취업주부의 결혼만족은 가사분담의 불공평 지각에 의해 영향을 받아서 불공평을 많이 느낄수록 결혼만족도가 더 낮다는 보고도 있다. 즉 가사노동 분담이 부인에게 불공평하다고 인지하는 부인들이 결혼만족도가 낮게 나타났다. 또한 의사결정유형과 남편의 가사 참여정도는 부인의 결혼만족도와 정적 상관을 보여서 부부 공동형 의사결정을 할수록, 남편이 가사참여를 많이 할수록 부인의 결혼만족도가 높다(Yogev & Brett, 1985 ; 최규련, 1991 ; 박민자, 1992).

  ② 심리적 변인과 상호작용변인
  가. 가족가치관과 성역할 태도

  가족가치관은 부부관, 자녀관, 노후관, 여성관, 제사관, 결혼관, 친족관 등의 다양한 하위영역을 포괄하며 하위영역별로 가치관이 일정하지 않아서 전통적인 것과 근대적인 것이 혼재되어 있고, 조사대상의 성별, 연령 등의 배경에 따라서도 상이한 가치관을 나타낸다. 그러므로 가족가치관과 결혼만족의 관계는 연구마다 척도와 조사대상이 다르기 때문에 일관성 없는 결과를 보인다. 일부종사, 이혼, 혼외관계 등에 관한 가치관이 전통적일수록 결혼만족도가 더 높다는 결과(이동원, 1987)가 있는 반면 부부차별, 효도, 친족의식, 형제관계에 관한 가치관이 근대적일수록 결혼만족도가 높다는 결과(한남제, 1988)도 있으며, 노부모 부양에 대해 근대적인 가치관을 가지는 남편의 경우 그리고 친족관계에 대해 전통적인 가치관을 지닌 부인이 결혼생활에 더 만족한다는 결과 (김명자, 1985)도 있다.

성역할 태도는 성에 따른 구분과 역할수행의 융통성을 기준으로 전통적 태도와 근대적 태도로 구분되는데 결혼만족도와의 관계를 보면 남편이 근대적이고 부인이 전통적인 경우와 부부가 모두 근대적인 경우에 결혼만족도가 높은 반면 남편이 전통적이고 부인이 근대적인 경우에 결혼만족도는 가장 낮은 것으로 밝혀졌다(Bowen & Orthner, 1983 ; 최규련, 1984 a, b ; 권희완, 1992).

나. 의사소통

부부간의 명확하고 효과적인 의사소통은 결혼만족과 정적 관계에 있다. 즉, 부부간 의사소통의 빈도와 효율도, 이해도 수준이 높을수록 남편과 부인은 결혼생활에 더 만족하며, 부부양방이 자기개방(self-disclosure)을 잘 하는 경우와, 언어표현과 감정표현이 많은 친숙형의 의사소통을 하는 경우에 결혼만족도가 높다.

나브란(Navran, 1967)은 행복한 결혼생활을 하는 부부의 의사소통은 다음과 같은 특징이 있다고 하였다. 첫째, 대화를 자주 하는 편이며 둘째, 경청하고 상대방이 말하는 것을 이해한다는 느낌을 전달하며 셋째, 상대방의 감정상태에 대해 민감하며 넷째, 개방적이고 효율적으로 대화를 지속하며 다섯째, 비언어적 대화기법을 더 많이 사용한다.

다. 역할관계

역할관계는 역할수행 및 평가, 역할기대의 일치(role consensus)를 중심으로 연구된다. 역할수행과 결혼만족의 관계는 대체로 부부공동의 여가활동과 동반적 활동, 남편의 가사참여, 애정표현과 감정교환이 많을수록 부부의 결혼만족이 증가하는 것으로 밝혀졌다(이동원, 1987 ; 김화자, 윤종희, 1991).

역할수행에 대한 평가와 역할기대의 일치는 결혼만족도에 중요한 영향을 미친다고 보고된다. 자신의 역할수행에 대한 평가가 긍정적일수록 그리고 배우자의 역할수행에 대한 평가가 긍정적일수록 부부의 결혼만족도가 증가하며, 역할에 대한 부부간 합의와 일치도가 높을수록 결혼만족도가 높다. 특히 배우자의 역할수행에 대한 상대편의 평가는 결혼만족도에 큰 영향을 미치며 남편

역할수행에 대해 긍정적으로 평가하는 부인이 결혼생활에 만족하고 부인 역할 수행에 대해 긍정적으로 평가하는 남편이 역시 결혼만족도가 높다. 또한 부부 역할 중에서 애정적·성적 역할, 동반적 역할, 치료적 역할 등의 정서적 영역의 역할수행에 대한 평가 정도가 결혼만족도에 가장 크게 영향을 미친다 (Brinley, 1975 ; Chadwick, Albrecht & Kunz, 1976 ; 최규련, 1987 ; 이정연, 1987 ; 임정빈, 1990 ; 서광희·조병은, 1993).

부부간 역할기대의 일치도가 높을수록 결혼만족도가 높으며 특히 시가관계 역할, 경제적 역할에 관한 부부간의 기대 일치도가 부부의 결혼만족에 중요한 영향을 미친다. (Chadwick, Albrecht & Kunz, 1976 ; 최규련, 1987 ; 이정연, 1987).

(2) 독립변수로서의 결혼만족

결혼만족이 결혼안정성과 개인의 안녕감(well-being), 생활만족도에 미치는 영향에 대한 연구가 이루어지고 있다.

결혼만족과 결혼안정성의 관계에 대한 연구는 루이스와 스패니어의 이론모델을 적용하여 결혼의 질이 결혼안정성에 정적 영향을 미치며 두 변인의 관계에 결혼대안 유인 요인과 결혼해체 장애 요인이 매개변인으로 작용한다는 명제들을 검증하는 경향이다. 몇몇 연구에서 이 명제들이 대부분 또는 일부 지지되는 결과가 보고된다.

결혼만족은 결혼안정성에 가장 중요한 영향을 미치는 것으로 나타나 만족한 결혼생활을 하는 부부들은 결혼을 지속시키려는 성향이 높고 결혼생활에 만족하지 않는 부부들은 결혼을 해체하려는 성향이 높다(이동원, 1987 ; 최연실·옥선화, 1987 ; 김미숙·김명자, 1990 ; 전춘애·박성연, 1993 ; Spitze, 1988). 그리고 기혼 남녀의 결혼안정성은 결혼대안유인 요인에 의해 부적인 영향을 받고, 결혼해체 장애요인에 의해 정적인 영향을 받는다(최연실, 옥선화, 1987). 한편 기혼 여성은 남성에 비해 외부적 압력(결혼해체 장애 요인)과 가상적 대안 (결혼대안 유인 요인)이 적을 때 결혼만족도에 의해 결혼안정성이 더욱 크게 좌우된다는 결과(전춘애, 박성연, 1993)도 있어 이론모델 적용에서 성차 요인도 고려할 필요성이 있다.

결혼만족과 기혼 남녀의 안녕감 또는 생활만족은 강한 정적 상관이 있는 것으로 보고된다. 베닌과 니인스테트(Benin & Nienstedt, 1985)는 전국적인 표본을 사용한 연구에서 기혼 남녀의 주관적 안녕감은 직업만족, 가족주기, 교육요인보다 결혼만족도에 의해 가장 큰 영향을 받는다고 하였다. 이와 유사하게 우리나라 중년기 여성의 생활만족도 가족응집력—가족원 상호간의 정서적 유대, 공동의 관심, 애정과 협력 등 상호 친밀감을 느끼는 정도—에 의해 가장 크게 좌우된다고 보고된다(박경숙, 1993).

한편 결혼만족과 안녕감의 관계방향이 역으로도 가능하여, 낙관적인 태도로 전반적인 생활에 만족하는 사람이 결혼만족도도 높다는 보고도 있다(Glenn, 1991).

2. 성공적인 결혼생활

1) 성공적인 결혼의 정의

성공적인 결혼생활은 결혼만족과 결혼안정, 사회규범과 문화적 기대, 개인의 발전과 성장 등의 여러 가지 특성들이 복합적으로 작용하여 나타난 결과이다.

레즐리(Leslie, 1982), 루이스와 스패니어(Lewis & Spanier, 1979) 등은 성공적인 결혼에 대한 기준으로 첫째, 결혼의 영구성과 지속성 둘째, 결혼생활에서의 갈등, 불안, 문제 등이 적음 셋째, 부부간의 일체감과 응집성이 높음 넷째, 개인의 성장과 발달 다섯째, 결혼생활의 주요 문제에 대한 의견일치 여섯째, 결혼행복과 만족 일곱째, 사회의 요구나 기대에 부합된 결혼생활 등을 제시하였다.

유영주(1984)는 성공적인 결혼은 개인의 만족에까지 도달할 수 있도록 두 사람 상호간에 역동적이고 발전적인 관계가 이룩되고 있는 결혼으로 사회적 기대나 문화, 도덕, 윤리의 규범 안에서 허용되고 법률적 요구를 충족시켜야 한다고 하였다.

보우만과 스패니어(Bowman & Spanier, 1978)는 성공적인 결혼생활을 하는 부부들의 심리적 특성으로 첫째, 행복감 둘째, 기본적인 정서적 욕구의 충족 셋째, 상대방의 삶을 풍요롭게 해줌 넷째, 인격발달과 잠재력 개발 다섯째, 정서적 지지 여섯째, 상대방에 대한 이해와 수용 일곱째, 상대방의 복지와 행복에 대한 관심과 존중 여덟째, 자발적인 책임감 등을 제시하였다.

따라서 성공적인 결혼이란 결혼만족과 결혼안정성이 높으며 사회규범과 문화적 기대에 부합되고 개인 또는 부부상호간에 발전과 성장이 이루어지고 있는 결혼생활이라고 정의할 수 있다.

2) 성공적인 결혼의 관련요인

결혼생활의 성패를 예측할 수 있는 요인을 결혼 전 요인과 결혼 후 요인으로 나누어서 살펴보기로 한다.

(1) 결혼 전 요인
① 가정배경

부모가 행복하고 성공적인 결혼생활을 해 온 경우 그 자녀도 결혼에서 행복감을 경험하기 쉽고 이혼할 가능성이 적다. 많은 연구에서 부모의 가정생활과 부부관계는 자녀들의 장래 결혼생활과 부부로서의 역할에 대한 지각에 의식적, 무의식적으로 영향을 미치는 모델이 된다고 한다. 즉 부부간의 상호작용 방식은 자녀의 결혼관과 결혼생활 방식에 영향에 미친다(Stinnett, Walters & Kaye, 1984).

어린 시절에 부모와의 관계가 온정적·수용적이고 격려적인 분위기에서 성장한 경우에 자녀는 원만한 결혼생활과 대인관계에 필요한 기본 성품을 습득하게 된다. 그러므로 어린 시절에 행복했던 사람은 행복하고 성공적인 결혼생활을 하는 경향이 많다.

② 결혼준비도

결혼연령, 결혼 전 교제기간, 결혼동기, 혼전임신 여부와 결혼성공은 관련이 있는 것으로 보고된다.

결혼하는 당사자의 연령과 성숙도는 부부관계의 안정성에 영향을 미쳐서 조혼하는 사람은 결혼생활에서 더 많은 문제를 겪으며 결혼에 실패할 가능성이 높다.

조혼이 결혼실패와 관련되는 것은 단순한 연령 요인 외에도 교육기회의 제한과 그에 따른 교육수준의 저하, 원하는 직업을 갖지 못함, 낮은 수입, 부모됨의 준비부족, 정서적 미숙, 자아인식의 결핍, 개인적 발달과업의 성취 부족 등의 문제에서 비롯된다.

결혼 전의 교제기간이 길수록 결혼생활은 행복하고 성공적이다. 반면 갑작스런 기분이나 일시적 충동으로 이루어진 결혼은 지속성이 적으며 결혼초기에 실패할 가능성이 높다. 교제기간이 충분하면 상대방의 성품과 습성을 파악할 기회가 많고 각자 삶과 결혼에 대한 기대가 무엇인지 알 수 있으므로 부부 간의 갈등이 발생할 가능성이 감소되고 의사소통의 효율성과 문제해결 가능성을 높이는 결과를 가져온다.

순수한 사랑, 이해, 공통의 흥미와 목표가 결혼동기로 작용했을 때는 결혼에 성공하는 경우가 많다. 그러나 일종의 도피처나 고독해소, 부모에 대한 도전의 수단 또는 교환되는 상품가치를 우선으로 결혼 배우자를 택했을 때는 결혼생활 불만족과 실패가능성이 높다.

혼전임신으로 인해 결혼을 한 경우에 실패할 가능성이 더 높다고 보고되며 그 이유로는 혼전임신과 관련되어 결혼에 대한 강요와 압박감, 덫에 걸린 듯한 후회감, 결혼생활 준비의 부족, 교육이나 직업계획의 차질 등의 부정적 영향 때문으로 알려져 있다(Price-Bonham & Balswick, 1980).

③ 부모의 승낙여부

부모의 승낙을 받고 결혼한 부부가 그렇지 못한 부부보다 결혼초기에 더 행복하고 성공적인 결혼생활을 한다고 한다. 부모가 자녀의 결혼을 승낙하고 인정하는 경우에 부모는 자녀의 결혼생활 위기가 발생시 결혼생활의 성공을 격려하고 돕는 중요한 지지자가 될 수 있지만 그렇지 않은 경우에는 부부관계를 더 악화시키고 관계의 안정을 위협하는 요인으로 작용할 수 있다(Price-Boham & Balswick, 1980).

(2) 결혼 후 요인
① 부부의 태도

부부 한 쪽이나 양 쪽 모두가 지배적이거나 상대방에 대해 지나친 경쟁심과 질투심을 가진 경우, 또는 상대방을 무시하는 경우에 결혼생활에 실패할 가능성이 높다(Stinnett, Walters & Kaye, 1984). 따라서 부부간에 상호존중과 민주적인 태도로 임하는 것이 결혼성공 가능성을 높인다.

② 문화적 배경 및 관심사

교육수준, 사회경제적 지위, 인종, 국적, 종교 등의 문화적 배경이 같거나 비슷할 때 가치, 역할기대, 일상적 상호작용 측면에서 일치점이 많아지고 갈등이 적게 되어 결혼성공 가능성이 높다. 문화적 배경이 많이 차이 나는 것은 결혼실패의 원인이 되기도 한다.

공통된 취미를 갖거나 관심사가 일치할 때 부부는 함께 활동을 할 기회가 많고 서로에 대한 이해와 공감이 많아져서 성공적인 결혼생활이 가능해진다. 특히 부부가 가족, 자녀, 사랑, 종교, 철학 등에 공통의 관심을 둘 때에 돈, 명예, 향락 등에 공통의 관심을 두는 부부들보다 결혼에 성공할 가능성이 높다.

③ 인척관계

인척과의 관계가 좋으면 결혼은 더 만족스럽고 성공적이 된다. 특히 우리나라에서는 전통적으로 부인에게 시가식구와의 조화로운 관계를 유지할 의무가 요구되는데 오늘날은 이와 동시에 남편도 처가식구와 좋은 관계를 유지하기 위한 노력이 필요하다.

④ 사회경제적 수준

안정되고 적절한 수입이 성공적인 결혼과 관련된다. 결혼실패와 불행은 경제문제에 원인이 있는 경우가 많다. 가족의 수입이 불충분할 때 부부간에 갈등이 많아질 수 있고 수입의 감소, 실업 등은 결혼의 불안정과 관련된다. 특히 수입은 교육이나 직업보다 결혼성공에 더 큰 영향을 미친다고 한다(Hicks & Platt, 1970).

⑤ 종교활동

종교활동 참여와 결혼성공은 관계가 있다. 종교 지향성과 참여도가 높은 부부가 그렇지 않은 부부보다 행복하고 성공적인 결혼생활을 하는 경향이다. 종교활동이 결혼성공에 긍정적인 영향을 미치는 이유로는 일반적으로 종교적 교훈이 부부관계의 성공에 기여하는 가치와 일치되기 때문이고, 또 다른 이유로는 부부동반으로 종교적 모임에 참여하는 기회가 많아 부부공동의 활동과 동료감이 증가되기 때문이다(Stinnett, 1983).

3) 성공적인 결혼의 필수요건

결혼생활을 성공적으로 하기 위한 필수요건을 살펴보면 다음과 같다.
메이스와 메이스(Mace & Mace, 1980)는 계속적인 노력과 헌신, 효율적인 대화, 생산적이고 창의적인 갈등관리의 세 가지 요소를 제시하였다.
고든(Gordon, 1970)은 사랑, 유머, 대화, 의무수행, 동료감, 성실성, 참을성, 융통성, 원만한 성관계, 함께 나눔(sharing) 등 열 가지 요소를 제시하였다.
하인(Hine, 1980)은 임상사례에서 결혼 후 20년과 50년이 경과한 사람들 중에 성공적인 결혼생활을 지속하는 사람들은 결혼에 실패한 사람들에 비해 다음과 같은 특징들이 있다고 하였다. 첫째, 위기를 성공적으로 해결 둘째, 지속적인 애정교환 셋째, 상대방에 대한 성실과 헌신 넷째, 칭찬, 감사 등의 강화와 지지를 교환 다섯째, 개방적인 의사소통 여섯째, 인생관·목표의 일치와 역할기대의 양립 일곱째, 융통성, 자기표현 등의 대인관계 기술의 발달 여덟째, 정신적·정서적 성숙과 관용 및 인내 아홉째, 동반적 활동과 함께 나눔 열 번째, 결혼성공을 위한 의지와 노력 등이다.

3. 자녀와 노인의 가족생활 만족

자녀와 노인의 가족생활 만족에 대한 연구는 매우 적으며 직접적인 연구가 극히 드물다. 자녀와 노인은 가족 내에서 각각 다른 인생주기단계에 있는 사람들로서 다른 가족원과의 상호작용과 그 질이 만족감의 주요 근원으로 작용한다.

자녀는 가정내에서 대부분 형제나 조부모 등의 다른 가족원 보다도 부모와 더 밀접한 관계를 맺고 부모의 영향을 크게 받기 때문에 자녀가 부모와의 관계에서 경험하는 정서적 반응과 만족을 중심으로 자녀의 가족생활만족을 살펴보기로 한다.

노인에게 있어 가족은 생활의 중심적인 장이 되며 가족에의 통합과 가족생활 만족은 노인의 생활만족에 중요한 영향을 미치므로 노인의 가족관계와 생활만족 요인을 중심으로 노인의 가족생활 만족을 고찰하기로 하겠다.

1) 자녀의 가족생활 만족

부모는 자녀에게 생활에 필요한 기본적인 정신적, 물질적 조건을 제공할 뿐만 아니라 자녀를 사회화하는 중요한 역할을 담당한다. 그러므로 부모의 역할수행과 그에 따른 부모 자녀관계는 가족과 부모에 대한 자녀의 반응에 영향을 미친다.

부모역할 수행과 부모 자녀관계는 매우 다양하며 많은 변수에 의해 영향을 받는다. 예를 들면 부모가 속한 사회나 계층의 가치규범과 문화, 부모의 인격과 양육태도, 성장시의 부모역할 모델 등에 의해 영향을 받기도 하고 이 외에 자녀의 발달단계, 가족체계의 변화 - 모의 취업, 부모의 결혼생활 문제 또는 부모의 이혼이나 재혼 - 에 의해 영향을 받기도 한다.

특히 자녀가 사춘기나 청년기일 때 자녀의 발달적 특성상 부모 자녀관계에서 변화와 갈등이 발생할 소지가 많고, 부모의 결혼생활과 어머니의 취업, 거주지역과 부모가 속한 계층에 따라 부모 자녀관계나 자녀의 부모에 대한 반응이 차이를 보인다.

청소년기의 자녀, 부모의 결혼생활, 어머니의 취업, 거주지역, 부모의 계층 등을 중심으로 자녀가 지각하는 부모와의 관계와 가족생활 만족에 대해 살펴보기로 하겠다.

(1) 청소년 자녀

청소년기 자녀와 부모의 관계는 자녀의 특성상 전 단계에 비해 개별화(individuation)를 지향하고 부모와 분리된 자아구조를 가지려 하면서 변화와 재조정이 요구된다. 이 시기는 2차 성징의 발달을 포함한 생리적 변화와 자아정체감의 형성과 독립성 추구 등 심리적 변화를 보이며 그 결과 갈등과 불안정을 경험하는 시기이기 때문에 자녀는 성별에 관계없이 부모와의 관계에서 갈등과 불일치를 가장 많이 겪는 경향을 보인다(Ahlstrom & Havighust, 1971). 그 결과 청소년기 자녀가 다른 단계의 자녀보다 부모와의 관계나 가족생활에 대해 낮은 만족도를 보일 것으로 유추되나 실증적 연구가 부족하다.

우리나라 청소년 자녀는 부모와의 응집도를 높게 지각하고 부모와의 심리적 거리를 가깝게 느낀다(최연실, 1993). 또한 성별에 따라 부모와의 관계 지각이 차이를 보여 아버지보다 어머니와의 응집도가 더 높고 심리적 거리도 더 가깝게 느끼며, 특히 아들보다 딸의 경우 어머니와의 응집도가 더 높고 심리적 거리도 더 가까운 경향을 보인다(백문화·조병은, 1992 ; 노영남, 1982).

또한 청소년 자녀들은 부모나 교사와 같은 성인과의 관계가 친구나 형제와 같은 동년배와의 관계에 비해 상대적으로 덜 중요해지지만 모든 청소년 연령집단에서 어머니와 아버지는 사회적 지지를 가장 많이 제공하는 것으로 지각되고 있다. 그리고 청소년자녀들은 아버지보다 어머니와의 관계에서 사회적 지지를 더 높게 지각하고 아들은 아버지와의 관계에서 사회적 지지를 더 높게 지각하였다(윤혜정·유안진 1993).

청소년 자녀의 부모와의 관계 지각은 가족의 심리적 환경과 의사소통 정도 또는 부모의 양육태도에 따라 차이를 보인다. 즉 가족원의 자기분화수준이 높고 가족원간의 의사소통이 많은 경우에 청년기 후기의 자녀들은 부모를 비롯한 가족원과 갈등을 적게 느끼고 가족이나 부모에 대한 애착과 친밀감이 높다 (Bozicas, 1988).

이와 유사한 결과로 우리나라의 중·고교학생들은 가정의 분위기가 화목할 때 부모와의 심리적 거리를 매우 가깝게 느끼고 가정의 분위기가 불화할 때 부모와 매우 멀게 느낀다(노영남, 1982). 또한 우리나라 청소년자녀들은 가족 응집성이 높은 경우에 부모와의 관계에서 문제를 가장 적게 경험하고, 가족 적응성 수준이 경직된 가정의 경우 아버지와의 관계에서 문제를 가장 많이 느끼며, 가족체계 유형중 균형가족에 속할 때 극단가족에 비해 부모와의 관계에서 문제가 가장 적다고 느낀다(전귀연·최보가, 1993).

이와 달리 가족원간의 관계가 무관심하거나 냉담한 경우, 부모가 엄격하거나 지나치게 방임적인 양육태도일 때, 또는 익애적이거나 일관성이 없는 태도, 거부적일 때 청소년 자녀의 갈등 수준과 문제행동 빈도가 높다(Ahlstrom & Havighusrt, 1971 ; 이정숙, 1991 ; 정기숙, 1993). 그리고 공격성이 높은 비행 청소년들은 특히 아버지와의 관계를 더 부정적으로 지각하며 아버지의 거부적, 적대적인 태도와 자녀에 대한 애정과 격려, 보살핌의 부족에 대해 불만을 느낀다(Bandura & Walters, 1963).

(2) 부모의 결혼생활

부모의 결혼생활에 대한 자녀의 반응이 성별이나 연령에 따라 차이를 보이는 것으로 보고된다. 부모의 원만하지 않은 결혼생활에 대해 사춘기의 딸이 아들보다 더 예민하게 반응하고(민경희, 1990), 사춘기 자녀들이 더 어리거나 나이 든 자녀보다도 부모의 이혼이나 재혼에 대해 더 민감하게 반응하고, 특히 딸이 아들보다 더 예민하게 반응하며 갈등을 겪는다고 한다(Perterson & Seligman, 1984 ; Hetherington et al, 1982).

(3) 어머니의 취업

어머니가 취업한 자녀의 가족생활 만족을 자녀의 발달단계별로 비교하거나 또는 전업주부의 자녀와 비교한 연구가 없다. 그러나 최근 어머니가 취업한

4학년 이상의 학동기 자녀를 대상으로 부모와 가족생활에 대한 반응이 연구된 바 있다. 연구결과 어머니가 직장일로 집을 비울 때 과반수 이상의 자녀가 불안을 겪지 않는 것으로 밝혀졌고 자녀가 느끼는 불안은 자녀의 성별과 어머니의 직업지위에 따라 차이를 보였다. 즉 딸이 아들보다, 하위직(단순근로직, 생산직, 기능직, 판매직)에 종사하는 어머니의 자녀가, 중위직(사무직, 자영·상업, 전문기술직)에 종사하는 어머니의 자녀보다 불안수준이 더 높은 것으로 나타났다.

그러나 대부분 자녀들이 부모와 친밀감을 느끼고 있고, 특히 아버지보다는 어머니와 친밀감을 더 많이 느끼며, 딸이 아들보다 부모와의 친밀감을 더 많이 느끼는 것으로 보고된다(서동인, 1991). 또한 어머니가 취업한 자녀 중에서 가족의 소득수준이 높을 때, 어머니의 애정적 양육행동을 높게 지각하는 경우에 자녀들이 부모에 대해 애정을 더 많이 느끼는 경향을 보인다(안재연·박성연, 1992).

(4) 지역과 계층

지역별 또는 계층별로 자녀의 가족생활 만족을 직접 조사한 연구는 없으나 관련연구 결과를 통해 경향을 추정할 수 있다.

첫자녀가 중학교 2학년인 가족을 도시와 농촌별로 비교한 연구(민경희, 1990) 결과 도시에서는 가족생활이 자녀들 쪽으로 치우쳐 있고, 형제자매 간에도 개인주의적, 경쟁적 요소가 반영되어 자녀들이 자신과 직접 관계되는 부모의 차별 대우에 예민하게 반응한다. 반면 가족생활이 부모중심으로 이루어지고 있는 농촌가족의 자녀들은 부모의 결혼안정성 여부에 의하여 많은 영향을 받는다고 한다.

계층별 자녀의 가족생활 만족은 도시 빈민가족, 농촌 영세 빈농가족, 노동자가족, 자영 소상인가족, 화이트칼라 가족의 부모를 대상으로 자녀와의 관계를 조사한 연구들을 통해 그 경향을 유추해 볼 수 있다(조옥라, 1990 ; 장하진, 1990 ; 김자혜·김미숙, 1990 ; 박민자, 1990).

도시 빈민가족과 농촌의 영세빈농가족에서 부모의 자녀에 대한 기대와 교육열이 모두 비슷하게 높다. 그러나 도시 빈민가족에서 부모들은 경제적 어려움 외에 자녀지도에 대한 지식의 부족을 느끼고, 자녀들은 나이가 들수록 가족의 낮은 경제수준과 교육적으로 정비되지 않은 주거환경에 대해 불만을 많이 느낌에 따라 부모와 자녀사이는 대화가 단절되어 갈등관계로 나타나기 쉽다. 상급학년으로 갈수록 성적이 떨어지고 소위 청소년기 자녀문제들이 더욱 현저해져서 부모 자녀관계가 악화될 가능성이 높고 그 결과 자녀의 취업과 가출에 대한 부모의 통제가 어려울 수 있다.

농촌의 영세빈농가족에서 자녀의 상급학교 진학은 경제적으로 매우 어려우며 자녀는 이러한 환경 속에서 이농하여 도시의 하급 노동직이나 서비스직으로 진출한다. 결과적으로 두 계층의 자녀는 부모에 비해 약간 높은 교육을 받지만 연령이 증가함에 따라 부모와의 관계에서 애착과 친밀감을 경험할 가능성이 적어진다.

노동자계층 가족이나 자영소상인 가족에서 공통적으로 부모의 자녀에 대한 교육열과 자녀세대의 계층상승에 대한 기대가 높으며 그 결과 생활비 중에서 교육비가 차지하는 비율이 높다. 또한 두 계층에서 부모가 모두 경제활동에 매달려야 하므로 자녀의 학습을 돕는다거나 대화를 통해 성취동기를 유발하는 일은 시간과 능력부족으로 거의 불가능하다고 한다.

화이트칼라 가족에서는 부모가 자녀에게 전문성이 있는 직업을 기대하고 자녀교육에 대한 부모의 열성은 대단하다. 경제적 뒷받침과 정신적 지원을 하고 있고 주로 그 임무는 아버지보다는 어머니에 의해 수행되고 있다.

따라서 노동자계층 가족과 자영소상인 가족, 화이트칼라 가족에서 부모의 교육열이 높은 것 자체는 바람직하다고 할 수 있으나 가정형편이나 자녀의 개성·소질 등을 고려하지 않은 무조건적인 진학위주의 부모의 교육열과 특히 자녀교육에서 아버지의 참여가 적은 점 때문에 자녀들이 부모와의 관계나 가족생활에서 압박감이나 긴장, 갈등, 불만 등을 느낄 가능성이 많다.

2) 노인의 가족생활 만족

노인들은 가족관계와 개인적 특성에 따라 가족생활 만족을 포함한 안녕감과 생활만족이 영향받는다. 성인자녀와의 유대관계 및 결속도와 가정내 역할지위, 배우자와의 관계를 포함한 노인의 가족관계와 개인적 특성을 중심으로 노인의 가족생활 만족도를 살펴보기로 하겠다.

(1) 성인자녀와의 유대관계 및 결속도

노인은 문화적 전통과 성역할에 따라 아들과는 규범적 관계를, 딸과는 정서적 관계를 맺는다. 자녀와의 유대관계와 결속도는 노인에게 필수적 부양과 정서적 안정감을 제공해 주기 때문에 장남과의 관계의 질 또는 자녀와의 유대관계 및 결속도에 따라 생활만족도가 크게 영향을 받는다고 보고된다(조병은, 1990 ; 최정혜, 1991 ; 조옥희 외, 1991 ; 김현진·이귀옥, 1992 ; 송주은·문숙재, 1993).

자녀와의 결속도나 자녀의 지원 중에서 애정적 결속과 자녀의 정서적 지원이 노인의 만족을 크게 좌우하는 것으로 나타났다. 즉 성인자녀의 애정적·정서적 지원은 도구적·경제적 부양에 비해 노인의 만족도에 더 크게 영향을 주며, 노인이 느끼는 가족과의 갈등도 정서 차원과 가치관 차원의 갈등이 재정적 차원의 갈등보다 더 크다고 한다(조병은, 1990 ; 최정혜, 1991).

(2) 가정내 역할지위

노인의 가정내 역할의 한정된 참여와 의존적 지위는 노인 자신의 자아개념과 만족도에 부정적인 영향을 미친다(김태현, 1990). 자녀와 동거하는 노인 중에서 신체적 이유나 경제적 이유 등 노인의 의존성 증가로 인해 자녀와 동거하는 노인은 가족관계에서 갈등과 긴장을 겪는 경향이 많고, 전통이나 정서적 유대감을 만족시키기 위해 자녀와 동거하는 노인은 만족도와 사기가 높다(조병은, 1990). 그리고 여자노인이 가정 내에서 중요한 사람이라고 자신의 지위를 평가할 수록, 가정내 의사결정권이 높을 때 만족도가 높다(서병숙, 1991 ; 조옥희 외, 1991).

(3) 배우자유무, 부부관계

배우자 유무나 배우자와의 관계는 노인의 만족과 사기에 영향을 미친다. 배우자가 없는 노인은 배우자가 있는 노인에 비해 자녀에 대한 의존성이 높아진다. 특히 홀로 된 여자노인은 배우자 상실로 인해 경제적 지위와 권위까지 낮아지고 홀로 된 남자노인에 비해 만성적 퇴행성 질환을 더 많이 가지며 소외감과 자녀와의 낮은 결속도, 가정내 의사결정권 저하 등을 경험한다고 한다(모선희, 1991 ; 조옥희 외, 1991). 반면 배우자와 동거하는 여자노인은 배우자가 없는 여자노인에 비해 만족도가 높은 경향을 보였다(송주은·문숙재, 1993). 부부관계의 질에 따라 노인의 가족생활 만족도가 높을 것으로 추정되나 아직 실증적인 연구가 없다.

(4) 성별, 경제상태, 건강상태

여자노인이 남자노인에 비해 성인자녀와 더 강한 애정적 유대관계를 가진다고 한다(유은희·박성연, 1989 ; 김태현·최정혜, 1990). 이로 미루어 여자노인이 남자노인보다 자녀와의 관계나 가족생활에 더 만족할 것으로 추정되나 자녀와의 관계의 질이나 며느리와의 관계도 만족도에 중요한 변인으로 작용할 수 있다.

노인의 경제상태 및 경제만족은 노인의 만족도에 영향을 미치는 것으로 보고된다(서병숙, 1989 ; 최정혜, 1991 ; 김현진·이귀옥, 1992 ; 조옥희 외, 1991 ; 조병은, 1990). 노인의 경제적 수준이 낮거나 경제적 자원이 빈약하면 성인자녀의 부양부담을 가중시키고 성인자녀와의 갈등증가와 노인자신의 자존심 저하를 초래하며 노인의 생활만족도와 사기가 낮아진다. 반면 여자노인이 용돈에 만족할 때 경제적 욕구가 충족될 뿐만 아니라 부모대접을 받는다는 심리적 만족감으로 인해 만족도가 증가한다(박충선, 1990).

노인의 건강상태도 생활만족도에 중요한 영향을 미치며 건강상태가 양호할 수록 노인의 심리적 만족과 사기가 증가하며 고독감이 낮아진다(김현진·이귀옥, 1992 ; 조옥희 외, 1992 ; 김종숙, 1986 ; 서병숙, 1991 ; 송주은·문숙재, 1993).

그러므로 경제적·신체적 의존도가 큰 노인일수록 가족생활 만족이 낮아질 가능성이 높다.

(5) 자녀와의 동거

자녀와의 동거여부나 동거형태는 노인의 만족도와 일관성 있는 관계를 나타내지 않는다. 자녀 특히 장남과 동거하는 노인이 자녀와의 결속도를 높게 지각하고 만족도도 높다는 결과(최정혜, 1991 ; 조병은, 1990)가 있는 반면 기혼아들과 별거하는 노인이 기혼아들과 동거하는 노인에 비해 갈등과 고독감을 적게 느낀다는 결과(윤가현, 1991)도 있다. 자녀와 동거하는 경우에도 딸과 동거하는 노인이 아들과 동거하는 노인보다 더 갈등이 적고 정서적으로 만족하다는 보고도 있다(서병숙·장선주, 1990 ; 최정혜, 1991). 또한 자녀와의 동거 여부가 노인의 만족도에 영향을 미치지 않으며 그보다 노인의 가족내 역할과 자녀와의 유대관계가 만족도에 더 큰 영향을 미친다는 결과(조옥희 외, 1991 ; 김현진·이귀옥, 1992)도 보고된다.

(6) 종교, 활동수준

노인이 종교를 갖고 있거나 종교활동 수준이 높은 경우에 그렇지 않은 경우보다 만족도가 높다고 나타나(서병숙, 1989 ; 김명자, 1982 ; 김태현, 1986) 종교가 있거나 종교활동을 하는 노인이 가족생활에도 더 만족할 것으로 추정된다. 그런데 노인의 종교 활동수준이나 일반 활동수준은 건강이나 경제적 상태, 지역적 여건 등과 관련되기 때문에 더 정교한 분석이 요구된다.

〈연구문제〉

1. 결혼만족과 성공적인 결혼생활에 대해 정의하고 행복하고 성공적인 결혼생활을 위해 가장 중요하다고 생각되는 요인에 대해 각자 토의해 보시오.
2. 원만한 부부관계를 유지하는 가족을 주변에서 선택하여 그 원인에 대해 사례조사를 하시오.
3. 자녀와 노인이 만족스럽게 가족생활을 하기 위해 중간세대인 부모 / 성인자

녀가 노력해야 할 점과 자녀와 노인 각자가 노력할 점에 대해서 토의해 보시오.

가족문제와 정책
제 IV 부

   지난 수십년 동안 우리나라 가족은 많은 변화를 겪어왔고 가족의 본질에 대한 우리들의 관점도 많이 변화했다. 변화 그 자체를 파괴적이고 부정적인 것으로 간주하거나, 변화가 언제나 갈등을 초래하고 가족구성원 간의 해체를 의미한다고 말할 수 없다. 그러나 어떠한 변화도 스트레스를 유발하고 스트레스는 급격히 변화하는 현대 사회와 가족에서는 보편적 현상이 되고 가족구성원에게 적응력과 대처할 수 있는 자원을 요구하며 또한 갈등, 폭력 더 나아가 해체로까지 이끌 수 있다. 이제까지 가족스트레스, 갈등, 폭력, 해체 등은 부정적으로 여겨져 왔고 정상적인 가족을 대상으로 한 중요한 연구영역이라고 인식되지 않아 우리나라 가족학에서 비교적 연구되어지지 않은 분야이다.

   제4부에서는 스트레스, 폭력, 이혼이 늘어남에 따라 이러한 가족의 부정적인 측면에 대한 원인, 과정, 결과를 이해하고 현대가족이 겪는 어려움을 극복하는데 도움을 주는 가족교육, 상담 더 나아가 가족정책을 다루었다. 이러한 영역은 미래의 가족연구에서 매우 중요하고 연구자, 교육자, 상담가 그리고 정책수립자 간의 공동노력이 필요한 분야이다. 가족생활 교육과 상담은 가족발달을 향상시키고 가족전체가 겪는 스트레스, 가족관계상의 역기능을 건강하고 기능적인 상태로 유도하여 문제 발생의 예방차원에서 가족 잠재력을 극대화시키는 데 도움을 주고자 한다.

제 12 장
가족의 위기와 해체

조병은

　본 장에서 다루고자하는 스트레스, 폭력, 이혼은 가족의 부정적인 측면들이지만 현대가족에서 많이 볼 수 있는 현상들이다. 이러한 측면들은 역사적으로 또한 여러 사회에 걸쳐 존재해 왔으나 가족간의 사랑과 화합을 우선시하는 전통적인 가족이데올로기로 인해 표면화되지 않았고 비정상적이고 이상적이 아닌 가족의 특성이라 하여 비교적 연구되어지지 않은 가족의 본질이다. 그러나 우리들의 견해가 현대가족이 겪는 여러 가지 변화에 따라 이러한 부정적인 측면들이 증가하고 가족은 스트레스나 갈등이 있을 수 있고 더 나아가 폭력과 해체할 수 있는 잠재성이 있다는 견해로 변화되어감에 따라 이 분야에 대한 관심은 증가하고 있다.

　스트레스, 폭력, 이혼은 가족원 모두에게 심리적·사회적·신체적·경제적으로 영향을 끼치며 상당기간의 적응을 요구한다. 비록 이 분야에 대한 실증적 연구는 부족하나 본 장에서는 그러한 현상이 증가하는 원인, 과정, 결과에 대한 이해를 넓히고자 한다.

1. 가족스트레스와 위기

1) 가족스트레스의 본질

대부분의 가족은 스트레스를 받는다. 가정을 천국이나 행복의 장이라고 이상화하려는 경향은 스트레스나 갈등을 병적이고 비정상적인 것으로 보려하지만 스트레스나 갈등이 없는 가족은 아마 없을 것이다. 특히 급속한 사회변화, 고도의 기술적 진보와 규모가 작고 고립된 핵가족의 증가등은 스트레스, 또는 갈등을 유발시킨다. 변화는 스트레스를 생성시키며, 스트레스는 살아있는 유기체나 변화하는 사회에서는 보편적이고 정상적인 것이다.

현대인들이 스트레스를 많이 받음에 따라 최근에 스트레스 분야는 학문적이고 일반적인 영역 모두에서 인기있는 분야이다.

개인이 받는 스트레스에 관한 연구는 홈즈와 레에(Holmes와 Rahe, 1967)에 의해서 시도되었다. 회상적인 연구방법, 임상적인 경험을 토대로 그들은 사회적응능력척도(Social Readjustment Rating Scale(SRE))를 발달시켰다. 그들은 어떤 인생사건은 다른사건에 비해 많은 변화를 주고 주어진 시간에 일어나는 과다한 인생사건이 여러 가지 병과 연관이 있으며, 일상생활에서 변화를 요구하는 사건은 그것이 좋든, 나쁘든 또는 기쁨을 주든 두려움을 주든지 간에 스트레스를 유발시킨다고 하였다. 그러한 스트레스를 주는 생활사건은 유기체의 적응능력을 요구하고 적응능력이 부족하면 신체저항력이 감소되어 질병발생율이 높아진다고 보고하였다. 따라서 생활사건의 변화가 너무 많으면 적응하지 못하게 되어 질병을 일으킬 가능성이 많음을 시사해준다.

홈즈와 레에의 연구이후 모든 생활에 있어서 필연적으로 발생하는 스트레스의 본질을 인식하게 되었고 스트레스의 파괴적인 영향을 알게 되었다. 뿐만 아니라 어느 정도의 스트레스는 인간 유기체의 성장에 필요한 것이고 이러한 스트레스나 갈등은 인간관계의 성숙이나 발달에 있어서도 필수적이라고 인식되고 있다.

가족분야에서의 가족스트레스에 관한 연구는 주로 위기의 측면에서 예기치 못했던 어려움을 일으키는 사건 즉, 대공황(Elder, 1974), 실직(Moen, 1983), 전쟁으로 인한 별거(Boss, 1980;Hill, 1949), 맞벌이가족에 있어서의 스트레스(Skinner, 1980), 폭풍과 같은 천재지변(Erickson, Drabeck, Key & Crowe, 1974), 가족의 질환 혹은 가족 구성원의 상실에 대한 적응(Ma-Cubbin, 1983)에 대해 조사되었다. 연구결과를 통하여 전쟁, 실직, 자연재해의 스트레스를 일으키는 사건에 대해 가족이나 개인이 어떻게 반응하는지, 또한 어떤 가족들이 다른 가족보다 더 잘 대처하는지 알게 되었다.

그러나 최근에는 연구의 방향이 일련의 생활사건들에 대한 적응에 관한 것으로 변화되고 있다. 즉 일상적인 생활 그 자체가 스트레스의 근원이 되며, 끊임없이 변화를 하는 가족은 스트레스를 주는 환경으로 본다.

가족에게 스트레스를 주는 것을 스트레스원(stressors) 또는 위기를 도발시키는 사건이라고 한다. 이러한 사건이나 어려움은 가족원에게 적응을 요구한다. 예를 들면 경제적 곤란시 가족원들은 의류나 오락에 돈을 덜 사용하면서 예산을 조정하여야 한다. 그러나 모든 사건이 스트레스나 위기를 유발하지는 않으며 각각의 가족은 스트레스에 대처하는 능력이나 역량이 다르고 그것을 어떻게 인지하는가도 다르다.

가족 스트레스란 스트레스원으로 인한 적응요구가 가족자원에 크게 부담을 줄 때 일어나는 긴장상태를 말한다(Hill 1949). 가족스트레스는 가족원의 정서적반응, 가족원간의 갈등 그리고 경제적 어려움 등을 포함한다.

가족스트레스는 변화를 말하고 그 변화로 인해 긍정적, 부정적 혹은 두가지 모두에 영향을 미치는 전환점이며 비교적 불안정한 시기이다. 가족이 오랫동안 같이 살면 가족원은 서로 관련된 생활패턴을 형성하게 되어 다른 사람의 기대와 그 기대에 부응하는 행동을 어떻게 해야 하는지를 서로 잘 알게 되어 비교적 순조롭게 생활할 수 있다. 그러나 이러한 서로의 기대감을 파괴하는 어떠한 변화든 스트레스를 가져올 수 있다. 어떤 경우 위기로 모는 사건이나 어려움은 급작스럽고 예상하지 못했던 불행을 가져올 수도 있다. 예를 들면 만성적인 병, 배우자나 아이의 죽음, 가장의 실직은 가족원이 생각하고 느끼고 행동하는 데 있어 심각한 변화를 요구한다.

반면에 갑작스럽게 부를 얻었다든가 진급으로 인해 다른 지방으로 이사를 가는 경우 등의 긍정적인 변화도 스트레스나 위기로 치달을 수 있다. 또한 가족생활주기에서의 가족 전환과 같이 예상했던 변화일지라도 스트레스나 위기로 빠지게 할 수 있다. 첫아이의 출산, 막내아이의 출가 등은 가족자원에 부담을 주며 가족관계나 기대감에 큰 변화를 초래한다.

2) 가족 스트레스 이론

가족학자 힐(Hill(1949)은 가족스트레스나 위기를 설명하는 ABCX 모델을 제안하였다. Hill의 ABCX 가족위기이론을 근거로 가족 스트레스 연구는 꾸준히 발달되어 왔다.

가족 스트레스에 관련된 연구들은 이 이론을 근거로 어떤 가족들이 어떤 상황하에서 어떤 자원을 가지고 어떤 대처행동으로 가족생활의 어려움을 극복하는가에 대한 해답을 찾고자 하였다. 이러한 가족 적응은 ① 불균형의 시기 ② 회복의 시기 ③ 재조직의 형성 시기의 과정을 거친다.

스트레스원는 가족체계에 상당한 변화를 야기시키는 생활사건을 의미한다. 가족 스트레스나 위기는 가족의 스트레스원에 대한 반응으로 가족 구성원의 정서적 상태, 갈등이나 경제적인 어려움 등이 포함된다.

이 이론에서 A는 스트레스원을 나타내고 이것은 B(가족이 위기를 극복할 수 있는 자원들) 와 C(가족의 스트레스원에 대한 인지 및 평가)가 상호작용하여 X(위기)를 만든다는 것이다. 즉 위기가 되는 경향은 가족자원(요인B)의 부족과 역경이나 어려움을 위기로 만드는 것이라고 인지할 때 (요인C) 나타난다.

ABCX모델을 기초로 멕커빈과 패터슨(McCubbin과 Patterson 1983)은 위기에 대한 가족의 적응을 더 잘 묘사하기 위하여 Double ABCX모델을 개발하였다. Double ABCX모델은 힐의 ABCX위기 모델의 확대모형으로서 멕커빈은 가족은 하나의 스트레스원보다는 누적된 스트레스원을 가지고 있는 경우가 많을 것이라고 제안하고 있다. 또한 위기 전과 위기 후의 상황을 구분하므로 종단적 연구방법이 된다.

Double ABCX모델에서 Aa는 누적된 스트레스원이 된다.

이것은 단순히 현재 직면한 스트레스원(A) 뿐 아니라 기존의 가족 생활을 의미한다. 가족의 역경은 스트레스원이 많을 때 특히 대응하기가 힘들다. 예를 들면 부모의 실직은 스트레스원이 될 수 있으며 그것은 경제적인 어려움을 동반한다.

또한 가족이 새로운 스트레스원을 직면했을 때 발견하지 못했던 기존의 어려움이 동시에 밖으로 표출될 수 있다. 예를 들면 표면에 나타나지 않았지만 지속되어 온 결혼갈등은 어린이가 만성적인 병으로 진단되는 경우와 같은 새로운 스트레스원에 부딪치게 되었을 때 기존의 결혼갈등은 더 심하게 나타날 수 있다.

Bb는 자원으로 위기가 오기 전에 이미 있었던 자원과 위기상황에 반응하면서 강화되거나 새로 생긴 대처자원으로 구분된다. 스트레스원에 대한 인지나 의미는 Cc가 되어 위기사건이 있기 전에 얼마나 스트레스를 느끼는가와 위기 후의 스트레스 수준에 대한 인지로 구별된다. 따라서 위기 전과 위기 후의 ABC요인들이 복합적으로 작용하여 가족의 적응이나 부적응이 된다.

가족이 기존에 있던 어려움과 새로운 스트레스원에 대해 극복하기 어렵다고 인지하고, 대처하고 관리할만한 적절한 자원이 없을 때 스트레스는 증가될 수 있다. 가족이 스트레스원에 대해 어떻게 적응하는가를 설명함에 있어 먼저 가족 스트레스 이론의 요소인 스트레스원의 종류와 특성을 조사하고, 위기에 대응하는 대처자원을 살펴본 다음 스트레스원에 대한 가족의 인지와 평가를 알아보고자 한다.

3) 가족스트레스의 적응과정

(1) 가족스트레스원

① 가족스트레스원의 종류와 특성

앞의 이론에서 언급한 것과 같이 스트레스를 만드는 사건을 스트레스원(A요인)이라고 한다. 스트레스를 주는 사건은 종류, 정도에 따라 다르고 그러한 스트레스원의 특성은 가족이 어떻게 위기에 반응해야 하는가에 영향을 준다.
스트레스원의 종류에는 여러 가지가 있다.

가. 가족구성원의 상실-죽음이나 유기와 같이 영원히 상실하는 것이나 병원에 입원하거나 감옥에 가는 것 등의 단기간을 통한 상실이다.

나. 새로운 가족의 얻음-출생, 양자 또는 재혼 등으로 인해 새로운 혈연관계를 형성하는 경우 스트레스를 받을 수 있다.

다. 가족 수입이나 사회적 지위의 급격한 변화-가족수입의 감소나 사회적 지위하락과 같은 스트레스원은 대체로 부정적이지만, 긍정적인 변화 즉 승진으로 인해 더 좋은 지역으로 이사를 한다거나 갑작스러운 부나 명예의 획득 등도 스트레스를 초래할 수 있다.

라. 가족 구성원간의 끊임없는 역할갈등-남편과 부인의 역할이 변화하면서 어린이 양육, 가사노동 등에 대한 갈등이 일어날 수 있다.

마. 정신적, 신체적으로 의존적이거나 불구인 가족원을 돌보는 것은 스트레스원이 될 수 있다. 지체부자유아를 기르는 경우, 결함을 가지고 있는 아이가 출생한 경우, 교통사고나 기타 불의의 사고등으로 오랫동안 간호를 요하는 사람, 노인인구 증가에 따라 의존적인 노인을 돌보는 것과 같은 상황은 지속적인 시간, 에너지, 금전, 정신적 자원을 요구한다.

바. 가족의 사기를 점진적으로 잃게하는 사건 즉, 청소년 범죄, 정신질환, 알콜중독, 약물중독 등은 가족의 적응력을 서서히 붕괴시키는 것들이다.
가족은 한 가지의 심각하고 만성적인 문제로 붕괴되어 갈 수도 있지만 일련의 연속적인 작은 사건들이 계속될 경우 이를 효과적으로 극복하지 못하게 되어 위기로 이끌어 갈 수 있다. 또한 사건이 한꺼번에 올 경우 더욱 더 위기로 치닫게 된다.

스트레스원은 위와 같이 여러 종류가 있고 스트레스원은 다음과 같은 특성이 있다. 이러한 스트레스원의 특성에 따라 가족이 적응하고 극복하는 능력이 달라진다(Lipman-Blumen, 1975).

가. 스트레스원은 크게 예상할 수 있는 규범적인 것과 전혀 예상치 못했던 비규범적인 것으로 나눌 수 있다.

즉 아기를 갖는 것, 자녀의 입학 등은 예상할 수 있는 규범적 생활사건이고 자녀의 죽음, 이혼, 불임, 실직 등은 비규범적인 생활사건이다.

나. 스트레스원의 기간이 짧거나 긴 것에 따라 다를 수 있다.

만성적인 질환을 앓는 사람을 돌보는 것은 수술로 인해 일시적으로 활동하지 못하는 사람을 돌보는 것보다 긴 스트레스원이라 할 수 있다.

다. 스트레스원이 외적인가 내적인가 즉 가족밖에서 유래되었는가, 가족안에서 유래되었는가에 따라 다르다. 대체로 외부적 스트레스원(예 : 태풍, 홍수, 지진같은 천재지변)은 가족응집력을 강화시키는 경향이 있고 내부적 스트레스원(예 : 알콜 중독, 도박, 가족갈등, 폭력 등)은 가족원이 서로를 비난하게 되므로 가족을 분열시키거나 붕괴시키려는 경향이 있다.

라. 사회가 스트레스원을 다루는데 확고한 규범을 제공하느냐 하지 못하느냐에 따라 다르다. 예를 들면 나이들어 미망인이 되는 경우 어떻게 행동해야 하는지에 대한 비교적 확고한 규범을 사회는 제공해 준다. 그러나 이혼한 경우에 전 배우자가 죽었을 때 어떻게 해야 할 지에 대한 규범은 모호하다.

마. 스트레스원의 상태가 개선 혹은 안정되어 가느냐 악화되어 가느냐에 따라 다르다. 슬픔은 시간이 갈수록 감소되나 알콜이나 마약중독은 갈수록 더욱 나빠진다.

대체로 스트레스원은 기대된 것이나, 짧고, 외적인 것이나, 규범에 의해 정해져 있고, 상태가 점점 나아지는 것일수록 극복하기가 쉽다.

② 가족생활주기 동안에 일어나는 규범적 생활사건(전환기)과 비규범적 생활사건

개인이 인생주기를 살면서 여러 가지 전환기를 겪는 것과 마찬가지로 가족도 여러가지 전환기를 갖는다. 즉 가족생활을 영위해감에 따라 우리는 부모가 되고 아이를 독립시키고, 은퇴하거나 미망인이나 홀아비가 된다. 이러한 모든 전환은 스트레스원이 될 수 있다.

스트레스원는 크게 규범적인 사건과 비규범적인 사건들로 분류할 수 있다. 규범적인 사건은 생활 주기 속에서 일어나는 사건들로 대부분의 개인이나 가족이 비교적 예측할 수 있고 모두 다 경험하는 출생, 성장, 결혼, 죽음과 같은 생활 전환을 말한다. 이러한 전환은 어느 가족에게나 일어나고 대부분의 가족들이 가족생활주기 동안의 어느 시점에서 일어날 지를 예상할 수 있기 때문에 규범적이라고 한다.

비규범적 사건들은 사고, 실직, 이혼, 질병, 아이의 죽음, 알콜중독, 천재지변과 같은 것으로서, 이러한 사건은 어떤 가족에게 일어날 수도 있고 일어나지 않을 수도 있기 때문에 비규범적사건이라 한다. 비규범적사건은 규범적인 전환들과 동시에 일어날 수도 있고 독립적으로 일어날 수도 있다.

가. 규범적 사건

가) 첫아이의 부모됨

첫아이의 출생으로 인한 부모됨은 부부에게 상당한 변화를 주는 전환점으로 보고있다. 초기연구에서는 부모됨으로의 전환이 위기로 간주되어 왔으나 (Lemaster, 1957), 원하는 아이인가 아닌가, 부부관계, 사회적 지지체계, 아이의 기질, 경제적 자원 등에 따라 부모됨으로의 전환은 어려움이 클 수도 있고 즐거움이 더 클 수도 있는 역설적인 전환기라고 한다(LaRossa, 1983). 우리나라의 경우 비교적 어려움보다 즐거움이 큰 것으로 나타났다(이숙현, 1990).

나) 빈둥우리 시기

초기연구에 의하면 막내아이가 독립을 했을 때, 부모들은 특히 어머니는 어머니 역할이 없어짐으로 해서 정체감 상실에 따른 위기감을 느껴 우울하고 외롭고 역할 상실을 느낀다고 하였다. 그러나, 빈둥우리시기는 대부분의 중년 여성에게 큰 영향이나 위기감을 주지는 않고 부모역할 이외의 다른 의미있는 역할 즉 직업, 학교, 사회활동, 종교를 가지고 있거나 부부관계가 좋을수록 적응하기 쉽다고 한다(강인, 1989, 김명자, 1990;김현화, 1991).

다) 은퇴

산업사회의 산물인 은퇴는 최근의 가족이 특히 남성들이 겪어야 되는 가장 큰 전환점이다. 한 가정의 가장으로서 수입원의 제공자로서 존재했던 남편은 은퇴를 함으로써 사회적, 직업적 역할을 잃게 된다.

우리나라의 경우 은퇴가 비교적 빠르고 사회복지 제도의 결여로 연금의 혜택이 많지 않으며 은퇴 후의 대비도 부족하므로 은퇴 후에 많은 변화와 상실을 경험하게 되어 적응이 어렵고 상당히 많은 스트레스를 주는 것으로 보고되고 있다(지연경. 조병은, 1990).

라) 홀로됨

가족이 겪어야 하는 마지막 전환은 과부됨이나 홀아비됨의 적응이다. 평균 수명이 남자보다 여자가 길고 대부분의 남자들이 여자보다 재혼을 많이 하기 때문에 여성의 홀로됨은 노년기의 보편적인 사건이다.

현 세대의 여성노인들은 부인으로서 어머니로서의 역할이 중심이었기 때문에 남편의 죽음은 경제적·사회적·정서적 어려움을 초래한다. 홀로됨의 적응에 있어 자녀나 친구는 여성노인들의 사기를 높이는 지지체계이다(Lopata 1973. House and Berkman 1984).

홀아비됨도 과부됨과 마찬가지로 어렵고 특히 정서적으로 고통스러운 사건이다. 주된 이유는 남자들은 집안일하는 것에 익숙하지 않고, 정서적으로 부인이 가장 가까운 친구이고 동반자이기 때문이다(Kalish. 1983).

나. 비규범적 사건

가) 부인의 취업

여성의 취업이 늘어남에 따라 부인의 취업은 비규범적이라기보다 오히려 규범적사건이 되어간다. 많은 연구들이 취업부인의 정서적, 사회적 적응을 연구하였고 취업이 결혼생활에 미치는 영향과 자녀에 미치는 영향을 조사하였다 (Hoffman, 1980. Rapoport and Rapoport. 1978 Voydanoff 1988).

취업 여성들은 일과 가정생활의 역할을 동시에 하는 역할과중과 역할긴장으로 스트레스를 받으며 특히 자녀문제로 어려움을 가장 많이 느끼는 것으로 나타났다(전영자, 1992). 취업 주부들은 여러 가지 자원과 대처행동을 사용하는 것으로 나타났다(Skinner 1980, Elman & Gillbert, 1984).

나) 노인부양하기

평균수명이 늘어남에 따라 노부모 부양은 규범적인 사건이 되어가고 있다 (Brody, 1985). 신체적, 정신적, 경제적으로 의존적인 노부모를 부양하고 돌보는 것은 가족원의 시간, 정서적 지지, 또는 경제적 자원을 요구한다. 특히 노부모부양은 주로 중년여성이 겪는 문제로 인식되어있다(Brody, 1985, Mancini & Bleizner 1989).

다) 가족 학대, 실직, 이혼

학대는 부분적으로 가족체계 내에서 생기는 스트레스와 갈등의 결과라고 간주되며 그러한 스트레스가 극심할 때 주로 남편이 부인과 자녀에게 신체적, 심리적 상해를 입히는 것으로 본다.

이혼은 가족체제와 기능 그리고 가족원의 상호작용에 영향을 주는 매우 심각한 사건으로 본다. 이혼은 가족원 모두에게 경제적, 정서적, 사회적 스트레스원을 주고 가족은 부적응, 회복기를 거쳐 재조직하며 새로운 형태의 평형상태를 얻는다. 가족학대, 이혼으로 가족체계가 어떻게 적응하는가는 다음절에 나오는 가족폭력, 이혼부분에서 다루고자 한다.

(2) 위기 대처 자원

가족이 위기에 대응하는 자원(B)은 심한 부조화나 혼란으로부터 가족을 방어해주는 능력을 말한다. 따라서 자원들은 스트레스를 완화시키는데 중요하다. 스트레스원에 대한 적응에 영향을 주는 4가지 가족자원요인은
① 가족구성원의 개인적 자원, ② 가족체계로부터의 내적자원, ③ 사회적 지원, ④ 대처 행동이다.

첫째, 가족구성원의 개인적 자원인 지적능력, 문제해결능력, 신체적·정서적 건강은 매우 중요하다. 동시에 신뢰감, 감사하는 마음, 긍정적인 의사소통 유형, 가족화합, 건강한 여가활동, 생활만족 등 가족체계로부터의 내적자원도 중요한 역할을 한다.

펄린과 스쿨러는(Pearlin & Schooler(1978))는 사회적 긴장을 줄이는 개인의 정신적 자원으로서 ㉮ 자존감(자신에 대한 긍정적인 태도), ㉯ 자신에 대한 부정적인 태도, ㉰ 통제력(자기 인생에 대해 얼마만큼 통제적인가에 대한 인지수준)을 제시하였다.

둘째, 가족체제로부터의 내적 자원은 가족행동으로, 버어(Burr)는 15개의 가족체계자원을 제시하였다. 가족행동은 가족이 스트레스원에 어떻게 전형적으로 행동하는가를 말해주는 가족유형이다. 그 중에서 가족 적응력과 가족 응집력은 올슨과 맥커빈(Olson과 McCubbin 1983)에 의해 제시된 Circumplex Model의 중요한 가족행동영역이며 가족의 적응력과 응집정도에 따라 성공적으로 가족스트레스를 대처할 수 있다고 한다.

셋째, 사회적 지원은 가족이 어려움을 겪을 때 잠재적 도움을 줌으로써 가족스트레스의 영향력을 적게 하거나 중재하는 역할을 한다. 사회적 지원은 친척, 친구, 이웃, 사회 봉사기관 그리고 특별한 자조그룹 등의 사회적 관계망으로부터 정서적·경제적·도구적 지원을 얻는 것을 말한다.

사회적 지원에 대한 정의는 학자마다 다르다. 커브(Cobb, 1976)는 정서적 지지, 자존감, 관계망 지지를 제공하는 사람들 사이에 교환되는 정보라고 정

의하였다.

사회관계망에서 많이 연구된 것은 주로 가족, 이웃, 친척, 지역사회자원, 그리고 자조그룹 등이다. 확대가족의 영향으로 우리나라의 사회적 지원에 대한 연구에 의하면 주로 가족이나 친척으로부터 도구적, 경제적 지원을 받는 것으로 나타났으며(오선주, 1992), 여성의 전화, 노인정, 결혼 및 가족상담소 등의 지역사회지원은 가족이 위기를 극복하는데 도움을 줄 수 있다고 한다. 그러나, 친구의 도움, 공식적 기관으로부터의 도움, 자조그룹이 스트레스 사건을 겪을 때 가족으로 하여금 어려움을 극복할 수 있도록 매개역할을 하는가에 대한 연구는 아직 이루어지지 않고 있다.

넷째, 대처란 개인이나 가족이 스트레스에 대해 반응하는 태도나 방법이다. 대처반응은 개인이나 가족에게 일어나는 스트레스로 인한 문제를 해결하고 스트레스 상황에 따른 정서적, 신체적 불쾌감을 줄이는 기능을 한다.

대부분의 경우, 개인이나 가족은 스트레스 상황에 대해 계획적이고 능동적인 반응을 하므로서 스트레스를 완화시키거나 제거하려고 한다. 맞벌이 부부의 경우, 여러 가지 인지적, 정서적, 행동적 반응으로 다중역할의 어려움을 극복해 나간다고 한다(전영자. 1992).

(3) 가족스트레스원에 대한 가족의 인지 및 평가

가족은 같은 사건에 대해서도 비록 자원과 대응하는 능력이 비슷하더라도 스트레스원이나 가족전환점을 어떻게 인지하는가에 따라 다르게 반응한다. 즉, 가족이 스트레스원에 대해 부여하는 의미나 평가가 어떤가에 따라 위기를 극복하는 능력이 달라질 수 있다.

그들 자신의 문제 때문에 가족문제가 발생했다고 인지하는 가족원은 원인을 외적인 것이라고 생각하는 가족보다 개인적으로 더 고통을 받고 서로를 지지하지 않는 경향이 있다. 예를 들면 발달이상이 있는 어린이를 가진 부모의 경우 그렇게 된 원인을 자기 자신 때문이라고 책망하는 부모는 어쩔 수 없이 일어난 것이라고 생각하는 부모보다 그러한 상황을 극복하기가 더 힘들다.

가족이 위기 상황을 어떻게 인지하느냐에 영향을 주는 요인은 3가지로 나눌 수 있다. 첫째, 위기로 이끄는 사건 자체의 성격이다.

둘째, 스트레스원이 만드는 문제의 종류나 정도에 따라 다르다.

스트레스원의 평가에 영향을 미치는 세번째 요인은 같은 종류의 위기에 대한 이전의 경험유무이다. 가족구성원이 환자를 돌 본 경험이 있다면 다시 입원을 하더라도 덜 당황하게 되고 새로운 상황을 좀 더 능력있게 처리할 수 있을 것이다.

요약하면, 가족스트레스원은 긍정적이거나 부정적인 영향을 주는 잠재력을 내재하고 있다. 가족은 예측할 수 있는 위기든지 예측할 수 없는 위기든지 간에 여러 가지 위기가 일어나는 것을 억제할 수는 없으나, 가족이 어떻게 이것을 극복할 수 있는가는 가족구성원에 달려있다. 가족이 위기를 효과적으로 또는 창조적으로 극복하여 다시 일상생활에서 기능적으로 회복하는 데에는 ABCX모델의 여러 가지 요인이 작용할 수 있다. 특히 가족자원과 스트레스원에 대한 인지와 평가는 가족이 위기를 극복하는데 도움을 주는 중요한 매개요인임을 알 수 있다.

2. 가족 폭력

1) 가족폭력의 본질

최근 가족학자, 사회학자 또는 일반인 모두는 빈번하게 발생하는 가족폭력에 대해 많은 관심을 나타내고 있다.

기능론적 견지에서 가족내의 갈등이나 해체는 비정상적이고 반사회적인 현상으로 보는 반면에 갈등론적 입장에서는 그러한 갈등을 가족역동성에 있어서의 자연스러운 부산물이라고 본다. 즉, 갈등론자들은 가족을 잠재적이고 실제적 갈등을 내포하는 체제라고 보고 갈등은 가족관계에서 당연하고 필요불가결한 것으로 본다. 따라서 가족원간에 갈등이 있을 때 그것을 회피하는 것이 좋은 것이 아니라 어떻게 관리하고 해결하는가가 더 중요하다고 본다. 그렇게 하므로서 갈등은 부정적이고 파괴적이기 보다는 가족관계를 강화시킬 수 있고 변화를 유도하여 좀 더 의미있는 관계로 이끌 수 있다는 것이다. 한편, 폭력은 가족간의 갈등을 건설적으로 해결하지 못하고 공격적이고 파괴적으로 해결하는 표출방법 중의 하나이다.

최근까지도 가족을 사랑과 조화의 장(場)으로 보려는 기능론적 가족이데올로기가 가족학에서 팽배하였다. 이러한 경향은 우리나라의 실증적인 연구에서도 나타나 1987년까지 가정학에서 가족폭력, 아동학대 등을 다룬 연구는 거의 없다. 특히 우리나라에서 이 분야에 대한 연구가 적은 이유는 전통적으로 가족주의가 팽배하여 가족의 조화나 가족원의 화합을 최상의 상태로 간주하였기 때문에 이러한 문제를 다루는 것은 정상적인 가족생활의 양상이 아니라고 생각하여 취급하려 하지 않았을 것으로 여겨진다. 그러나 가족이 행복하다는 가정이나 견해는 가족생활의 부정적이지만 본질적 측면을 묵과한 것이다. 더우기 현대사회의 스트레스, 핵가족의 고립화, 정서적인 지지를 강조하는 부부관계, 부모·자녀의 친밀감을 요구하는 핵가족의 이념은 가족이 갈등을 일으킬 수 있는 장(場)이 될 수 있다.

가족갈등을 비정상적으로 보는 견해 대신에 갈등이나 폭력은 있을 수 있는 사건이며 가족생활을 영위해 나가는 과정에서 언제든지 발생할 수 있다라는 견해는 가족폭력을 연구할 가치가 있다고 생각하게 하였다.

결과적으로 가족사회학자들은 가족생활의 갈등을 이해하고 가족폭력의 원인, 실태와 더 나아가 예방과 치료책을 연구하기 시작하였고 이 분야에 대한 관심은 점점 증가하고 있다. 비록 관심은 증가하고 있으나 가족내 폭력이 얼마나 팽배하고 양상이 어떠한지에 대한 실증적 자료는 거의 없다. 소수의 가족폭력에 관한 연구에 의하면 가족폭력은 우리가 생각하고 있는 것보다 훨씬 팽배하다고 보고되어진다.

가족폭력을 연구를 주로 연구하는 스트라우스와 겔스(Straus와 Gelles, 1977)는 가족폭력은 현대사회에서만 일어나는 새로운 현상이 아니며 역사적으로, 여러 문화에 걸쳐 나타나는 양상이라고 하였다. 또한 사회적 폭력이 많아지면 가족폭력 수준도 높아진다고 하였다. 사회적 폭력이 늘어날 경우 가족내 폭력이 늘어나는 경향이고 가족내 폭력이 증가할수록 사회적 폭력 또한 많아지는 경향이 있다고 하였다. 뿐만 아니라 가족폭력 간에도 서로 연관성이 있어 남편과 부인 사이에 폭력을 사용하고 있는 경우 자녀도 폭력을 행사할 가능성이 많다고 하였다.

스트라우스와 겔스는 현대사회에서 가족폭력이 만연한 이유를 사회적 체제로서의 가족은 폭력적인 환경이 될 수 있는 독특한 특성들을 가지고 있기 때문이라고 제시하였다. 한편 이러한 특성의 모순점은 가족을 따뜻하고, 서로 의존할 수 있고, 그리고 친밀한 환경을 제공하는 잠재력이 되도록 만들 수도 있다는 것이다. 그 특성은 다음과 같다.

첫째, 가족구성원은 상당한 시간을 같이 지내야 하고

둘째, 서로 공통된 활동과 흥미를 가까이 나누어야 하며

셋째, 가족구성원은 서로 관여하고 애착을 갖는 강도가 강하여 서로에게 영향을 주고 변화시키려 한다는 점이다.

넷째, 성적인 불평등과 연령의 차이로서 남성우위권과 부인학대 사이에는 관계가 있는 것으로 나타났다. 예를 들면, 부계사회나 성역할이 분리된 사회에서는 여성들에게 어린이 양육의 모든 책임이 있고, 어머니와 아내역할만을 수행하게 함으로서 남편에게 의존적인 존재라는 생각을 고취시킨다. 또한 남성위주의 법적인 체제하에 있는 사회의 여성들은 남편들의 폭력으로부터 법적인 보호를 받지 못하는 경우가 대부분이다. 성역할이 뚜렷이 분리된 사회이거나 부계사회인 경우 부인은 남편에게 절대 복종해야 하며 아이들과 부인은 남편의 소유물이라는 관념하에 부인학대, 어린이 학대 및 신체적인 공격이 팽배하였다.

다섯째, 가족의 사적인 특성이다. 핵가족화함에 따라 사적인 가족의 특성이 강화되면서 이웃이나 확대가족원이 말다툼을 하거나 싸우는 것을 엿듣거나 신체적인 학대를 보았을 경우라도 그것을 무시하려 한다. 더우기 공공기관에 보고하거나 학대받은 가족에 대해 알아보려 하지 않을 뿐 아니라 도움을 주려하지도 않는다.

여섯째, 여러 명의 가족구성원이 동시에 서로 다른 것을 원하므로 생기는 상충되는 활동때문이다.

일곱째, 가족내의 역할은 이해관계나 경쟁에 근거하기 보다는 규범에 의존하기 때문이다.

여덟째, 결혼은 파기하기 어렵고 자녀와의 관계를 끝낸다는 것은 불가능하기 때문이다.

아홉째, 가족은 끊임없이 출생, 직업, 노화 등과 관련되는 변화로 인해 높은 수준의 스트레스를 겪어야 한다는 점이다.

마지막으로, 부모에게 신체적 폭력을 사용하는 권리를 부여하는 사회적 규범 때문이다. 이러한 문화적인 규범은 종종 가족 구성원간의 폭력의 사용을 합법화하기도 한다.

이상의 가족 특성은 가족폭력을 분석하고 이해하는데 있어 매우 중요하다. 이러한 특성에 의해서 가족은 서로 사랑하고 화합하며 기능적일 수 있는 한편 폭력과 갈등이 일어날 수 있는 잠재성을 갖고 있어 가족이 사랑의 장(場)인 동시에 폭력과 갈등의 환경이라고 보는 것이 가족의 실체인 것 같다.

2) 가족폭력의 실태

대부분의 어린이 학대와 가족폭력에 관한 연구는 임상적인 표본이나 어린이 학대에 대해 공식적으로 보고된 표본을 기초로 한 것이므로 표본수가 매우 작고 대표성이 없다. 또한 대부분의 연구가 신체적 폭력만을 보았다.

가족폭력의 실태를 파악하는데 있어 가장 어려운 점은 가족폭력에 대한 정의가 매우 광범위하고 합의된 정의가 없다는 것이다. 예를 들어 아동폭력이나 학대는 아동의 훈육을 위해 살짝 때리는 것부터 의도적으로 죽이는 것까지 광범위하고 사회마다 개인마다 받아들이는 개념은 다양하다. 스트라우스와 젤스 (Gelles와 Straus 1979) 는 폭력을 의도적으로 또는 목적을 갖고 신체적으로 다른 사람을 상하게 하는 행동이라고 정의하였다. 그러나 이 정의는 신체적 폭력만을 언급하고 있으며 정서적, 성적, 언어적 폭력은 제외되었다.

(1) 부부 폭력

  부부간 폭력이 어느 정도인지에 관한 추산은 정확하지 않다. 집안에서 일어나는 살인이나 가정법원에서 취급되는 부인학대, 경찰이 개입된 부인학대 또는 병원이나 쉼터에서 보고되는 부인학대의 수에 대한 신뢰할만한 자료는 별로 없다.
  비교적 표준화된 갈등해결방법척도(Conflic Tactic Scales)를 사용하여 2,143명의 전국적 표본추출에서 자기보고식 방법으로 연구한 스트라우스와 그의 동료들(1980)의 연구가 있다. 이 연구에 의하면 16%의 부부가 연구가 실행된 일년동안에 신체적 폭력이 있었다고 보고하였고, 28%의 부부가 그들의 전체 결혼생활 동안 폭력이 있었다고 하였다.
  우리나라의 경우, 서울시내 기혼남녀 1천2백명(남자 5백60명, 여자 6백40명)을 대상으로 조사한 『가정폭력의 실태와 대책에 관한 연구』(형사정책연구원, 1992)에 의하면 전체 응답자중 71.9%가 부모와 형제로부터 폭행당한 적이 있다고 하였다. 가족이 아닌 외부인으로부터 당한 경우(68.9%)보다 오히려 가족 구성원으로부터 많이 경험한 것으로 나타났다.
  특히 결혼기간중 남편의 폭력을 경험한 여성은 45.8%인 293명에 달하고 있으며 지난 1년 동안 아내가 남편을 폭행한 경우는 전체가구중 15.6%인 183가구로 조사되었다. 폭행당한 여성중 37.2%가 결혼 후 1년이내 첫 폭행을 경험한 것으로 나타나 신혼시절부터 아내에 대한 폭행이 시작되는 것으로 보인다. 남편은 부인에게 주로 손·발·주먹·몽둥이 등을 사용(45.3%)하였으며 아내는 남편을 주로 밀치거나(11.3%), 물건을 던지는(7.0%) 것으로 나타났다.
  남편의 폭력과 관련하여 여성에게 책임이 있다고 생각하는 응답자가 43.1%, 남자의 폭력은 있을 수 있다고 생각하는 경우가 63.1%나 되어 아내에 대한 폭력을 용인하는 풍조가 여전히 남아있는 것으로 분석되었다. 특히 부모로부터 매를 맞고 자랐거나 아버지가 어머니를 때리는 장면을 자주 본 남성일수록 부인을 더 많이 폭행하는 것으로 나타났다.
  여성문제를 상담하는 여성의 전화(1991)에 따르면 지난 한 해 동안 직접 사무실을 찾아와 면담을 요청한 4백 43건중 남편의 구타로 고민하는 주부가 57%로 가장 많고 그외, 남편의 외도(10%), 강간(9%), 부부갈등(80%), 소송 등 법률문제(7%), 시집갈등(5%) 의 순이었다.

또한, 매달 1백 50여건의 상담이 매맞는 여성들에 관한 것으로 이들은 구타당한 후 대부분(70%) 강제적인 성관계를 맺고 있었고 이에 대해 치욕감을 느껴 죽고 싶었다고 말했다.

학대받는 어린이가 학대하는 부모에게로부터 떠날 수 없으나 학대받는 부인들은 남편으로부터 떠날 수 있음에도 불구하고 그 상태에 머무르는 경우가 많다. 휜(Finn 1985)의 연구에 의하면 학대받는 부인들은 경제적으로 남편에게 의존하고 있거나 아이들 때문에 쉽게 떠날 수 없는 것으로 나타났다. 또한 사회적·심리적 자원이 부족하거나 다른 대안이 없어서 그 상황에 머물러 있는 것으로 나타났다(Gelles. 1976).

(2) 아동학대

어린이 학대에 대한 연구는 1962년 『매맞는 아이 증세』라는 의학박사 켐프(Kempe)의 보고로 시작되었다. 우리나라도 대부분의 연구가 정신의학 쪽에서 많이 이루어져왔다(홍강의, 1980;김광일, 1989).

어린이 학대나 폭력은 부모의 절대적인 권위, 가부장제가 강한 나라에서 특히 팽배하다. 이러한 나라의 아이들은 아버지의 소유물로 취급되며 부권은 모든 특권, 권위와 힘을 행사할 수 있게 만든다. 또한 핵가족화함에 따라 어린이 양육에 관한 한 부모의 권리가 강조되었기 때문에 국가나 사회기관의 개입을 바람직하게 생각하지 않는다.

어린이 폭력이나 학대는 또한 어린이를 훈육하는데서 비롯된다. 많은 부모들이 어린이를 양육하는데 체벌이나 때리는 것으로 어린이를 훈육하려 한다. 신체적 벌이 아이들 훈육의 하나의 방편으로 여겨지고, 정상적이고 필요한 것이며 어린이를 위해서 좋은 것이라고 간주될 때 많은 아이들이 희생될 수 있다.

학대받는 어린이와 부모들에 관한 연구에 의하면 학대하는 부모의 특성을 파악한 연구가 많지 않아 이러한 부모의 특성을 결정적으로 확인하기는 어려우나 전반적으로 모든 사회계층에서 일어난다고 한다. 어린이를 학대할 가능성이 있는 부모들은 대부분이 부모됨의 어려움, 갈등에 대해 과민하게 반응하고, 실직, 알콜, 마약 등 스트레스가 많은 부모들이다(Straus and Gelles 1979).

이외에 어린이 학대는 조산이나 미숙아의 경우, 엄마와 아기의 애착형성이 부족할 경우, 신체불구아, 정신지체아, 발달지체아 또는 그들의 부모에 의해서 어딘가 정상이 아니라고 느껴지는 어린아이일수록 학대받을 위험이 크다. 엄마들이 아버지보다 아이들을 학대하는 경향이 있고 남아보다 여아가 희생당할 가능성이 더 많다(Straus and Gelles 1979).

1975년에 행해진(Straus and Gelles, 1980) 960명의 남자와 1183명의 여자를 대상으로 가족의 불화를 조사한 연구에 의하면 63%의 부모들이 3세-18세이하의 어린이를 조사 한 그해에 최소한 1번의 폭력적인 행동을 하였고 73%가 아이를 기르는 동안에 적어도 평균 1번의 폭력을 사용한 적이 있다고 하였다. 대부분이 미약한 폭력을 주로 사용하였다. 구체적으로 살펴보면, 대부분 찰싹 때리거나 어린이를 밀치거나 떠밀거나 하였고, 13%의 부모가 물건으로 어린이를 때렸다고 하였으며, 5%가 물건을 던졌고 3%가 발로 차거나 주먹으로 때리거나 1%의 응답자가 어린이를 심하게 두들겨 패었다. 또한 0.1%의 부모가 총이나 칼을 사용하여 어린이를 위협한 적이 있다고 하였다.

스트라우스와 그의 동료들(Straus & Gelles, 1986)은 최근의 연구에서 보면 아동학대는 1975년에 비해 47%가 감소하였고 부인 학대도 27%가 감소하였다고 보고하였다. 그러나 이러한 감소는 방법론적인 문제, 10년 동안의 예방과 개입의 효과, 실제적인 감소를 초래한 사회적인 변화(예를 들면 결혼연령의 상승, 평등성의 규범, 경제적 향상 등)때문으로 설명되어 어린이학대가 실제적으로 그만큼 감소하였는지는 정확하게 말할 수 없다고 하였다. 우리나라의 경우 김광일, 고복자(1987)는 11-15세 국민학교 어린이 3백60명 중 98%가 최소한 한 번 이상 부모들로부터 매를 맞았으며 8.2% 정도의 어린이가 폭력이라고 할 수 있을 정도의 심한 구타를 당했다고 보고했다.

어린이구타는 대체로 사회적으로 낮은 계층, 계부모, 어머니없는 결손가정, 실직 및 교육수준이 낮은 부모를 가진 가정, 자녀가 많은 가정에서, 심각하게 많이 나타나는 것으로 보고되어진다. 또한 매맞는 어린이들은 그렇지 않은 어린이들보다 정신병리적, 심리적 그리고 행동에 문제가 많은 것으로 나타났다 (김광일, 1988;안동현, 홍강의, 1988;홍강의, 1987). 어린이학대는 가정폭력과 밀접하여 아내를 때리는 남편이 자녀도 때리며 집에서 매맞는 어린이의 80%가 부모외의 다른 가족원으로부터도 매를 맞고 있다고 한다(김광일, 1988). 김광일(1988)은 우리나라 어린이들이 다른 동남아지역 어린이에 비해 구타당하는 율이 높다고 지적하면서 이것은 문화적 관습으로 훈육과 학대의 한계가 불분명하기 때문이라고 하였다.

학대나 방임을 받은 어린이에게 나타나는 행동을 보면, 정서적 무반응, 정서적 부적응, 애정적 표현의 결여, 불신감, 슬픔, 무서움, 산란함, 목적이 없고, 혼란스럽고 사회적으로 정서적으로 위축되어 있거나 반항적인 성질을 낸다(김광일, 1988).

3) 가족폭력의 이론

사회학자, 심리학자, 정신분석학자 등의 여러 분야의 학자들은 가족학대의 원인을 여러 가지 면에서 설명하고자 하였다. 이러한 여러 가지 이론은 가족학대가 매우 복합적이고 여러 측면에서 설명될 수 있다는 것을 의미한다. 이러한 폭력에 관한 이론은 크게 세 부류로 나눌 수 있다. 첫번째 부류의 이론은 주로 개인적인 차원에서 정신 병리학적으로 선천적으로 공격적이나, 술, 마약에 의한 것이며 두번째는 사회심리학적인 측면에서 주로 사회학습, 교환, 상호작용 이론이다. 세번째 부류의 이론은 사회문화적 차원으로 사회적 자원, 갈등체계 또는 문화적 규범 등으로 설명된다(Gelles & Straus, 1979).

가족폭력학자들은(Gelles & Straus 1979, Steinmetz 1978) 가족폭력을 설명하기 위하여 다음과 같은 대표적인 5가지 이론을 제시하였다.

① 자원이론-구드(Goode 1971)는 가족폭력을 자원이론에 의해서 설명하고자 시도하였다. 이 이론에 의하면 사람이 자원이 많으면 많을수록 더 많은 권력을 행사할 수 있다고 하였다. 그러나 사람이 자원을 많이 가지고 있는 사람일수록 실제로 폭력을 행사하는 율은 적다. 따라서 폭력은 다른 자원이 부족하거나 불충분할 때 마지막 수단으로 쓰이는 것으로 보인다. 예를 들면 실직한 남편이 부인을 복종케 하기 위하여 폭력을 사용할 수가 있다.

② 일반체계이론-스트라스(Straus 1973)는 일반체계이론을 적용하여 가족폭력을 설명하고자 하였다. 목적을 추구하고 적응하는 사회적 체계로서의 가족에서 폭력은 개인적인 병리현상이기 보다는 가족체계의 산출(Output)로 간주된다. 남성의 폭력에 대해 여성이 대항하지 않을 경우 긍정적인 환류(Feedlack)로 폭력이 강화되고 부정적인 환류 즉, 거부하거나 대항하면 폭력 수준을 줄일 수 있다. 그러나 여성이 불복하면 남성이 지배체계를 유지하기 위하여 더욱 더 여성에게 폭행을 가함으로서 여성에게 부정적인 환류를 보내고 여성은 복종하지 않게 됨으로서 남성은 폭력을 다시 사용하게 되어 폭력이 빈번하게 일어나게 된다.

③ 생태학적견해-갈바리노(Garbarino 1977)에 의하면 어린이 학대는 부모와 가족, 이웃, 지역사회가 부조화를 이룰 때 일어난다고 하였다. 이 이론적 견지에 의하면 인간의 발달은 유기체와 환경의 점진적이고 상호적인 적응이다. 인간은 환경의 질에 영향을 받고 어린이와 가족 삶의 질을 형성하는 정치적, 경제적, 인구학적 요인에 의해 영향을 받는다는 것을 강조한다. 즉 어린이에 대해 신체적 힘을 사용하는 것이 사회적으로 용인되거나 가족지지체계가 부족하거나 부적절하게 사용될 때 폭력이 일어난다. 따라서 어린이 학대는 한 가지의 요인에 의해서 일어나는 것이 아니라 여러 수준의 원인에 의해서 일어남으로 개인의 행동, 인성, 부모의 발달적 역사, 어린이의 특성, 부모와 어린이가 살고 있는 가족, 지역사회 그리고 사회환경을 모두 고려해야 한다고 본다.

④ 진화론적 견해-버제스(Burgess 1979)는 폭력이 부모의 투자(Parental investment)로부터 일어난다고 하였다. 부모, 자녀간에 유대감이 형성되지 않았다던가, 부모가 갖는 불확실성 같은 상황이 어린이의 학대로 향할 경향이

높다고 하였다. 또한 자원이 부족한 부모는 자녀에게 하는 투자의 가능성이 감소되는 반면 학대 위험이 증가한다. 같은 맥락으로 발달상의 문제, 지체아, 다운스 병 등을 가진 아동의 경우 부모가 자녀에게 하는 투자를 줄이고 학대위험을 증가시킨다.

⑤ 가부장적 견해-도바쉬와 도바쉬(Dobash & Dobash 1979)에 의하면 폭력은 오랜 역사를 거쳐 여성에게만 행사되어져 왔다고 하였다. 가부장제도는 남편이 부인에게 체계적 폭력을 행사할 수 있도록 하고 복종케 하는 규범을 형성한다.

우리나라의 경우 남자중심의 문화유산이나 잘못된 관습이 가정내에서 아내나 자녀에 대한 가정의 폭력, 사회문제가 되는 청소년 범죄들을 상당부분 조장 또는 용인한다. 예를 들어 「사랑의 매」, 「부부싸움 칼로 물배기」, 「여자와 명태는 때릴수록 맛이난다」는 관념은 가정폭력의 정당화 논리를 가르치고 남편중심의 전횡과 남편의 가족내 폭력을 정당화 시켜주고 있다. 이러한 사회적 통념은 실증적 연구에서도 나타나 법조인과 대학생, 경찰 등 9백여명을 상대로 조사한 한국인의 폭력에 관한 태도 연구에서 부정한 아내에 대한 남편의 구타는 전체의 70.5%가 폭력이라고 생각하면서도 52.8%가 허용돼야 한다고 응답하였다(형사정책연구원, 1992). 반면에, 남편이 부정을 저질렀을 경우 아내가 남편을 구타하는데 대해서는 폭력적이나 허용한다가 16.3%에 불과해 대조를 보였다. 또한 말 안듣는 자녀에 대한 매질은 61.7%가 폭력이 아니라고 대답하였으며 68.4%가 허용되어져야 한다고 밝혀져 여성과 자녀에 대해 폭력을 인정하는 것으로 밝혀졌다.

가족폭력에 관련된 사회적 변인들은 다음과 같다. 이러한 사회적 요인들은 많은 연구에서 일관성있게 발견된 것이다(Straus & Gelles. 1987).

① 폭력의 반복 내지 전이(Cycle of Violence)-어렸을 때 폭력적이거나 학대받은 어린 시절을 경험했을 경우 성인이 되어 어린이 학대나 부인학대를 할 경향이 있다. 이러한 경우, 폭력이 폭력을 낳고 세대를 넘어서 폭력은 전이된다고 할 수 있다(고정자, 김갑숙 1992;Kalmuss, 1984).

② 사회경제적인 위치-학대나 폭력은 사회계층이 낮은 사람들에게서 비교적 팽배하다(김정옥, 1986 전춘애, 1989).
③ 스트레스-가족 내에 스트레스가 많으면 폭력이 일어날 가능성이 많다. 실직, 임시직, 재정적 어려움, 편부모와 같은 특별히 스트레스를 주는 상황이나 조건일 때 폭력이 일어나기 쉽다.
④ 사회적 고립-사회적인 고립감이 폭력을 일으킬 가능성이 높다.

3. 가족해체(이혼)

1) 이혼의 본질

지난 10년간 우리나라에서 이혼은 상당한 증가추세를 보이고 있다. 이혼율이 많아졌으나 그 동안 심리학자, 사회학자 그리고 가족학자들은 이러한 사회적 현상에 대해 연구하지 않아 이혼에 관한 실증적 연구는 매우 적으며, 이 분야에 대한 우리들의 이해는 매우 제한적이라고 할 수 있다.

우리나라를 포함한 많은 사회에서 최근까지 결혼이란 죽음에 의한 것 외에는 해체할 수 없는 것으로 여겨왔다. 전통적인 사회에서 결혼은 사회적 의무와 계약이고 결혼의 성공은 사회적 존경을 유지하고 혈연이나 지역사회의 요구에 순응하는 것으로 간주되었다. 이러한 상황에서의 결혼은 일생 동안의 영구적인 계약이고 죽음이 갈라 놓을 때까지 지켜지고 존재하는 것으로 여겨지며 다른 사람이 어떻게 생각하는가가 중요해지므로 이질혼, 이혼 등은 바람직하지 않을 뿐만 아니라 혈연, 친구, 지역사회 사람들이 용납하지 않기 때문에 하지 못한다. 따라서 결혼은 부부관계에서 일어나는 갈등이나 불행에 상관없이 존속한다.

또한 전통적인 사회에서는 혈연관계가 강하므로 부부간의 정서적인 관계는 결혼에서 중요하게 여겨지지 않았다. 특히 우리나라의 경우 전통적으로 가족주의 가치관이 강하여 가(家)의 유지존속을 가장 중요시 하였고, 개인의 행복보다는 집합주의적인 가족구성원 공동체의 행복을 우선으로 하였다. 이와 같이 가문의 영속화와 가족간의 유대의식을 강조하는 규범하에서 가족의 해체를 초래하는 이혼은 거부되었고 용납되지 않았다. 따라서 이혼한다는 것은 가족의 해체이고 비극이며 가족의 수치로 간주되었다.

그러나 사회가 근대화, 도시화되고 핵가족화되면서 가족의 기능이 축소되고 정서적 기능이 가장 중요시됨에 따라 동질혼의 특성은 쇠퇴하고 결혼이 사회적 책임이거나 혈연관계의 문제이기보다는 오히려 개인적인 욕구에 의해 존재하고 개인적인 책임이 되어가는 경향이다. 이에 따라 결혼은 사랑, 로맨스, 성을 기초로 한 인간관계가 되고 개인에게 강한 영향력을 끼치게 되었으며 개인은 결혼으로부터 애정적이고 정서적인 욕구를 충족하길 원하고 많은 것을 기대한다.

결혼에서 추구하고자 하는 조화로움과 행복, 정서적 욕구에 대한 높은 기대수준은 일상적인 결혼생활에서 오는 현실과는 괴리가 있을 수 있다. 이러한 결혼에 대한 이상적인 견해나 결혼관계에서 추구하는 정서적 욕구의 수준이 높아감에 따라 불만족의 수준도 높아간다. 구드(Goode 1956)에 의하면 이혼의 궁극적인 원인은 다른 욕구와 가치관을 가진 두 사람이 서로 조화롭게 살아야만 하는 결혼 그 자체가 요구하는 필수조건 때문이라고 갈파하였다. 이와 같이 부부가 만족스럽지 않는 관계를 유지하려는 의지나 이유는 점점 줄어가고, 전통적인 사회에서는 불행하더라도 이혼하지 않았지만 현대에는 이혼으로 치달을 수 있다.

현대 사회에서 결혼이 개인적인 의미라고 간주될 때 이혼은 두 사람 사이에 일어나는 결혼의 종말이고 부부가 결혼에서 만족하지 못할 때 일어날 수 있다고 볼 수 있다. 따라서 이혼은 배우자와의 관계에 대한 거부이고 해체이지 결혼제도 자체에 대한 거부나 해체는 아니라고 본다. 이처럼 결혼이 개인적인 의미일때 결혼과 이혼은 점점 선택적이고 자발적인 것이 되어 이혼은 점점 증가된다. 이밖의 이혼을 증가시키는 사회적요인은 여성의 지위향상, 이혼법의 변화, 이혼에 대한 사회적 허용성 등이다.

이혼율이 증가하는 현상은 사람들이 배우자와의 관계의 질을 가족구조 보다 더욱 중요하게 생각하기 때문이라고 설명할 수 있다. 다시 말하면, 결혼의 성공이란 전통사회에서와 같이 존속이나 영속성보다는 비록 상대자가 변한다하더라도 좀 더 의미있고 역동적인 상호작용을 추구하는 것이라고 생각한다. 결과적으로 과거에 비하여 결혼은 점점 더 활기있고 성공적이 되어가고 있다. 뿐만아니라 이혼한 편모가정이나 재혼가정을 새로운 형태의 가족구조의 하나로 본다. 따라서 이혼은 사회적인 문제라고 보기보다는 불행한 결혼에 대한 하나의 돌파구이며 대안으로 간주된다.

반면에 결혼이 사회적 의미이고 영속성이 결혼의 성공이라고 간주될 때 이혼은 가족해체를 의미하고 가족의 불안정성을 나타낸다. 따라서 이혼은 가족붕괴의 지표로 간주되고, 더 나아가서 사회적 붕괴의 반영이라고 볼 수도 있다. 이러한 이혼에 대한 시각에 따라 이혼에 대한 대가와 보상은 달라질 수 있다. 우리나라의 경우, 이혼이 주는 보상보다 대가가 크기 때문에 결혼의 영속성이 추구되고 이혼은 많이 이루어지지 않는 것으로 보인다.

2) 이혼의 실태

(1) 이혼율

통계청의 혼인·이혼신고서 분석(1991)에 의하면 이혼은 해마다 늘어나고 있는 것으로 나타났다. 일반적으로 이혼율은 세 가지 방법으로 산출된다. 첫째, 가장 보편적으로 사용되는 방법은 주어진 해의 이혼건수이다. 작년 한 해 동안 전국적으로 40만4천9백쌍이 결혼했고 4만8천3백쌍이 이혼했다. 다시말하면 대략 9쌍 결혼에 1쌍이 이혼했다고 볼 수 있다. 80년의 이혼 전 수가 2만3천8백11쌍이었던 것이 두 배로 늘어난 셈이다. 서울에만 국한하여 보면 하루 220쌍 결혼에 27쌍이 이혼한다. 그러나 1991년에 9쌍의 결혼에 1쌍이 이혼한다고 해서 결혼 아홉에 하나가 이혼한다는 의미는 아니다. 왜냐하면 주어진 해에 이혼이 성립되는 것은 그전부터 지속되었던 결혼이 이혼에 포함되기 때문이다.
　두번째 이혼율 산출 방법은 인구 1천명당 이혼건수이다. 지난 70년대 초반 연평균 0.41쌍에서 90년대 1.13쌍으로 급격히 늘었다. 이는 미국(86년 4.89 쌍), 소련(87년 3.36쌍) 보다는 훨씬 낮지만 일본(88년 1.26쌍), 대만(89년 1.26쌍)에 거의 육박하고, 태국(86년 0.69쌍) 보다는 높은 수준이다.
　이러한 산출방법은 남자, 여자, 어린이, 성인, 결혼한 사람, 결혼하지 않은 사람 등을 모두 포함하며, 인구의 나이에 따른 분포 또는 결혼했는가, 하지 안했는가에 따라 영향을 받으므로 정확하지 않다.
　세번째 이혼율은 인구 1000명당 15살 이상의 결혼한 여성들 중 이혼한 여성의 수를 보는 것이다. 이 방법은 이혼하기 쉬운 집단인 법적으로 결혼한 여성의 수에 근거하기 때문에 비교적 정확하다. 우리나라는 이에 대한 정확한 통계가 나와있지 않으나 미국의 경우 1982년에 22%로 보고되었다.
　우리나라의 이혼은 결혼초에 많이 일어나는 것으로 나타나고 있다. 구체적으로 이혼 전 동거기간을 살펴보면 2년미만이 12.9%, 2-3년미만이 8.4%, 3년-4년미만 7.4%, 4년-5년미만 7.3%, 5년-10년미만 31.1%, 10-15년미만 19.1%, 15년-20년미만 8.5%, 20년이상 5.3%로 나타나 5년안에 갈라서는 경우가 40%정도이며 5년-10년 31.1%, 10년이상 함께 살다가 이혼하는 비율은 32.9%이다. 이처럼 결혼초기에 이혼율이 가장 높은 것은 결혼초기의 관계에서 실패의 조짐이나 징후를 나타낸다는 것이다. 이혼자의 평균 이혼연령은 남자 37.3세, 여자 33.2세이며 이혼하는 남녀의 헤어지기전 동거기간은 평균 8.4년이다. 이혼경험자의 평균 재혼연령은 남자 39.5세, 여자 34.9세로, 남자는 평균 2년2개월만에 여자는 1년7개월만에 재혼하는 것으로 나타났다.
　결혼은 배우자의 교육수준이나 수입이 높은 경우 오래 지속되는 것으로 나타났다. 이혼심판청구자를 학력별로 살펴보면 고졸이 41%로 가장 많고 중졸(30.1%), 국졸(14%), 대졸(10.3%)의 순이었다. 이는 80년 이혼부부의 학력이 중졸(31.9%), 고졸(28.8%), 국졸(25.7%)의 순이었던 것과 비교해 볼 때 고학력 부부사이의 이혼이 특히 많아지고 있다고 할 수 있다. 이러한 현상은 평균교육수준의 상승과도 관련이 있으므로 확실하다고 말할 수는 없다.

지역별로 본 이혼율은 지난 89년의 경우 부산이 인구 1천명당 1.54쌍으로 가장 높고, 인천(1.3쌍), 서울·대구(각각 1.2쌍), 대전(1.13쌍), 경기(1.12쌍), 경남(1.04쌍), 제주(0.95쌍) 순으로 대체로 대도시 지역이 높다.

여자측의 이혼 청구소송제기 비율이 57%를 차지했다. 이는 지난 80년 남녀의 이혼소송 청구비율이 52%대 48%로 남자쪽이 많았던 것과 비교하면 상당한 변화를 보여준다.

2명이상 자녀를 둔 부부의 이혼도 56.5%에 달해 비자발적으로 부모의 이혼에 참여하게 되는 자녀의 수가 늘어나고 있음을 알 수 있다. 전통적인 가족주의 이념하에서 어린이는 부부관계가 악화되는 경우에 결혼을 지속시키는 이유가 될 수 있고, 아이들 때문에 부부를 함께 묶고 공동의 이익을 추구하는 것으로 사용되어 이혼으로부터 막는 요인으로 될 수도 있었다. 그러나 이혼에 개입된 어린이의 증가는 그러한 전통적 가족이데올로기가 약화되었음을 나타내 주고 있다.

(2) 이혼사유

결혼이 사회적의미, 즉 어떠한 대가를 치르더라도 이혼해서는 안되는 견해에서 결혼이 좀 더 개인적인 문제로 변화해감에 따라 이혼사유도 변화되어 가는 경향으로 나타났다.

가장 전통적인 결혼관은 일생동안 지속하는 영속적인 제도로 결혼은 두 사람과의 관계에 갈등이나 불행에 상관없이 법적으로 존재하고 지속되는 것이었다. 이조시대에는 칠거사유(七去事由) 즉, 시부모를 잘 섬기지 못할 때, 아들을 낳지 못할 때, 질투했을 때, 악질의 질병이 있을 때, 말이 많을 때, 절도를 했을 때만 남편은 처와 이혼할 수 있었다.

근대화되어감에 따라 일정한 사유가 있을 때에는 이혼이 허용되었다. 배우자의 부정은 전 사회적으로 허용되어 온 이유중의 하나이다.

현대사회에서는 어떠한 이혼사유나 배우자에게 결점이 없어도 이혼이 허용되어가고 있는 경향이다. 미국의 경우 1974년 캘리포니아주를 선두로 무결점

이혼(No-Fault Divorce)이 보편화되고 있다. 무결점이혼이란 이혼할 뚜렷한 근거가 없더라도 배우자간의 조정가능성이 없는 차이(Irreconcilable Difference)로 인해 이혼하는 것이다.

우리나라의 이혼사유 경향을 보면 1960년대에는 존속학대 등이 중요한 사유였고, 성격차이, 배우자의 부정 등 부부간의 불화가 70년 65%에서 89년 83.9%로 단연 으뜸이다. 반면 가족간 불화는 지난 70년 8%에서 89년 3.4%로, 건강문제는 5.6%에서 1.4%로, 경제문제는 4.9%에서 2%로 낮아졌다. 또한 〈91 사법연감〉에 의하면 재판상 이혼이 1만2천8백95건, 합의이혼이 4만4천7백50건으로 재판상 이혼과 합의이혼의 비율이 29 : 100로 합의 이혼이 증가하고 있다.

91년 한 해 동안 전국법원의 재판이혼사건들의 이혼사유로는 배우자의 부정 (44.9%)이 가장 많았고, 합의이혼의 경우 부부간의 성격차이가 압도적인 비중 (83.1%)을 차지하고 있다. 전체적으로 남자보다 여자가 결혼에 불만이 더 많았고, 남·녀 모두 성격차이(41.3%), 애정없음, 역할 불충실, 신체적 폭력 등을 높은 이유로 지적하고 있다(김정옥, 1992). 이러한 현상은 우리사회에서 점점 개인적 만족이나 정서적, 성적인 만족에 결혼의 가치를 두고 있다는 것을 의미한다.

(3) 이혼에 관한 법률

이혼이 증가하고 이혼사유도 변화되면서 이혼에 관한 법률도 달라졌다.
우리나라의 이혼에 관한 법률은 그동안 별다른 변화없이 지속되어 왔으나 1991년 1월 이후의 가족법 개정으로 이혼시 부부별산제, 재산분할권, 자녀양육권 등의 획기적인 변화를 가져왔다. 부부별산제란 부부사이의 재산소유권을 분류하는 것으로 혼인당시의 지참물과 부모로부터 받은 증여, 상속권을 각자의 명의로 하는 것이다. 재산분할권은 부부나 동거해 온 동거자가 이혼할 경우 부동산 명의나 파탄에 대한 책임에 관계없이 재산형성의 기여도에 따라 재산을 공평하게 나눠 받을 수 있는 권리이다. 분할청구소송은 이혼소송 때 병행해서 가정법원이나 지방법원 가사부에 내며 손해배상 성격의 위자료와는 별도로 한다. 이러한 법은 남편과 부인 사이에 평등한 권리와 의무를 구축해 준다.

여성의 경우 개정이전에는 가사노동을 경제적인 가치로 환산하기가 어려워 불이익을 당하는 경우가 많았으나 개정된 법에서는 여성의 권리와 이익이 강화되었다. 미국의 경우 이혼시 위자료 대신 배우자 부양료라는 제도를 두고 있는데 이것은 능력있는 상대방이 이혼한 배우자가 재혼할 때까지 생활비를 지급하는 것이다.

자녀의 친권문제도 개정 전에는 친권이 무조건 아버지에게 부여되었으나 개정 후의 법률에서는 부부가 합의해서 친권자를 정하지 못했을 경우 능력있는 사람이 자녀를 책임지고 자녀를 만나고 싶은 상대방은 면접교섭권을 통해 자녀를 만나볼 수 있으며 주말이나 방학 때는 함께 지낼 수 있도록 하고 있다. 면접교섭권은 때로는 아이들에게서 불안한 정서를 만들어 줄 수도 있다는 점에서 제정 당시 논란이 많았으나 상당히 진보적인 법률로 여겨지고 있다.

이러한 새로운 법률이 결혼에 끼치는 궁극적인 영향을 논의하기에는 아직 이를지 모르나 기존의 법보다는 결혼이나 이혼에 대한 견해를 좀 더 긍정적으로 변화시켜, 이혼이 증가되지 않을까 추측된다.

3) 과정으로서의 이혼

이혼은 하나의 과정으로 간주된다. 보하난(Bohannan 1970)에 의하면 이혼과정은 단순히 법적인 절차를 의미하는 것이 아니라고 한다. 또한 대부분의 이혼은 법적 절차를 법정에서 거치지 않고 주로 당사자들끼리의 합의에서 이루어지며, 이혼을 법적으로 원하는 사람이라도 실질적으로 법적인 절차를 밟는 동안 변하는 것으로 나타났다.

이혼이란 매우 복잡한 현상으로 당사자에게 깊은 상처를 주는 경험이 될 수 있다. 이혼하는 사람들은 흔히 서로의 감정을 신뢰하지 못하기 때문에 이혼이라는 상황으로부터 회피하고 위기가 천천히 오게 함으로서 그러한 불쾌한 경험을 좀 더 감당할 수 있도록 한다고 하였다. 어떤 경우에는 이혼할 것이라는 사실을 받아들이기 어려워 이혼을 제기한 배우자가 몇 달 동안이나 의논해왔음에도 불구하고 이혼을 제기당한 배우자는 버림받는다는 느낌을 받는다고 한다.

보하난은 이혼의 과정을 다음과 같이 열거하고 있다. 이러한 6단계는 순서적으로 일어나는 것은 아니고 그 중의 몇 가지는 동시에 일어날 수도 있다. 각각의 단계는 다른 과업을 수반한다고 한다.

(1) 정서적인 이혼

이 단계는 결혼이 악화되고 있다는 것을 느끼고 이혼의 가능성을 생각하게 하는 초기의 원동력이 될 수 있다. 많은 부부가 정서적으로는 이혼을 했으나 법적인 이혼없이 평생을 같이 살 수도 있다.

(2) 법적인 이혼

정서적으로 이혼한 사람은 어떤 근거에 의해서 법적 이혼을 찾는다. 부부는 법적이혼을 하기 위하여 타당하고 받아들일 수 있는 이유를 찾아야 한다. 법적인 이유는 진정한 이혼사유와 다를 수도 있기 때문에 법적인 절차에서 정의될 수 있고 또 다른 고통의 근원이 될 수 있다. 그러나 무결점 이혼은 이유를 요구하지 않는다.

(3) 경제적 이혼

돈과 재산을 분리해야 하는 과정을 겪어야 한다. 재산이나 가구는 대체로 양분되고 위자료나 어린이 양육비는 부인의 요구수준과 지불능력에 따라 달라진다.

(4) 공동부모역할이 끝나는 이혼(Co-Parental divorce)

이때는 양육권, 방문권이 문제가 되며 이혼으로 인한 문제에서 가장 고통스럽고 괴로운 과정으로 누가 어린이 양육권을 가질 것인가를 결정하는 것이다.

어린이 양육권은 어린이의 이익을 최상으로 추구하는 원칙(The best interests of the children)에 의해 결정된다. 전통적으로 우리나라는 가부장적인 이념 아래 아버지가 어린이의 절대적인 친권을 가지고 있었다. 그러나 새로운 법은 어머니와 양육권을 합의할 수 있다.

(5) 지역사회로부터의 이혼(Community divorce)

이혼한 사람으로의 변화는 가족, 친구, 이웃으로부터 고립되기 쉬우며 적응하기가 어렵다. 자기 자신을 부적절하게 느끼고 외로움이 문제가 된다.

특히 우리나라의 경우 이혼에 대한 부정적인 시각이 이혼 당사자 특히, 이혼한 여성의 적응을 어렵게 한다.

(6) 정신적인 이혼

이혼으로부터 회복하는데 가장 어려운 단계로서 긍정적으로 자립심을 다시 획득하는 것이다. 자주성을 얻는다는 것은 누군가에 의존하지 않고 자기 스스로의 능력으로 이겨나가는 것이다.

4) 이혼의 영향

이혼이 이혼한 당사자나 어린이에게 어떻게 영향을 미치는가를 알아보기 위해서 이혼은 하나의 사건이라기 보다는 과정으로 인식되어져야 한다. 이혼은 전환을 포함하는 일련의 경험들이다. 이 전환은 이혼 전의 가족상황으로부터 이혼 후 가족상황으로 변화되는 과도기로 불균형과 혼란을 겪는다. 이 기간동안 가족원들은 새로운 삶의 상황을 다루는데 있어서 성공적일 수도 있고, 실패할 수도 있는 여러 종류의 대처행동을 경험하게 된다. 그 후에 새로운 가족형태의 재조직과 새로이 형성된 평형을 얻게 되는데 이러한 적응과정은 적어도 2년이상은 걸린다고 한다(Hetherington & Cox, 1978).

(1) 이혼이 당사자에게 미치는 영향

초기이혼연구는 구드(Goode 1956)의 디트로이트시에 사는 425명의 이혼한 여성들의 적응에 관한 연구로 시작한 이래 많은 인구학자, 사회학자, 사회심리학자, 심리학자, 가족 사회학자들에 의해서 연구되었다. 대부분의 연구가 이혼한 여성의 적응을 보았다.

이혼이나 별거에서 두 부부가 상호호혜적으로 결정을 내리는 것은 흔치 않다. 보통 한 배우자가 다른 한 배우자보다 더 많이 관계를 끊기를 원한다. 심리적 불균형을 일으키는 한 배우자는 결혼에 계속 매달리고 지속시키려 하고 다른 배우자는 능동적으로 결혼관계를 그만 두려 하며, 이때 상당한 심리적 불균형이 초래될 수 있다고 한다(Weiss, 1975). 이혼이 우리보다 많이 일어나고, 보편적으로 받아들여지고 있는 서구사회에서조차도 이혼은 배우자의 죽음 다음으로 가장 고통스러운 인생사건으로 많은 문제와 갈등을 가져와 상당한 시간의 적응기간을 요한다고 한다.

비록 갈등이 많은 불행한 결혼이었다고 하더라도 많은 부부들이 배우자의 이혼결정에 대비하고 있지는 않다. 이혼은 많은 스트레스를 주고 손상을 주는 사건으로 매우 강한 정서적 반응을 초래한다.

많은 연구에서 묘사하는 이혼이나 별거에 대한 정서적 반응은 분노, 우울, 저하된 자존심, 상실감, 초조감, 안도감, 지속되는 애착감, 새로운 기회가 있을 것이라는 느낌 등이다(한경혜, 1992;Wallerstein & Kelly, 1980;Weiss, 1975). 이혼에 대해 누가 결정적인 역할을 했느냐에 따라 이혼에 대한 반응도 매우 다르다. 이혼을 먼저 하고자 한 사람은 슬픔, 죄책감, 걱정, 안도감, 분노 등을 느끼지만 이혼을 당한 사람은 거부당한 느낌, 굴욕감, 수치심을 느낀다. 이러한 심리적 반응에는 배우자의 이혼에 대한 역할, 성격, 다른 외부적인 요인 즉 애인, 어린이의 존재, 지지체계, 경제적 상황 등이 영향을 준다.

상당히 많은 남녀들이 이혼으로 인해 파괴되고 회복할 수 없이 압도당한 것으로 나타나 이혼이란 누구에게나 만병통치는 아니라는 것을 알려준다(Berman & Tunk 1981. Wallerstein & Kelly 1980, Hetherington & Cox 1978).

반면에, 비록 이혼 후 고통스러운 감정과 경제적 곤란, 사회적·정서적 어려움이 있음에도 불구하고 이혼은 파괴적이고 만족하지 못한 결혼관계로부터 부부를 자유롭게 하는 가능성을 줄 뿐만아니라 이혼 후 당사자들을 성숙시키는 계기가 되었다고 보고한다(Berman & Tunk 1981. Wallerstein & Kelly 1980, Hetherington & Cox 1978).

이혼한 남녀가 경험하는 문제와 적응에 영향을 미치는 변인을 실증적으로 탐색한 한경혜(1992)의 연구에 의하면 가장 어려웠던 문제로 자녀의 앞날에 대한 걱정으로 나타났다. 여자가 남자보다 외로움, 자녀를 돌 볼시간 부족, 주위사람들의 부정적 인식, 사회활동 참여에 있어서의 어려움 등을 더 많이 경험하는 것으로 나타났다.

이혼한 남녀는 전 배우자와의 결혼한 기간이 짧을수록, 다양한 대응전략을 활용할수록, 경제적 형편이 좋을수록, 전 배우자에 대한 애착이 낮을수록 이혼 후 생활에 잘 적응한 것으로 보고하고 있다.

우리나라에서 이혼에 대한 단기적·장기적 영향을 좀 더 확실히 이해하려면 실질적으로 모든 측면에 있어서 이혼경험이 연구되어야 한다. 실패한 결혼의 복잡성, 이혼이 결정되는 과정, 별거기간, 외부적·내부적·심리적 변인들, 장애요인들을 이해할 수 있도록 많은 연구가 이루어져야 한다.

(2) 자녀에게 미치는 영향

이혼이 증가하는 것에 대한 부정적인 견해는 아마도 어린이에 대한 걱정과 관심으로부터 시작될 것이다. 대부분의 이혼이 결혼초기에 일어나고 있으며 현재 이혼에 개입된 어린이의 수는 확실치 않다. 그러나 앞절의 이혼실태에서 나타난 바와 같이 어린이가 포함된 이혼은 매해 증가하고 있다.

이혼한 직후에 어린이는 여러 가지 스트레스원, 예를 들면 한 부모의 상실, 부모와의 불화, 가족체계의 혼란, 부모-자녀관계의 변화를 겪고(Demo & Acock, 1988) 또한 분노, 무서움, 우울, 죄책감 등을 느낀다. 미국의 경우 90%정도의 어린이가 어머니와 살고 있고, 10%정도가 아버지와 살고 있다. 우리나라의 경우 아버지에게 친권이 허락되어 대부분의 어린이는 아버지와 같이 살고 있다.

대부분의 문헌은 이혼이 어린이에게 부정적인 영향을 끼치며 어린이의 생애에 가장 파괴적인 사건이라고 보고하고 있다. 그러나 이혼 후의 장기적인 영향인 어린이의 심리적 복지나 적응에는 이혼 그 자체보다 이혼 후의 편부모 가정에서 자랄 때의 환경 조건이나 상황에 의해 더 영향을 받는 것으로 보인다 (Hetherington 1989, Demo & acock 1988).

헤더링턴과 콕스(Hetherinton & Cox, 1978)의 이혼한 98가족을 대상으로 한 2년간의 종단적 연구와 5년간의 이혼한 60가족에 대한 월러스타인과 켈리(Wallersten & Kelly, 1981)의 연구에 의하면 이혼 그 자체보다는 이혼 후의 여러 가지 상황이 어린이에게 영향을 준다고 했다. 다시 말하면 부모에 대한 미움의 정도, 兩父母와 어린이의 관계의 질, 방문형태의 횟수, 어린이 발달수준, 즉 나이, 기질 등이 관련된 변수로 밝혀졌다. 반면에 다른 연구에서는 (Hetherington, 1989;Nye, 1964) 갈등이 심한 부모하에서 자라는 어린이보다는 비록 편모나 편부라도 조화롭게 사랑스런 분위기에서 자라는 어린이가 좋다고 한다. 또한 이혼 전문가들은 어린이들은 매우 강인하여 어려운 환경에서도 잘 견디고 적응이 빠르다고 보고하고 있다.

우리나라의 경우도 어린이에게 미치는 영향이 미국의 경우와 비슷하게 나타났다. 정현숙(1992)은 이혼한 부모를 가진 국민학교 4학년이상 청소년 1백58명을 대상으로 『어린이가 이혼 후에 하는 문제해결방식과 적응에 미치는 영향』을 보았다. 조사결과 어린이들은 시간의 흐름에 따라 부모의 이혼을 현실적으로 받아들이고 있었다. 이혼부모의 자녀들은 이혼 후 시간이 경과될수록, 스스로 다양한 문제해결방식을 많이 이용할수록, 양육부모와 긍정적 상호작용을 하고 있을수록, 비친권부모와의 접촉이 많을수록 생활에 잘 적응하고 있는 것으로 나타났다. 따라서 가족의 구조적인 특성보다는 자녀들의 현재 양육부모, 혹은 비친권 부모와의 긍정적인 상호작용이 어린이적응에 중요하다는 것을 알 수 있다. 이 중에서도 특히 현재 같이 살고 있는 양육부모와의 개방적 대화가 자녀들의 적응에 가장 중요한 영향을 미치고 있었다. 자녀들은 이혼 후 문제해결방식 중 스스로 해결하는 방식을 모든 연령층에서 가장 많이 사용하며 이혼자녀에 대한 부정적인 사회통념에 반발하고 있는 것으로 나타났다. 그러나 조사결과 44%의 자녀들이 비친권 부모와 전혀 만나지 못하거나 1년에 1-2회정도 만나는 경우(2.5%)가 가장 많은 것으로 나타나 비친권부모와의 면접이 활성화되어 자녀적응에 도움이 되어야 한다고 제안 하였다.

〈연구문제〉
1. 가족생활사건이 어떻게 스트레스원이 되는지 알아보고 가족생활 사건 중에서 하나를 택하여 ABCX model에 적용하여 가족이 어떻게 적응해 나가는지 설명하여 주십시오.
2. 가족이 폭력적인 환경으로 될 수 있는 특성을 제시하여 보십시오.
3. 이혼이 증가하는 원인을 결혼의 의미와 관련시켜 설명하여 보십시오.

제 13 장
가족생활 교육 및 상담

유영주 · 정민자

　사회의 급격한 변화는 가족의 구조, 기능, 관계 등에 많은 변화를 초래하였으며, 가족의 변화는 사회변화에 비해 항상 지체현상(Cultural lag)을 나타내므로, 가족문제 발생은 불가피한 일이 되었다.

　가족문제는 개인의 성장, 발달에 영향을 미칠 뿐만 아니라 사회의 안정과 유지에도 중요한 영향 요인이 되므로 가족문제 발생에 대한 대책이 시급히 요청된다. 이에 가족문제를 미연에 방지한다는 예방차원에서 가족생활교육의 필요성이 대두되며, 가족문제의 해결차원에서 가족상담 및 치료의 중요성이 강조된다. 따라서 본 장에서는 가족생활교육과 가족상담 및 치료에 대하여 그 정의와 목적, 접근모델과 개념틀, 그 내용과 과정 등에 대하여 살펴 보게 될 것이다.

1. 가족생활교육

1) 가족생활교육의 정의 및 목적

(1) 가족생활교육의 정의

가족생활교육은 학교 교육기관 이외에 많은 단체나 기관에서 평생교육이나 사회교육의 일환으로 교양교육 부분에서 일부분만 다뤄져 왔고, 그것조차 실시기관 또는 실시자 중심의 가족생활교육으로 이루어지고 있는 경우가 대부분이었으므로 구체적이고도 진정한 의미의 가족생활교육은 실시되지 못하고 있는 실정이다.

미국에서는 이미 오래 전부터 가족생활교육이 정규학교 교육에서부터 시작되어 민간단체, 지역사회에서도 실시되고 있다. 미국에서의 가족생활교육은 많은 가족 프로그램 중의 하나로 간주되고 있다. 이 가족 프로그램이란 Family Growth Group(Anderson, 1974;Rupp, 1972), Family Cluster Education(Sawin, 1972;Otto, 1971b, 1972), Family Enrichment(Clake, 1970;Kreml, 1970) 그리고 Therapeutic Family Camping (Clart & Kempler, 1972) 등인데, 가족생활교육 프로그램은 가족 기능 강화를 위한 네 가지의 접근법 - Family Life Education, Bahavior Modification, Family Therapy, Family Enrichment - 중의 하나로 가장 오래되고 가장 많이 알려져 있다.

우리나라에서의 가족생활교육의 개념은 사회교육법(1982. 12. 31) 제 2 조에서 사회교육 및 평생교육에 대한 정의가 내려지고, 이어서 동법 시행령(대통령령 11230호, 1983. 9. 10공포)에서 사회교육의 영역 10개 중 4번째로 명시되면서 제도적으로 국가적인 관심이 나타나기 시작했다고 할 수 있다. 구체적으로 살펴보면, 사회교육법에서는 사회교육을 "다른 법률에 의한 학교교육을 제외하고 국민의 평생교육을 위한 모든 형태의 조직적인 교육활동"으로 정의하고 있다. 사회교육법 시행령의 제 2 조 사회교육 10개 영역은, 국민생활에 필요한 기초교육과 교양교육, 직업기술 및 전문교육, 건강 및 보건교육, 가족생활교육, 지역사회교육 및 새마을교육, 여가교육, 국제이해교육, 국민독서교육, 전통문화이해교육, 기타 학교교육 등의 조직적인 교육활동으로 되어 있다.

가족생활교육은 그 자체가 다차원적인 성격을 지니므로 이를 정의하기는 어렵고, 때로 제한적이다. 애브리와 리(Avery & Lee, 1964)에 의하면, 가족생활교육이란 교사가 학생의 현재와 미래의 능력을 개발시키도록 도와주는 모든 학교 경험을 포함하는데, 여기서 능력이란 한 개인이 자신의 가족역할을 가장 적절하게 건설적으로 해결할 수 있는 지식, 태도, 기술을 의미한다.

컬코프(Kerckhoff, 1964)는 가족생활교육이란 남녀교제, 결혼, 부모됨과 관련된 지식, 태도, 기술을 포함한다고 하였다. 따라서 가정관리교육, 부모교육, 혹은 가족사회학이나 성교육을 포함하는 것은 당연하다. 그 내용은 "관계(relation)" 즉, 부모-자식, 남편-아내, 남-녀 등의 관계로 구성되어 있다.

피셔(Fisher, 1967)는 가족생활교육이란 대상이 누구이며, 어떠한 발달단계와 어떠한 맥락에서 문제가 발생되었는지에 관한 설명없이는 의미있는 정의를 내릴 수 없으며, 정의가 단지 내용에 대한 경계를 한정짓는 의미가 아니라, 적어도 이 교육에서 요구되는 지식, 태도, 기술, 능력을 특정지워야 한다고 하였다.

National Commission(1968)에서는 가족생활교육이란 매우 새롭고 특수하며 다학문적인 연구분야로서, 점차 그에 대한 요구가 증가되고 있다고 하였다. 즉 그 나름의 철학과, 내용, 방법론을 직접적인 가족과의 경험과, 주변학문인 가정학, 사회사업, 법학, 심리학, 경제학, 사회학, 생물학, 체육학, 종교, 인류학, 철학, 의학 분야와의 합동으로 발전시켜 나가고 있다. 이에 속한 많은 전문분야에서는 인간 상호관계, 자아이해, 인간발달과 성장, 결혼과 부모됨의 준비, 육아, 사회화, 의사결정, 성, 자원관리, 개인적·가족적·지역적인 건강, 가족·지역사회와의 상호작용, 문화유형에 미치는 변화의 효과 등이 있다.

케네디(Kennedy, 1972)는 가족생활교육이란 가족이 가족생활의 질적 극대화를 실현하기 위해 도움을 필요로 하는 것이 정상적이라는 가정(assumption)

에서 출발하여, 가족생활교육은 가족원들이 그들 가족관계를 개선하는데 도움이 되는 자원, 정보, 기술을 가족에게 제공하고 지도함으로써 행해질 수 있다고 하였다.

크롬웰과 토마스(Cromwell & Thomas, 1976)는 가족생활교육은 가족생활을 개선하기 위하여 개별적 가족단위에 가족발달자원들의 전달, 협조, 통합을 촉진시키는 것이라고 하였다. 그리하여 가족생활교육이란 전체 가족단위를 중심으로 정상적인 가족발달 및 문제 예방을 촉진하는데 있으므로 치료적 또는 교정적인 것과는 다른 차원의 것이라고 하였다.

아커스(Arcus, 1987)는 가족생활교육이란 가족생활에 관련된 개념이나 원리에 대한 지식 습득, 개인적인 태도, 가치를 개발하고 타인의 가치와 태도를 이해 수용하며, 가족복지에 기여하는 대인 기술 연마라고 정의하였다.

가족생활교육은 가족생활에 변화를 주기 위해 의도된 것으로(Avery & Lee, 1964 ; Guerney & Guerney, 1981 ; Hof & Miller, 1981 ; L'Abate & Rupp, 1981 ; Mace, 1982), 역기능적이며 문제성이 있고 혼란된 행동을 기능적이고 적응된 행동으로 변화시키기 위해 고안되었다(Fisher & Kerckhoff, 1981 ; Guerney & Guerney, 1981 ; Mace & Mace, 1976 ; Powell & Wampler, 1982).

이상의 선행 연구들을 기초로 가족생활교육의 목적, 범위, 내용을 포함하는 정의를 내리면 다음과 같다. 즉 가족생활교육이란 전반적인 삶의 질을 높이고 문제해결을 돕기 위해 개인의 잠재력을 계발하고 강화시키는 평생발달적 교육이다.

(2) 가족생활교육의 목적

가족생활 및 가족생활교육에 대한 관심은 지난 수세기 동안 다각도로 나타났으나, 19세기 후반부터 20세기 초반에 이르기까지 폭 넓게 전개되어 왔다. 물질문명의 발달, 소비위주의 생활상, 핵가족화 경향, 기계화로 인한 비인간화 성향 등이 파생되어 인간소외와 불평등 현상을 심화시킴으로써 가족을 기존의 위치에서 밀어내게 만들었다(김재인, 1987).

스키너(Skinner, 1980)는 제반 가정생활의 구조적인 변동과 가족관계의 변화로 가족내에 상당한 스트레스와 긴장이 항상 내재하고 있으며, 이로 인해 여러 가지 갈등과 적응문제가 발생된다고 하였다.

해링턴(Harrington, 1984)은 이혼자들을 대상으로 이혼 발생 원인을 연구한 결과, 자신과 배우자에 대한 이해 부족, 사랑·헌신·결혼에 대한 이해 부족, 자신과 배우자의 가치체계에 대한 이해부족, 명백한 의사소통의 필요, 성(性)문제, 경제문제, 신앙적 이해 부족, 비현실적 기대, 역할과 역할수행의 혼란 등이 가장 빈번한 원인임을 지적하였다(김혜석, 1990, 재인용).

송성자(1987)는 자녀양육 및 부부 취업에 따른 사회제도의 가정에 대한 기여는 긍정적으로 받아들여지나, 반면 가족 해체 현상이 증가하고 있고 청소년 문제 및 기타 가족 문제 등의 사회문제가 증가하고 있음을 지적한다. 이를 해결하고자 많은 분야에서 연구하고 있으며, 사회의 어떠한 전문집단이 가족의 정서적 지지기능과 사회화 기능을 대신 제공해 줄 수 있는가에 대한 연구도 많이 이루어지고 있다고 하였다. 이들의 결과나 제언이 당면한 가족문제의 형태 및 심각성을 파악하게 해주며, 심도있는 가족생활교육을 위한 초석을 제공하고 있다.

1970년 National Commission of Family Life Education에서는 가족생활교육의 목적에 대해 가족과 개인의 상호관계를 발전시키고, 그들의 질적인 삶을 개선시킬 잠재력을 일깨워 주도록 인도하는 것이라고 하였다. 그러므로 학자의 연구에 기초한 가족생활교육에 대한 자료의 개발뿐 아니라, 학교나 교회, 기타 사회제도기관에서의 가족생활교육 프로그램 개발이 시급하다고 지적하였다.

National Council on Family Relations(NCFR)에서는 성교육을 포함하여 학령기 이전부터 대학까지의 정규 교과과정에 가족생활교육 프로그램이 들어가야 한다고 제언하여 가족생활교육의 중요성을 강조하면서 평생교육의 내용이 추가되어야 함을 제언하였다.

라베트(L'Abate, 1978)는 가족생활교육이란 가족이 어떻게 학습해야 하며 가족생활교육에 대한 현상학적인 측면들을 어떤 방법으로 강조할 것인가에 관한 정보를 제공하는 것을 목적으로 한다고 하였다.

아커스(1987)는 가족생활교육의 목적을 개인과 가족으로 하여금 현재와 미래의 가족원으로서의 능력을 개발하고, 가족생활에 대한 그들의 욕구를 충족시키도록 도와주는 것이라고 하였다.

사회문제가 계속 주목을 끌게 되면서 가족생활교육의 목적은 근본적으로는 가족생활을 풍부하게 하고 강화하기 위하여, 나아가서는 사회문제에 대한 교육 이상의 것으로 확대되었음을 알 수 있다. 그러므로 가족이 가족생활에 관하여 학습할 필요가 있을 뿐 아니라, 이를 원하고 있음을 인정하여, 가족생활교육을 통하여 가족생활을 향상시키며, 따라서 가족과 관련된 사회문제를 감소시키는데 주목적이 있다고 하겠다.

2) 가족생활교육의 이론적 개념틀(framework)

많은 가족생활교육 프로그램에 대한 비판 중의 하나는 가족행동 연구에 개념틀을 사용하지 않는다는 점이다. 인기있는 지도방법과 시기 적절한 주제 토론에는 민감하나 주된 개념틀 없이는 정보의 나열에 불과할 것이다. 현재 시도된 접근은 체계적 접근, 생태학적 접근, 원리적 접근, 발달론적 접근 등이 있는데, 이들을 간단히 소개하면 다음과 같다.

(1) 체계적 접근(Hynson의 Systems Approach)

체계적 접근은 구조기능론적인 입장에서 통합, 협동, 체계 유지 등을 사회가 요구하고 가족을 강화시키며 가족 안정을 위해 가족원의 정서적 지지(emotional support)를 제공받는 것을 기본 방향으로 갖고 있다. 정부나 국가로부터 인정을 받게 되면서, 건전 가족 생활(strong family life) ── 관계가 만족스럽고, 욕구가 충족되며, 양부모가 존재하고, 자녀들이 존중받는 ── 이 성숙되고 책임감 있는 성인을 육성하고 나아가 사회를 안정시킨다고 보는 입장이 지지를 받고 있다(Hynson, 1979). 그러나 가족을 사회의 하위 단위로 보는 수동적 관점과, 갈등을 구체적으로 다루지 않은 점, 세부적 프로그램이 미비하다는 단점을 가지고 있다.

(2) 생태학적 접근(Ecosystems Approach)

가족과 환경과의 상호작용, 상호의존성을 강조하는 가족생태학적 접근은 미시간 대학의 인간생태학과의 노력으로 전개되었고 모리스(Morrison, 1974), 그리고 부볼쯔, 아이허와 존탁(Bubolz, Eicher & Sontag, 1979)에 의해 채택되었다. 가족이 정서적, 육체적, 사회적으로 상호 의존적인 인간의 상호작용적 집단으로 간주되기 때문에 초점은 집단 혹은 개인의 속성보다는 가족과 환경간의 관계에 초점을 둔다. 체계적 접근과는 달리 이 접근에서는 가족은 체계 그 자체이기도 하고, 광역 사회체계의 상호 의존적 하위체계이기도 하다(Darling, 1987).

다알링(Darling)은 가족생활교육 프로그램을 개발함에 있어서 다양한 가족생활을 포함하기 위하여 학제적 접근을 사용하는 것은 바람직하지 않다고 하였는데, 그 이유는 각 영역의 전문가들이 자신의 학문의 장점만을 주장하고 타학문으로부터 개념을 차용할 때도 자신의 영역에서 심각한 위협이나 어려움을 주지 않는 개념만을 허용하고, 또한 개념적 근시안이 되어 상호중첩되는 내용을 지나칠 수도 있기 때문이라고 하였다. 따라서 생태학적 접근이 가족생활의 지속적인 문제들을 총괄적으로 다루기보다 효과적인 수단을 확립하는데 사용될 수 있다고 주장한다. 이러한 점은 이 접근의 장점이 될 수 있으나 내적 가족활동 과정을 분석하는 데는 너무 거시적인 개념틀이라고 볼 수 있다. 따라서 가족생활교육은 가족 그 자체를 하나의 환경으로 보고 가족의 특성이 개인에게 미치는 영향을 살펴보거나 또는 근접환경과의 상호작용에 초점을 맞출 필요가 있다.

(3) 원리적 접근(Principles Approach)

가족학 연구의 주요 업적으로는 여러 학자들에 의한 이론구축이 계속되어 왔다는 점이며, 이러한 이론(경험적 결과에서 추출된)을 실제 사회 문제에 대응시키고, 생활의 질을 개선하도록 돕는데 사용하려는 입장으로 Burr(1977) 등은 이 접근의 장점으로서 효율성, 다양한 가치를 허용하는 것, 해야 할 일과 해서는 안될 일을 가르쳐 주는 것, 지시와 행동 간에 교량적 역할을 하는 것, 사고의 구조화를 돕는 것, 연구를 자극하는 것 등을 들고 있다. 그러나 이 접근은 변인들간의 관계를 명확히 밝혀줌으로써 가족생활 행동의 원인과 결과를 설명해 주지만, 전반적 결과나 개개인의 상황에 맞는 전문적인 지식, 태도, 기술을 제시할 수는 없다는 단점을 갖는다. 또한 아직까지의 가족학 연구들이 횡단적 연구에 많이 의존하고 있으므로 장기적인 가족생활교육 내용을 모두 제시할 수는 없다.

(4) 평생발달적 접근(Life-Span Developement Approach)

아커스(1987)는 가족생활교육의 초기의 정의들을 보다 명확히 하고, 가족생활교육의 포괄적인 생애교육을 구현하기 위해서는 발달적 접근이 가장 적합하다고 보고, 어떤 연령의 개인이든 다양한 가족생활에 대한 지식을 흡수하여 준비성(readiness)을 갖게 하는 것을 가족생활교육의 목적으로 보아 이에 대한 구체적 개념틀을 제시하였다. 발달적 접근은 다른 가족연구 영역에서도 중요한 의미를 가지나 특히 가족생활교육의 이론과 실제에 있어서는 가장 합리적인 접근으로 판단된다. 생물학적, 사회적 연령과 가족주기를 고려하여 각 단계에 적합한 발달 과업을 소개하고, 적절한 시기를 지도하는 것, 생의 단계에 따른 역동적 적응을 돕는 것 등은 고유한 장점이 될 수 있다. 무엇보다도 인간이 노력하는 한, 평생발달한다는 관점은 개인과 가족의 향상을 돕고, 생의 단계에 따른 life chance를 제시할 수 있다는 점에서 장기적인 자아실현과 가족의 강화를 돕는 데 기여할 수 있다는 것이다. 사회규범에 일치하지 않는 소수의 비정상적 가족에 관한 지침이 없다는 것이 단점이나, 이것은 가족생활교육의 특별영역에서 다룸으로써 가능해진다.

1960년에서 1979년까지의 가족생활교육에 관한 논문 중 개념틀에 관한 연구가 7편에 불과했다는 것은 그동안 가족생활교육이 세부적 교육내용에 비해 가족생활교육의 체계를 확립하고 교육의 효용성을 지니는 데 제한점을 가지고 있음을 나타내고 있다. 발달적 접근을 기본 노선으로 하되, 다른 접근의 장점을 보충할 수 있는 보다 복합적인 개념틀이 모색되어야 한다.

3) 가족생활교육의 내용과 전망

(1) 가족생활교육의 내용

본 장에서는 앞에서 제시한 발달적 접근에 근거하여 가족생활교육의 내용을 구체적으로 명시해 보고자 한다. 내용은 다음의 몇 가지 차원에서 각각 다르게 분류되어야 한다.
① 가족 주기 차원
미혼기, 형성기, 자녀 출산 및 양육기, 자녀 교육기, 자녀 성년기 및 자녀 결혼기, 노년기 등으로 결혼 단계를 포함한 가족 주기 단계별로 가족생활교육 내용을 분류한다.
② 내용적 차원
동일 주제는 지식, 기술, 태도, 기술의 세 가지 측면에서 세부적으로 다루어진다. 예를 들면, 배우자 선택이라는 주제에 대하여 배우자 선택에 영향을 주는 요인을 다루고, 자신과 상대방을 존중하는 태도를 갖게 하며, 관계를 유지, 촉진, 종식시키는 기술을 습득하는 것이다. 일반적 내용은 다음표와 같다.

〈표 13-1〉 가족생활교육의 일반적 내용

주 제 영 역 과 중 요 개 념					
인간 발달과 성	가족관계 (상호 작용)	가족자원관리	부모됨	도덕성	가족과 사회
·신체적·정서적·사회적 발달 ·개인발달에 있어서의 유사점과 차이점 ·노인에 대한 인식 ·특별한 욕구를 가진 개인에 대한 이해 ·건강을 유지하려는 책임감(영양, 위생) ·성장과 발달에 영향을 주는 사회적이고 환경적인 조건 ·인간의 출	·보호·애정·부양의 원천으로서의 가족 ·가족의 유사점과 차이점 ·모든 가족 구성원들의 개성과 영향력, 권력 ·가족의 변화(출생, 별거, 이혼, 사망) ·개인으로서의 가족 구성원의 역할과 중요성 ·가족과 화목하게 지내기 ·감정 표현	·재산을 돌보기 ·단기·장기 목표 확립 ·시간관리, 계획 ·가족원의 가업을 돌보기 ·인적, 비인적 자원을 관리하기 ·공간과 프라이버시의 균형 ·선택 ·소비행동 (식품, 레크레이션, 의류) ·돈의 사용	·부모의 책임 ·자녀의 책임 ·자녀의 개인차 인식 ·부모-자녀 커뮤니케이션 ·다른 부모들의 양육행동 ·부모를 위한 도움의 원천(가족, 이웃, 지역사회) ·자녀에게 생활기술 습득시키기 ·부모자녀 관계의 변화(자녀의	·모든 개인을 위한 존경 ·새로운 권리를 얻고, 연령에 따른 책임감 ·자신과 다른 사람을 위한 행동과 결과 ·행동에 대한 책임 ·하나의 가치로서 도덕적 원칙, 원리 ·인간의 사회적 행동을 지도하는 도덕적 가치 ·자신의 책임감과 사	·법 존중하기(준법 정신) ·자녀의 법적 권리 ·가족에게 영향을 미치는 법과 정책(가족원의 법적 보장) ·시민의 권리 존중 ·사회에 있어서의 가족의 중요성 ·지역사회내의 개인, 가족의 책임감 ·지역사회의 부양서비스 이해 및

생에 대한 이해(태아의 발달, 출생, 사춘기) · 성적 행동의 책임, 결과, 선택 · 성적 행동에 대한 반응과 만족 · 성적 학대의 예방	하기 · 다른 가족원의 욕구 인정하기 · 가족 규칙 · 가족 커뮤니케이션 · 개인과 가족의 의사결정 · 가족 갈등과 문제들 · 가족 관습과 축하 · 가족의 전통과 가풍, 가도 · 가정에서의 스트레스와 대응책 · 가족 폭력과 해결	· 가계 관리 · 소비자의 결정의 영향(가치비용, 메디어, 동료집단) · 저축행동 · 은퇴 계획	독립시, 결혼후) · 자녀와 분리 되어 사는 부모의 행동 · 아동 학대와 대응책	회적 상호관계 · 사회적, 기술적 변화에 대한 도덕적 수행	활용 · 가족, 직업, 사회의 상호 연관성

③ 일반적-전문적 차원

어느 단계의 가족원이든 전반적 생의 과정을 이해하기 위해 필요한 주제는 일반적 주제로 분류하여 공통으로 다루나, 가족 주기에 따라 내용이 다르게 초점이 맞추어질 여지가 있다. 일반적 차원으로는 인간발달과 성, 가족 관계, 자원관리, 부모됨, 도덕성, 가족과 사회 등을 들 수 있다. 그 반면, 전문적 차원이란 특정 가족 주기 단계에만 해당되는 주제를 언급한다. 아커스의 개념 틀을 수정하여 한국 가족 발달 주기에 맞추어 본 전문적 내용과 그 밖에 특정 주기에서 발생하는 특수문제 영역을 기술하면 다음과 같다.

〈표 13-2〉 일반적 - 전문적 차원

내용 차원 가족 생활 주기	전문적 내용	특수 문제
미혼기 가족	배우자 선택 결혼의 동기 독신 생활 미혼모의 문제점	소년가장의 문제점
형성기 가족	부부역할의 확립 부부 규칙(dyadic rule) 가족계획(임신, 불임, 피임) 태교 고부간의 갈등 가족 이기주의의 방지 부모됨의 준비	가정 폭력 무자녀 가정 장자 가족
자녀 출산 및 양육기	아버지의 역할 유아의 놀이 지도 유아의 표현력 지도 유아의 창의성 개발 바람직한 양육 태도 과잉보호의 문제점	영재자녀의 부모교육 외동자녀의 지도 늦자녀의 지도 별거(주말) 가족

자녀 교육기	민주적 가정의 확립 자녀 규칙(family rule) 자녀의 TV지도 자녀와의 의사소통 교육적인 주거환경 자녀의 용돈 지도 활기있는 부부생활 가족 여가 지도 우정집단의 필요성 가정의 경제 교실 자녀의 적성 및 예능 지도 자녀의 문제 행동의 수정	비만아동의 정신건강 고3 자녀의 정서관리 아버지 교실 남편의 실업 10대 자녀의 자살 이혼가족 재혼가족
자녀 성년기 및 자녀 결혼기	여자의 제2의 생(生) 양성적 성생활 노후생활 준비 자녀의 직업 및 결혼 준비	결혼의 불안정성 가족법
노년기	배우자-유일한 동반자 성공적인 노화 주거의 재조정 죽음에 대한 태도 노인과 건강 노인의 자립생활(부업) 노인과 여가생활	

 이상과 같은 가족생활교육 내용은 extension service*의 한 부분으로 포함될 수도 있고, 현재 extension service가 없는 상황에서는 독자적 평생교육 프로그램으로 설립되는 것이 바람직하다. 재정적 근거는 정부의 보조금 또는 회비, 영리적 수입으로 마련될 수 있다. 무엇보다도 시급한 것은 가족생활교

---

*Cooperative Extension Service (C. E. S)는 미국 주립대학에서 실시하고 있는 정부·대학 협력 사회 교육 프로그램이다.

육의 중요성을 널리 알리고, 그와 동시에 가족생활교육자에 대한 자격증을 발급하는 단계가 이루어져야 할 것이다.

이를 위해서는 다음과 같은 과정을 반드시 이수한 자에게 자격증이 발급되어야 한다. 즉, 인간발달, 가족발달, 가족관계, 가족과 사회, 부모교육, 인간과 성(性)의 주요 내용과 강의 교수법, 교육학 등의 분야를 이수해야 할 것이다.

(2) 가족생활교육의 전망

오늘날의 가족은 그 기능을 유지시켜 줄 수 있는 다양한 유형의 노력을 필요로 하고 있으며 가족생활교육은 이러한 조력을 공급해 줄 수 있는 가장 좋은 방법이라고 본다(Cromwell & Thomas, 1976). 가족 생활교육은 과거에 받은 경험이 있을지라도 가족의 욕구, 다양한 목표, 철학, 배경, 재정자원 등에 대한 환경적 조건의 변화로 인하여 가족생활의 내용, 상황등이 항상 변화하게 되므로 다양한 가족생활교육 프로그램이 계속적으로 필요하게 된다. 이상에서 살펴본 바를 기초로 하여 가족생활교육을 위한 실제적인 프로그램을 작성하고자 할 때, 그것 자체가 건강한 가족을 위한 것으로 당연한 귀결이 되며, 가족향상(family enrichment) 내지는 가족의 잠재력(family potential)을 최대한 구가시키기 위한 것으로 생각된다. 그러므로 본 장에서는 건강하고 건전한 가족, 가족향상, 가족잠재력에 대하여 선행연구들의 고찰을 통하여 한국가족에 있어서의 가족생활교육 프로그램 개발을 위한 기초 자료로 삼고자 한다.

① 건강하고 건전한 가족(Strong Family)
건전한 가족의 개념은 최근 여러 연구의 중요한 영역으로 부각되고 있으며, 이 건전한 가족의 특성을 근거로 하여 가족생활교육 프로그램을 발달시킬 수 있다. 스티넬(Stinnett), 샌더스(Sanders), 드프레인(DeFrain) 등에 의한 건전 가족에 대한 몇 가지 연구결과를 종합하면 다음과 같다.

스티넬 등의 연구에서 가족의 건전성(strengths)의 요인으로 나타난 것을 종합해 보면, 사랑, 존경, 개성 존중, 이해, 칭찬, 인정, ego설정, 지지, 진실, 다른 사람에게 감사를 표현, 기꺼이 함께 시간을 보내고 활동에 참여, 훌륭한 의사소통 유형, 종교생활을 영위하는 가족 등으로 나타났다. 이들의 연구에서의 주요 발견은 「칭찬과 감사의 표시」로, 이같은 감사에 대한 기본적인 요구는 좋은 관계를 형성코자 하는 데에 있다. 그러므로 이를 가족생활교육에 포함시켜야 하는 필요성이 요구되나 현실적으로는 가정 교과서에서 크게 무시되어 왔다.

건전 가족의 대부분은 남편-아내, 부모-자녀 간의 친밀성과 행복을 높게 생각하는 것으로 나타났다. 건전한 가족의 부모들은 그들 자녀에게 감사의 표현, 그들과 함께 많은 시간 보내기, 그들의 활동에 참여, 그들 흥미에 대한 긍정적 표현등의 형태로 나타난다.

오토(Otto, 1962)의 연구에서는 사랑과 종교가 가장 중요한 요인으로 발견되었고, 스티넽(1979)과 빔(Beam, 1979)의 연구 결과도 역시 유사했으며, 캐사스(Casas, 1979)의 연구도 사랑, 이해, 부부간의 존경, 가족단란, 종교 등으로 나타났다. 찜어맨(Zimmerman, 1972)은 건강한 가족은 위기상황을 지혜롭게 극복하고, 위기가 발생하기 전에 예방책으로 방지해야 하며, 가족생활교육 내용에 학대로부터의 아동보호, 청소년 비행, 강간, 원하지 않은 임신, 개인적인 문제들을 첨가해야 한다고 했다.

결론적으로 스티넽 등은 건전한 가족의 구성요소로 11가지를 들고 있는데, ⓐ 가족 구성원의 신체적, 정서적 욕구들을 제공 ⓑ 가족 구성원의 여타 욕구를 수용 ⓒ 원할한 의사소통 ⓓ 지지, 안전, 격려를 제공 ⓔ growth-producing관계를 유지 ⓕ 창조, 공동체 상호작용의 책임 ⓖ 자녀를 통해 자녀와 함께 성장하는 능력 ⓗ 자립의 능력과 적시에 도움을 받아들일 수 있는 능력 ⓘ 가족 역할을 융통성 있게 수행하는 능력 ⓙ 가족 구성원의 개성을 위한 부부간의 존중 ⓚ 가족만이 갖는 고유성, 충성, 가족들간의 협동 등이다.

② 가족향상(Family Enrichment)

가족향상 프로그램들은 그들 가족이 잘 기능한다고 믿는 사람과, 가족생활이 앞으로 더 좋아지기를 바라는 사람을 위해 고안된 것으로 가족의 건전성을 강화시켜 주고 개개인과 가족의 잠재력을 개발시키기 위해 가족의 의사소통과 정서적 생활을 고양시키는데 관심을 둔다. 결혼과 가족향상(Marriage & Family Enrichment) 프로그램의 주요관심은 부부의 관계로서, 개개인의, 그리고 두 사람의 잠재성의 개발을 추구하는 것이다.

이 프로그램에서는 어떤 유형의 가족에 대한 정보를 많이 제공하기보다는 가족의 상호작용, 커뮤니케이션 과정을 수정하는데 더욱 강조를 하고 있다. 라트베(1978)에 의하면 향상의 목적이 정상인의 긍정적이고 건전한 면과 개인의 잠재력을 촉진시키고 문제를 예방하는 방법에 있다고 언급했다. 향상에 관한 추세는 어느 정도는 가족생활교육에 의존하여 왔으나 보다 많은 기반이 윤리학, 가족사회학, 인간의 성적인 면, 갈등 해결, 인본주의 심리학, 소그룹의 역동성, 정서적 교육, 인간의 잠재성 가설 등에서 형성되었다(Otto, 1976).

③ 가족의 잠재력 개발(Family Potential)

인간의 잠재력과 가족 성장을 강조하는 가족생활교육으로부터 기초 이론과 철학을 확장시키고, 가족의 잠재력을 극대화하기 위한 자원 개발에 대해 계획된 가족행동 프로그램을 기초로 하여 지역사회에 이러한 이념(idea)의 적용을 전개하고자 하는 것이다. 이것은 치료적인 성격보다는 예방적이고 교육적인 것이며, 가족생활교육이 가족생활을 지원하고 가족 잠재력 개발을 촉진시키는데 필수적인 delivery system을 제공할 수 있다는 사실을 가정한다.

오토(1971)는 건전한 인간은 자신의 잠재력을 극대화시킴으로써 가능하다고 했다. 특별한 목적을 위한 그룹에 있어서 개인의 잠재력을 극대화하는데 대한 관심 및 행동 노력들은 상당히 증가되었으나, 가족 그룹내 인간의 잠재력 개발을 위한 또는 개개인과 그 체계의 하부단위를 포함한 가족 체계의 잠재력 개발을 위한 노력에 대해서는 소홀했다고 하였다.

앤더슨(Anderson, 1974)의 가족 잠재력 정의를 보면, 가족 잠재력은 변화와 성장, 사랑과 양호, 커뮤니케이션, 갈등해결, 모험을 감행, 창의, 즐거움을 경험하는 등의 모든 가족내 잠재된 자원들로 이해될 수 있다. 문제성보다는 성장에 더욱 초점을 두고 있는 가족 성장 그룹은 가족 특유의 건전성과, 자원에 대한 그들 자신의 지각을 증가시키고, 가족생활에 잠재된 능력을 실현하도록 하는 기회를 가족에게 제공하고 있다.

가족 성원을 위한 가족 체계의 교육적인 잠재력이 대부분 무시되어 왔는데, 초기 아동기 교육과 발달에 있어서의 가족의 역할에 관한 견해는 가족원의 성장 잠재력을 극대화시키기 위한 가족 중심의 아동 보호 및 교육적 프로그램에 대한 필요성을 명확히 제시하고 있다.

이러한 연구의 요지는 그룹내 성원들의 잠재력을 극대화하는 데 가족의 중요성이 재평가되어야 한다는 데 있다. 가족 성원의 사회화에 있어 가족의 중요성에 대한 관심이 가족과 아동 발달 문헌에서 상당한 주목을 받아 온 반면에, 이러한 대부분의 연구는 가족의 건전성 및 잠재력에 관련된 문제를 무시하여 왔다. 이는 그러한 개별적 노력들이 가족 상호작용을 대처하기 위한 필수적인 기술을 학습함으로써, 또 가족 변화 및 개발에 대한 이해를 발전시킴으로써 함양될 수 있다고 가정하고 있다.

결론적으로, 가족발달을 향상시키고 촉진하는 또는 문제 발생의 예방적인 연속적 교육모델이 가족 잠재력을 극대화하는데 필수적이라는 인식에 직면하고 있다.

2. 가족상담

1) 가족상담의 필요성 및 목적

(1) 가족상담의 필요성

현대사회가 복잡해져 갈수록 주변 환경의 변화는 우리에게 스트레스를 주고 있다. 특히 현대가족의 역할과 기능, 체계의 성격이 전통가족과는 질적으로 달라지면서 개인과 가족과 사회에서 양면적으로 위협을 받고 있다. 즉 과거의 가족이 가족체계유지기능을 성실히 수행한 점에서 개인은 생활의 여러 사건을 경험하더라도 가족안에서 보호와 안전을 약속받았다. 그러나 현대가족은 애정중심적이고 핵가족중심적인 가족으로 친족체계가 이미 약화된 상태이므로 가족원간의 결속과 신뢰가 없는 한 깨어질 확률이 높다. 실제로 현대가족에서 나타나는 이혼의 증가, 주부의 가출, 청소년기 자녀의 일탈행동, 정서적 이혼상태의 가족, 문제를 가진 가족이 계속 증가하는 것을 보면 알 수 있다. 또한 사회자체도 개인에게 고독과 소외감을 갖게 하고 경쟁하지 않으면 생존에 위협을 받는 특성을 갖고 있으므로 스트레스 요인이 계속 증가하고 있는 실정이다 (정민자, 1992.1).

따라서 사회속의 인간관계 및 가족관계의 어려움은 우리가 더 많은 능력과 자원, 대처전략을 갖도록 요청하고 있다. 그러한 능력과 자원, 대처전략이 부족한 경우에는 건강한 가족육성교육과 예방프로그램 참여, 훈련을 통해 개발할 수 있겠지만, 위기를 넘어선 가족이나 가족원에게는 위기와 상처를 치료해 주어야 한다. 그러한 역할을 수행하는 분야가 바로 가족상담 및 치료분야이다.

지금까지 정신병 장애는 일반적으로 정신내적 과정(intrapsychic)의 원인으로 문제는 환자자체였다. 그런 정신환자의 환경연구를 함으로써 모자관계, 부자관계 및 가족관계에 대해 더욱 관심을 갖게 되었다. 선천적 결함외에는 오히려 개인환경으로서 가족환경의 영향력이 큰 것임을 인식한 것이다. 정신분열자의 발병 전단계, 인격형성 과정에 모친의 병적 경향, 부모상의 결핍, 아버지의 부정적 역할 등 가족관계 및 발달상의 문제가 병의 원인이 되어 왔다. 또한 청소년 가출이나 비행 행동에서 가족의 상호작용 및 부부관계의 악화, 부모 자녀 관계의 역기능이 가출이나 비행의 주요 요인으로 작용하는데(김영환, 1978;손옥주, 1984), 해리(Haley) 경우는 부모의 알콜중독, 비도덕적 환경, 가족간의 불화, 부모의 무능력, 부모의 별거상태, 주거 빈곤, 부모의 태만 등의 요인을 비행의 원인으로 지적하였다. 또한 가족은 가족원의 발달 및 변화에 따라 가족이 적절히 변화하면서 가족의 발달과업을 실행해야 한다. 그런데 예견할 수 있는 사건들인 결혼, 자녀출산, 자녀입학 및 분가 은퇴 등에 대한 스트레스와 전혀 예기치 못한 사건들인 천재지변, 교통사고, 사업파산, 사망 등의 스트레스를 받을 때 가족이 적응 대처 방법을 개발해야 함에도 불구하고 부적응 방식으로 대응할 때는 이에 대한 상담이 요구된다.

그러므로 초기의 개인 상담이나 개인치료면에서 가족속의 개인, 사회관계속에서 가족을 인식함으로써 정신장애를 가진 가족원으로부터 문제를 일으킨 일탈가족원, 가족의 정상적 위기상황까지 다양한 범위를 상담할 수 있게 된다. 따라서 가족상담은 정신과 의사나 임상심리가의 치료를 요하는 정신병리 소유자보다 이른바 문제 가족원이나 가족 위기를 다룸으로써 다른 가족원과는 원활한 관계를 추구하고 가족해체 상황이나 가족스트레스 처리과정에서 구체적 원조를 주는 것을 목적으로 해야 한다. 이것은 가족의 현재 문제, 가족원이 열망하는 표준 및 목표, 가족의 욕구체계와 역동성, 가족자원의 정도 및 위기전에 가족이 어떻게 생활해 왔는지 알아서 가족이 현재 문제상황에서 성장 방향으로 접근하는 방법과 과정을 가족상담에서 원조해야 함을 의미한다. 즉 가족상담을 통하여 가족의 역기능을 건전한 적응 방식으로 전환시키고 가족의 역할 관계면에서 평형을 이루고 적절한 기능을 수행하게 함으로써 가족상담은 가족생활에 매우 필요한 제도이다.

이러한 가족치료운동은 정신분석학 영향을 받은 액커만(Ackerman), 사티어(Satir), 일련의 정신분열증 치료가들을 중심으로 1950년대에 움직이기 시작하여 현재는 상당한 궤도에 올라 있다.

한국에서도 1970년 초반에 이론이 소개되었고 1980년대에는 지대한 관심과 함께 가족치료에 의한 가족문제의 해결 및 예방을 도모하는 활동이 증가하고 있다. 특히 사회사업(복지)학, 정신의학, 심리학, 가족학, 아동학 등 인간행동에 대해 이해하고자 하는 학문분야에서 활동을 하고 있다. 우리나라에서 체계적인 가족상담을 하고 있는 곳은 매우 드물며 가족복지대상자 차원에서 부분적으로 가족상담을 도입하고 있다. 예를 들어 가정문제를 상담하고 있다고 응답한 239명 중 가족상담을 직접 활용한 경우는 54.5%(130명)이다(윤영숙, 1992).

1988년 한국가족치료학회가 결성되었고 각 분야에서 가족상담 및 치료자를 전문적으로 양성하고자 하는 워크샵과 연수과정이 전개된 것은 최근의 일이다. 따라서 가족상담 및 치료분야는 한국에서는 이제 싹을 내고 있는 실정이므로 가족에 관심이 있는 사람들이 많이 참여해야 할 것이며 실제 현장에서 가족이론과 지식을 사용하고 피이드백을 해야 할 것이다.

(2) 가족 상담의 목적

가족 상담은 인간의 문제 행동이나 역기능적 행동을 건강하고 기능적인 행동으로 유도 하기 위하여 한 개인이 속해 있는 가족체계를 균형적인 체계로 유도 할 것을 목적으로 한다.

가족상담에서 증상(문제)이란 개인 내적인 문제나 갈등이라기 보다는 인간 간의 갈등, 각종 환경과 체계의 복합적인 상황이 반영되는 것으로 보게된다. 때로는 증상이 가족을 유지하는 기능을 할 수도 있고 가족 역기능을 표현하기도 한다. 그러한 증상은 한 개인의 문제로 나타날 수도 있으며 부부 또는 부모자녀관계, 가족전체로도 나타날 수 있는 것이다. 이러한 가족 상담이 성공하기 위해서는 가족 상담의 목표, 가족의 진단, 가족의 역동성, 가족의 역사, 가족체계의 복잡성, 가족 커뮤니케이션, 가족행동이 잘 정의 되고 실천되어야 한다.

가족 상담의 목표는 이론적 관점에 따라 달라질 수 있는데[1] 공동적으로 요청되는 내용을 정리해보면 다음과 같다 (송성자, 1990;Gurman kniskern, 1981).

일반적으로 다루는 궁극적 목표는 ① 증상으로 나타난 표면상의 문제 행동을

---

1) 액커만은 가족내의 연동 병리로부터 탈피, 보우웬(Bowen)은 미분화 가족 자아 덩어리로부터 자아분화 정서와 이성의 통제, 웨인(wynne)은 가정 의사소통과 같은 외형적 관계유지보다 가족내의 진정한 상호소통 관계의 발전, 미누친(Minuchin)은 가족 속박과 유리 상태를 조절하여 가족 구조와 가족원과의 명확한 경계선 설정, 사티어는 욕구, 감정, 사고의 개방적인 전달, 자아 존중감의 회복, 리버만(Liberman)은 부적 관계를 수정하여 서로 바람직한 행동에만 강화하는 방법의 학습 등을 강조 한다.

변화 시키며 ② 가족 전체가 가족구성원으로서의 역할을 좀 더 만족스럽게 수행하여 가족 전체와 가족성원이 성장하도록 한다. ③ 문제발생의 예상과 문제해결능력을 향상시키는데 있다. 좀더 구체적인 목적은 다음과 같이 설명 할 수 있다.

① 감정과 생각을 자유롭게 표현하도록 하며 원하는 변화를 분명히 한다.
② 의사소통 능력을 향상 시키며, 다른 가족원의 문제행동 원인을 좀더 이해하도록 한다.
③ 자기 자신의 견해가 다르고 분명하지 못한 다른 가족원의 욕구를 인정하고 존경하며 수용 할 수 있는 개인능력을 향상시킨다.
④ 가족성원들이 각자의 역할과 기능을 좀더 만족스럽게 수행하도록 한다.
⑤ 가족의 규칙을 명확히 한다.
⑥ 가족체계와 가족의 역동성을 명확히 한다.
⑦ 가족에 의한 질병의 원인을 알고 가족의 스트레스 경감을 목적으로 한다.
⑧ 사회 지지망을 확대하여 가족의 자원과 능력을 향상시킨다.

이러한 가족상담은 앞에서 말한 바와 같이 개인보다는 가족체계에 관심을 두는 모든 상담 방법으로 개인상담에 미래 인간의 문제를 좀더 포괄적으로 이해하며 관계와 상황을 중요시 하며 다양한 접근법이 가능하다.

이러한 가족상담이 개인상담과 다른점을 요약해 보면 도표(13-3)과 같다(최규련, 1991, 20).

〈표 13-3〉 가족상담과 개인상담의 비교

특 성	개인상담	가족상담
문제 원인	개인의 정신내적 과정	가족 관계, 가족 체계
분 석	원 인	내 용
인과 관계	직선적	순환적
세 계 관	주체/객체의 이완율	전체론적
과학적방법	객관적 측정	주관적
	가치 중립적	지각 중시
촛 점	과거역사	현재상황
클라이언트	수동적, 반응적 존재	능동적

2) 가족상담의 역사적 배경과 발달

가족상담의 역사적 배경과 발달사를 살펴봄으로써 가족상담 분야의 이론체계 과정과 바탕, 가족 상담의 위치를 알 수 있다.

(1) 가족상담의 역사적 배경

① 정신분석학 : 프로이트(Freud)에 의해 개발된 정신분석학은 개인의 성격형성, 특히 신경증적 행동의 발달에 가족관계가 미치는 중요성을 인식하고 있다. Freud(1909)의 한스소년(Han's Story)의 치료에서 외디푸스 콤플렉스(Oedipus Complex)를 아버지를 통하여 치유하였는데, 이것은 아동분석과 가족치료가 실시된 첫 사례로 본다. 그러나 정신분석학파들은 개인과 정신내적 갈등을 주요한 치료 대상으로 삼았다. 1938년 초에 정신분석가이자 아동정신의학자인 액커만은 정신분석학적 이론을 기초로 가족연구를 하였다. 그는 초기 저서(1958)에서 가족을 정서적 사회적 단위로 보고 관찰했으며 가정이 정신질환 및 정신건강의 요소를 가진 일종의 운반자이며 매개체로 보았으며 가족을 포함시키는 것이 인간의 적응을 돕는데 새로운 수준의 진입과 새로운 수준의 참여적 관찰을 제공한다고 보았다. 액커만은 가족을 상호작용하는 성격들의 체계로 보고, 가족상담을 할 때 여러수준 - 가족각자의 성격의 내면적 조직, 가족역할 적응의 역동성, 사회체계로서의 가족의 행동 - 에서의 조정이 필요하다고 보았다. 따라서 개인의 증상은 가족상담의 입장에서 볼 때 가족이 공유하고 있는 불안 갈등, 방어 등의 문제가 대인관계적 행동으로 반영된 것이라고 하겠다.

② 정신분열증과 가족연구 : 1950년대 정신분열증 치료에 가족연구가 시도됨으로써 병리적 부모-자녀관계, 부부관계, 병리적 가족의사 소통, 병리적 가족의 역동성이 정신분열증 가족에 나타나고 있음을 발견하게 되었다. MRI의 배티슨(Bateson), 잭슨(Jackson), 위크랜드(Weakland), 보우웬(Bowen), 화이터커(Whitaker), 말론(Malone), 셰파른(Schefalen), 버드휘슬(Birdwhistle), 웨인(Wyne), 프래모(Framo) 등이 이 분야에서 탁월한 견해를 발표했다. 특히 매티슨, 잭슨, 해리 & 위크랜드(1956) 등은 정신분열증을 발병케하는 원인으로 가족내의 이중구속 의사소통유형이 있음을 발표했다.

이러한 정신분열증 환자와 가족에 대한 연구들을 통해 가족상담의 필요성과 중요성이 부각되었고 다수의 학자들이 가족상담이라는 분야가 생성 발전하게 된 토대를 마련하는 데 참여하게 되었다.

③ 일반체계 이론 : 체계는 환경과의 상호작용에 의해 존재하며 생명체계는 환경적, 생물학적 요구가 일어나 스트레스와 긴장을 초래함으로써 부단히 변화하게 된다. 체계는 기능을 유지시키는 방법으로 항상성 유지 기제와 피드백 기제를 이용하여 전체체계를 자율조정한다. 예로 개인의 문제 증상은 부정적인 피드백을 나타내는 것이며 가족체계의 안정성을 위협될 때 증상을 나타내어 가족체계의 분열을 막으려 한다.

일반체계론은 정신분석학과 대조적으로 인간을 체계내에서 작용하는 복합적 존재로 보며 개인의 증상은 체계내의 역기능의 표현이므로 체계자체를 연구해야 한다고 본다. 많은 가족상담자들은 환자와의 거리를 두고 있는 정신분석가와 달리 가족체계내의 구성원들에게 내적으로 개입하며, 문제의 원인을 과거의 미해결의 갈등이나 손상 또는 개인의 정신내적 역동에 두지 않고 현재의 상호작용유형, 피드백, 항상성 유지 노력, 체계의 개방정도 등에 두는 경향이 지배적이다. 따라서 일반체계이론은 가족상담의 개념적 틀과 전제조건의 바탕을 제공했다고 볼 수 있다.

④ 부부상담과 아동상담 : 부부상담과 아동상담은 심리적 장애가 개인내에서도 일어날 수 있지만 사람들 상호간의 갈등에서도 일어날 수 있다는 생각을 불러일으켰고 따라서 보다 효과적인 상담을 위해서 서로 갈등을 빚게 한 부부나 부모 자녀를 동시에 상담해야 한다는 생각을 갖는 계기를 만들어 주었다.

부부상담은 대부분 간단하고 문제 중심적이며 실제적이다. 부부상담자들은 대게 부부 각자의 성격, 역할기대, 상대방과 자신에 대한 기대, 의사소통 유형, 문제해결 능력 등을 조사한다. 가족상담의 선구자라 할 수 있는 부부상담은 개인을 대상으로 한 상담에서 벗어나 가족을 동시에 상담해야 한다는 안목을 심어주었다.

또한 아동상담 방법을 통해 아동의 장애가 부모와의 상호작용에서 발생하기 쉬우며, 가장 좋은 상담이란 문제를 일으키게 하는 상호작용유형을 변화시키는 것임이 인식되게 되었다. 따라서, 이상의 부부상담과 아동상담을 통해 가족원간의 관계에 대한 상담이 부각되고 관심을 끌게 되었고 이를 계기로 전통적인 개인 중심의 상담방법이 수정되는 전기를 마련하게 되었다.

⑤ 집단 상담 : 처음 집단상담이 시작된 것은 오스트리아의 정신의학자 모레노(Moreno)가 1910년 연극적 상담기법을 묶어 심리극(psychodrama)을 창시해낸 데서 연유한다. 모레노는 1931년에 처음으로 집단상담이라는 용어를 만들어냈다.

2차 세계대전 중 정신질환자들이 급증한데 비해 상담자의 부족으로 집단상담과 같은 단기간에 효과적인 상담이 가능한 상담방법이 각광을 받게 되었다. 전쟁직후 인간관계 훈련집단(human-relations-training groups, T집단)이 등장하여 집단토의와 역할 실연기법을 통해 참여자에게 대인 지각에 대한 피드백 정보를 제공함으로써 집단과정을 잘 이해하고 자기의 태도와 가치를 검토하고 타인에게 민감할수 있게 하는 훈련을 시켰다. 1960년대에는 아이스랜 인스터튜트(Esalen Institute)에서 참만남운동(Encounter)이 관심을 끌게되어 중상류 이상의 사람들로부터 많은 호응을 받았다.

집단상담이 실시되는 이유는 소집단이 변화의 매개체로서 구성원들에게 큰 영향을 줄 수 있다는 원리때문이다. 집단상담은 단순히 개인의 집합 또는 부분의 총합에 그치는 것이 아니라 그 자체가 의미있고 실제적인 단위이다.

이러한 집단상담에서의 상담 과정과 효과에 대한 인식을 토대로 전체 가족을 대상으로 하는 가족상담도 출발하게 되었다.

(2) 가족상담의 발달

초기의 가족연구와 관심은 캘리포니아 지역의 배티슨, 잭슨, 위크랜드, 해리, 워싱턴과 토페카지역의 보우웬, 뉴헤븐의 리쯔, 어틀렌타의 화이터커와 말론, 필라델피아의 셰파른, 버드휘슬 등을 중심으로 1950년대 초에 주로 정신분열증 환자의 가계에 대한 조사에서 비롯되었다. 부부, 가족상담을 주로 교회에 의존하거나 사회사업이라고 하더라도 전문적 도움을 받을 수 없는 빈곤층 가족을 대상으로 하였다. 역사적으로 보면 1954년까지는 연구가 부진하였고 가족을 정서적 역기능으로 보는 조사만 진행되었고 각 조사의 연관성이 없어서 전문지나 회의에 발표된 것이 없다. "가족정신치료"란 용어는 1955년 보우웬에 의해서 비로소 사용되었고 1957년 3월에 시카고에서 열린 미국정신예방학회에서 이 용어를 최초로 사용하였다. 1950년대 싹이 튼 가족상담은 1960년대에는 연구자들의 연합이 활발해졌고 개인에게 초점을 둔 연구자들도 점차 전체 가족에게 개입하기 위한 새로운 개입전략과 기법을 발전시켰다. 이때부터 정신장애의 원인을 설명할 수 있는 새로운 방법으로 가족상담이 인정받기 시작했다. 동시에 좀 더 다양한 가족과 새로운 상황도 가족상담 프로그램에 포함되어 병원에 입원한 정신분열증 환자와 그 가족이라는 테두리를 벗어나기 시작했다. 액커만은 정신분석학위에 사회심리적 상담모델을 발전시키고 주로 가족내의 한 개인을 대상으로 잠재된 억압상태를 해소하는 것을 목적으로 상담을 했는데 액커만의 암시적 기법은 미누친에게 영향을 주었고 해리의 이론적 측면에도 영향을 주었다. 또 대학과 가족상담 기관들은 해리, 보우웬, 사티어, 스튜어트(Stuart) 등을 초청하여 연수회를 갖고 교육과 훈련을 하였다. 대표적인 기관은 미국 부부상담자 협회가 있었으며 연례행사로 모임을 갖고 임상발표를 하기도 하였다.

60년대 후반과 70년대 초반기에는 반이론적 경향이었고 이원적(Diadic) 측면으로 정신분석학적 색체를 띤 개인분석 치료와 삼원적(Triadic) 측면인 체계중심 이론상의 갈등이 심화되었다. 그러던 중 독창적이고 개인중심 가족치료를 열렬히 주장했던 액커만이 사망함으로써 70년대 후반부터는 가족체계이론이 발전하였고 일반적 이론 방향을 정립하였다. 즉 미누친을 비롯한 여러 연구자들은 체계론적 접근법을 발전시켰고 가족상담의 이론과 실제의 발전에 큰 공헌을 하였으며 현재까지 중요한 이론이 되고 있다.

가족상담실무 분야가 급속하게 발전하게 됨에 따라 미국 부부 및 가족상담자 협회가 결성되었고 1977년에 "Family Process"학술지의 편집자를 중심으로 미국 가족치료협회(American Family Therapy Association-AFTA)를 조직하여 훈련프로그램의 자격 기준에 부합된 공식적인 기관을 정부로 부터 인정받게 되었다. 대학교와 기관에도 많은 프로그램이 개발되어 부부상담, 가족상담, 성문제 상담 등의 영역에서 경쟁을 하게 되었다. 한편 실제 상담자가 되기 위한 자격 요건이 좀 더 균등하게 되었다.

1980년대에 이르러 부부상담이 하나의 통합된 분야가 되었고 가족상담의 전문직으로서의 정체감이 확고해지고 있다.

1980년대에는 실무면에서 많은 성장을 하였고 가족상담과 관련된 전문잡지와 연구센터가 급격히 증가하였다. 가족상담은 미국 이외에 캐나다, 영국, 이스라엘, 이탈리아 등 많은 국가에서 활발하게 프로그램을 개발하고 있고 대학원에서 대부분 정규과목으로 포함되고 있다. 많은 가족 상담연수가 개최되고 Satir, Minuchin, Whitaker, Haley 등의 상담이론과 기법은 전세계적으로 응용되고 있는 형편이다.

현재 가족상담은 확고한 위치를 차지하고 있고 가족의 문제를 효과적으로 해결할 수 있는 방법으로 인정을 받고 있었으며 새로운 혁신적인 상담기법의 소개와 다양한 가족상담이론들의 통합이 이루어지고 있다.

초기의 가족상담 치료가 소수의 임상가에 의해 비밀히 행해지던 면에서 이제는 정신건강센터에서 넓고 다양하게 접근하고 있다. 즉 성적 무기력에서 부터 유아학대, 알코올로 인한 문제, 비행청소년, 부부간의 갈등에 까지 여러 분야로 가족상담이론이 적용된다. 이 분야의 정착은 인간관계, 가족관계를 연구하는 전문가에세 새로운 관심과 잇슈를 제공하고 상담가 치료자의 융화점으로 정신치료자, 심리학자, 사회사업가 등의 공동연구를 가능하게 하였다. 상담의 범위도 관계의 시작에서 부터 이혼이나 사망으로 인한 가족관계의 종말,

새로운 가족구조의 형성의 범위까지 모든 단계에 따라 문제 가족원 및 가족상황에 접근함으로써 가족지향 서어비스를 제공하는데 매우 적절한 분야이다.

3) 가족상담 접근 모델

실제를 바라보는 양식인 접근모델을 (또는 패러다임) 을 여기서는 (1) 가족정신역동 모델 (2) 가족커뮤니케이션 모델 (3) 구조적 가족상담 모델 (4) 가족행동 모델로 세분하여 살펴본다.

(1) 가족정신역동 모델(Family Psychodynamic Model)

가족정신역동 모델을 주로 정신분석학적 모델에 바탕을 두고 있기 때문에 인간의 동기나 불안의 원천을 이해하는 데는 개인내의 양극적인 세력(Id-ego-superego 등)의 상호작용을 중요하게 보아야 한다. 따라서 어렸을 때 형성된 개인의 무의식적 갈등을 정신분석학적 방법을 통하여 의식화 시키고 자아강도(ego strength)를 강하게 하도록 함으로써 개인의 문제(증상)을 치료하게 된다.

가족정신역동 모델을 취한 초기의 가족상담가들은 정신분석의 개념과 치료과정을 도입하여 가족수준으로 확대시켜 개인의 내적역동성과 가족원으로서 가족생활 및 가족관계상에서 어떻게 맞물려 있으며, 사회문화적 가치가 어떤 양상으로 결합되어 가족성원으로서 문제 증상이 나타나는지를 규명하여 그에 대한 치료를 시도하고자 했다. 이 모델은 전통적인 가족상담 모형으로 평가하고 있으며 대표적인 임상가로 액커만파(Ackerman Group)으로 본다. 또한 보우웬의 초기 연구도 정신분석을 기초로 하였고 체계론적 모형으로 평가하기도 하는 보우웬의 모델도 가족정신역동 모델에 중첩되고 있다.

(2) 가족커뮤니케이션 모델(Family Communication Model)

가족상담 모델 중 의사소통 모델은 초기 부터 비교적 순수한 패러다임으로 사용되어져 왔다. 가족치료는 성격을 상호작용차원에서 설명하며 그들의 이론적 체계는 전통적인 심리내적 모델과는 관계가 없다. 그들은 문제의 발생을(예를들어 정신분열증) 가족구성원들사이에 의사소통의 실제 결과 또는 과정상 나타날 수 밖에 없는 것으로 보며 그들의 주된 관심은 바로 가족의 의사소통 방법을 개선한다는 것이다.

대표적인 이론가는 잭슨(의사소통과 인지), 해리(의사소통과 지배력), 사티어(의사소통과 감정)가 있는데 이들은 보통 가족 의사소통 이론가로 다룬다. 왜냐하면 팔로 알토구룹(Palo Alto Group)과 함께 관련되어 있고 이론적 개념이 유사하며 그들 모두 주된 관심이 가족체계와 의사소통하는 방법의 개선에 있는데 특히 의사소통의 중심요소에 관심이 많다. 또한 공통견해로는 모든 행동을 의사소통으로 보고있다. 그들은 의사소통 가족치료접근에 관심이 같지만 가족상호작용의 다른 차원을 강조하는 이론을 갖는 것은 그들의 교육과 훈련 배경이 다르기 때문이다.

(3) 구조적 가족상담 모델(Structural Family Model)

미누친이 처음으로 발달시킨 구조주의적 입장은 가족이라는 체계를 중시하여 가족단위의 능동적이고 조직화된 전체성을 강조한다.

구조주의자들은 커뮤니케이션이론가들과 마찬가지로 한 체계 내의 구성요소들이 어떻게 상호작용하고, 역기능적인 커뮤니케이션 유형이 어떻게 발전하는지에 대해 관심을 기울이고 있다. 그러나 이 양이론 간에는 중요한 차이가 있다. 구조주의자들은 가족 의사거래의 기본요소-가족성원들이 어떠한 메시지를 주고 받는가-를 보기보다, 좀 더 전체론적인 입장을 취하여 가족의 활동과 기능을 단서로 삼아 가족의 조직 또는 구조를 밝히려고 한다. 다시말해 구조주의자들은 의사거래의 내용을 통해 가족이 어떻게 조직화되는지 이해하고

자 하는 것이다. 따라서 구조주의자들은 대체로 가족성원들이 어떤 내용을 커뮤니케이션하는가 보다 어떻게 커뮤니케이션하는가에 더 관심을 둔다.

이 체계모형에서는 개인이 어릴때부터 현재까지 가족성원들이 서로 미친 영향에 촛점을 맞추어 가면서 개인의 심리 및 행동의 특성을 분석하려는 것이다. 구조주의자들은 인간의 과거 생활경험이 가족체계를 초월하고 있다는 점을 인정하지만, 가정 내에서의 경험이 각 가족성원의 행동 범위를 결정한다고 생각하고 있다.

(4) 가족행동 모델(Family behavior Model)

행동수정원리를 가족상황에 적용시켜 가족관계와 가족원의 행동을 긍정적 방향으로 변화시키는 것을 목적으로 한다. 문제나 증상이 가족체계나 가족관계상의 부적인 강화가 계속 일어나고 있는 상황이므로 긍정적 강화와 새로운 교환관계를 맺도록 훈련시킨다. 즉 행동주의 치료기법과 학습이론을 기초로 하되 가족체계 및 가족관계와 문제(증상)이 관련되어 있음을 인식하여 가족구성원의 대인관계적 환경을 재구조화시키고 행동변화를 추구한다. 가족행동치료가는 교육자로서 직접지도 및 가족과의 공감, 따뜻함, 관심을 나타내어야 하고 학습시킴으로써 바람직하고 원하는 가족환경과 가족관계를 갖도록 한다.

4) 가족상담과정

가족상담과정은 상담가의 관점과 이론체계에 따라 다르다. 본 절에서는 일반적으로 통용되고 있는 측면과 체계론적 관점에서 주로 정리하고 있다.

(1) 가족상담의 대상

가족상담이 개인의 증세나 문제행동, 가족전체의 스트레스, 가족관계상의 역기능을 건강하고 기능적인 상태로 유도하고, 문제를 해결하기 위하여 가족원이 속해 있는 가족체계를 균형체계로 변화시킬 것을 목적으로 한다. 그 결과 가족문제를 해결하고 가족의 역할을 원만히 수행하고 가족관계를 조화롭게 유지하는 성장모형을 창조하고자 한다(정민자, 1988).

그러므로 가족상담에서는 원칙적으로 가족단위가 상담의 대상이 되어 모두 참여하는 것이 바람직하다. 그러나 문제의 성격이나 상담의 목표에 따라 가족상담의 대상은 부분참여라도 가능하다. Bowen(1960)은 만일 가족의 변화를 가져오는 유일한 방법이 가족원 하나를 치료하는 것이라고 진단된다면 가족원 한 명을 치료할 수 있다고 본다. 즉 가족을 기능적 단위로 보아 전 가족중 두 명 또는 여러 명 또는 하나하나를 상담치료할 수 있다고 하였다. 만일 친척, 친구, 이웃사람이 가족상호작용에 실제적으로 정서적으로 관련되어 있다면 이들을 포함하여 가족 집단상담을 할 수 있다. 또 가족을 지역사회와 관련시켜 상호작용을 봄으로써 일반체계까지 고려한다. 즉 인간과 사건의 문제를 상호체계 속에서 인식하므로 일탈행동이나 문제가족이 가지는 구체적 의미를 현 상황에 놓되 상호작용체계, 정보를 얻을 수 있어 상담의 효과를 증진시킬 수 있다.

그러므로 가족상담의 대상은 상황에 따라 충분히 융통적일 수 있다. 그러나 되도록이면 상담의 초기단계나 종결단계에는 전 가족원을 참여시켜서 가족체계상의 문제를 정확히 진단하고 상담효과의 극대화와 지속성을 높여 주는 게 바람직하다.

(2) 가족상담 단계

가족상담은 크게 시작, 절정, 종결의 세단계로 구성되며 이 과정은 가족상담의 전체과정뿐 아니라 매회 상담과정에도 적용된다. 가족상담은 대체로 6회에서 최고 40회 정도까지 지속될 수 있다. Bowen에 의하면, 5 - 10회 사이에 좋은 결과를 얻을 수 있지만 어떤 가족은 증상이 사라지는 데 20 - 40회 정도의 치료가 요구되었다고 보고한다. 단기가족치료(허남순, 1988;이금호, 1988; 조은영, 1989)의 경우는 평균 상담횟수가 6회 정도이고 성공률도 72%이상이 된다. 이러한 가족상담은 보통 1주일에 1회 약 1시간씩 만나는 것으로 되어 있다.

① 시작단계

가족상담과정에서 가장 신중하게 다루어야 하는 것이 첫 면접일 것이다. 시작이 반이라는 속담과 같이 첫면접은 많은 의미를 갖는다. 어떤 경우는 첫면접 이전에 전화상으로 문제를 논의할 수 있다. 첫면접을 통해 가족과의 신뢰를 형성하고, 가족으로부터 충분한 정보를 이끌어내어 제시된 문제와 그 가족에 대한 가설을 만들고 바람직한 변화에 대한 목표를 설정한다. 그러기 위해서는 가족문제의 사정(Assessment)과 진단이 필요하다. 상담가의 접근관점과 이론 경향에 근거하여 질문을 하고 관찰을 하여 가설설정에 사용하게 되며, 특히 가족도표(family map, genogram)를 이용하여 관계행동의 유형을 정리 기록한다. 여기서 문제의 정의와 목표설정이 주된 업무가 된다. 되도록이면 목표는 행동적이고 관찰가능한 것으로 정하고 측정 가능하도록 진술한다. 그리고 세워진 목표에 근거하여 구체적이고 하위 목표를 갖도록 하며 다음상담을 계획한다.

② 중간단계

중간단계는 치료과정의 핵심을 이루는 것으로 치료관점에 따른 다양한 기법을 사용하여 문제를 풀어나가는 과정이다. 가족의 근원적인 문제와 숨겨진 스트레스와 갈등이 밝혀지며 역기능적 의사소통의 개선, 파괴적인 동맹관계의 변화, 잘못된 습관과 규칙의 탈피, 가족의 역기능 구조와 체계의 재구조화 작업을 수행한다. 즉 가족이 변화를 받아들이고 치료과정에 적극적으로 개입됨으로써 치료의 성과가 있게 된다.

③ 종결단계

 각 상담시간의 마지막 5분-10분정도는 그 시간 동안 경험한 것을 정리해 보고 재검토해 봄으로써 경험의 통합이 촉진된다. 이 때에는 상담에서 제시된 과제나 경험을 어떻게 실행할 것인가에 대한 논의가 이루어지고 다음 상담 일정과 참여할 인원을 결정한다.
 전체 상담에서 종결은 상담의 목표, 상담과정, 변화된 가족관계와 가족체계, 학습된 행동양식 등을 재검토하고 증상이 제거된 면을 확인한다. 증상이 사라지고 가족이 서로 보다 만족하고 스스로의 노력을 통해 자기들 문제를 해결할 효과적인 방법을 터득하므로써 종결단계를 받아들인다.

  (3) 가족상담의 일반원칙

 가족상담도 일반상담이나 치료와 마찬가지로 상담가가 지키고 수행해야 할 원칙이 있다. 특히 가족이란 환경을 중심으로 상담이 진행되므로 특별히 고려해야 할 사항이 있다.
 ① 상담가가 가져야 할 기본자질인 신뢰감 형성과 긍정적 기대를 갖도록 해야 한다.
 ② 가족상담가는 내담자가 갖고 있는 문제나 증상의 유형, 긴장의 정도를 알아야 한다. 그러기 위해서는 여러 종류의 검사와 진단도구를 통하여 객관적 측정을 해야 하며, 상담가의 통찰력을 갖고 판단한다.
 ③ 상담가족의 생활형태와 가치를 파악한다. 특히 문화적 배경, 경제상태, 종교, 가족체계, 종교, 사회규범, 정서적 영역 등에서 가족이 어떤 위치에 있는가를 안다.
 ④ 가족상담가는 가족상호관계를 파악해야 한다. 상호관계는 가족연대표(genogram)와 가족지도(family map), 가족구조(family structure)로 도표화해 봄으로써 명확하게 정리할 수 있다. 가족의 역기능적 구조와 역사성, 역동성 속에서 현재 가족원의 증상 유지가 어떻게 가능한가를 인식할 수 있는 기회

가 제공된다.

　⑤ 가족상담가는 무엇보다 가족원과 전체 가족이 자기존중감을 구축하도록 돕는다. 여기서는 상담가가 교육자, 모델, 관찰자, 촉진자의 역할을 수행해야 할 것이다.

　⑥ 가족상담가는 이 가족이 발달단계상 가족생활주기의 어느단계에 있으며, 전환점의 인식, 그 단계에서 발달과업과 적응과제를 어떻게 수행하고 있는가를 검토해야 한다. 한 단계마다 독특하게 나타나고 있는 문제인가, 예측할 수 없는 사건인가도 살펴본다. 각 가족원의 성장과제와 가족의 발달과 조화가 이루어지고 있는가도 살펴보아야 한다.

　⑦ 체계론적 가족상담가는 여기 지금(hear and now)의 문제를 전체론적 관점에서 본다. 물론 현재의 상황을 이해하기 위해서는 자신의 과거생활경험과 가족력을 조사한다. 그러나 현재의 문제를 해결하는 데는 필요한 경우에만 과거의 사건을 다룬다.

　⑧ 가족상담가는 가족원간의 의사소통을 파악하고 조정해야 한다. 의사소통의 병리적 형태, 역기능적 의사소통을 성숙한 수준의 대화로 바꿀 수 있어야 하며 자신의 감정, 생각, 의도를 솔직하게 표현하고, 상대방에게 상처를 주지 않도록 한다.

　⑨ 가족내에는 가족의 규칙과 역할이 규정되어 있다. 가족상담가는 역기능적이고 불분명하며 현실에 맞지 않는 규칙을 찾아내어 바꿀 수 있도록 도와야 한다. 또한 가족의 역할이 결손되었거나, 대치되었거나, 역할기대와 수행의 불일치, 역할갈등과 역할과중 상태를 인식하고 가족원간에 타협하는 기술을 가르치고 안내한다.

　⑩ 가족상담가는 가족원과 가족관계의 역동성, 상호보완적인 면, 증세의 심각도 및 유형의 역기능적 표현을 심층적으로 표면적으로 진단하고 치료하기까지는 많은 능력과 시간이 필요하다. 어떤 경우는 가치관의 불일치, 역전이가 있을 수 있는데, 그런 경우는 다른 가족상담가에게 내담자를 의뢰할 수 있는 점을 받아들인다.

5) 가족상담가의 역할과 훈련

(1) 가족상담가의 역할

　가족상담가는 일반상담가와 마찬가지로 내담자의 행동변화를 촉진시키고 대인관계 기술과 적응능력을 향상시키기 위해 전문적인 방법으로 내담자를 돕는 역할을 수행한다. 필요에 따라서는 교육자, 친구, 지도자, 안내자, 모델, 관찰자, 촉진자, 중개자, 가족구성원, 통역 및 해설자의 역할을 수행해야 한다. 그러한 역할비중은 가족구성 및 내용, 문제나 증상의 종류 및 심각성에 따라 달라진다. 이론에 따라 가족상담가의 역할을 달리 요구하지만 본 절에서는 일반적인 가족상담가역할을 살펴본다.
　① 객관적인 지지자 역할;상담과정에서 가족들에게 객관적인 시각을 제공하는 것으로 가족이 그들의 관계체계 내에서 일어나고 있는 것을 보다 명백하게 보도록 도와준다.
　② 교사로서의 역할;상담가는 교사와 마찬가지로 정보를 제공하고 새로운 행동방식을 학습할 수 있는 적절한 시기를 잘 조정한다.
　③ 환경조정자의 역할;상담가는 변화가 허용될 수 있는 안전한 환경과 분위기를 만들어 주고 이를 유지시키는 일을 맡는다.
　④ 안내자 또는 지도자 역할;가족단위 속에 통합시키는 일을 통해 가족의 변화를 위한 안내자, 지도자가 된다.

(2) 가족상담의 훈련

　가족상담 및 치료를 배우기 위해서는 이론적 배경(성격발달, 가족개념, 집단역할, 가족론, 가족관계의 역할, 가족의 상호작용 등)이 필요하며 무엇보다 가족들을 직접 치료해 보아야 한다. 치료는 개인적인 만남이기 때문에 직접 치료해 보아야 가장 많이 배울 수 있다. 물론 이 때에 전문가의 감독하에 치료경험을 쌓는 것이 좋다. 가족들과 상호작용을 할 때 각자 자기의 고유한 양식을 발견하고 어떤 방식이 가장 효과가 있는지 발견해야 한다. 보통 소집단(5 - 15명) 을 구성하여 한 두명의 감독자의 지도하에 일년 정도의 기간동안 정기적으로 훈련시키는 것이 가장 바람직하다고 한다.

 가족상담가 훈련 방법은 가족치료 정규 과목만으로는 만족할 수 없다. 가족 및 가족치료에 대한 독서, 전문가의 치료장면에 대한 관찰, 유능한 가족상담가의 치료 현장을 담은 필름과 비디오 테이프의 관찰, 직접 치료와 상담을 한 결과를 녹화시켜 검토하고 피이드백을 받고, 가족상담지도의 조언 (Supervision)을 받음으로써 훈련을 할 수 있다. 대표적으로 사용되는 방법을 정리해 보면 다음과 같다.

 ① 정규교육과정 : 강의, 집단토의, 시범, 독서, 역할실연의 방법 등을 이용한다. 즉 가족에 관한 전반적인 이론과 여러가지 임상적인 치료기법을 과학적 자료로 공부한다. 가족치료실이 있다면 일면경실(one way mirror)을 통해 치료의 시범과 해설이 가능하다. 보통 충분한 강의와 독서과제를 제공받고 시범을 본 후 가족치료와 상담을 연습할 수 있다.

 ② 비디오 테이프 : 가족의 치료, 훈련, 연구에 가장 도움이 되는 도구가 비데오 테이프이다. 치료장면의 녹화 재생을 통해 상호작용 메시지 분석, 여러 문제를 교정 받을 수 있고 실제 연구의 객관적 자료가 된다. 시범 훈련은 테이프 관찰로 가능하다.

 ③ 마라톤 : 며칠간 집단 성원 간의 집중적이고 연속적 집단치료 경험으로 훈련을 받는다. 이때 여러가지 역할실험, 사이코드라마, 참만남기법을 사용할 수 있고 자기발견과 성숙에도 매우 도움이 된다.

 ④ 현장감독 : 직접 가족들과 접촉할 기회가 제공되는 형태이다. 훈련자가 함께 상담하는 방법, 훈련생이 치료하는 동안 계속 수정인 피이드백을 주는 방법(Live Supervision), 훈련생이 자기가 맡은 문제 가족의 사례를 제시하고 토의하는 방법 등이 있을 수 있다.

 ⑤ 필름 : 치료자와 환자가 커뮤니케이션하는 방법과 다양한 기법을 제작하여 보급하고 있다. 예를 들어 사티어의 "Target Five" 필름은 모의 가족을

구성하여 실시한 자신의 치료기법을 소개하고 개선과정을 보여준다.
　⑥ 자신의 가족 분석 : 훈련생은 자신의 가족체계와 역동성 등을 분석해 봄으로써 본인 스스로 가족속에서 자신의 위치, 미해결된 감정과 상황의 정리가 가능하므로 상담기법 연습과 함께 자기 개발에 도움이 된다.
　⑦ 공동치료 : 상담가가 팀이 되어 치료를 하게 되면 여러 면에서 효과가 있고 부족한 훈련생에게는 매우 유익한 경험을 제공한다. 예를 들어 혼자서 상담을 할 경우에 현상을 유지하려는 가족들에게 조정되어 가족체계에 눌리거나 압도될 수 있다. 그러나 두사람 이상의 치료자가 공동으로 치료에 임해도 두사람 모두 상대방의 조정과 기만에 직면할 수 있으며 서로 보지 못한 면의 검토와 보는 시각 등을 토의하며 견제와 상호 보완이 가능하므로 치료에도 유익하고 훈련에 참가하는 사람도 도움이 된다.

　6) 가족상담의 미래

　1955년 "가족정신치료"라는 용어가 보우웬에 의해 탄생된 이후로 가족상담 및 치료분야는 세계적으로 퍼져 나가고 있다.
　우리나라에 가족상담 개념이 도입된 것은 1970년대 초반이며, 대학교육과정에 가족상담이 소개된 것은 1979년 이화여자대학교 사회사업학과에 전공선택과목으로 개설된 것이 최초이다. 그 이후로 가정관리학 분야에도 80년 초에 과목이 개설되어 가족문제를 다루는 실무분야에서 가족상담 및 치료의 개념과 기법을 도입하고 있다. 1988년 한국가족치료학회가 구성되었고 1990년대에 이르러 가족치료 및 상담자 워크샵 또는 연수과정이 개설되었다.
　현대사회는 가족의 불안정성이 증대하고 가족해체현상이 증대하고 있어서, 가족상담의 운동은 앞으로 더욱 일어날 수 밖에 없다. 즉 건강한 가족과 성숙한 인간관계 및 상호작용을 교육하고 치료할 대상이 증가하므로 가족상담 및 치료가 치료방법으로 인정받고 있다.
　가족상담이 더욱 발전하기 위해서는 다양한 가족문제와 가족의 역기능적 유형을 분류하고 치료하기 위한 다양한 관점과 기법개발, 평가방법들이 도입되어야 한다. 아직도 초기 단계에 있어 여러면으로 약점이 많지만 가족상담의 매력요인은 강해질 것이다.

앞으로 발전시켜야 하는 면에서 요약하자면 다음과 같다.

둘째, 가족치료는 가족의 내용과 체계, 가족원의 가치관과 역사에 개입할 수 밖에 없다. 따라서 그 가족이 처해 있는 문화나 환경의 고유한 특성을 고려한 상담기술이 개발되어야 한다. 여기에는 사회계층뿐 아니라 가족문화의 배경을 분석하고 그에 대한 지식이 필요함을 말 할 나위가 없다. 한국적 상황에 맞는 가족치료이론과 기법에 관심을 갖고 상담을 시도해야 할 것이다.

셋째, 가족을 상담하고 치료하기 위한 다양한 프로그램을 개발하고 다양한 문제에 적용해 보아야 한다. 지금까지는 정신질환이나 장애자, 병원, 사회복지대상자를 중심으로 가족상담이론을 적용해 왔지만, 지역사회개발프로그램으로서 대중에게도 열려져야 한다. 그러기 위해서는 일반 상담소와 같이 쉽게 이용되는 여건을 갖추어야 하며, 병원및 사회문제를 다루는 기관(예를 들어 청소년보호 및 지도기관, 소년원, 경찰서, 가정복지국)과 연결되어 있어야 하며 보험처리를 받을 수 있는 제도적 장치도 필요하다.

넷째, 가족상담가가 될 수 있는 전문적인 교육의 확대와 훈련이 요청된다. 아직까지는 훈련을 전문적으로 할 수 있는 기관과 교육프로그램이 부족한 실정이다. 사회사업학, 정신의학 및 가정의학 전공자, 정신건강, 가족 및 아동학 전공자, 인간발달 및 인간관계에 관심이 있는 전문인력들이 공동연구 및 공동치료를 구성함으로써 가족상담영역의 발전이 더 빨리 이룩될 것이다.

다섯째, 인간관계와 환경체계에 대한 다양한 관점을 꾸준히 연구하면서 가족상담의 이론체계와 기법을 세련화 시켜야 한다. 거기에는 현대문명의 이기인 고도의 기술(High-tech)과 고감도(High-touch)가 조화를 이루고 사용함으로써 산업후기사회에 적응해 나가는 인간관계 기술과 상담방법을 완성할 수 있을 것이다. 그것은 곧 방법론의 개발이기도 하다.

여섯째, 가족상담 및 치료는 위기 개입과 문제와 증상을 가족체계의 변화를 중심으로 이루어지지만, 무엇보다 예방프로그램도 중요하다. 그러므로 건강한 가족의 특성연구도 함께 병행되어야 하며, 거기에는 건강한 가족생활 교육프로그램도 함께 실시되어야 한다. 또한 교육 및 지지가족상담프로그램도 개발하여 예방과 치료의 효과를 동시에 실시함으로써 문제의 재발율을 낮추고, 문제의 발생율을 낮출 수 있는 것이다.

〈연구문제〉
1. 가족생활교육의 의의와 목적에 대하여 설명하라.
2. 가족생활교육이란 무엇인가?
3. 가족생활교육의 개념틀(framework)에 대해 설명하고 장단점을 비교해 보라.
4. 가족생활교육의 전망에 대하여 설명하라.
5. 가족생활교육의 내용을 분류해 보고 가족생활주기에 따른 일반적인 문제와 특수문제를 생각해 보자.
6. 가족상담과 개인상담의 다른 점은 무엇인가?
7. 가족상담의 접근모델은 어떠한가?
8. 가족상담의 대상과 목적은 무엇인가?
9. 가족상담가의 역할은 무엇인가?

제 14 장

가족복지정책

김양희

현대의 급변하는 문명 속에서 사람들은 항상 긴장을 느끼고 정신적·심리적으로 많은 불안을 경험하게 되며 가족의 한 구성원으로서 적절한 기능을 수행하는데 어려움을 느끼고 있다. 과거에는 가족이 인간의 신체적·정신적 욕구를 어느 정도 충족시켰으며, 아동의 사회화를 위한 중요한 기능과 경제적 공동체로서 구성원들의 욕구를 해결하는 기본적인 사회조직으로 존재해 왔다.

그러나 현대 사회의 핵가족은 위기를 극복할 수 있는 구조적 기반이 약하고 안정적이지 못하여 많은 가족문제를 노출시키고 있다. 즉, 현대가족은 사회변화가 급속히 전개됨에 따라 그에 대한 충분한 대책을 마련하기 어려울 때가 많으며 따라서 문제 상황에 처하면 쉽게 와해될 수 있다. 따라서 가족이 이전에 수행해왔던 복지적 기능을 국가개입에 의해 지원, 보완, 대치하려는 노력이 나타났는데 이러한 노력의 핵심이 가족복지 정책이다. 즉, 가족복지정책은 가족에 의해 수행되던 기능들을 보완하기 위해 사회가 제공하는 일련의 지원 프로그램이라고 할 수 있다.

따라서 본 장에서는 제 1 절에서는 가족복지의 내용을, 제 2 절에서는 가족정책의 내용을 중심으로 살펴보고, 제 3 절에서는 한국가족복지정책의 현황과 앞으로의 과제를 다루어 보고자 한다.

1. 가족복지

1) 가족복지의 개념

　가족복지란 가족생활을 강화하고, 가족원의 사회 적응상의 문제를 원조하는 것을 목적으로 하여 공적·사적 기관이 제공하는 일련의 서비스를 말한다. 즉, 가족의 전통적 기능인 성적, 교육적, 사회적, 경제적 기능이 현대의 핵가족화 현상으로 인하여 파괴 변화됨에 따라 가족의 사회보장적 기능을 강화시키고, 이러한 기능이 약화될 때, 그것을 지원, 보완 및 대리하기 위한 노력을 말한다. 가족복지의 개념을 협의로 해석하면 보통 가족복지사업이라고도 하며, 현실적으로 가족생활이 중대한 위기에 직면한데 대해서 가족의 문제를 해결하고 가족생활을 강화시키기 위한 사회적 조직활동을 의미한다. 또한 블랙번(Blackburn, 1965 : 309)은 가족생활을 보호·강화할 뿐 아니라 가족구성원의 사회인으로서의 기능을 높이기 위해서 행해지는 서비스 활동이라고 말한다. 즉 정부와 민간기관이 가족생활을 강화시키고 사회적응과 가족간의 관계에 있어서 문제를 지니고 있는 가족성원을 도와주는 일련의 사업들을 뜻한다.
　한편, 위트머(Witmer, 1942 : 248-249)는 가족복지사업은 가족생활의 곤란을 취급하는 것으로서 그 가족생활의 곤란의 대표적인 것은 가족구성원인 개인이 가족원으로서 수행해야 할 의무를 실행할 수 없는 무능력, 혹은 가족관계에 있어서 만족을 충족시키지 못하는 무능력이라고 말하고 있다. 그런데 가족원으로서 수행해야 할 의무의 내용은 가족이라고 하는 사회제도의 분업적 기능에 의해서 규정되는 것으로서 그것은 성관계의 규제, 의식주의 확보와 제공, 질병 및 임신기간 중의 보호, 아동의 보호와 지도, 정서적 단계의 안정은 가족이라고 하는 사회제도에 의하여 수행되어지는 특별한 사회적 기능인 것이다.
　가족생활의 강화문제는 동양에서보다 서양에 있어서 더 큰 문제로 제기되고 있다. 동양에서는 아직도 대가족제도의 전통이 강하고 복합주기를 지니고 있기 때문에 가족성원의 노후문제도 그렇게 심각한 것은 아니다. 동양에서는 서양에서의 노인부부가 양로원, 사회주택과 같은 시설보호를 받는 것과 같이 가족의 사회보장적 기능이 아직도 강력히 존재하고 있다. 동양의 사회보장제도가 덜 발달한 원인도 이러한 가족의 기능에서 찾아 볼 수 있다. 그러나 최근 공업화와 도시화는 이러한 가족구성뿐만 아니라 그 기능까지 급속히 파괴시켜 현대사회에는 결손가정 및 준결손가정, 심지어 기아, 가출 및 기노 현상까지 나타나고 있다(김영모, 1992 : 159). 이런 가족의 복지기능을 강화시키기 위한 노력으로서 정부가 개입(지원)하거나 민간단체가 지원하게 된다. 그러므로 가족복지는 정부와 민간기관이 가족생활을 강화시키고 사회적응과 가족간의 관계에 있어서 문제를 가지고 있는 가족성원을 도와주는 일련의 서비스를 말한다.

2) 가족복지의 대상영역

가족복지의 대상이 되는 영역에 관하여 살펴보면 다음과 같다.
미국의《사회사업사전》(1970)에 의한 규정에서는 가족복지의 대상영역을 세 가지로 규정하고 있다(雀部猛利 桂良太郎, 1987).
    (1) 가족의 스트레스 상황—정상적인 가족이라도 부친의 전근, 이사, 생계 유지자의 실직 등으로 인한 스트레스 상황에 놓여있을 때를 말한다.
    (2) 경제적 곤궁 및 사회자원 도입의 곤란—경제적·사회적 요구를 충족할 수 없는 상황인 경우를 말한다.
    (3) 가족관계, 가족원의 개인적 기능의 장애—가족성원 중 누군가의 이상성격으로 곤란한 문제가 발생해 가족의 사회적 제기능을 수행하는 데 제한이 생기는 경우이다.
이 세 영역으로 구별되는 대상추출의 방법은 가족의 존립에 중대한 영향을 주는 외적 상황을 포함하고, 이것이 가족의 사회적 기능수행을 위기에 처하게 한다든지, 또는 스트레스 상황을 발생하게 하는 경우를 대상으로 하고 있다. 이 밖에 가족성원의 병리적 상황을 대상영역으로 하는 것도 지적되고 있다.
한편, 일본의 야마자키는 가족성원의 문제상황이 가족 전체와의 관련속에서 취급되어야만 하며, 그 전체로서의 가족은 사회경제 체계에 의해 규정된다고 보고 있다(김성천, 1991 : 70-74). 즉, 가족에게 생기는 문제상황을 단순하게 현상적으로 파악하는 것이 아니라 발생요인의 외재성, 내재성을 연구하고 가족복지가 지닌 기능적 측면과의 관련 속에서 동태적으로 파악할 필요가 있다고 보고 있다.

(1) 가족전체에 영향을 주는 외생적 장해
   ① 가족유지에 관한 문제 ② 직업에 관한 문제 ③ 주택문제 ④ 기타 가정생활 수행에 관한 제도, 시책, 사회지원을 도입할 때 생기는 문제

(2) 가족 전체에 영향을 주는 내생적 장해
   ① 가족 내 관계의 부조정, 긴장관계 ② 가족기능 수행상의 장해
   ③ 가족성원의 결혼에 따르는 제반문제
   ④ 가족성원의 심신장애

(3) 가족 전체에 영향을 주는 외생적, 내생적 장해의 중복
   - 다문제 가족 즉, 사회적 기능을 수행하는 중에 가족자체에서는 처리할 수 없는 많은 중대한 문제로 고민하면서도 현행 사회복지 시책의 처리방법과 사회복지 기관이 제공하는 서비스가 혜택을 줄 수 없는 가족(山崎美貫子, 1976, 95)

3) 가족복지의 기능과 방법

가족문제의 해결을 위하여 사회 또는 국가의 개입이 불가피한 데 그 개입의 형태도 치료책이 발달되어 있으나 사실 그 예방책이 가장 효과적이다.

이러한 가족의 복지기능을 지원·보완·대리하기 위한 방법은 가족정책과 가족복지 서비스 및 사회사업(특히, 가족치료)으로 크게 나누어 볼 수 있다. 따라서 가족복지는 가족생활이 위기에 놓일 경우-구체적으로 가족해체, 붕괴 가족성원이 사회적 기능의 수행에서 역기능 현상을 일으키거나, 가족원 상호간의 불균형 상황의 발생-여기에 직접적·간접적 또는 개별적으로 개입하는 것

을 의도하고 있다.
　미국의《사회사업사전》(1970)에서 제시하고 있는 가족복지의 기능을 분류하여 보면, 다음 다섯 가지로 나누고 있다(崔部猛利 桂良太郞, 1987).

　　(1) 가족에 대한 직접 서비스의 제공(결혼상담 포함) — 클라이언트를 중심으로 하는 개별면접, 가족성원의 편성에 의한 합동면접, 가족전원의 집단면접.
　　(2) 가정생활교육 등의 가정생활 수행에 관한 교육활동의 실시 — 해당지역의 가족, 학부모회, 보건복지단체, 기타 사회사업시설에 수용되어 있는 장애아의 부모회, 심신장애를 지닌 가족원이 있는 가족, 노인가족, 저소득자를 위한 공영주택에 거주하는 가족이 대상이 됨.
　　(3) 사회복지 전문가의 양성교육에의 공헌 — 사회복지 전공 대학원생의 중심적인 실습장으로서의 역할, 사례기록, 활동내용의 출판, 사회사업교육의 교과과정위원회 참가, 장학금의 지급 등.
　　(4) 조사연구 활동 — 연구전임의 특별 지원에 의한 전국 규모의 계속적, 통계적 보고서를 작성.
　　(5) 사회환경의 개선, 향상에 대한 사회행동사회복지기관 상호간의 효과적인 연계를 포함) — 구체적으로 문제 제기를 하기 위한 사회행동의 전개를 행하는 것이 가능 즉, 거택 복지 서비스의 지도강화.
　가족에 대한 직접적인 서비스란 상담활동만을 행하는 경우와 경제적 급여, 사회자원의 제공과 직결되는 구체적 서비스를 행하는 경우의 두 종류로 분류되며, 전자는 주로 민간기관, 후자는 공적기관에서 실시된다고 하고 있다.
　일본의 야마자키는 가족복지의 기능을 미시적·거시적·중복적 기능으로 나누어 설명하고 있다.

　　(1) 거시적인 가족복지 기능

　현대의 가정생활은 그 사회·경제체제에 의해 규정되고, 여러가지의 위기적 상황에 직면하고 있다. 이러한 위기적 상황은 개인 또는 개별가족의 문제가 아니라 상당 부분이 전체적, 사회적 문제로 발생하고 있다고 말할 수 있다. 따라서 야마자키는 가족복지가 당연히 이러한 외생적 장해에 대하여 거시적으로 대응해 나가야 한다고 주장하고 있다.

    ① 경제상의 문제 : 생활장해, 아동수당 세금의 공제, 각종 복지연금, 모자복지자금, 세대갱생자금의 대부금, 노후의 경제적 보장, 실업보험 등 사회보험의 도입

    ② 직업상의 문제 : 수산(授産)시설, 직업안정소, 직업훈련기관 등, 기타 노동복지 대책의 이용, 특히 여성노동대책 등의 문제

    ③ 주택상의 문제 : 가족의 생활기능에 대응할 수 있는 공영주택, 주택자금 대부금의 활용, 숙소제공시책, 구호시설 등의 이용

  (2) 미시적인 가족복지 기능

이 영역을 야마자키는 개별가족으로서 가족생활 수행상의 문제에 개별적 조건을 고려하여 대응하는 기능이라고 하고 있다.

    ① 가족내 관계의 부조정, 긴장관계 : 가족 개별사회사업, 결혼상담 등의 이용, 가사 심판의 도입

    ② 가족기능 수행상의 문제 : 가족 개별사회사업, 가정생활교육, 복지시설에서의 보호지도 등의 기능

    ③ 가족성원의 결손 : 복지시설에서의 처우, 자원, 제도의 이용, 가족개별사회사업에 따르는 제반문제

    ④ 가족성원의 심신장애 : 주택대책, 시책 등의 처우

  (3) 거시적·미시적 가정복지기능

이 영역에서의 대상의 한 예는 '다문제 가족'으로 볼 수 있다. 이 대상영역에 관한 가족복지 기능으로서의 시책, 제도, 처우계획에 관해서는 미국, 캐나

다, 영국, 벨기에, 네델란드, 프랑스 등이 관심을 가지고 있다.
　　① 한 단위로서의 가족 전체를 대상으로 한다.
　　② 서비스의 조정
　　③ 현실적이고 긴급한 문제를 대응할 수 있는 구체적 서비스의 제공
　가족복지의 기능은 원조와 대상자 간의 서비스 관계에 따라 가족에 대한 직접적 원조기능과 가족에 대한 간접적 원조기능으로 분류 할 수 있다.
　직접적 원조기능은 대상가족에게 직접적으로 서비스를 제공하는 경우이고 간접적 기능은 다른 기관·단체 및 시설의 서비스를 중개로 하여 조정을 꾀하는 것을 말한다. 직접적 원조기능은 가) 가족 개별지도사업 나) 문제가족에 대한 원조를 말하고, 간접적 원조기능은 가) 사례의 분류와 의뢰 나) 서비스의 종합 및 조정에 대한 것을 의미한다.
　근대적 가족의 기본적인 결함요인과 기능에 있어서 부부간에 상치된 의견, 즉 갈등이 일어난다면 가족관계는 부조화가 나타나고, 심지어 가족집단이 해체될 가능성이 있다. 이러한 경우에 가족관계의 강화와 유지를 위한 원조가 필요하다. 이러한 것을 위한 구체적인 방법으로서 (가) 결혼상담 (나) 결혼지도 (다) 법률적 치료 (라) 물질적 원조 등이 있다. 선진국에서는 문제가족이 요구하는 것은 금전적인 원조보다도 심리적인 원조가 더 중요하다고 하지만, 후진국가에서는 오히려 빈곤에서 가정불화가 많이 나타나기 때문에 물질적 지원이 더 중요하리라고 생각된다.

2. 가족정책

1) 가족정책의 배경

　현대가족은 사회변화가 급속히 전개됨에 따라 그에 대한 충분한 대책을 마련하기 어려울 때가 많으며 따라서 문제상황에 처하면 쉽게 와해될 수 있다. 예를 들어 가장의 사망, 실업, 장애, 은퇴 등으로 인한 가족소득원의 상실은

결과적으로 정서적, 심리적 문제로까지 확대되어 가족구성원들의 정상적인 기능수행을 방해하게 되므로 현대사회의 핵가족은 가족 내외에서 발생하는 이러한 문제상황에 적절히 대처하여 그 문제를 원만히 해결하기 위한 제도적, 기술적 지원이 필요하다.

따라서 이전에 가족이 수행해왔던 복지적 기능을 국가개입에 의해 지원, 보완, 대치하려는 노력이 나타났는데 이러한 노력의 핵심이 가족정책이다. 즉, 가족정책은 가족에 의해 수행되던 기능들을 보완하기 위해 사회가 제공하는 일련의 지원 프로그램이라고 할 수 있으며, 이 프로그램들은 양육기능, 경제적 기능, 생태학적 기능을 지니고 있다.

유럽국가들을 중심으로 14개국의 가족정책에 대한 조사를 시행하였던 칸과 카머만(Kahn & Kamerman : 1978)은 1970년대 이후에 가족정책이 각광받기 시작한 이유를 다음과 같이 지적하고 있다.

첫째, 모든 국가들은 가족이 여전히 아동에 대한 경제적 지지, 양육보호 및 사회화의 기능을 수행하는 가장 중심이 되는 제도라고 보고 있다.

둘째, 가족구조와 구성의 변화, 그리고 가족의 기능과 역할의 변화가 가족정책의 관심을 고조시킨 요인이 되었다.

셋째, 가족은 20세기에 들어와 소멸되는 제도라기보다는 사회의 변화에 따라 변화하고 적용하며, 계속해서 가족성원에 대해 필수적인 기능을 수행하고 있다.

넷째, 불평등의 해소방법으로 가족제도를 생각하게 되었고, 가족정책을 고려하게 되었다.

다섯째, 각국의 가족정책에 대한 관심이 일종의 "사상의 국제적 전파"의 현상으로 보편성을 띠게 되었다. 이와 같이 가족제도를 중시하고 여러 가족문제를 해결할 필요성을 느끼는 국가는 가족정책에 대해 어떠한 형태로든지 관심을 기울이지 않으면 안되게 되었다.

이와 같이 가족정책은 가족이 직면하는 문제를 사회전체의 구조와 관련시켜 파악하고 국가개입에 의해 가족이 정상으로 유지되도록 제도적 장치를 마련하는 것을 말한다. 가족정책은 가족구성원의 복지를 증진시키는 핵심적인 사회제도로서 가족에게 직접 영향을 미치는 좀더 일반적인 사회정책뿐만 아니라 가족을 위한 한정되고 특정한 정책까지 포함한다. 이것은 구체적인 정부제도를 통해서 뿐만 아니라 공적, 사적 프로그램에 의해서 실현될 수 있는데 여기에는 고용, 교육, 레크레이션에 관련된 사회정책뿐만 아니라 일련의 암시적인 가치와 규범을 강조하는 정책까지 포함된다.

칸과 카머만(1978)은 현대의 여러 가지 병리현상, 예를 들어 가족해체, 아동의 인권침해, 편부모가족의 급증, 사생아의 증가 등 지금까지는 그렇게 많이 볼 수 없었던 사회병리현상의 급증에 직면하여 가족에 대해 재고를 함에 있어서 가족에 대하여 일관되게 사회적 중요성을 가진 사회복지적 대응정책에 관한 국민의 합의와, 가족에 대해 보다 통합되고 체계화된 사회복지적 접근이 필요하다고 보았다. 이 경우 가족 및 아동의 양육을 위해서 어떠한 접근이 이루어져야 할 것이고, 그러한 접근을 어떻게 적용해 나가면 좋을 것이며, 그때 사회보장제도와 어떻게 관계되어야 좋을 것인가 등의 과제가 제기되는 것이다. 칸과 카머만은 가족접근(Family Approach)에 대해 다음과 같이 말하고 있다. "가족에 대한 사회복지적 접근은, 가족이 더욱 건강하고, 자녀들이 보다 좋은 환경 아래에서 생활하도록 하는 접근이 아니면 안된다. 이를 위하여 어떠한 사회 정책들을 필요로 할 것인가? 단지 아동에게만 초점을 둔 사회복지정책 뿐만 아니라, 더욱 넓은 범위에 시점을 갖고 가족에 대한, 가족을 위한 사회적 시책을 모색해야 하겠다."

현대사회에 있어서 이러한 가족정책이 필요한 이유는 가족의 전통적인 복지기능이 도시화, 산업화에 의한 가치관과 사회구조의 변화로 거의 파괴되었기 때문인데, 로마니신은 가족정책이 상실된 가족의 기능을 회복시키자면 다음 사항을 고려해야 할 것이라고 했다.

첫째, 가족의 사회문화적 맥락의 이해 둘째, 가족생활주기의 각 단계에 필요한 개인적, 사회적 차원 셋째, 바람직하고 적절한 전략과 프로그램의 혼합 넷째, 보완적 대책과 서비스를 제도적인 것으로 대치하기 위한 방법이다.

2) 가족정책의 정의

앞절에서는 가족복지에 관한 연구를 정리해 보았다. 거기서는 가족복지의 고유한 관점이라든가 가족복지와 '가족정책'을 분리하려는 접근 등의 여러가지 독자적인 '복지 연구접근'을 찾아볼 수가 있었다. 그리고 현재, 공통된 연구과제로 새로운 가족에 대한 가족복지 접근이 모색되고 있다.

가족에 관련된 사회복지정책은 각각 고유의 정책목표를 가져서 상호 모순되는 경우가 생길 수 있다. 따라서 '가족문제'를 종합적으로 포착한 사회복지정책의 체계화가 필요하게 된다. 여기서 살펴보고자 하는 가족정책은 가족문제에 대한 사회복지적인 대응시책으로서의 가족정책이라는 관점에서 고찰하고자 한다.

가족정책이란 용어는 20세기 초부터 유럽에서 사용되기 시작하였고 오늘날에는 보편적인 정책으로 인식되고 있다. 가족정책은 가족에 대한 국가의 정책을 의미하지만, 많은 경우에 가족의 요구와 문제를 해결하기 위한 가족복지정책과 동일시되고 있다. 그러나 현실적으로 가족정책은 다양하게 사용되어 왔다.

가족정책을 단정적으로 정의하기는 어렵다. 왜냐하면 가족정책은 국가에 따라 사회적, 경제적, 정치적으로 상이한 조건을 배경으로 발달해왔으며 따라서 각국의 가족정책은 그 개념이나 내용에 있어서 조금씩 차이가 있기 때문이다. 또한 가족이 사회의 가장 기본적인 제도라는 점을 고려할 때 가족정책은 경제, 문화, 보건, 교육, 인구 등의 관련정책과 밀접한 관계를 맺고 있으며 따라서 가족정책만의 독자적인 영역을 확보하기가 매우 어려우며 결국 가족정책의 범위로 명확히 규정한다는 것은 사실상 불가능하다.

이러한 이유 때문에 가족정책은 시대와 국가 그리고 학자들의 관점에 따라 그 개념과 범위가 다양하게 받아들여지고 있는데, 칸과 카머만(1978)은 가족정책이 보편적으로 수용될 수 있도록 이론화되면서 다음과 같은 점이 이루어져야 한다고 하였다.

첫째, 현대가족에 대한 이론(기능, 역할, 역학) 둘째, 가족정책이 추구해야 할 명확히 합의된 목적설정 셋째, 목적달성을 위한 다양한 수단들을 이용할 수 있는 학문적 토대 넷째, 효과적인 결과에 대한 검증이다.

칸과 카머만(1978 : 3)은 가족정책을 정부가 가족에게 또는 가족을 위하여 할 수 있는 모든 것을 의미한다고 보고 이것을 두 가지로 구분하여 설명하고 있다.

　(1) 명시적인 가족정책(explicit family policy)으로서 이것은 다시 다음 두 가지로 구분된다.

　　① 가족에 관한 구체적, 명시적인 목적달성을 위해 고안된 특정한 프로그램과 정책들 ② 가족에 대해 그리고 가족을 위해 의도적으로 행하지만 가족에 관해 전체적으로 합의된 목적을 지니지 않는 프로그램과 정책들

　(2) 암시적인 가족정책(implicit family policy)으로서 이것은 가족을 우선적으로 언급하지는 않지만 간접적인 영향을 미치는 정부의 행위와 정책을 말한다.

여기에서 명시적인 가족정책은 협의의 개념, 암시적인 가족정책은 광의의 개념으로 볼 수 있다.

이와 같이 칸과 카머만은 가족정책이라는 용어의 개념규정에 있어서 그것이 어떻게 사용되어 왔는가, 사용되고 있는가, 그리고 사용될 수 있는가의 시점에 서서 분석을 시행하였다. 그리고 가족정책을 하나의 관점으로 보든가, 또 가족에 관계되는 사회적 제정책의 평가를 위한 분야(또는 시스템)로 보는가, 그리고 가족의 복지를 전개시키기 위한 수단으로 보는가 등의 여러 가지 관점에서 성립되는 것을 지적한 것이다. 칸과 카머만(1978)은 가족정책의 용어에 대해 명확히 정의하고 있지 않지만, 적어도 가족복지에 관계되는 여러 가지 정책의 선택과 전개를 위한 하나의 중요한 요인으로서 가족정책이 성립될 수 있는 근거를 제시하고 있다.

한편 많은 학자들의 개념규정에서 가족정책이 가족복지의 추구와 가족복지 이외의 목적추구라는 두 가지 목표가 공존하고 있음을 알 수 있는데 실제로 가족정책을 실시함에 있어서는 이 두 개의 목적 간의 명확한 경계구분이 힘들다. 예를 들어 여성을 취업시키려는 목적을 지닌 탁아소, 출산휴가 등의 프로

그램은 오히려 가족의 요구와 문제를 해결하는 복지적 기능을 수행한다고 볼 수 있으며 인구에 대한 관심에서 시작된 출산수당도 복지기능을 수행하고 있다.

3) 가족정책의 내용

가족정책이 국가에 따라 학자에 따라 다르게 규정되고 있지만 그 형성요인이나 발전과정에 많은 공통점이 있다. 칸과 카머만(1978)은 유럽의 가족정책을 다음의 세 가지 관점에서 파악하였다.

(1) 사회문제를 해결하기 위한 사회정책의 한 분야로서 가족정책은 다음과 같이 생성, 발달하였다.

① 대가족을 위한 소득재분배정책(예:가족상, 소득세정책) ② 인구정책과 장기적 인구계획에 대한 관심 ③ 고아, 장애자, 노인, 빈곤자, 무주택자와 같은 부적절한 가족성원과 피부양자의 지원적, 대리적 보호를 위한 공공정책.

이러한 정책은 산업사회에서 피부양자의 보호와 사회문제의 예방 그리고 생활이 어려운 가족을 돕고 지원하기 위한 것이다. 최근에 가족정책은 아동의 생활조건을 개선시키는 것이 가족을 돕는 가장 효과적인 방법으로 인식하고 아동에게 영향을 미치는 공공정책을 중요시하게 되었으며 부녀자를 위한 사회정책이 가족정책의 주요한 영역으로 받아들여지고 있다. 부녀자를 위한 사회정책으로서 취업모를 위한 사회보험급여, 시간제 고용, 지원 서비스 등의 프로그램을 들 수 있다.

(2) 가족정책은 다른 정책목적을 달성하기 위한 수단으로 발전되었다. 가족정책이 가족과 직접 관련되지 않는 목적을 달성하기 위해 실시되는 경우는 동부유럽, 쿠바, 중공에서 찾아볼 수 있다.

아동보호시설, 출산수당, 아동보호휴가 등의 프로그램은 여성노동력의 활용을 목적으로 한 정책의 대표적인 경우인데, 많은 나라들이 가족을 노동시장통제와 같은 정치적 목적을 성취하기 위한 주요 도구로서 보고있다.

(3) 가족정책에 대한 가장 최근의 규정으로서 가족정책을 사회정책의 선

택을 위한 범주나 관점으로 보는 것이다. 이 경우 모든 정책영역, 즉 조세, 교통, 군사정책, 토지이용 등도 가족정책의 영역에 포함될 수 있으며 정책결과의 평가뿐만 아니라 정책결정기준의 하나로서 가족정책을 이용하는 것이다.

한편, 가족정책에서 중요한 논쟁점이 되는 것 중에 하나가 가족정책의 범위설정에 관한 문제이다. 가족정책을 가족복지를 도모하는 국가개입과 그 이상의 목적을 가지고 지향되는 국가개입으로 양분하여 범위를 고찰한다면 대부분의 국가정책은 가족정책의 범위에 포함될 수 있다. 그 이유는 가족이 사회의 기본 제도로서 국가의 모든 정책은 좋든 나쁘든 가족에게 영향을 미치기 때문이다. 그러나 그것들이 가족의 이익을 우선적으로 고려할 가능성은 희박하여 소득, 교육, 주택, 보건 등의 주요 사회정책이 직접적인 정책대상으로 반드시 가족을 우선적으로 고려한다고 보기는 힘들다.

로마니신(Romanyshyn : 1971)은 사회복지 서비스가 개인이 가족의 일부임을 무시한 채 행해지고 있으며 가족보다는 개인과 사회문제에만 관심을 갖고 있다고 비판한다. 그는 예를 들어 AFDC프로그램이 가족의 안정이나 발달보다는 개인과 피부양자의 요구와 문제해결에 치중하고 있어서 급여는 가족과 어머니의 요구를 반영하지 못하고 요보호아동 위주로 제공된다고 비난한다.

이렇게 볼 때 가족정책을 사회정책과 동일시하거나 모든 국가정책이 가족정책의 범위에 포함된다고 인식하는 것은 비현실적이다. 따라서 가족정책은 직접적인 가족정책과 간접적인 가족정책으로 구분하여 살펴보는 것이 타당할 것이다.

그래서 가족정책을 다음의 세 가지로 구분해 볼 수 있다.

(1) 가족에 대해 명백하고도 합의된 목적을 지닌 정책 (2) 명백히 합의된 목적은 없으나 가족을 위하고 가족을 대상으로 하는 정책 (3) 가족을 일차적 대상으로 설정하지는 않으나 가족에게 간접적인 영향을 미치는 정책

(1)의 경우 해당되는 대표적인 것으로 가족수당을 들 수 있고 (3)의 경우 교통, 이민정책 등을 고려할 수 있다. 그런데 (3)의 경우는 궁극적으로는 가족에게 영향을 미치지만 비의도적이며 잠재적, 간접적 영향을 미치므로 가족정책의 영역에 포함시키기는 힘들다고 생각된다.

따라서 가족정책은 가족에게 직접적인 영향을 미치는 정책으로서 가족에 대한 명백하고도 합의된 목적을 지닌 정책과 비록 합의된 목적은 없어도 가족을 위하고 가족을 일차대상으로 하는 정책에 그 범위를 국한시키는 것이 바람직하다.

학자들은 가족정책의 프로그램을 제시함에 있어서 그 대상으로서 개인과 가족을 모두 포함시키고 있다. 개인이 대상이 되는 경우는 가족성원 중 자립능력이 없고 무의무탁한 성원(아동, 노인, 장애자, 미망인, 실업자)의 가족보호를 위한 프로그램이 가족정책의 범위에 포함되고 있다. 따라서 가족을 단위로 한 정책이든지 가족에 대한 고려없이 가족성원 중에서 자립능력이 없는 성원을 위한 정책이든지 모두 가족정책의 범위에 포함될 수 있다.

이러한 견해에 반대하여 네이하드(Neidhardt)는 가족정책은 특정목표를 가족에 한정시켜야 하고 가족체계를 위하여 서비스가 전달되어야 하며 가족성원들간의 생활에 기능적이어야 한다고 주장하고 직업훈련, 보건 서비스, 연금, 주택부조 등의 서비스는 가족의 여건을 고려하지 않은 개입으로써 가족정책에 포함될 수 없다고 보았다(김양희, 1991 : 356에서 재인용).

현재 미국에서 가족정책을 강하게 요구하는 데는 다음과 같은 이점이 있기 때문이라고 지적하고 있다.

(1) 전통적으로 미국에서 유지되어 온 핵가족이 붕괴되는 것을 가족정책이 방지하는 잠재적인 전략이 될 수 있다.

(2) 가족정책은 사회복지의 전개와 분석에 유용한 틀을 제공하는 것이 되고, 변화하는 가족의 복지 요구에 즉각적으로 대응하는 것이 될 수 있다.

(3) 모든 영역에 있어서 종래의 사회정책 및 공공정책을 평가하는 데 있어서, 가족정책은 하나의 기준이 될 수 있다.

한편 학자들이 보고 있는 가족정책의 수단들은 다음과 같다.

드몽과 알도스(Dumon & Aldous : 1980)는 기존의 가족정책을 경제적으로 가족을 강화하려는 목적을 가진 정책, 치료정책, 대리정책으로 나누어 살펴보면서 다음과 같이 그 내용을 제시하고 있다.

(1) 경제적 복지수단들은 유럽 가족정책의 핵심을 이루고 있으며 대부분

의 국가들은 아동수당과 소득세공제를 실시하고 있다. 프랑스는 아동수당체계가 대표적이며, 독일은 소득세공제체계가 발달하였다. 서부유럽에서 가족에 대한 재정급여는 사회복지로 규정되지 않고 오히려 사회적 권리와 사회보장체계의 일부로 취급되고 있으며, 이러한 수단의 당위성은 아동의 양육비를 보상하여 주는데 있다.

(2) 가족상호작용의 질을 증진시키려는 정부의 노력은 치료조치로 나타난다. 드비(Debi)는 치료조치로서 결혼, 부부의 상담기관을 지적하고 이러한 기관들은 가족교육 프로그램과 같은 예방수단으로 점차 대치되어 가고 있다고 본다.

(3) 가족정책의 대리 서비스는 직접적인 가족보호에 대한 대안을 제공한다. 경제적 조치가 1차 대전과 2차 대전 후인 풍요한 1960년대에 나타나기 시작하였다. 이러한 프로그램에는 유아원과 탁아소가 포함되며, 최근에는 질병, 장애상태에 처한 주부를 돕기 위한 가계부조 프로그램이 생기고 있다. 대리정책의 중요한 영향은 여성들이 하루종일 가사에만 얽매여 수행하기 어려웠던 다른 역할(예 : 취업노동)들을 가능하게 한 것이다.

드비는 가족정책의 수단을 다음과 같은 네 가지 영역으로 나누어 고찰하고 있다.

① 경제복지 : 가족수당, 아동수에 따른 재정급여, 출산급여, 신혼부부를 위한 대여금제도, 주택수당, 한편 노인, 병자, 장애자, 실업자에게 관계되는 사회보장 프로그램도 가족정책의 경제적 수단으로 고려되고 있다.

② 가족 서비스 : 가계부조, 가족사회사업, 유아원, 탁아소, 아동건강보호소, 가정봉사제도

③ 교육, 심리 서비스 : 부부, 부모를 위한 상담소, 조산소, 가족계획센터

④ 법적, 제도적 정책 : 결혼, 이혼, 재혼, 부부와 아동의 권리와 법적 지위에 관계되는 모든 법들과 수단들

한편 홀링워스(Hollingworth : 1947)는 가족에 대한 지원, 보충, 대리 서비스의 범주를 다음과 같이 분류하고 있다.

① 가족지원 서비스 : 소득보장, 주택, 교육, 보건, 레크레이션, 법적 보호, 정보

② 가족 보충 서비스 : 가족상담, 학령전 아동의 탁아, 이웃 놀이집단, 방과 전후 프로그램, 가정부(house keeper), 가정조성자(homemaker), 지역 사회부조 서비스와 같은 가정 서비스, 아동과 청소년을 위한 지역사회 서비스, 위기시 모와 아동을 위한 일시보호, 가족탁아

③ 가족대리 서비스 : 입양, 가정위탁보호, 유일가정위탁보호, 가족집단보호, 집단시설보호

3. 한국 가족정책의 현황과 과제

1) 한국 가족정책의 현황

한국에서의 가족복지는 아직도 가족정책과 가족사회사업(치료) 등은 발달되지 않고 가족복지 서비스가 발달되어 있다. 즉 대인 서비스라고 볼 수 있는 아동, 노인, 장애인 등을 위한 서비스가 발달되어 있다.

한국의 경우에 엄밀한 의미에서 유럽과 같이 가족을 위해 분명한 의도로 시행되는 의도적 가족정책은 없지만 공적부조제도, 아동복지제도, 부녀복지제도와 같이 사회복지정책의 한 분야로 시행되어 가족에게 결과적으로 영향을 미치는 비의도적인 가족정책은 있다. 또한 인구정책, 노동인력정책, 여성정책과 같이 가족과는 상관없는 목적을 갖고 가족을 수단으로 이용하려는 정책도 시행되고 있다고 볼 수 있다. 보다 구체적으로 우리나라 가족복지정책의 현실을 살펴보기로 하자.

보사부 가정복지국의 89년도 가정복지시책방향에서 가족복지시책의 목표는 건전가정의 육성에 두고 있다. 그리고 그 근본정신은 가족의 복지기능을 강화하여 가족구성원간의 문제나 갈등을 스스로 해결할 수 있도록 정책지원과 보완을 하여줌으로써 복지수요의 사회화를 억제하는데 있다. 그리고 그 분야로 노

인복지, 아동복지, 부녀복지를 설정하고 있다. 이러한 현재의 우리나라 가족복지정책은 가족제도만 중시할 뿐이지 가족을 강화시켜 줄 포괄적인 가족복지정책이 거의 없는 상태이다. 즉, 우리나라에 있어서 가족복지 정책은 가족을 전체성(Wholeness)의 성격을 지니는 가족체계의 성격을 고려하지 않고 가족전체를 분리·단절시켜서 아동복지정책은 아동만을, 여성복지체계는 여성만을, 노인복지정책은 노인만을 대상으로 하는 체계의 특징만으로 구분하여 가족정책이라고 보기가 어렵다.

현재 우리나라는 가족제도만 중시할 뿐이지 강화시켜 줄 포괄적인 가족복지 서비스가 거의 없는 상태이다.

우리나라에서 가족정책 서비스라고 볼 수 있는 프로그램은 경제지원책으로 생활보호법에서 규정하고 있는 거택구호를 들 수 있고, 비경제적인 서비스로는 일부 국민들만이 혜택을 받고 있는 가족상담, 탁아 서비스 등만 해당되어서 매우 빈약한 실정이다. 따라서 현재 실시되고 있는 가족정책은 의도적 가족정책과는 달리 가족에 대하여 합의된 목표를 지니고 가족의 기능을 강화하기 위하여 자행되고 있지는 않기 때문에, 가족전체를 대상으로 그에 대처하기 위한 임시방편적인 사후 치료적 성격이 강하다.

현재 우리나라에서의 가족복지 정책은 가족정책이나 가족사회사업보다 대인 서비스라고 볼 수 있는 아동, 노인 및 여성 등을 위한 서비스가 발달되어있다.

아동복지정책은 1991년 4월 13일자로 기존의 아동복리법이 아동복지법으로 개정, 공포됨에 따라 그 보호대상이 제한된 요보호아동으로부터 18세 미만의 전체아동으로 확대되었고, 1989년 9월 19일자 아동복지법시행령에서는 탁아시설을 아동복지시설에 포함하였으며, 1991년 1월 14일에는 영·유아보육법이 제정, 공포, 시행되고 있다. 아동복지 서비스 프로그램으로는 아동상담서비스, 확대, 방임아동보호서비스, 보육 서비스, 입양서비스 등이 있는데 우리나라의 아동복지 서비스는 사회변화와 아동문제에 대한 예방적 차원으로서의 정책적 노력이 따르지 못한 채, 시설수용보호사업과 탁아사업 중심으로 되어있다. 따라서 치료적 보완적이며, 결손가족과 가출아동을 시설아동으로 만드는 요인이 되고 있다(표갑수, 1992 : 138).

노인복지정책은 1981년 노인복지법이 제정되기 전까지는 직장 및 공교의료보험 그리고 특수직역연금의 혜택을 받는 일부 노인 등을 위한 사회보험과 생활보험법에 의한 65세 이상 저소득층 노인에 대한 공적부조를 제외하면 노인복지 프로그램은 이렇다 할 만한 것이 없었다. 그러나 노인복지법은 1980년대 중반을 거치면서 노인무료건강진단, 노인공동작업장설치 운영, 경로당 운영비 지원, 단독세대 노인에 대한 가정봉사사업의 시범실시 등으로 그 내용을 채워가기 시작하였으며 1989년 12월에 전면적으로 개정을 거치면서 노인복지 프로그램이 상당히 다양화, 체계화되기 시작했다.

노인복지 서비스 프로그램으로는 소득보충사업, 노인복지 시설사업, 경로우대제도, 노인건강증진사업, 노인여가 서비스, 재가노인 서비스 등이 있으나 (최경석, 1992 : 195) 가장 큰 비중을 차지하고 있는 노인복지시설은 중 이용시설에 해당되는 노인복지회관을 제외한 나머지 양로시설과 노인요양시설은 현재 우리 나라의 사회복지시설(주로 수용시설)이 안고 있는 일반적인 문제점과 노인이라는 특수한 계층의 수용이라는 문제점이 결합되어 단순한 생계보호기능의 수준에 불과하고, 노인복지시설의 절대수 부족, 노인을 위한 전문인력의 부족, 전문적 서비스를 제공할 수 없다는 문제점들을 보이고 있다(김영모, 1990 : 326-333; 차홍봉, 1988; 최성재, 1989 : 104-106).

여성복지정책은 윤락행위 등 방지법에 의한 부녀보호사업이 그 중심으로서 1960년대 이후 급격한 산업화, 도시화로 인하여 근로여성이 급증하고 가출여성이 점차 늘어남에 따라(이근홍, 1992 : 245) 이들에 대한 윤락화, 비행화할 가능성을 예방하기 위한 부녀상담사업이 발달하였다. 1980년대 이후에는 여성전담기구의 설립을 보게 되었다(손의목, 1984 : 32-33).

현재 여성복지서비스 프로그램으로는 모자가정의 어머니, 미혼모, 윤락여성, 매맞는 여성을 대상으로 하여 부녀상담, 부녀지도, 근로여성보호, 학대받는 여성보호, 부녀복지시설 수용보호 등이 있다.

그러나 이러한 여성복지 서비스 프로그램은 아직도 요보호 여성을 위한 시설보호 사업이기 때문에 시설부족, 프로그램의 미비, 전문인력 부족 등의 많은 문제가 있다.

2) 한국 가족복지정책의 과제

　우리나라의 가족복지정책은 가족단위의 정책이 전혀 수행되지 못하고 있으며 가족의 정상적 기능을 통합하거나 강화, 유지하려는 정책적인 노력이 부족하고 단순히 가족에서 파생된 개인들에 대한 보호에만 치우쳐 있다. 이러한 보호는 사실상 시설보호로서 일시적인 복지에 그치고 근본적인 치료를 하지 못하고 있는 실정이다. 또한 아동, 여성, 노인은 하나의 가족의 구성원으로서 존재하나 이들에 대한 복지정책은 개별적인 접근으로서 아동은 아동복지, 여성은 여성복지, 노인은 노인복지만 취급하고 있어 상호관련된 사회의 하위체계로서 가족의 특성과 모순되는 정책이라 하겠다. 그리고 가족복지가 예방적인 효과성을 가지고 있는데 정책적, 제도적 차원에서 거의 이루어지지 않고 있다. 진정한 의미에서의 복지는 사회복지와 가정이 주어진 생활조건에 맞추어 서로 합리적 조화를 이룰 때 달성될 수 있다. 따라서 가족복지의 제도적, 정책적인 차원에서의 확립이 중요한 바, 앞으로의 가족복지정책에 대한 과제를 모색해 보고자 한다.

　첫째, 가족정책과 인접정책과의 바람직한 정책적인 관계는 상호관련된 체계성을 유지해야 한다. 즉, 가족을 다른 정책의 수단으로만 보지 말고 사회가 발전할수록 분업화와 전문화를 통합하고 통제하는 것이 정책적인 차원에서 필요하다고 볼 때 가족복지는 교육, 소득, 주거, 보호, 문화 등과 관련하여 국가적 차원에서 정책의 효율성을 높여야 한다. 그러기 위해서는 가족수당, 가족소득보조, 가족을 위한 주택정책, 진정한 탁아시설의 확대, 가족상담 등은 시급히 고려되어야 할 프로그램이라고 볼 수 있다.

　둘째, 다양한 가족형태를 획일시하지 말고 오히려 이들을 위한 가족정책 서비스가 모색되어야 할 것이다. 서구에서 복잡다양하게 나타나고 있는 가족형태보다는 덜하겠지만 우리나라에서도 편부모가족, 미혼모가족, 독신가족 등은 곧 보편화될 가능성이 높다. 이러한 변화를 긍정적으로 보지 못하고 문제시할 경우에 오히려 가족문제는 심화될 수 있다.

　셋째, 여성 취업률의 증가와 함께 주부들의 취업률도 높아져서 부부가 같이 일하는 맞벌이가족(Dual Career Family)이 많이 생길 것이다. 따라서 취업주부를 위한 전일제, 시간제 직종을 개발함과 동시에 탁아소, 유아원, 가정조성 서비스 등이 완비되어야 할 것이다.

넷째, 앞으로는 다양한 가치와 생활양식으로 말미암아 더욱 복잡한 가족문제가 빈발할 것이다. 따라서 가족문제를 전담하여 상담하고 치료해 주는 장소로 가정상담소가 크게 인기를 끌 것이다. 또한 저소득층도 상담혜택을 받도록 공립가족상담소가 동, 리의 수준까지 설치되어야 할 것이다.

끝으로, 가족복지정책의 서비스 기능은 우리나라의 경우 제도적, 정책적인 확립이 더 중요하다. 현재 우리나라의 서비스 기능은 보완적이고 사후처리적이며 자선적인 성격이 짙다. 이는 가족의 정상적인 복지기능이 수행될 수 없을 때의 보완적 개념으로 어느정도 타당성이 있으나 보다 합리적이고 효과적인 가족복지가 되기 위해서는 제도적, 예방적인 서비스 기능이 현실에 맞게 구체적으로 이루어져야 할 것이다.

이와 아울러 아동복지정책은 우리나라의 가족기능의 지원, 보완, 대리를 도모하는 가족복지정책의 예방과 치료 및 사후관리로 이어지는 일관성 있는 방향으로 추진되어나가야 할 것이다.

노인복지정책은 양노원, 노인학교, 노인정사업이 그 핵심이 되어 있으나 노인가족의 건전한 육성을 위한 정책과 소득보장, 정년제도, 퇴직연령 연장 그리고 사회보험 특히 국민연금제도가 속히 구현되어야 하겠다.

여성복지정책도 여성복지 서비스의 확충 및 전문화, 사전적, 예방적 서비스의 제공, 전달체계의 확립 및 재정의 확보 등은 시급히 해결되어야 하겠다.

〈연구문제〉
1. 현대사회에서의 가족복지의 의미가 무엇인가 생각해 보자.
2. 가족복지대상 영역에 대하여 연구하여 보자.
3. 우리나라의 가족복지 정책의 문제점을 설명해 보자.

참고문헌

제 1 장 가족학이란?

김진균 외 역(1986). 사회학 이론의 구조(J. H. Turner). 한길사
박영신 역(1983). 사회과학의 구조기능주의. 현대사상신서 4. 학문과 사상사
아산복지재단(1986). 현대사회와 가족. 안산사회복지사업재단
조 은(1986). 가족사회학의 새로운 연구동향과 이론적 쟁점. 1986년 전기 사
 회학대회 발표요지
유영주(1980). 가족관계학. 교문사
_____(1984). 신가족관계학. 교문사
_____(1990). 한국가족의 대내적 기능 연구. 동국대학교 박사학위 논문
이광규(1974). 한국 가족의 구조 분석. 일지사
_____(1990). 한국의 가족과 종족. 민음사
이효재(1983). 가족과 사회. 경문사
_____ 편(1988). 가족연구의 관점과 쟁점. 까치
_____(1977). 가족사회학의 이론적 기본문제, 최문환 박사 추념 논문집
장인협 외 공역(1988). 인간행동과 사회환경. 집문당
최재율(1988). 가족사회학. 전남대학교 출판부
최재현 역(1988). 현대사회학 이론. 형설출판사
한남제(1984). 가족연구의 성과와 문제점. 한국사회학 제18집
한국가족학연구회(1991). 가족학 연구의 이론적 접근. 교문사
Adams, B. N. (1980). The Family : A Sociological Interprertation.
 Houghton : Mifflin Co.
Burr, W. R., Hill, R., Nye, F. I. & Reiss, I. L. (1979). Cntemporary
 Theories about the Family, Vol 2. Free Press.
Christensen, Harold (1964). Handbook of Marriage and the Family.

Rand McNally.
Craib, I. (1984). Modern Social Family. The Harvester Press Publishing.
Elliot, F. R. (1986). The Family : Change or Continuity?. Macmillan Education Ltd.
Goodman, N. & Mark, G. T. (1978). Society Today. Random House.
Hill, R. & Hansen, D. (1960). "The Identification of Conceptual Frameworks Utilized in Family Study", *Marriage and Family Living* (Nov. 1960) ; 299-311.
Nye, I. & Berardo F. (1981). Emerging Conceptual Frameworks in Family Analysis. praeger publishers.
Robertson, I. (1977). Sociology. Worth publishing Co.
Sprey, J. (1991). Contemporary Family : looking forward, looking back. N. C. F. R.

제 2 장 이론적 관점 및 연구경향

김진균 외 역(1989). 사회학 이론의 구조. J. H. Turner 원저. 서울 : 한길사.
대한가정학회 편(1990). 가정학 연구의 최신 정보 Ⅲ. 서울 : 교문사.
한국 가족학연구회(1991). 가족학 연구의 이론적 접근. 서울 : 교문사.
한남제(1986). "가족연구의 성과와 문제점." 한국사회학 제20집, 46-70.
Adams, B. N. (1980). *The family : A sociological interpretation.* Chicago : Rand McNally. 1980.
Berardo, F. M. (1980). Decade preview : Some trends and directions for family research and theory in the 1980s. *Journal of Marriage and the Family* 42, 723-728.
Berardo, F. M. (1990). Trends and directions in family research in

the 1980s. *JMF* 52, 809-817.

Broderick, C. B. (1971). Beyond the five conceptual frameworks : A decade of development in family theory. *JMF* 33, 139-159.

Burr, W. R., Hill, R., Nye, F. I., & Reiss, I. L. (1979). *Contemporary theories about the family* (Vol. 1-2). New York : Free Press.

Burr, W. R. & Leigh G. K. (1983). Famology : A new discipline. *JMF* 45, 467-480.

Christensen, H. T. (1964). Development of the family field of study. In H. T. Christensen (Ed.). *Handbook of marriage and the family.* Chicago : Rand McNally.

Collins, R. (1975). *Conflict sociology.* New York : Academic Press.

Duvall, E. M. (1977). *Marriage and family development.* J. B. Lippincott Company.

Gelles, R. J. & Maynard, P. E. (1987). A structural family systems approach to intervention in cases of family violence. *Family Relations* 36, 270-275.

Goode, W. J. (1959) Horizons in family theory. In R. K. Merton, L. Broom, & L. S. Cottrell (Eds.). *Sociology today* (Vol. 1). New York : Basic Books.

Hill, R., Katz, A. & Simpson, R. (1957). An inventory of research in marriage and family behavior : A statement of objectives and progress. *Marriage and Family Living* 19, 89-92.

Hill, R. & Hansen, D. (1960) The identification of conceptual frameworks utilized in family study. *Marriage and Family Living* 22, 299-311.

Hill, R. (1966). Contemporary developments in family theory. *JMF* 28, 10-25.

Holman, T. B. & Burr, W. R. (1980). Beyond the beyond : The growth of family theories in the 1970s. *JMF* 42, 729-741.

McDonald, G. W. (1981). Structural exchange and marital interaction. *JMF* 43, 825-839.

Melson, G. F. (1980). *Family and environment: An ecosystem perspective*. Minneapolis : Burgess Publishing Company.

Merton, R. K. (1957). *Social theory and social structure*. Glencoe, Ill. : Free Press.

Nye, F. I. & Berardo, F. (1966). *Emerging conceptual frameworks in family analysis*. New York : Macmillan.

Nye, F. I. (1978). Is choice and exchange theory the key? *JMF* 40, 219-233.

Nye, F. I. (1988). Fifty years of family research 1937-1987. *JMF* 50, 305-316.

제3장 가족의 기원

김주희(1991) 문화인류학의 이해. 서울 : 성신여대출판부.

최재석(1983) 한국가족제도사연구, 서울 : 일지사.

Ambert, Anne-Marie(1976) *Sex structure*. 2nd ed. Don Mills : Longman Cannada Lmt.

Bachofen, J. J. (1861) *Das Mutterrecht(The matriarchy)*. Basel : Benno Schwabe.

Bamberger, Joan(1974). The myth of matriarchy : why men rule in primitive society. In M. Z. Rosaldo & L Lamphere (Eds.). *Women, culture and society*. Stanford : Stanford University Press.

Engels, Friedrich (1884) (1978). The origin of the family, private property, and the state. In R. C. Tucker (Ed.). *The Marx-Engels reader*. New York : W. W. Norton & Co. Inc.

Fox, Robin (1961) *Kinship and marriage*. Harmondsworth : Penguin Books.

Gough, Kathleen (1980). Family orgins and future. In A. Skolnick & J. H. Skolnick (Eds.). *Family in transition*. Berkeley : University of California.

Harris, Marvin (1983) *Cultural anthropology*. New York : Harper & Row, Publishers.

Lerner, Gerda (1986). *The creation of patriarchy*. Oxford : Oxford University Press.

Malinowski, Bronislaw (1927). *Sex and repression in savage society*. Cleveland : A Meridian Book.

Maine, H. S. (1861) *Ancient law*. London : J Murray.

McLennan, J. F. (1865) *Primitive marriage*. Edinburgh : Adam and Charles Black.

Meillassoux, Claude (1981). *Maidens, meal and money : capitalism and the domestic community*. Cambridge : Cambridge University Press.

Morgan, L. H. (1987) Systems of consanguinity and affinity of the human family. *Smithsonian Contributions to Knowledge. XVII 291-382*

Murdock, George P. (1949). *Social structure*. New York : The Free Press.

Steward, Julian H. (1955) *Theory of culture change : the methodology of multi-linear evolution.* Urbana : University of Illinois Press.

Turnbull, Colin M. (1968) The importance of flux in two hunting societies. In R. B. Lee & l. Devore (Eds.). *Man the hunter.* New York : Aldine Pub. Co.

Westermarck, E. (1891) *The history of human marriage.* New York : Macmillan.

Williams, B. J. (1968) The Bihor of India and some comments on band organization. In R. B. Lee & I. DeVore (Eds.). *Man the hunter.* New York : Aldine Pub. Co.

Woodburn, James (1968) Stability and flexibility in Hadza residential groupings. In R. B. Lee & I. DeVore (Eds.). *Man the hunter.* New York : Aldine Pub. Co.

제 4 장 한국가족의 역사적 변천

김두헌(1949). 조선가족제도연구. 을유문화사.
김태길(1986). 한국인의 가치관. 문음사.
김택규(1979). 씨족부락의 구조연구. 일조각.
노명호(1981). 고려의 오복친과 친족관계법제. 한국사연구33.
박용옥(1976). 이조여성사. 춘추문고18. 한국일보사.
박용옥 외 6인(1988). 한국여성연구 I -종교와 가부장제-. 청하.
박혜인(1988). 한국의 전통혼례연구. 고려대 민족문화연구소.
신영숙(1991). 한국 가부장제의 사적 고찰. 여성 가족 사회 창간호. 열음사.
이광규(1975). 한국가족의 구조분석. 일지사.
이광규(1977). 한국가족의 사적연구. 일지사.

이광규(1990). 한국의 가족과 종족. 민음사.
이효재(1971). 도시인의 친족관계. 한국연구원.
이효재(1990). 한국 가부장제의 확립과 변형. 여성한국사회연구회 편. 1990. 한국가족론. 까치.
임돈희(1986). 여성과 가족관계. 여성학의 이론과 실제. 동국대 출판부.
정석종(1972). 조선후기 사회신분제의 붕괴 -울산호적장적을 중심으로-. 대동문화연구 9.
정승모(1984). 동족지연공동체와 조선전통사회구조. 태동고전연구 창간호.
조강희(1988). 도시화과정의 동성집단연구. 영남대 민족문화논총 6.
조혜정(1989). 한국의 여성과 남성. 문학과 지성사.
조혜정(1988). 가부장제의 변형과 극복. 박용옥 외 6인. 한국여성연구 Ⅰ -종교와 가부장제- 청하.
최재석(1965). 한국인의 사회적 성격. 민조사.
최재석(1966). 한국가족연구. 민중서관.
최재석(1969). 한국 고대에 있어서의 모계·부계 문제. 한국사회학 4. 한국가족제도사. 한국문화사대계 Ⅳ. (1970). 고려대 민족문화연구소.
최재석(1980). 조선시대 가족제도연구의 회고. 정신문화연구 8.
최재석(1982). 현대가족연구. 일지사.
최재석(1983). 한국가족제도사연구. 일지사.
최재석(1991). 가족. 한국민족문화대백과사전. 한국정신문화연구원.
秋葉隆(1930). 朝鮮の婚姻形態. 京城帝大法文學部 哲學論集 第二部論叢 2.
四方博(1938). 李朝に關する身分階級別觀察. 朝鮮經濟研究 3.
Beattie, J. (1968). Other cultures. 최재석 역(1988). 사회인류학. 일지사.
Guisso, R. W. (1982). Thunder over the lake : the Fire classics and the perception of woman in early China. Women in

China. ed. Guisso, R. W. & Johannesen, S. New York : Philo Press.
Murdock, G. P. (1949). Social structure. New York : The Macmillan company.
Radcliffe-Brown, A. R. & Forde, D. (1950). African systems of kinship & marriage. Oxford University Press.
Wolf, M. (1972). Women and the family in Taiwan. Stanford : Stanford University Press.

제5장 사회변화와 가족

공세권 외 4명(1987). 한국가족구조의 변화. 한국인구보건연구원.
김광일(1987). 가정폭력 : 그 실상과 대책. 서울 : 탐구당.
김두헌(1969). 한국가족제도연구. 서울대 출판부.
김미숙·김명자(1990). 도시부부의 결혼안정성 및 그 관련변인 연구. 한국가정관리학회지 8권 1호.
김애실(1985). 가사노동의 경제적 가치. 한국여성개발원. 여성연구 9.
김양희(1991). 가족관계학. 수학사.
김용욱·이기숙(1977). 한국의 고부관계. 서울 : 청림각.
김주수(1982). 가족관계학. 동아학연사.
김정옥(1988). 가정폭력에 관한 연구, 한국가정관리학회지 6권 1호.
김혜경(1991). 여성과 가족 : 한국여성연구회. 여성학 강의. 동녘.
김혜선(1982). 현대가족문제에 관한 연구, 대한가정학회지 20권 1호.
문숙재(1982). 가사노동의 가치와 평가에 대한 고찰. 대한가정학회지 20권 4호.
_____(1989). 가정생산의 가치와 평가. 이화여대 한국여성연구소 편. 여성학 영역별 연구. 이화여대 출판부.

_____ (1990). 가사노동의 사회화. 신광출판사.
변화순(1989). 한국의 가족정책에 관한 종합적 접근. 한국여성개발원, 여성연구 22.
아산사회복지재단(1986). 현대사회와 가족.
양회수(1967). 한국농촌의 촌락구조, 고려대 출판부.
여성한국사회연구회(1990). 한국가족론. 까치.
유영주(1984). 신가족관계학. 교문사.
유재천 역(1985). 제3의 물결. 학원사.
이광규(1975). 한국가족의 구조분석. 일지사.
이동원(1983). 도시가족(서울)에 관한 연구(Ⅱ). 이화여대 논총 42.
_____ (1985). 한국가족의 변화와 여성 : 한국여성연구소 편. 여성학. 이화여대 출판부.
이은영(1990). 여성의 모집과 채용에 있어서의 차별개선대책. 한국노동조합총연맹이 주최한 남녀고용평등법 정착토론회 자료(비매품).
이정덕(1985). 한국의 전통적 가족윤리에 대한 고찰. 한국가정관리학회지 3권 2호.
이효재(1976). 가족과 사회. 경문사.
장상희(1993). 성과 가족제도 : 성-여성-여성학. 부산대 출판부.
조옥라(1988). 가부장제에 관한 이론적 고찰 : 한국여성학회. 한국여성연구 Ⅰ. 청하.
조정문(1993). 성과 경제제도 : 성-여성-여성학. 부산대 출판부.
조혜정(198). 가부장제의 변형과 극복 : 한국여성학회. 한국여성연구 1. 청하.
최재율(1983). 현대가족의 가족문제와 가족윤리에 관한 연구. 전남대 논문집 28집.
최재석(1966). 한국가족연구. 민중서관.
_____ (1982). 현대가족연구. 일지사.
한남재(1984). 한국도시가족연구. 일지사.

Abbot, Pamela and Wallace, Claire (1990). An introduction to sociology : feminist perspectives. London : 박민자 역 (1991), 여성사회학.

Bahr, Stephen J. (1980). Family interaction. Macmillan publishing Co.

Coverman, Shelley (1983). Gender, domestic labor time and wage inequality. American Sociological Review 48(5).

Dornbusch, Stanford M. and Strober, Myra H (1988). Feminism, children and the families. N. Y : Guilford Press.

Gilman, Charlotte Perkins (1968). Women and economics. Boston : Small, Mynary : 재인용. Kimball (1989 : 183).

Kamerman, S. B. and Kahn, A. J. (1978), Family polily, government and families in fourteen centries. N. Y. : Columbia University Press.

Kimball, Gayle (1983). The 50 : 50 marriage. Boston : Beacon Press : 한국여성개발원 (1983). 평등한 부부.

Gerstel, Naomi and Gross, Harriet Engel (1987). Family and work. Philadelphia : Temple University Press.

Nye. F. Ivan and Berardo, Felix M. (1973). The family-its structure and interaction. N. Y : Macmillan Publishing Co.

Polatnick, Margaret (1973). Why men don't rear children : a power analysis. Berkely Journal of Sociology 18.

Rae Andre (1981). Homemakers-the forgotton workers. The University of Chicago Press : 한국여성개발원 역(1988). 가정주부-보이지 않는 노동자들.

Rapoport, Rhone and Rapoport, Rabert eds. (1978). Working couples. N. Y : Harper & Row : 재인용. Kimball (1989 : 190).

Thompson, Linda and Alexis T. Walker(1989). Gender in families : women and men in marriage, work and parenthood. Journal of Marriage and the Family 51(4).

Toffler, Alrin(1981). The third wave. N. Y : Banten Books : 유재천 역(1985). 제 3 의 물결.

Voydanoff, Patricia(1984). Work and family-changing roles of men and women. Mayfield Publishing Co.

제 6 장 다양한 가족생활 유형

김애령(1987), 노동자 가족의 생계유지와 여성노동에 관한 연구, 이대 대학원 석사학위 논문.

김정자 외 5 인(1984), 편부모 가족의 지원 방안에 관한 기초연구, 한국여성개발원.

김태현(1986), 미래의 가족생활, 대한가정학회지 24(4).

김태현, 이성희(1991), 결혼과 사회, 성신여대 출판부.

박숙자(1990), 도시저소득층의 혼인양태, 여성사회 연구회, 자본주의 시장경제와 혼인, 또 하나의 문화.

박충선(1991), 맞벌이 가족의 출현배경, 한국가족학연구회, 현대사회와 가족문제 세미나집.

오선주(1989), 미국가족, 한국부인회, 미래가족과 여성.

이동원(1988), 도시부부의 결혼의 질에 관한 연구, 연세대학교 박사학위논문.

이영자(1989), 불란서의 미래가족, 한국부인회, 미래가족과 여성.

이효재 역(1985), 스파이로, 유토피아로의 모험, 대한기독교서회.

정해은(1992), 대안가족으로서의 공동체에 대한 이해와 평가;Kibbutz와 미국의 Commune을 중심으로, 한국가정관리학회지 90(1).

최규련(1990), 부부관계, 대한가정학회편, 가정학 연구의 최신정보 Ⅲ : 아동학. 가족학, 교문사.

최규련(1991), 맞벌이 가족의 부부관계, 한국가족학연구회, 현대사회와 가족문제 세미나집.

한국노총여성위원회(1991), 기혼여성 노동자 탁아실태조사, 1991년도 전국 여성 노동자 대회 탁아실태조사.

Etzioni, Amifai(1977), "Science and future of the family", Science, 29 Apr.

Geiger, Kant & Alex Inkeles(1961), Soviet society, A Book of Reading, Boston : Houghton Mifflin.

Gerson, K. (1985), Hard choices, California : Univ. of California Press.

Houseknecht, Sharon K. (1986), Voluntary childlessness : toward a theoretical integration in A. S. SKolnick and J. H. SKolnick, Family in transition, 5th. ed. Boston. Toronto : Little Brown and company.

Keller, Suzanne(1985), Does the family have a future?, 520-532 in A. S. SKolnick, J. H. SKolnick, op. cit.

Lasswell, M. L. & T. E. Lasswell (1982), Marriage and the family, Lerington, Messachsetts and Toronto : D. C. Heath and Company.

Leslie, Gerald(1967), The family in social context, New York.

Leon, Dan(1970), The Kibbutzim : A new way of life, Oxford, England : Perganom Press.

Robertson, I. (1981), Sociology, New York : Worth Publishers, Inc.

Schulz, David A. (1982), The changing family, 3rd. ed. prentic-Hall. INC., Englewood Cliffs.

SKolnick, A. S. (1983), The intimate environment, 3th. ed. Boston, Toronto : Little Brown and Company.

Spiro, H. E. (1972), Is the family universal?-The Israel case, 81-92 in M. Gorden(Ed.) The nuclear family in cricis. New York;Happer & Row Publishers.

제 7 장 가족의 성립과 적응

김명자(1990). 배우자 선택 및 결혼, 아동학·가족학, 대한가정학회, 서울: 교문사, 173-183.
김명자 외 2인(1992). 결혼과 가족관계, 서울: 숙명여대 출판부.
유시중, 한유상(1984). 남녀 대학생의 결혼관(Ⅰ), 경북대 동양문화 연구, 11, 187-211.
유영주(1991). 건전가정 육성을 위한 가족복지 프로그램 개발에 관한 연구, 한국가정관리학회지 9(1), 45-63.
Adams, B. N. (1980). The Family, Chicago : Rand McNally College Publishing Company.
Bahr, S. J. (1989). Family interaction, New York : Macmillan Publishing Company.
Beavers, W. R. & Voeller, M. N. (1983). Family models : comparing and contrasting the Olson circumplex model with the Beavers system model, Family Process, 22, 85-98.
Bowman, H. A. & Spanier, G. B. (1978). Modern marriage, Mcgraw Hill Book Company.
Buehler, C. (1990). Adjustment. In J. Touliatos, B. F. Permutter & M. A. Straus(Eds). Handbook of Family Measurement Techniques. Newburry Park : sage.
Byles, J., Byrne, C., Boyle, M. & Offord, D. (1988). Ontario child health study : reliability and validity of the general

functioning subscale of the McMaster family assessment device. Family Process, 27, 97-104.

Cuber, J. F. & Harroff, P. B. (1986). Five types of marriage. In A. S. Skolnick & J. H. Skolnick (Eds). Family Transition. Little Brown and Company.

Curran, D. (1983). Traits of a healthy family. Minniapolis : Winston Press. Inc.

Lauer, R. H. & Larer, J. C. (1991). Factors in long-term marriages. In J. N. Edwards & D. H. Demo (Eds), Marriage and Family, Boston : Allyn & Bacon.

Leigh, G. K., Holman, T. B., & Burr, W. R. (1984). An emprical test of sequence in Mursteins SVR theory of mate selection, Family Relations, 33(2), 225-231.

Leslie, G. R. & Korman, S. K. (1985). The Family in social context, New York : Oxford University Press.

Murstein, B. I. (1987). Feed back. Journal of Marriage and the Family, 49(4), 929-947.

Olson, D. H., Sprenkle, D. & Russell, C. (1979). Circumplex model of marital and family system : cohesion and adaptability dimensions, family types and clinical applications, Family Process, 14, 1-35.

Olson, D. H. & McCubbin, H. I. (1982). Circumplex model of marital and family systems : Application to family stress and crisis intervention. In H. I. McCubbin et al. (Eds). Family Stress; Coping and Social Support. Springfield : Charles C Thomas, Publisher.

Olson, D. H. (1986). Circumplex model VII : validation studies & faces III. Family Process, 25, 337-351.

Olson, D. H. (1988). Family types, stress, and family satisfaction : a family developmental perspective. In C. J. Falicove (Ed). Family Transitions : Continuity & Change over the Life Cycle. New York : The Guilford Press.

Otto, H. A. (1962). What is strong family ?, Marriage and Family Living, 24, 77-80.

Stephen, T. D., & Markman, J. J. (1983). Assessing the development of relationships : A new measure. Family Process, 22(1), 15-25.

Stephen, T. D. (1985). Fixed-sequence and circular-causal models of relationship development : Divergent view on the role of communication in intimacy. Journal of Marriage and the Family, 47(4), 955-963.

Stinnett, N., Walters, J. & Kaye, E. (1984). Relationship in marriage and the family, New York : Macmillan Publishing Company.

Stinnett, N. (1985). Strong families. In J. M. Henslin (Ed). Marriage and Family in a Changing Society, New York : The Free Press.

Surra, C. A. (1991). Research and theory on mate selection and premarital relationship in the 1980s. In A. Booth (Ed). Contemporary Families, Looking forward, Looking back, NCFR.

Udry, R. (1971). The social context of marriage. New York : Lippincott C.

Wells, J. G. (1984). Choices in marriage and family, Piedmont Press Inc.

제8장 가족의 역할

권희완(1992). 부부관계의 인식에 관한 연구. 여성한국사회연구회편. 한국가족의 부부관계. 서울 : 사회문화연구소 : 35-70.
박성연(1990). 부모-자녀관계. 대한가정학회지. 가정학 연구의 최신정보Ⅲ. 아동학. 가족학. 서울 : 교문사.
박숙자(1992). 첫자녀출생과 부부관계의 변화. 여성한국사회연구회편. 한국가족의 부부관계. 서울 : 사회문화연구소 : 141-180.
옥선화(1980). 한국 도시가족의 역할 구조분석 1. 성심여자대학 논문집 제11집 : 77-91.
옥선화(1984). 부부간의 역할구조에 대한 문헌고찰. 서울대학교 가정대학 논문집 제9권 : 43-58.
옥선화, 이기춘, 이기영, 이순형, 공인숙(1991). 현대 산업사회에 있어서 가정 생활의 제문제에 관한 연구. 대한가정학회지 29권 2호 : 135-154.
유안진(1987). 인간발달신강. 서울 : 문음사.
유영주(1984). 가족관계. 대한가정학회 편. 가정학 연구의 최신정보Ⅱ 아동학 가족학. 서울 : 신광출판사.
유영주(1985). 신가족관계학. 서울 : 교문사.
유희정(1992). 자녀교육과 부부관계. 여성한국사회연구회편. 한국가족의 부부관계. 서울 : 사회문화연구소 : 181-215.
윤 진(1985). 성인 노인심리학. 서울 : 중앙적성출판사.
이미숙(1986). 일생주기를 통해 본 성역할변화 · 생활과학연구논집 제6권 제1호 : 53-76.
이숙현(1990). 부부관계로의 전환에 따른 부부관계의 변화. 가족학논집 제2집 : 1-27.
이연숙, 이순형, 유가효, 조재순(1991). 맞벌이 가정의 생활실태와 문제. 한국가정관리학회지 9권 2호 : 209-223.

이영, 조연순(1991). 아동의세계. 서울 : 양서원
최규련(1990). 부부관계. 대한가정학회 편. 가정학 연구의 최신정보 III 아동학 가족학. 서울 : 교문사.
최외선(1983). Status에 따른 Role이론의 고찰. 사회과학연구 3집 1권 : 271-302.
최재석(1969). 한국농촌가족의 역할구조·진단학보 32 : 241-257.
한남제(1983). 한국가족의 역할변화. 산업사회와 우리가정의 발견. 서울 : 한국여성개발원 : 51-67.
Adams, Bert N. (1986). *The Family - A Sociological Interpretation*. San Diago : HBJ.
Aldous, J. (1978). *Family Careers - Developmental Change in Families*. N. Y. : *John* Wiley & Sons.
Aldous, J., Osmond, M. W., and Hicks, M. W. (1989). Men's work and men's families. in Burr et al., *Contemporary Theories about Family (Vol. 1)*.
Barnett, R. C., Marshall, N. L., and Pleck, J. H. (1992). Men's multiple roles and their relationships to men's psychological distress. *Journal of Marriage and the Family*. Vol. 54 No. 2 : 358-367.
Buckland, S. K., Garrison, M. E. and Witt, D. D., The life and times of "Blondie" : A longitudinal content analysis (1992). in *54th Annual Conference Proceedings Families and Work*. National Council on Family Relations.
Burr, W. R., Day, R. D., and Bahr, K. S. (1993). *Family Science*. Pacific Grove, Calif : Brooks/Cole.
McHale, S. M. and Crouser, A. C. (1992). You can't always get what you want : Incongruence between sex-roles attitudes and family work roles and its implications. *Journal of*

Marriage and the Family. Vol. 54 no. 3 : 537-547.

Sabin, T. R., and Allen V. L. (1968). Role Theory. in G. Linzey and E. Aronson, *The Handbook of Social Psychology* (2nd. ed.), Vol. 1 : 488-567.

Schulz, D. A., and Rodgers, S. F. (1985). *Marriage, the Family, and Personal Fulfillment.* N. J. : Prentice Hall.

Spitze, B. D. and Waite, L. J. (1981). Wives' employment : The role of husbands' perceived attitudes. *Journal of Marriage and the Family.* Vol. 43 No. 1 : 117-124.

제 9 장 가족의 권력

김경자(1990). 자녀가 지각한 부모의 권력구조와 성역할 정체감의 관계에 관한 연구, 생활문화연구 제 4 권, 성신여자대학교 생활문화연구소, pp147-169.

박미령(1987). 한국취업부부의 결혼만족도에 관한 일 연구-성역할 태도와 주관적 자원인지의 영향을 중심으로, 고려대학교 대학원 박사학위 논문.

이정연(1992). 도시남편이 지각한 권력관계에 관한 연구-권력자원 권력과정 권력결과를 중심으로, 경희대학교 대학원 박사학위 논문

임정희(1982). 가족권력구조와 자녀의 부모에 대한 태도, 이화여자대학교 대학원 석사학위 논문

최규련(1990). 가족관계, 가정학연구의 최신정보 3. 아동학. 가족학, 대한가정학회편

Blood, R. O. Jr. & Wolfe, D. M (1960), Husbands and Wives : the dynamics of married living, New York, Free press.

Burr, W. R, Ahern, L. & Knowles, E. M. (1977). An Emperical

test of Rodman's theory of Resource in Cultural context, Journal of Marriage and the Family, 39, : 505-514.

Bahr, S. J. and Rollns, B. C, (1971), Crisis and Conjugal Power, Journal of Marriage and the Family 33, : 360-367.

Falbo, T. and Peplau, L. A (1980), Power Strategies in Intimate Relationships, Journal of Personality and Social Psychology 38(4) ;618-628

McDonald, G. W. (1979), Determinants of Adolescent per-ceptions of Maternal and Paternal power in the Family, Journal of Marriage and the Family, 41(4) : 757-770

McDonald, G. W. (1980), Family Power : the assessment of a decade of theory and research, 1970-1979, Journal of Marriage and the Family 42;841-854

Olson, D. H., Cromwell, R. E. (1975), Methodological Issues in Family Power, Power in Families, New York, Halsted press, : 131-150

Rollins, B. C. and Thomas D. L., (1975), A Theory of Parental Power and Child Compliance, Power in Families, New York, Halsted press;38-60

Safilios-Rothschild, C., (1976), A Macro and Micro Examination of Family Power and Love; An Exchange Model, Journal of Marriage and the Family 38 : 355-362

Scanzoi, J. (1979), Social Process and Power in Families, Contemporary Theories about the Family, Vol 1, The Free Press : 295-313

Sprey, J. (1975). Family Power and Process : toward a conceptual integration, Power in Famlies, New York, Halsted press, : 61-79

제 10 장 가족의 의사소통

김순옥(1990). 10대 자녀의 부모에 대한 의사소통 개방성과 그 귀인 연구. 동국대학교 대학원 박사학위논문.
김진숙·연미희·이인수 옮김(Samalin, N. & Jablow, M. 지음) (1990). 바람직한 자녀와의 대화방법. 서울 : 학문사.
송성자(1985). 한국 부부간의 의사소통유형과 가족문제에 관한 연구. 숭전대학교 대학원 박사학위눈문.
이정순·박성연(1991). 부부간 커뮤니케이션 유형에 관한 연구. 대한가정학회지 29(3) : 175-190.
이창숙·유영주(1988). 한국 남편과 부인들의 컴뮤니케이션 유형 분류에 대한 연구. 한국가정관리학회지 6(1) : 1-25.
차배근(1976). 코뮤니케이션학 개론 (상). 서울 : 세영사.
홍기선(1989). 커뮤니케이션론. 서울 : 나남.
Adams, B. N. (1980). The Family. Chicago : Rand McNally College Publishing Co..
Foley, V. D. (1974). An Introduction to Family Therapy. New York : Grune & Stratton.
Galvin, K. M. & Brommel, B. J. (1982). Family Communication : Cohesion and Change. Illinois : Scott, Foreman and Co..
Gibb, J. R. (1965). Defense level and influence potential in small groups. In Petrullo, L. & Bass, B. M. (eds). Leadership and Interpersonal Behavior. New York : Holt.

Giffin, K. & Patton, B. R. (1976). Fundamentals of Interpersonal Communication. New York : Harper & Row.

Gordon, T. (1975). PET : Parent Effectiveness Training. New York : New American Library Inc..

Hawkins, J. · Weisberg, C. & Ray, D. (1980). Spouse differences in communication style preference, perception, behavior. Journal of Marriage and the Family 42(3) : 585-593.

Knapp, M. L. & Miller, G. R. (eds) (1985). Handbook of Interpersonal Communication. California : SAGE Publications.

Raush, H. L.. Greif, A. C. & Nugent, J. (1979). Communication in couples and families. in Burr, W. R.. Hill, R.. Nye, F. L. & Reiss, I. L. (eds). Contemporary Theories about the Family V. 1. New York : the Free Press.

Rice, F. P. (1979). Marriage and Parenthood. Boston : Allyn and Bacon, Inc..

Satir, V. (1972). Peoplemaking. Palo Alto, California : Science and Behavior Books, Inc..

Sears, D. O.. Freedman, J. L. & Peplau, L. A. (1985). Social Psychology. New Jersey : Prentice-Hall Inc..

Sereno, K. K. & Bodaken, E. M. (1975). Trans-Per Understanding Human Communication. Boston : Houghton Mifflin Co..

Stinnett, N.. Walters, J. & Kaye, E. (1984). Relationships in Marriage and the Family. New York : Macmillan Publishing Co..

Swensen, Jr. C. H. (1973). Introduction to Interpersonal Relations. Illinois : Scott, Foreman and Co..

Watzlawick, P.. Beavin, J. H. & Jackson, D. D. (1967).
　　　　　Pragmatics of Human Communication. New York : W.
　　　　　W. Norton & Co..
Weiten, W. (1986). Psychology Applied to Modern Life. California :
　　　　　Brooks/Cole Publishing Co..

제 11 장 결혼만족도

고선주. 옥선화(1993). 부모기로의 전이에 관한 연구 Ⅱ. **대한가정학회지 31**
　　　　(3), 127-142.
권희완(1992). 부부관계의 인식에 관한 연구. 여성한국사회연구회편 **한국가족**
　　　　의 부부관계. 사회문화연구소. 35-70.
김명자(1982). 노인의 생활만족도에 관한 연구. **대한가정학회지 20**(3), 45-
　　　　54.
＿＿＿＿(1985). 가족관계에 대한 부부의 가치의식과 결혼만족도에 관한 연구.
　　　　아세아 여성연구 24, 139-159.
김미숙. 김명자(1990). 도시부부의 결혼안정성 및 그 관련변인 연구. **한국가**
　　　　정관리학회지 8(1), 171-183.
김자혜. 김미숙(1990). 화이트칼라 가족연구. 여성한국사회연구회편. **한국가**
　　　　족론. 까치.
김종숙(1986). 한국노인의 생활만족도에 관한 연구. 이화여대박사학위논문.
김태현(1986). 노년기의 생활만족도에 관한 연구. **성신여대 논문집 23,** 181-
　　　　199.
＿＿＿＿(1990). 성인부모자녀관계. 대한가정학회편, **가정학연구의 최신정보**
　　　　Ⅲ : 아동학. 가족학. 교문사.
김태현. 최정혜(1990). 부양을 중심으로 한 노부모-성인자녀관계 연구에 대한
　　　　고찰. **성신여대 생활문화연구 5,** 161-175.

김현진. 이귀옥(1992). 노인의 성격적응 요인과 생활만족도에 관한 연구. **대한가정학회지** 30(2), 171-188.

김화자. 윤종희(1991). 가족생활주기에 따른 부부의 의사소통 효율성과 결혼만족도에 관한 연구. **한국가정관리학회지** 9(2), 155-170.

노영남(1982). 청소년들의 부모에 대한 심리적 거리 및 관련요인에 관한 연구. **대한가정학회지** 20(4), 205-223.

모선희(1991). 가족내에서 노인의 의사결정권. **한국노년학** 11(2), 50-59.

민경희(1990). 도시-농촌에서의 형제자매관계 비교: 1988-90년 충청북도. **가족학논집** 2, 91-133.

박경숙(1993). 중년기 여성의 생활만족도에 관한 연구. **대한가정학회지** 31(1), 121-136

박민자(1990). 자영소상인 가족의 계급적 관계 재생산. 여성한국사회연구회 편. 한국가족론. 까치.

박민자(1992). 부부관계의 평등성. 여성한국사회연구회편 **한국가족의 부부관계**. 사회문화연구소

박충선(1990). 여성노인의 삶의 질에 관한 분석적 연구. 한국여성개발원 **여성연구 가을호**.

백문화. 조병은(1992). 부모 및 조부모와의 관계가 청소년의 자아정체감에 미치는 영향-동거와 비동거 가족의 비교-. **대한가정학회지** 30(2), 219-236.

서광희. 조병은(1993). 농촌부부의 배우자 역할평가와 결혼만족도. **대한가정학회지** 31(1), 97-120.

서동인(1991). 맞벌이가족의 부모자녀관계. **현대사회와 가족문제-맞벌이가정의 가족문제를 중심으로-**한국가족학연구회 가족복지세미나 발표요지. 67-102.

서병숙(1989). 노후적응에 관한 연구-생활만족도 및 가족의 교류도를 중심으로-. 대한가정학회지 27(2).

_____(1991). 노인연구. 교문사. 85-98.

서병숙. 장선주(1990). 노부모와 기혼자녀간의 생활교류연구. **대한가정학회지** 28(3), 171-186.

송주은. 문숙재(1993). 가정경영에 대한 노인의 의사결정권이 생활만족도에 미치는 영향. **한국가정관리학회지** 11(1), 203-217.

안재연. 박성연(1992). 어머니의 취업에 따른 자녀양육행동과 아동의 사회적 능력과의 관계. **대한가정학회지** 30(3), 307-324.

옥선화(1992). 도시 저소득층 가족의 부부문제. 한국가족학연구회편 도시 저소득층의 가족문제. 하우출판사, 29-54.

유영주(1984). **신가족관계학**. 교문사.

유은희. 박성연(1989). 모자간의 애착과 모의 결혼관계에 따른 아들 부부의 결혼만족도. **대한가정학회지** 27(2), 149-162.

윤가현(1991). 노년기의 고독감Ⅳ : 자녀와의 갈등에 대한 대처행동. **한국노년학** 11(2), 179-190.

윤혜정·유안진(1993). 청소년의 일상적 스트레스와 사회관계망 지지지각. **생활과학연구**. 서울대학교 가정대학 생활과학연구소, 25-36.

이동원(1987). 도시부부의 결혼의 질에 관한 연구. 연세대 박사학위논문.

이숙현(1988). 한국 근로자계층 부부의 결혼적응에 관한 연구. **한국사회학** 22, 161-181.

_____(1992). 부모기로의 전환에 따른 부부관계의 변화. **가족학논집** 2, 1-27.

이정숙(1991). 부모의 양육태도와 청년기 자녀의 갈등-사회극을 통한 방법으로. 한양대대학원 박사학위논문.

이정연(1987). 주부의 결혼만족도와 관련변수 고찰. **대한가정학회지** 25(1), 105-120.

임정빈(1990). 농촌 가정생활만족에 관한 연구 : 한국과 미국 농촌가정을 중심으로. **대한가정학회지** 28(4), 135-153.

장하진(1990). 노동자가족의 노동력재생산 : 가족임금제를 중심으로. 여성한국사회연구회편. **한국가족론**. 까치.

전귀연. 최보가(1993). 청소년이 지각한 가족응집성 및 가족체계유형이 부모-

청소년 자녀관계에 미치는 영향. 대한가정학회지 31(3), 157-174.
전춘애. 박성연(1993). 결혼만족도와 결혼안정성간의 관계에 관한 일 연구. 대한가정학회지 31(2), 81-96.
정기숙(1993). 소년비행의 동향과 가족병리와의 관계연구. 대한가정학회지 31(3), 143-156.
조병은(1990). 조부모와 성인자녀간의 결속도와 노부모의 인생만족도. 한국노년학 10, 107-121.
조옥라(1990). 도시빈민 가족과 농촌영세빈농 가족의 비교. 여성한국사회연구회편 한국가족론. 까치.
조옥희. 신효식. 박옥임(1991). 홀로 된 여자노인의 생활만족도에 관한 연구. 대한가정학회지 29(4), 115-130.
최규련(1984a). 부부의 성역할태도와 결혼만족도에 관한 연구(Ⅰ). 대한가정학회지 22(2), 91-102.
_____(1984b). 부부의 성역할태도와 결혼만족도에 관한 연구(Ⅱ). 수원대 논문집 2, 399-413.
_____(1987). 한국 도시부부의 결혼만족도 요인에 관한 연구. 고려대 박사학위논문.
_____(1990). 부부관계. 대한가정학회편 가정학연구의 최신정보Ⅲ : 아동학. 가족학. 교문사.
_____(1991). 맞벌이 가족의 부부문제. 현대사회와 가족문제-맞벌이가정의 가족문제를 중심으로-. 한국가족학연구회 가족복지 세미나 발표요지. 31-65.
최연실. 옥선화(1987). 사회경제적 지위에 따른 결혼만족도와 결혼안정성에 관한 연구. 한국가정관리학회지 5(2), 183-198.
최정혜(1991). 노부모가 지각하는 성인자녀와의 결속도 및 갈등에 관한 연구. 성신여대대학원 박사학위논문.
한남제(1988). 한국 도시부부의 적응에 관한 연구. 효성여대 여성문제연구

16, 19-35.
Ahlstrom, W. M. & R. J. Havighust (1971). 400 Losers. Sanfrancisco : Jossey-Bass.
Bandura & Walters (1963). *Scoial learning and personality development*. N. Y. : Rinehart & Winston.
Belsky, J. & R. Rovin (1990). Patterns of marital change across the transition to parenthood : pregnancy to three years postpartum. *Journal of Marriage and the Family 52*, 5-19.
Benin, M. H. & B. C. Nienstedt (1985). Happiness in single and dual-earner familes : The effects of marital happiness, job satisfaction and life cycle. *Journal of Marriage and the Family 47*, 975-84.
Berry, R. E. & F. L. Williams (1987). Assessing the relationship between quality of life and marital and income satisfaction. *Journal of Marriage and the Family 49*, 107-116.
Bowen, G. L. & D. K. Orthner (1983). Sex role congruency and marital quality. *Journal of Marriage and the Family 45*, 223-230.
Bowman, H. A. & G. B. Spanier (1978). *Modern Marriage*. N. Y. : McGraw Hill.
Bozicas, G. D. (1986). Family and behavioral correlates of late adolescent individuation. Doctoral Dissertation. University of Rhode island.
Brinley, D. E. (1975). Role competence and marital satisfaction. Doctoral Dissertation. Bringham University.
Burr, W. R. (1973). Theory construction and the sociology of the family. N. Y. : Wiley.

참고문헌 443

Burr, W. R., G. K. Leigh, R. D. Day & J. Constantine(1979). Symbolic interactionism and the family. In Burr, W. R., R. Hill, F. I. Nye & I. L. Reiss(Eds.). *Contemporary theories about the family(vol. 2)*. N. Y. : The Free Press.

Campbell, A., P. E. Converse & W. L. Rodgers(1976). *The quality of American life*. N. Y. : Russell Sage Foundation.

Chadwick, B. A., S. L. Albrecht & P. R. Kunz(1976). Marital and family role satisfaction. *Journal of Marriage and the Family 38*, 431-440.

Cowan, C. P., P. A. Cowan, G. Heming, E. Garrett, W. S. Coysh, H. Curtis-Boles & A. J. Boles Ⅱ (1985). Transition to parenthood. *Journal of Family Issues 6*, 451-481.

Crouter, A. C. & M. Perry-Jekins(1986). Working it out : Effects of work on parents and children. In Yogman, M. W. & T. B. Brazelton(Eds). *Support of families*. Cambridge MA. : Havard University Press.

Fincham, F. D., & T. N. Bradbury(1987). The assessment of marital quality : A reevaluation. *Journal of Marriage and the Family 49*, 797-809.

Glenn, N. D. (1991). Quantitative research on marital quality in the 1980's : A critical review. In Booth, A. (Ed.). *Contemporary families: Looking forward, looking back*. National Council on Family Relations. 28-41.

Gordon, T. (1970). *P. E. T. Parent effectiveness traning*. N. Y. : New American Library.

Hetherington, E. M., M. Cox, & R. Cox(1982). Effects of divorce on parents & children. In Lamb, M. E. (Ed.). *Nontraditional families: Parenting & child development.* Hilldale, N. J. : Lawrence Erlbaum.

Hicks, M. W. & M. Platt (1970). Marital happiness and stability : A review of the research in the sixties. *Journal of Marriage and the Family 33*, 533-574.

Hine, J. R. (1980). *What comes after you say "I Love You".* Palo Alto. Calf. : Pacific.

Jorgensen, S. R. (1986). *Marriage and the family.* N. Y. : Macmillan Publishing Co.

Leslie, G. R. (1982). The family in social context. 5th ed. N. Y. : Oxford Univ. Press.

Lewis, R. A. & G. B. Spanier (1979). Theorizing about the quality and stability of marriage. In Burr et al. *Contemporary theories about the family (I).* 269-271.

Mace, D. & V. Mace (1980). Enriching marriages : The foundation stone of family strength. In Stinnett, N. , B. Chessen, J. Pefrain & P. Knaub (Eds.). *Family strengths : Positive models for family life.* Lincoln Univ. of Nebraska Press.

McHale, S. M. & T. L. Huston (1985). The effects of transition to parenthood on the marital relationship : A longitudinal study. *Journal of Family Issues 6*, 409-434.

Navran, L. (1967). Communication and adjustment in marriage. *Family Process 6*, 173-184.

Peterson, C. & M. E. P. Seligman (1984). Causal explanation as a risk factor for depression : Theory and evidence. *Psychology Review 91*, 347-374.

Pieno, P. C. (1961). Disenchantment in the later years of marriage. *Marriage and Family Living 23*, 3-11.

Piotrkowski, C. S. R. N. Rapport & R. Rapport (1987). Families and work. In Sussman, M. B. & S. K. Steinmetz (Eds.). *Handbook of marriage and family*. N. Y. : Plenum.

Price-Boham, S. & J. O. Balswick (1980). The noninstitutions : Divorce, desertion and remarriage. *Journal of Marriage and the Family 42*, 959-972.

Roach, A. J., L. P. Frazier & S. R. Bowden (1981). The marital satisfaction scale : Development of a measure for intervention research. *Journal of Marriage and the Family 43*, 538-541.

Scanzoni, J. (1975). Sex roles, economics factors and marital solidarity in black and white marriages. *Journal of Marriage and the Family 37*, 130-145.

Spanier, G. B. & R. Lewis (1980). Marital quality : A review of the seventies. *Journal of Marriage and the Family 42*, 825-839.

Spitze, G. (1988). Womens' employment and family relations : A review. *Journal of Marriage and the Family 50*, 595-618.

Stinnett, N. (1983). Strong families : A portrait. In Mace, D. (Ed.). *Toward family wellness*. Beverly Hills. CA : Sage.

Stinnett, N., J. Walters & J. E. Kaye (1984). *Relationships in marriage and the family*. N. Y. : Macmillan.

White, L. K., & A. Booth (1985). Transition to parenthood and marital quality. *Journal of Family Issues 6*, 435-450.

White, L. K. A. Booth & J. N. Edwards (1986). Children and marital happiness : Why the negative correlation. *Journal of Family Issues 7*, 131-147.

Yogev, S. & J. Brett(1985). Perceptions of the division of housework and child care and marital satisfaction. *Journal of Marriage and the Family 47*, 609-618.

제 12장 현대 가족의 위기와 변화

강인(1989), 중년기 가족스트레스와 가족대처방안에 관한 연구, 이화여자대학교 석사학위논문.

김명자(1991), 중년기 부부의 가족스트레스에 대한 대처양식과 위기감, 대한가정학회지, 29권 1호.

김현화, 조병은(1992), 성격 특성에 따른 중년기 적응 가정관리학회지, 207-238.

전영자(1991), 전문직 취업부부의 스트레스와 대처방안 및 심리적 복지에 관한 연구. 가정관리학회지. 9(2), 323-343.

지연경, 조병은(1991), 내외 통제성 및 은퇴로 인한 스트레스지각과 생활만족도, 대한 가정학회지, 29(2). 217-240.

오선주(1992), 사회계층별로 본 가족의 주요사회망, 사회망과 가족의 참여 및 구직과 사회망. 대한가정학회지, 30(3). 177-191.

이숙현(1991), 부모기로의 전환에 따른 부부관계의 변화, 가족학논집. 2, 1~7.

김광일, 고복자(1987), 한국에서의 아동구타 발생률-국민학교 아동의 경우, 가정폭력 - 그 실상과 대책, 김광일편저, 4B-438.

고정자. 김갑숙(1992). 부부갈등이 자녀학대에 미치는 영향. 아동학회지 13. (1). 80-111.

김광일(1987), 아내구타의 대책, 가정폭력 - 그 실상과 대책, 김광일편저,

273-297.
김광일(1988), 아내구타의 허상과 실상, 가정폭력 - 그 실상과 대책, 김광일 편저, 35-46.
김정옥(1986), 도시부부의 갈등해결 표출에 관한 연구 - 폭력행동을 중심으로, 대한 가정학회지, 23, 91-110.
안동현, 홍강의(1988), 한국에서의 아동구타현황 - 병원상황에서, 가정폭력 - 그 실상과 대책, 김광일편저, 393-412.
전춘애, 박성연(1989), 사회계층에 따른 부부의 권력과 폭력과의 관계, 대한가정학회지 27(3). 133-146.
홍강의(1987), 아동구타의 대책과 예방, 가정폭력 - 그 실상과 대책, 김광일 편저, 439-460.
김정옥(1992), 현대사회와 가족문제 중 이혼의 사회적 배경.
김혜선(1982), 현대가족문제에 관한 연구, 대한가정학회지 제 20권 1호.
이태영(1987), 한국의 이혼율연구 II, 한국가정법률상담소.
인구통계년보(1991), 통계청.
정현숙(1992), 현대사회와 가족문제 중 가족해체와 자녀문제.
한경혜(1992), 현대사회와 가족문제 중 가족해체와 부부문제.
Brody(1985) parental Caregiving as a nonmal stress, The Gerontologist.
Baruch, G.K., Biener, L. & Barnett, R.C.(1987), Women and Gender in Research on Work and Family Stress, American Psychologist, 42.
Cobbs, (1976). Social support as a mediator of life stress : Psychosometic Medicine 38, 300-314.
Elman, M.R.& Gilbert, L.A. (1984) Coping Strategies for Role Conflict in Married Professional and Women with Children, Family Relations, 33.
Gilbert, L.A., Holahan, C.K.& Manning, L. (1981). Coping with

Conflict between Professional and Maternal Roles. Family Relations, 30.

Hill, R. (1949), Families Under Stress, Conneticut : Greenwood Press.

Jean dipman-Blumen (1975). A crisio framework applied to marosociological family changes. J. M. F. 37. 890-902.

Moen, P (1979). Family impact of the 1975 recession : Permanent unemployment. JoM. F 41, 561-573.

McCubbin, H., Joy, C., Caubl, A., Comeau, J., Patterson, J. & Needle, R. (1980) Family stress and coping : A Decade Review, Journal of Marriage and the Family, 42.

MaCubbin, H. I. & Patterson, J. M. (1983), The Family Stress Process : The Double ABCX of Adjustment and Adaptation, In H. I. McCubbin, M. B. Sussman & J. M. Patterson (eds.) Social Stress and the Family : Advances and Development Family Stress Theory and Research. New York : Haworth Press.

Rapoport, R. N. & Rapoport, R. (1973). Dual-Carrer Families London : Penguin booke.

Voydanoff, P. (1988). Work Role Characteristics, Family Structure Demand and Work/Family Conflict, Journal of Marriage and the Family, 50.

Pearlin, L. Schooler. (1978). The Structure of coping. Journal of Health and Social behaviors, 19, 2-12.

Holmes, T. H. and Rahe, R. H (1967) The Social Readgustment Rating Scale, Jounnal of Psychosomatic Research, 11, 213-218.

Kalish, R(1985) The social context of and dying In R. Binstock and Shanas(Eds.), Handlook f aging and social sciences (2d ed) New York : D. Van Nostrand Reinhold.

Lemasters, E. E. (1957). Parenthood as Crises marriage and family issues 19. 352-355.

LaRosa, R. (1983). The Transition to Parenthood and the Social Reality of Time Journal of marriage and the Family 45, 579-589.

Skinners, D. (1980). Dual-Career family and Coping : a decade review. Family Relation, 29, 473-481.

Lopata, H. (1978). Contriluton of extended family to unban chicago metropolitain anea widows. J. M. F. 40, 355-366.

Kempe, C. et al(1962) The battered child syndrome JAMA 181(1) : 17-24.

Finn. J(1985). The streses and Coping kehariose of battened woman The Journal of Contemporary work

Richard J. Gelles(1976), Abused Wives : Why Do They Stay?, Journal of Marriage and the Family, 38, 659-668.

Richard J. Gelles(1979), Family Violence, Beverly Hills : Sage Publications.

Richard J. Gelles & Murray A. Straus(1979), Determinants of Violence in the Family : Toward a Theoretical Integration. In Contemporary Theories About the Family. Vol 1, (Eds.) Wesley R. Burr et al. New ― York : The Free Press, 550-552.

Richard J. Gelles & Murray A. Straus(1986), Societal Change and Change in family Violence from 1975 to 1985 as Revealed by two National surveys, Journal Marriage

and the Family 48, 465-479.
Debra Kalmuss(1984), The Intergenerational Transmission of marital Agression, Journal of Marriage and the Family, 46, 11-19.
Suzanne K. Steinmetz(1978), Violence Between Family Members Marriage and Family Review 1. New York : Hawthworth.
Demo, D., & Acock, A. (1988), The impact of divorce on children, Journal of Marriage and the Family, 50, 619-645.
Goode, W. (1956), Woman in Divorce, New York : The Free Press.
Hetherington, E., Cox, M., & Cox, R(1978). Divorced children psychology Today, 10. 42-46.
Hetherington, E. M., Stanley tlagen M., anderson, E. R., (1989) martal traneitions : a child's perspeciue. anerican psychology, 44, 303-312.
Wallerstein, J., & Kelly, J. (1980), Surviving the Breakup, New York : Basic books.
Bohannon, P. (1970), The Six Station of Divorce In P. Bohannon (Ed.), Divorce and after, New York : Doubleday.
Weiss, R(1975), Marital Separation, New York : Basic books.
Berman, W, H, Tunk, D. C(1981). Adaptation to divorce : Problems and Coping Strategies. J. M. F. 45. 179-189.

제13장 가족생활 교육 및 상담(1. 가족생활 교육)

권두승(1987). 한국사회교육의 실태에 대한 사회학적 유형분석. 고려대학교 대학원 석사학위 논문.

길량숙(1984). 한국여성 사회교육관에 관한 분석적 연구.
　　　　　　서울대학교 대학원 석사학위 논문.
김관희(1989). 평생교육진흥을 위한 문화교실형태의 사회교육 요구분석.
　　　　　　연세대학교 교육대학원 석사학위논문.
김미옥(1984). 결혼전후 성인의 유아기 자녀양육태도에 관한 일연구.
　　　　　　연세대학교 석사학위 논문.
김재인(1987). 후기성인을 위한 사회교육과 생활만족도의 상관적 고찰.
　　　　　　이화여자대학교 대학원 석사학위 논문.
김형배(1984). 핵가족화에 따른 가정교육에 관한 연구-서울시내 고교생 가정을 중심으로-. 성균관대학교 교육대학원 석사학위 논문.
김혜석(1990). 결혼준비 성인교육 프로그램 개발연구.
　　　　　　이화여자대학교 대학원 박사학위청구 논문.
박영애(1989). 가정학적 아동·가정학의 문제와 전망.
　　　　　　대한가정학회지 27(4) : 250-251.
송성자(1987). 가족관계와 가족치료. 서울 : 홍익제.
엄혜선(1988). 한국가족과 가족치료-한국도시 중산층을 위한 정신치료 모형의 구상-. 사회복지학12 : 한국사회복지학회 93-115.
유영주(1984). 가족관계학. 서울 : 교문사.
유영주(1989). 사회변천과 가정-현대사회와 가정-.
　　　　　　1989년 춘계학술대회발표문. 대한가정학회지 27(2) : 212-216.
유영주(1989). 한국가족의 대내적 기능 연구-가족의 기능요인 및 수행도를 중심으로-. 동국대학교 대학원 박사학위 논문.
윤　진(1983). 건강한 가족관계를 위한 심리학적 접근 : 부부와 자녀 및 노부모와의 관계를 중심으로. 인문과학, 연세대학교 : 83-97.
이동원(1981). 도시가족연구 Ⅰ : 결혼에 관한 태도의 비교 1958-1980.
　　　　　　한국문화연구원논총 39 : 이화여자대학교.
이동원(1989). 사회변천과 가정-현대사회와 가정-. 1989춘계학술대회 발표문. 대한가정학회지 27(2) : 201-207.
이상원(1986). 도시 중년여성의 성인교육 요구분석 및 구 내용개선을 위한 일 연구. 연세대학교 교육대학원 석사학위 논문.
이영미(1989). 조선조 여성의 가정교육에 대한 현대적 재조명-규범류에 나타난 여성교육을 중심으로-. 성신여자대학교 석사학위 논문.
조경애(1988). 가정환경변인에 따른 자녀의 가정교육에 관한 연구. 동아대학교 교육대학원 석사학위 논문.
차경수(1986). 가정교육(1)-한국가정교육의 방향과 과제- : 현대사회와 가족. 아산사회복지사업재단 : 223-235.
최운실(1986). 성인교육유형에 따른 교육참여 특성분석. 이화여자대학교 대학원 박사학위 논문.
최진복(1988). 가정생활내용을 중심으로 한 평생교육에 관한 연구. 이화여자대학교 교육대학원 석사학위 논문.
한국여성개발원(1990). 영세지역 가족관계 및 사회적 연결망에 관한 연구.
Arcus. M. (1987). A Framework for Life-Span Family Education : Family Relations 36(1) : 5-10.
Arcus. M. (1990) . Family Life Education Curriculum Guidelines : The National Council on Family Relations.
Avery C. E., and Lee M. R. (1964). Family Life Education : Its Philosophy and Purpose : The Family Coordinator 13 (1) : 27-37.
Bakalars R., and Petrich B. (1984). Family Life Education in Elementary Grades : Who teaches What? : Family Relations 33(4) : 531-536.
Burr, W. R., Jensen, M. R., and Bardy, L. G. (1977). A Principle Approach in Family Life Education : The Family Coordinator 26(3) : 225-234.
Cromwell, R. E., and Thomas, V. L. (1976). Developing Resources

for Family Potential : A Family Action Model : The Family Coordinator 25(1) : 13-20.
Daring, C. A. (1987). Family Life Education : Handbook of Marriage and the Family : Marvin B. Sussman and Suzanne K. Steinmetz, Plenum press, N. Y. : 815-833.
De Vries, B., Birren J. E., Deutchman D. E. (1990). Adult Development through Guided Autobiography : The Family Context : Family Relations 39(1) : 3-7.
Duvall E. M. (1988). Family Development's First Fortr Years : Family Relations 37(2) : 127-134.
Englaund, C. L. (1980). Using Kohlberg's Moral Developmental Framework in Family Life Education. : Family Relations 29(1) : 7-13.
Fisher, B. L. and Kerckhoff, R. K. (1981). Family Life Education : Generating Cohesion out of Chaos : Family Relations 30(4) : 505-509.
Glick, P. C. (1989). The Family Life Cycle and Change : Family Relations 38(2) 123-129.
Gaylin, N. L. (1981). Family Life Education : Behavioral Sciences Wonderbread? : Family Relations 30(4) : 511-516.
Harriman, L. C. (1986). Teaching Traditional vs. Emerging Concepts in Family Life Education : Family Relations 35(4) : 581-586.
Hynson, L. C. (1979). A System Approach to Community Family Education. The Family Coordinator 28(3) : 383-387.
Kennedy, C. E. and Southwick J. (1975). Inservice Program for Family Life Education : Cooperative Program with Mental Health Centers and University : The Family

Coordinator 24(2) : 193-198.

Larry H., M. Div., Miller, W. R. (1981). Marriage Enrichment : Philosophy, process, and program, Prentice-Hall International, Inc., London.

L'Abate L. & O'Callaghan J. B. (1977). Implications of the Enrichment Model for Research and Training : The Family Coordinator 26(2) : 61-64.

Larson, J. H. (1988). Family Life Education : The Marriage Quiz : College Student' Beliefs in Select Myths about Marriage : Family Relations 37(1) : 3-9.

Levin, E. B. (1975). Development of a Family Life Education Program in a Community Social Service Agence : The Family Coordinator 24(3) : 343-349.

Lukey, E. B. (1979). In my opinion : Family Life Education Revisited : The Family Coordinator 27(1) : 69-73.

Mace D. (1979). Marriage and Family Enrichment —— a new field? The Family Coordinator 28(1) : 409-419.

Mason R. L. (1974). Family Life Education in the High Schools of Kentucky : The Family Coordinator 23(2) : 197-200.

Olsen, T. D., and Moss, J. J. (1980). Creating Supportive Atmospheres in Family Life Education : Family Relations 29(3) : 391-345.

Otto, H. A. (1962). What is a Strong Family? : Marriage and Family Living 24 : 77-80.

Stinnett N., Sanders G., DeFrain J., and Parkhurs A. (1982). A Nationwide Study of Families Who Perceive Themselves as Strong : The Family Perspectives 16 : 15-22.

Stinnett N., Sanders G., and Defrain J. (1984). Strong Families : A

National Study : Family Strengths Ⅲ : 33-41.
Sullivan J., Gryzlo B., Schwarz W. (1978). Certification of Family Life Educators : A Status Report of State Department of Education : The Family Coordinator 27(3) : 269-272.
Wright, L., and L'Abate L. (1977). Four Approaches to Family Facilitation : Some Issues and Implications : The Family Coordinator 26(2) : 176-181.

제13장 가족생활 교육 및 상담(2. 가족상담)

강은옥(1989). 가족치료에 있어서 Bowen의 이론과 그 적용에 관한 연구. 이화여자대학교 석사학위논문.
강혜원(1987). 의사소통 가족치료모델 발전에 관한 연구. 이화여자대학교 석사학위논문.
김규수(1990). 정신분열증환자의 가족치료를 위한 가족사정요인들에 관한 연구. 한국사회복지학. 통권 제16호.
김만두(1986). 가족치료의 이론과 기술. 홍익제.
김미영(1989). Satir 가족치료모델에 의한 사례연구. 이화여자대학교 석사학위논문.
김선남(1990). 개인, 관계, 전체수준의 계열적 개입을 통한 가족상담의 일 모형. 계명대학교 박사학위논문.
김성천(1988). 빈곤가족의 문제해결을 위한 가족치료접근에 관한 연구. 한국사회복지학. 통권 제11호.
_____(역)(1987). 가족치료. 원광대학교 출판국.
김수지, 김정인(1986). 가족정신건강. 수문사.
김종옥(역)(1988). 가족과 가족치료. 법문사.
_____(역)(1988). 구조적 가족치료의 실제. 법문사.

권영자 외 8인(1990). 여성상담의 실제. 한국여성개발원.
배은경(1986). 가족치료의 체계론적 접근에 관한 비교 연구. 연세대학교 석사논문.
성민선(역) (1989). 새로운 의사소통의 기법. 홍익제.
손정영, 김순옥. S. Minuchin의 구조적 가족치료이론의 한국적 재조명. 한국가정관리학회지. 제9권 2호.
송성자(1987). 가족관계와 가족치료. 홍익제.
_____(1990). 일반체계이론을 근거로 한 한국 부부관계 행동유형에 관한 조사 연구. 한국사회복지학. 통권 제16호.
엄예선(1988). 한국가족과 가족치료. 한국사회복지학. 통권 제12호.
이금호(1988). 단기가족치료접근에 관한 연구. 이화여자대학교 석사학위논문.
이장호(1986). 상담심리학 입문. 박영사.
이형득 외 2인(역) (1988). 가족치료입문. 형설출판사.
윤영숙(1992). 가족상담사업의 활성화방안에 관한 연구. 여성연구. 제10권 1호.
장혁표 외 2인(역) (1988). 가족치료. 중앙적성출판사.
정민자(1988). 가족상담의 발달과 체계론적 접근에 대한 분석. 울산대학교 논문집. 제19권 제1호.
_____(1992). 임상·정상가족의 가족체계유형 및 가족스트레스. 가족자원과 대응책략에 관한 연구. 대한가정학회지. 제30권 2호.
조은영(1989). 단기가족 치료모델 비교 연구. 연세대학교 석사학위논문.
제석봉(1989). 자아분화와 역기능적 행동과의 관계. 부산대학교 박사학위논문.
한국가족학연구회(1991). 가족상담자 연수과정.
허남순(1988). Solution-Focused Brief Family Therapy의 한국적 적용에 관한 소고. 한국사회복지학. 통권 제12호.
Alan S. Gurman and David P. Kinskern (1981). Handbook of Family Therapy. Brunner / Mazel.

Arther Weidman(1986). Family Therapy with violent Couples. Social Casework : Journal of Contemporary Social Work. Vol. 67. No. 3. pp. 211-218.

James C. Hansen and Luciano L'Abate(1982). Family Therapy. Macmillan Publishing Co.

Michael G. Sawyer & Aspasia Sarris(1988). Family Assessment Device : Reports From Mothers and Fathers, and Adolescents in Community and Clinic families. Journal of Marital and Family Therapy. Vol. 14. No. 3. pp. 287-296.

Victor B. Cline, Steven L. Jackson, Nanci Klein, Juan Mejia & Charles Turner(1987). Marital Therapy Outcome Measured by Therapist. Client and behavior change. Family process. vol. 26. pp. 255-268.

제14장 가족복지정책

김성천. 서윤 역(1991). 현대가족복지론. 서울 : 이론과 실천.
김양희(1991). 가족관계. 서울 : 수학사.
김영모(1990). 한국노인복지정책연구. 서울 : 한국복지정책연구소 출판부
김영모(1992). 사회복지학. 서울 : 한국복지정책연구소출판부.
손의목(1984). "부녀복지사업의 약사". 「사회복지」 제81호. 한국사회복지협의회.
이경희. 이소희(1993). 가족복지. 서울 : 형설출판사
이근홍(1992). "여성복지". 중앙대학교 사회복지학과편. 한국사회보장제도의 재조명. 서울 : 한국복지정책연구소 출판부.
중앙대학교사회복지학과편(1992). 한국 사회보장제도의 재조명. 서울 : 한국복

지정책연구소 출판부.
표갑수(1992). "아동복지". 중앙대학교 사회복지학과편. 한국사회보장제도의 재조명. 서울 : 한국복지정책연구소 출판부.
차흥봉(1988). "노인복지시설의 기능개선방안". 보건사회부 한국노인복지시설 협의회. 노인보건. 복지증진세미나 발표논문.
최경석(1992). "노인복지". 중앙대학교 사회복지학과편. 한국사회보장제도의 재조명. 서울 : 한국복지정책연구소 출판부.
최성재(1989). "노인복지의 사회적 서비스의 장기정책 방향". 박연수 편. 노인복지정책의 방향설정을 위한 연구. 서울 : 한국인구보건연구원.
Aldous, J. & Dumon, W., (1980). The Politics and Programs of family Policy. United States and European Perspectives. University of Notre Dame & Lwvwn University Press.
Blackburn, C. W. (1965). Family Social Work : Encyclspedia of Social Work 15.
Hollingworth, P. J. (1974). The Family in Australia. Zerzy Krupinski, Alan Stoller(eds). Pergamon.
Kahn, A. J. & Kamerman, S. B(1978). Family Policy. Columbia : Columbia University Press.
Kahn, A. J. & Kamerman, S. B(1979). "Comparative Analysis in Family Policy : A Case Study", Social Work. Vol. 24. No. 6.
Romanyshyn, J. M. (1971). Social Welfare. New York : Rodman House.
Witmer, H. L. (1942). Social Work.
雀部猛利, 桂良太郎(1987). 現代の家族福祉論. 日本 : 海聲社
山崎貴美子(1976). 家庭福祉の 對象領域と 機能. 明治學院論叢/社會學・社會福祉學研究 第45號. 明治學院大學.

찾 아 보 기

ㄱ

가부장권　116
가부장적 견해　341
가부장제　104, 115, 125
가사노동　117, 127
가사노동의 분담　117
가사노동의 불가시화현상　128
가사노동의 사회화　123, 127
가사분담　129
가사활동　129
가정봉사사업　413
가정의 민주화　123
가족 기능의 다양화　149
가족 내적 기능　21
가족 외적 기능　21
가족 응집력　193
가족 이기주의　113
가족 이데올로기　114
가족 적응력　191
가족 평균인원　115
가족 합법성의 다양화　159
가족 형태　141
가족가치관　108, 121
가족갈등　333
가족결합　121
가족계획사업　115
가족공동체　126
가족과정적 관점　226
가족구성원수　115
가족구조　387
가족권력　221
가족규칙　133
가족기능　21

가족기능상실　22
가족내의 갈등　332
가족도표　386
가족력　388
가족문제의 사정　386
가족문화　20
가족보호　135
가족복지　397
가족복지사업　397
가족복지의 대상　398
가족부양자역할　204
가족분화　115
가족사회학적 관점　226
가족상담　372, 412
가족상담가　389
가족생활 만족　285
가족생활주기　116, 18, 388
가족세력구조　131
가족수당　408
가족스트레스　322
가족스트레스원　331
가족연대표　387
가족위기　374
가족의 규칙　376
가족의 연대성　119
가족의 잠재력 개발　371
가족의사소통　249, 255
가족의사소통형태　264
가족자원요인　330
가족접근　404
가족정책　135, 403
가족정책의 내용　407
가족정책의 범위　408

가족주기   116
가족주위   104, 123
가족중심적   124
가족지도   387
가족지원 체계   132
가족지향 서비스   382
가족치료실   390
가족치료운동   374
가족커뮤니케이션 모델   382
가족폭력의 이론   339
가족학   11
가족해체기   119
가족행동   382
가족향상   370
가족형태   115
가종생활교육   133
가택근무(가정근무제)   134
가풍   20
간접적 기능   402
갈등론자   16
갈등이론   25
갈등해결방법척도   336
감성학과   288, 289
강요적 권력   234
개별화   307
개인상담   376
개인의 안녕감   300
거시적 접근   23
거시적, 미시적 가정복지기능   401
거시적인 가족복지 기능   400
거어브너   253
거택구호   412
건강가족   198
건강하고 건전한 가족   369
건전 가족 생활   361

겔스   334
결혼만족   288, 289, 290, 291, 293, 294, 295, 297, 300, 301
결혼만족도   289, 295, 297, 301
결혼문화   124
결혼생활적응   182
결혼성공   303, 306
결혼안정   289, 291
결혼안정성   294, 300, 301
결혼의 질   289, 290, 291, 294
결혼적응   289, 290, 291
결혼준비도   303
결혼코호트별   117
결혼행복   289, 290
경로당 운영비지원   413
경제적 모형   25
경제적 이혼   349
경직 가족   192
계부모 가족   146
계부모 발달의 단계   147
고든   271, 272, 280, 282
고복자   338
고용제도의 대안   159
고우   68, 81
고유기능   21
공동구매   133
공동부모역할이 끝나는 이혼   349
공동체   126
공동체 가족   150
공동체 운동   152
공동치료   391
공부양체계   116
공적 부양체계   119

공적부조제도　411
과잉분리 가족　195
과정으로서의 이혼　348
관계　256, 263
관계규칙　258
관계요소　288
교환이론　226, 25
구드　343
구조기능론자　15
구조기능적 접근　25
구조기능주의적 접근　24
구조적 가족　193
구조적 가족상담　382
구조적 관점　252
군단　80, 82
권력 결과　221
권력 과정　221, 234
권력 기반　221, 234
권력결과　241
권력관계　114
권력구조　121
권력의 균형상태　227
규범적 자원이론　230
균분상속제　101
균형　196
균형가족　196
그리프　256, 261
극단　196
극단가족　197
근친금혼　65, 73, 74
근친혼　99
긍정적 피드백　262
기능론적 모델　18
기능적 관점　252
기능적 메시지　255

기브　268
기초 집단　13
기초기능　21
기편　273, 278
기혼여성의 취업　156
김광일　337, 338
김순옥　280
김주수　115
김진숙　280

ㄴ

나메시지　281
나메시지 전달 방법　280
나메시지 전달법　272, 281
낙관적 견해　15
난혼제　76
남녀고용평등　135
남녀고용평등법　135
남녀차별　101, 135
남녀평등이념　135
남류여가혼　87
남성부재현상　125
남성성　205
남성우월주의　123
남아선호사상　123
남편역할　214
남편연상현　93
내담자　389
내용　256, 263
내용과 관계의 불일치　260
내프　254
내혼제　170
너-메시지　281
네이하드　409
노동자계급　113

노이만 45
노인공동작업장설치 413
노인단독세대 117
노인무료건강진단 413
노인문제 119
노인복지 서비스 프로그램 413
노인복지정책 413
노후의존도 122
놀이와 일의 가치문제 152
농경사회 122
농촌코뮨 153
뉴겐트 256, 261

ㄷ

다문제 가족 401
다원화된 욕구 124
다처다부제 81
단계모델 172
단기가족치료 385
단독가구 115
당사자선택 121
대동항렬자 100
대우혼 81
대칭적 의사소통 형태 262
대칭적 형태 258, 263
대화형태 271
댄스 253
데이비스 173
도구적 역할 203
도시 코도시 코뮨 153
도시부부가족 116
도시생산노동 124
도시이동 115
독신부모 가족 161
독신자 141

동거가족 160
동거의 유형 161
동성동본불혼 99
동성불혼 99
동성애 가족 162
동성혼 92
동시결혼집단 296
동시집단효과 296
동재집단 20
동질혼 170, 171
드몽 409
드비 410
디지털형태 257, 263

ㄹ

라이스 275
랭크 54
러너 78
러시안 실험가족 151
레스 54
레에에 321
레이 270
로마니신 404, 408
로쉬 256, 261
루이스 175, 289, 290, 301
르플레 53
리이 40

ㅁ

맞벌이 가족 117
매맞는 아이 증세 337
매체 253
맥레난 75, 76
머덕 77, 78, 82
머스타인 174

머어튼   39
머퀴빈   190
메시지   253
메이스   306
메이야수   83, 84
메인   75, 76
메타의사소통   261
명령   256
명시적인 가족정책   406
모건   75, 76, 88
모계가족   76, 77
모권가족   75
모레노   379
모리스   253
모처-부처제   89
무임금의 가사노동   130
무패방법   272, 280, 281
문중   102
문중의 기능   103
문화집단   20
물질적 원조   402
미국 가족치료협회   381
미시적 접근   23
미시적인 가족복지 기능   401
밀러   252, 253, 254

ㅂ

바안런드   253
바이스버그   270
바이텐   278
바코펜   75, 78
바호펜   52
박성연   270
반복성   257, 258

발달과업   373
발달적 모형   25
발달적 접근   24
발신자   253, 255
배우자 관계 형성   175
배척 요인   141
버로   253
버제스   184, 287
법률적 모형   25
법률적 치료   402
법적인 이혼   349
베르탈란피   45
베이트슨   256, 257, 258, 259
보건 서비스   409
보고   256
보다캔   253
보상적 권력   234
보아스   76
복음자리 마을   153
복합군단   82
볼러   193
부계 혈연가족   121
부계가족   76
부계군단   82
부권   125
부권가족   75
부녀복지제도   411
부락내혼   98
부모-자녀권력   245
부모자녀 관계   114
부부 역할   117
부부 취업형 가족   154
부부가족   115
부부공동결정 유형   121

부부공동결정형　124
부부관계　114
부부관계에서 동료애　204
부부권력　242
부부별산제　347
부부상담　378
부부전기　116, 117
부부중심가족　121
부부취업형
부부평등가족　126
부부폭력　123, 131
부부후기　116, 117
부양자역할　217
부양책임자　122
부인　260
부정적 피드백　262
부차적(파생)　21
분리 가족　195
분할청구소송　347
불일치　260, 262
불평등한 부부관계　128
브흘러　189
블라우　41
블랙번　397
비버스　193
비빈　261, 263
비언어적 형태　255, 256, 263
비언어적인 수용　280
비판적 관점　17
빈둥우리　119
빈둥우리 시기　328

ㅅ

4세대 가족　149
사이코드라마　390
사춘기　309
사타이어　269
사티어　383
사회 지지망　376
사회교육활동　117
사회교환이론　291, 293
사회보험급여　407
사회심리적 모형　25
사회심리학적 관점　226
사회적 계약　342
사회적 기능　21, 203
사회적 노동　127
사회적개인주의　25
사회적의무　342
사회화 기능　15
산업사회　122
산업화　122
삼종지도　105
상보적 의사소통 형태　262
상보적 형태　258, 263
상징적 상호작용론　291, 292
상품생산노동　127
상호보완적 욕구이론　174
상호작용적 접근　24
상호작용적모형　25
상황　253
상황적 접근　24, 25
새로운 가족　124, 169
새리노　253
샌보온　252
생산활동　122
생태학적 접근　362
생태학적견해　340
섀넌　252
서구 기독교적 모형　25

찾아보기 465

서류부가혼　87
서비스 산업　124
서옥제　87
선계　77
선계출계　88
선남후녀　100
성 격리문화　123
성공적 결혼생활　285
성공적인 결혼　301, 302, 305
성별분리채용　135
성별불평등　129
세대간의 문제　152
세대차　123
소득세공제　410
소득재분배정책　407
소이론　25
속박 가족　195
솔서제　87
송성자　271
쇼쇼니 인디언　81
수동적인 경청　280
수신자　253, 255
수용의 방법　272, 280
수정 핵가족　148
수정 확대 가족　148
수직적 인간관계　126
수평적 관계　121
수평적 인간관계　126
순환 모델　196
순환적 인과 모델　172, 176
슈츠　50
스웬센　256스테판　176
스튜워드　81
스트라우스　334
스트레스　374

스트레스원　322
스티네트　198, 254, 273, 278
스티븐스　253
스패니어　289, 290, 301
스프레이　49
시간제 고용　407
시간제 직종　415
시어스　264
시온주위　151
시험 결혼　161
신역동 모델　382
신전통주의적 역할　211
실격　260
실제적 가족　115
심리적 거리　308
쌍계적 방계가족　92
쌍방 무책임 이혼　143

ㅇ

아날로그 형태　257, 263
아내구타　131
아담스　254
아동발달적 관점　226
아동보호시설　407
아동보호휴가　407
아동복지정책　412
아동복지제도　411
아동상담　378
아동수당　410
아동학대　337
아버지역할　217
아이젠슨　253
안녕감　301
안식처로서의 기능　16
알도스　409

암시적인 가족정책 406
애정적 기능 16
양계 77, 82
양계제 76
양성성 158
양성적인 성역할 206
양육노동 127
어린이구타 338
어원 253
언어적 형태 255, 256, 263
언어적인 수용 280
에스키모 81
ABCX모델 332
AFDC프로그램 408
엠부티족 83
엥겔스 76, 78, 88
여과망 이론 173
여권신장론 209
여성 억압체제 125
여성고용 136
여성노인 119
여성복지서비스 프로그램 413
여성복지정책 413
여성성 205
여성의 경제 활동 155
여성의 임금 136
여성학적접근 25
여성해방론자 17
역기능적 의사소통 유형 271
역사적, 제도적 접근 24
역할 206, 209
역할 공유형 154
역할 전환형 154
역할갈등 212

역할공유 206
역할기대 209
역할몰입수준 207
역할분담 121
역할실연 390
역할실험 390
역할이론 291, 292
역할전도 220
역할전환형 154
역할취득 과정 213
역할행동 209
연결 가족 195
연구교육보급 368
연금주택부조 409
연미희 280
에서제 87
예술가 코뮨 153
오네이더 공동체 150
오스굿 253
오우어 253
온정적 공동체 133
올손 189, 191, 198, 193
와츠라우크 261, 263
왕족 근친혼 74
외혼제 170
우드리 173
원리적 접근 363
원시난혼제 76
월터스 254, 273
웨스터막크 75
웨슬리 252
웰즈 182
위기 대처 자원 330
위너 252
위이버 252

찾아보기 467

위트머   397
윈치   171, 174
유년기친애설   74
유도권력   231
유영주   270
유인 요인   141
유전인자 퇴행설   74
유착   83
유토피아적 신념   153
윤회봉사   101
융통적 가족   193
은퇴   328
응집도   308
응집성   302
의도적 관점   252, 253
의사결정 이론   228
의사결정과정   124
의사소통 요소   253
의사소통 장애요인   273, 276
의사소통 촉진방안   278, 280
의사소통 형태   264, 268, 271
의사소통의 공리   263
식주 지원체계   132
의학박사 캠프   337
이념적 이론   230
이로꼬이 인디언   76
이로꼬이족   77, 79
이인수   280
이정순   270
이중구속   259, 262
이중적 성윤리관   123
이중출계   77, 88
이질혼   171
이창숙   270
이크 족   83

이혼   344
이혼에 관한 법률   347
이혼율   344
이혼율의 증가   123
이혼이 당사자에게 미치는 영향   350
인간 혁명   153
인간발달의 근원적 집단   20
인류학적 접근   25
인성체계의 안정화 기능   15
일단락짓기   261, 263
일단락짓기의 불일치   261
일반체계이론   25, 340, 378
일방적 커뮤니케이션   124
일부다처제   93
일부다처혼   81
일부일처제   76
1인가구   115
일차적 집단인   13
일탈가족원   374

ㅈ
자궁가족   106
자극-가치-역할 이론   174
자녀 양육 문제   144
자녀과보호   123
자녀양육역할   204
자녀양육형태   117
자녀의 친권문제   348
자발적 무자녀 가족   142
자손보   102
자원이론   229, 339
자유주의적 이데올로기   122
자유혼   180
장남분가율   116

장남우대　101
장자봉사　101
재구조화 작업　386
재산분할권　347
재산분할청구권　123
재판상 이혼　347
잭슨　261, 263
잭슨　262, 383
적극적 경청　281
적응　190
적응학파　288, 289
전문가 권력　234
전자주택　124
절충형　179
정보사회　112
정서불안정　123
정서적인 이혼　349
정신분석학　377
정신분석학적 모형　25
정신분열증　377
정신적인 이혼　350
제도적 모형　25
조정　190
조혼　303
족보　100
종결단계　385
주기 재조정　158
주도권력　231
준거적 권력　234
준언어적 형태　256
준평등주의　211
중간범위　196
중간범위 가족　197
중매혼　121, 178
중범위　25

중범위이론　287
지방자치단위　137
지역사회개발프로그램　392
지역사회로부터의 이혼　349
지원 서비스　407
직계가족　94, 115
직업훈련　409
직접적 원조기능　402
진화론적 견해　340
짐머만　54
짐멜　47
집단 상담　379
집단혼　81, 82
집단혼설　81
집안　108
'집' 위주사상　104
집합 가구　119

ㅊ
차배근　252, 254
참만남기법　390
참만남운동　379
처연상형　97
청소년　308
청소년 비행　123
청자　253, 255
체계적 접근　361
체리　253
초기단계　385
초혼 연령　118
총출생률　115
축소기　116
축소완료기　116
출계율　77
출산수당　407

찾아보기 469

출산율 118
출산휴가 134
출생제한 115
취업 부부의 전략 158
취업여성 154
취업주부를 위한 전일제 415
치료경험 389
친영 98
친자 중심제도 119
친족공동체 119
친화적 메시지 255
칠거사유 346

ㅋ

카머만 403
칸 403
케르코프 173
케이 254, 273
코마로프스키 218
코뮤 153
코저 48
코트렐 184
코트렐 287
콜브 185
큐버 187
크리크 족 77
키브츠 151

ㅌ

탁아 서비스 412
탄넨바움 253
태어난 가족 169
터먼 287
턴불 83
통합적 프로그램 144

ㅍ

파명 100
파버 54
파보 100
파슨즈 203
파조 100
팔로 아토구룹 383
패톤 273, 278
펩라우 264
편부모 가족 143
편부모의 자생 집단 146
평균수명 118
평등주의적 121
평생발달적 접근 363
폭력 335
폭스 77, 78
표현적 역할 203
풀무원 153
프램튼 54
프리드만 264
플랫 253
피드백 255, 262, 378

ㅎ

학제적 학문 23
한경혜 351
한국가족치료학회 374
합리적 커뮤니케이션 124
합법적 권력 234
합의이혼 347
항상성 262, 378
해리 373, 383
해밀턴 287
해체기 116
핵가족화 115

헤로프　187
헤이리　254
현대가족문제　119
현장감독　390
혈연중심주의　133
혈연집단　20
협동조합　133
형성기　116
호만스　41
호브랜드　253
호킨스　270
호혜적 과정　295
혼돈 가족　192
혼인거주규정　98
홀로됨　328

홀링워스　410
홀터　211
홉즈　321
홍강의　337
홍기선　255, 257
화자　253, 255
확대기　116
확대완료기　116
효과　253
효사상　104
후기 산업사회　124
후기산업사회(탈산업사회)　112
훈육　337
힐　322, 323

저 자 약 력

김경신 : 서울대학교 가정대학 가정관리학과 졸업
　　　　동국대학교 대학원 가정학과 박사학위 취득
　　　　전남대학교 가정대학 가정관리학과 조교수
김명자 : 서울대학교 사범대학 가정교육과 졸업
　　　　이화여자대학교 대학원 박사학위 취득
　　　　숙명여자대학교 가정관리학과 교수
김순옥 : 이화여자대학교 가정대학 가정관리학과 졸업
　　　　동국대학교 대학원 가정학과 박사학위 취득
　　　　성균관대학교 생활과학대학 가정관리학과 교수
김양희 : 중앙대학교 문리과대학 가정학과 졸업
　　　　중앙대학교 대학원 석사 및 박사학위 취득
　　　　중앙대학교 가정대학 가정관리학과 교수
김주희 : 서울대학교 문리과대학 영문과 졸업
　　　　미국 Northwestern 대학 대학원 인류학과 박사학위 취득
　　　　성신여자대학교 가정대학 가정관리학과 부교수
김태현 : 이화여자대학교 가정대학 가정관리학과 졸업
　　　　고려대학교 대학원 가정학과 석사 및 박사학위 취득
　　　　성신여자대학교 가정대학 가정관리학과 교수
박미령 : 서울대학교 농과대학 농가정학과 졸업
　　　　고려대학교 대학원 가정학과 박사학위 취득
　　　　고려대학교 가정교육과 강사
박혜인 : 서울대학교 가정대학 가정관리학과 졸업
　　　　고려대학교 대학원 가정학과 박사학위 취득
　　　　계명대학교 가정대학 가정관리학과 교수
옥선화 : 서울대학교 사범대학 가정관리학과 졸업
　　　　서울대학교 대학원 가정관리학과 박사학위 취득
　　　　서울대학교 가정대학 소비자아동학과 부교수
유영주 : 서울대학교 사범대학 가정과 졸업
　　　　동국대학교 대학원 가정학과 박사학위 취득
　　　　경희대학교 가정대 교수
이기숙 : 부산대학교 사범대학 가정교육학과 졸업
　　　　부산대학교 대학원 가정관리학과 박사학위 취득
　　　　부산여자대학교 가정관리학과 교수
정민자 : 서울대학교 가정대학 가정관리학과 졸업
　　　　서울대학교 대학원 가정관리학과 석사학위 취득
　　　　울산대학교 자연과학대학 가정관리학과 부교수
조병은 : 이화여자대학교 가정관리학과 졸업
　　　　미국 Delaware 대학교 인간발달학과 박사학위 취득
　　　　한국교원대학교 가정교육과 조교수
최규련 : 서울대학교 가정대학 가정관리학과 졸업
　　　　고려대학교 대학원 가정학과 박사학위 취득
　　　　수원대학교 가정관리학과 부교수

가족학

발행	1993년 2월 22일 1쇄
	2014년 3월 12일 10쇄
지은이	한국가족관계학회 편
펴낸이	박민우
기획팀	송인성, 김선명
편집팀	박우진, 박영숙, 김영주, 김정아, 최미라
관리팀	임선희, 정철호, 김성언, 라영일
펴낸곳	(주)도서출판 하우
주소	서울시 중랑구 망우로68길 48
전화	(02)922-7090
팩스	(02)922-7092
홈페이지	http://www.hawoo.co.kr
e-mail	hawoo@hawoo.co.kr
등록번호	제306-2004-22호

값 12,000원
ISBN 978-89-7699-014-3 93590

이 책은 저작권법에 따라 보호받는 저작물이므로 무단전재와 무단복제를 금지하며,
이 책 내용의 전부 또는 일부를 이용하려면 반드시 저작권자와 (주)도서출판 하우의 서면 동의를 받아야 합니다.